Die Zertifizierung zum Entsorgungsfachbetrieb
nach § 52 KrW-/AbfG

Europäische Hochschulschriften

Publications Universitaires Européennes
European University Studies

Reihe II
Rechtswissenschaft

Série II Series II
Droit
Law

Bd./Vol. 3227

PETER LANG
Frankfurt am Main · Berlin · Bern · Bruxelles · New York · Oxford · Wien

Goli-Schabnam Akbarian

Die Zertifizierung zum Entsorgungsfachbetrieb nach § 52 KrW-/AbfG

Eine verfassungs- und gemeinschaftsrechtliche Bewertung der freiwilligen Unterwerfung unter ein privates Überwachungssystem

PETER LANG
Europäischer Verlag der Wissenschaften

Die Deutsche Bibliothek - CIP-Einheitsaufnahme

Akbarian, Goli-Schabnam:

Die Zertifizierung zum Entsorgungsfachbetrieb nach § 52 KrW-,AbfG : eine verfassungs- und gemeinschaftsrechtliche Bewertung der freiwilligen Unterwerfung unter ein privates Überwachungssystem / Goli-Schabnam Akbarian. - Frankfurt am Main ; Berlin ; Bern ; Bruxelles ; New York ; Oxford ; Wien : Lang, 2001
(Europäische Hochschulschriften : Reihe 2, Rechtswissenschaft ; Bd. 3227)
Zugl.: Saarbrücken, Univ., Diss., 2000
ISBN 3-631-37849-1

D 291
ISSN 0531-7312
ISBN 3-631-37849-1

www.peterlang.de

Andreas und meinen Eltern

VORWORT

Die vorliegende Arbeit wurde im Wintersemester 2000/2001 von der rechts- und wirtschaftswissenschaftlichen Fakultät der Universität des Saarlandes als Dissertation angenommen. Sie befindet sich auf dem Stand von März 2001.

Meinem Doktorvater Herrn Prof. Dr. Klaus Grupp danke ich sehr herzlich für die Betreuung meiner Arbeit. Herrn Prof. Dr. Rudolf Wendt danke ich für die Erstellung des Zweitgutachtens.

Meinen Freunden Inge Heinrichsmeyer und Oliver Graj danke ich für ihre freundliche Bereitschaft, diese Arbeit Korrektur zu lesen.

Meinem Mann Andreas Bardong danke ich sehr für seine ständige Unterstützung. Meinen Eltern Dr. Yadullah und Jaleh Akbarian danke ich sehr herzlich für ihre selbstlose und ununterbrochene Förderung meines bisherigen Lebenswegs.

Brüssel, Mai 2001

Goli-Schabnam Akbarian

KURZÜBERSICHT

INHALTSVERZEICHNIS

ABKÜRZUNGSVERZEICHNIS

A.A.; a.A.	Anderer Ansicht; anderer Ansicht
a.F.	Alte Fassung
a.M.	am Main
aaO	am angegebenen Ort
AbfKlärV	Klärschlammverordnung
AbfRestÜberwV	Abfall- und Reststoffüberwachungs-Verordnung
Abs.	Absatz
AE	Annahmeerklärung
AltautoV	Altautoverordnung
ÄndVO	Änderungsverordnung
Anm.	Anmerkung
BAPostG	Bundesanstalt Post-Gesetz
ber.	Bereinigt
BestbüAbfV	Bestimmungsverordnung besonders überwachungsbedürftige Abfälle
BGB	Bürgerliches Gesetzbuch
BMU	Bundesministerium für Umwelt, Naturschutz und Reaktorsicherheit
BVerfG	Bundesverfassungsgericht
bvse	Bundesverband Sekundärrohstoffe und Entsorgung e.V.
bzw.	Beziehungsweise
DA	Deklarationsanalyse
ders.	Derselbe
dies.	Dieselben
DIN	Deutsches Institut für Normung
Diss.	Dissertation
DSD	Duales System Deutschland GmbH
E	Entscheidung
e.V.	Eingetragener Verein
EAKV	Verordnung zur Einführung des Europäischen Abfallkatalogs
EdDE	Entsorgergemeinschaft der Deutschen Entsorgungswirtschaft e.V.
EELR	European Environmental Law Review
EfbV	Entsorgungsfachbetriebeverordnung
EG	Europäische Gemeinschaft(en)
EgRL	Entsorgergemeinschaftenrichtlinie
EGV	Vertrag zur Gründung der Europäischen Gemeinschaft
EL	Ergänzungslieferung
ELR	European Law Review
EN	Europäische Norm
endg.	Endgültig
Entsch.	Entscheidung
EnWG	Energiewirtschaftsgesetz
etc.	et cetera
EU	Europäische Union
EuGH	Gerichtshof der Europäischen Gemeinschaften
EWG	Europäische Wirtschaftsgemeinschaft

f.	Folgende
FeV	Fahrerlaubnis-Verordnung
ff.	Fortfolgende
Fn.	Fußnote
FS	Festschrift
geänd.	Geändert
GemVerfKom	Gemeinsame Verfassungskommission
ggf.	Gegebenenfalls
GmS-OBG	Gemeinsamer Senat der obersten Gerichtshöfe des Bundes
Habil.	Habilitationsschrift
Hrsg.	Herausgeber
i.e.	im einzelnen
i.S.d.	im Sinne des
i.ü.	im übrigen
i.V.m.	in Verbindung mit
ICJ Rep.	International Court of Justice, Report of Judgments.
insbes.	Insbesondere
ISO	International Standards Organization
KOM	Kommissionsdokumente
KrW-/AbfG	Kreislaufwirtschafts- und Abfallgesetz
KSVG	Kommunalselbstverwaltungsgesetz
LAGA	Länderarbeitsgemeinschaft Abfall
LBO	Landesbauordnung
lt.	Laut
LUA-Info	Landesumweltamt - Informationen (*Anmerkung:* es handelt sich um eine Informationsbroschüre des Landesumweltamtes Nordrhein-Westfalen betreffend Entsorgungsfachbetriebe; eine offizielle Abkürzungserklärung liegt nicht vor).
m.w.N.	mit weiteren Nachweisen
NachwV	Nachweisverordnung
Nr.; Nrn.	Nummer(n)
OHG	Offene Handelsgesellschaft
PCBAbfallV	PCB/PCT-Abfallverordnung
RAL	Deutsches Institut für Gütesicherung und Kennzeichnung
Reg-E	Regierungsentwurf
Rn.	Randnummer
Rs.	Rechtssache
S.	Seite
Slg.	Sammlung
st. Rspr.	ständige Rechtsprechung
StIGH	Ständiger Internationaler Gerichtshof
TA	Technische Anleitung
TGA	Trägergemeinschaft für Akkreditierung
TgV	Transportgenehmigungsverordnung
u.a.	unter anderem; und andere
Uabs.	Unterabsatz
UAG	Umweltauditgesetz
UGB-KomE	Kommissionsentwurf zum Umweltgesetzbuch

Urt.	Urteil
Urteilsanm.	Urteilsanmerkung
UVP	Umweltverträglichkeitsprüfung
UVPG	Gesetz über die Umweltverträglichkeitsprüfung
v.	von
VE	Verantwortliche Erklärung
Verf.	Verfasserin
Vgl.; vgl.	Vergleiche; vergleiche
VO	Verordnung
Ziff.	Ziffer
zit.	zitiert
ZUR	Zeitschrift für Umweltrecht

Hinsichtlich der übrigen Abkürzungen wird auf *H. Kirchner*, Abkürzungsverzeichnis der Rechtssprache, 4. Auflage, Berlin 1993, verwiesen.

Einleitung

I. Problemaufriß

A. Die Einführung des Entsorgungsfachbetriebs im KrW-/AbfG

Das am 7. 10. 1996 in Kraft getretene Gesetz zur Förderung der Kreislaufwirtschaft und Sicherung der umweltverträglichen Beseitigung von Abfällen (Kreislaufwirtschafts- und Abfallgesetz - KrW-/AbfG) vom 27. September 1994[1] sieht in § 52 für in der Abfallwirtschaft tätige Unternehmen erstmals die Möglichkeit der Zertifizierung zum Entsorgungsfachbetrieb vor. Entsorgungsfachbetrieb ist danach, wer berechtigt ist, das Gütezeichen einer nach § 52 Abs. 3 KrW-/AbfG anerkannten Entsorgergemeinschaft zu führen oder einen Überwachungsvertrag mit einer technischen Überwachungsorganisation abgeschlossen hat, der eine mindestens einjährige Überwachung vorsieht[2].

Die Zertifizierung zum Entsorgungsfachbetrieb läßt sich als die Verleihung eines „Gütesiegels"[3] für die Erfüllung besonderer Qualitätsstandards im abfallwirtschaftlichen Unternehmen beschreiben. Mit seiner Einführung ist die Absicht verbunden worden, Unternehmen der Entsorgungswirtschaft eine besondere Qualifikation zu ermöglichen, um den in der Öffentlichkeit verbreiteten zweifelhaften Ruf der Entsorgungsbranche zu verbessern und das Vertrauen der Verbraucher in die Abfallwirtschaft zu stärken[4].

---

1 Verkündet als Art. 1 des Gesetzes zur Vermeidung, Verwertung und Beseitigung von Abfällen vom 27. 9. 1994 (BGBl. I S. 2705); zuletzt geänd. durch Art. 4 des Gesetzes zur Ausführung des Protokolls vom 7. November 1996 zum Übereinkommen über die Verhütung der Meeresverschmutzung durch das Einbringen von Abfällen und anderen Stoffen von 1972 vom 25. 8. 1998 (BGBl. I S. 2455). Einen allgemeinen Überblick über das KrW-/AbfG verschaffen *Versteyl/Wendenburg*, NVwZ 1994, S. 833ff.; *dies.*, NVwZ 1996, S. 937ff.; *Petersen/Rid*, NJW 1995, S. 7ff.; *Spannowsky*, UTR 36 (1996), S. 289ff.; *Meins*, BayVBl. 1997, S. 66ff. und S. 100ff.

2 Einen guten Überblick über die Zertifizierung zum Entsorgungsfachbetrieb gibt *Elshorst*, EELR 1998, S. 111ff. Zu den Erfahrungen mit der Zertifizierung zum Entsorgungsfachbetrieb vgl. den Forschungsbericht des Umweltbundesamtes UBA-FB 99-112, *Der Entsorgungsfachbetrieb – Erfahrungen mit der Qualifizierung abfallwirtschaftlicher Unternehmen in einem System der Selbstverantwortung und Eigenkontrolle.*

3 *Schreiber*, ENTSORGA-Schrift 28, S. 9. Laut Bundesumweltministerium war die illegale Abfallbeseitigung das am häufigsten festgestellte umweltrelevante Delikt im Jahr 1996, vgl. Umwelt 1998, S. 206.

4 Vgl. *Cosson*, in: Brandt/Ruchay/Weidemann, KrW-/AbfG, B 100 § 52 Rn. 2ff.

Die Zertifizierung kann auf zweierlei Weise erfolgen: Das Unternehmen schließt entweder einen Überwachungsvertrag mit einer technischen Überwachungsorganisation, die nach erfolgter Prüfung der Zertifizierungsvoraussetzungen das Zertifikat erteilt. Das Unternehmen kann aber auch einer Entsorgergemeinschaft beitreten. Eine Entsorgergemeinschaft ist eine Vereinigung abfallwirtschaftlicher Unternehmen, die sich zu dem Zweck zusammengeschlossen haben, Anforderungen an die Zertifizierungsvoraussetzungen festzulegen, diese bei den Mitgliedsbetrieben zu überprüfen und sie bei Vorliegen der Voraussetzungen zu zertifizieren. Es handelt sich somit um eine Selbstkontrolleinrichtung. Für alle abfallwirtschaftlichen Tätigkeiten, mit Ausnahme der Abfallvermittlung[5], müssen die Anforderungen der technischen Überwachungsorganisationen und Entsorgergemeinschaften zumindest denen der Entsorgungsfachbetriebeverordnung (EfbV)[6] entsprechen, die aufgrund der Verordnungsermächtigung in § 52 Abs. 2 KrW-/AbfG erlassen worden ist.

Den Zertifizierungskandidaten treffen verschiedene organisatorische Pflichten. Der Entsorgungsfachbetrieb ist zum Beispiel verpflichtet, zur Sicherstellung eines ordnungsgemäßen Betriebsablaufs die Verantwortungsbereiche aller im Betrieb beschäftigten Personen festzulegen und in Funktionsbeschreibungen darzustellen. Daneben sind Einsatzpläne für das Personal aufzustellen, um personellen Engpässen, die sich krankheits- oder urlaubsbedingt ergeben können, vorzubeugen. Diese in der betrieblichen Eigenüberwachung erfolgten Aufzeichnungen spielen bei der Bewertung der Zertifizierungsvoraussetzungen durch die technischen Überwachungsorganisationen und Entsorgergemeinschaften eine nicht unwichtige Rolle. Die Prüfer, denen die Aufzeichnungen zur Auswertung überlassen worden sind, müssen von der Richtigkeit der darin gemachten Angaben ausgehen, wenn keine Anhaltspunkte für eine unrichtige Wiedergabe bestehen, und sie beurteilen auf dieser Grundlage, ob beispielsweise die Verantwortungsbereiche der Mitarbeiter ordnungsgemäß festgelegt sind. Es handelt sich insoweit um eine der „nachvollziehenden Ermittlung“ vergleichbare Situation, die im behördlichen Bereich zum Beispiel bei der Umweltverträglichkeitsprüfung vorliegt[7].

---

5 Vgl. dazu die im 1. Teil bei II. B. 2. gemachten Ausführungen.

6 Verordnung über Entsorgungsfachbetriebe (Entsorgungsfachbetriebeverordnung - EfbV) vom 10. September 1996 (BGBl. I S. 1421).

7 Vgl. dazu *Schmidt-Preuß*, VVDStRL 56 (1997), S. 160/180, 181.

Eine behördliche Mitwirkung ist ebenfalls vorgesehen, die sich primär jedoch auf eine „Kontrolle der Kontrolleure" konzentriert. So setzt die Zertifizierung durch eine technische Überwachungsorganisation die vorangegangene Zustimmung zum Überwachungsvertrag durch die am Sitz der technischen Überwachungsorganisation zuständige oberste Landesbehörde voraus. Die Zustimmung ist davon abhängig, daß der Inhalt des Überwachungsvertrages bestimmte gesetzliche Vorgaben erfüllt und die Sachverständigen, die die Begehung des zu zertifizierenden Betriebes vornehmen, die erforderliche Eignung aufweisen. Eine Entsorgergemeinschaft darf ihre Mitglieder nur zertifizieren, wenn sie behördlich anerkannt ist. Die Anerkennung setzt die Erfüllung von bestimmten Vorgaben an ihre Tätigkeit sowie die fehlende Besorgnis von Wettbewerbsbeschränkungen voraus.

Eine Verpflichtung zur Zertifizierung besteht nicht. Die Zertifizierung ist keine rechtliche Voraussetzung, um sich in der Entsorgungswirtschaft zu betätigen. Insofern unterscheidet sich der Entsorgungsfachbetrieb von den als Vorbild dienenden[8] wasserrechtlichen Fachbetrieben gemäß § 19l WHG, bei denen die Fachbetriebseigenschaft Voraussetzung für den Einbau, die Instandhaltung, Instandsetzung oder Reinigung von Anlagen zum Umgang mit wassergefährdenden Stoffen nach § 19g WHG ist.

Die Zertifizierung zum Entsorgungsfachbetrieb stellt neben der Beteiligung am Öko-Audit nach der Öko-Audit-Verordnung[9], der Zertifizierung eines allgemeinen Qualitätsmanagementsystems nach DIN EN ISO 9000ff.[10] sowie des umweltspezifischen Qualitätsmanagementsystems nach DIN EN ISO 14001 eine vierte Möglichkeit der freiwilligen Erfüllung besonderer, durch die Zertifizierung nach außen dokumentierter Qualitätsanforderungen dar. Teilweise überlagern sich die an die Entsorgungsfachbetriebe nach der EfbV gestellten Anforderungen mit denen nach der Öko-Audit-Verordnung und den DIN EN ISO - Normen[11]. Zur Vermeidung von Doppelprüfungen wird

---

8 Vgl. Begründung der Bundesregierung zum Entwurf der Verordnung über Entsorgungsfachbetriebe, BR-Drs. 353/96, S. 27.

9 Verordnung (EG) Nr. 761/2001 des Europäischen Parlaments und des Rates vom 19. März 2001 über die freiwillige Beteiligung von Organisationen an einem Gemeinschaftssystem für das Umweltmanagement und die Umweltbetriebsprüfung (EMAS) (ABlEG L 114, S. 1). Zu der Zertifizierung nach der Öko-Audit-VO vgl. I.B.1. im 1. Teil.

10 DIN EN ISO des Deutschen Instituts für Normung e.V. Zur Qualitätssicherung in der Lebensmittelbranche vgl. *Meier*, ZLR 1992, S. 129ff.

11 Vgl. dazu i.e. die Beschreibung im 2. Teil bei I. A. 1. a. bb.

diesem Umstand bei der Überprüfung des Zertifizierungskandidaten Rechnung getragen[12].

Die Einführung des Entsorgungsfachbetriebs war im Gesetzgebungsverfahren nicht unumstritten. Die Bundesregierung hatte gegen die auf den Bundesrat zurückgehende Anregung der Einführung der Entsorgungsfachbetriebe[13] verfassungsrechtliche und europarechtliche Zweifel geäußert. Sie verwies darauf, daß angesichts der Erweiterung des Abfallbegriffs und der damit verbundenen erheblichen Ausweitung des Anwendungsbereiches des Gesetzes Bedenken im Hinblick auf Art. 12 GG bestünden. Außerdem bestünden erhebliche Bedenken hinsichtlich des EG-Binnenmarktes, der grundsätzlich vom freien Austausch der Dienstleistungen ausgehe. Insbesondere sehe Art. 5 der Abfallrechtsrahmenrichtlinie[14] die Entsorgungsautarkie grundsätzlich nur für zu beseitigende Abfälle vor, gehe im übrigen von der Handelbarkeit verwertbarer Abfälle aus und sehe Beschränkungen nur im Rahmen der Verbringungsverordnung[15] vor. Letztlich bestünde die Gefahr der Monopolbildung; der Entsorgungsmarkt bedürfe jedoch des marktwirtschaftlichen Wettbewerbs und müsse mit den Grundsätzen des Kartellrechts übereinstimmen[16].

Die Bedenken der Bundesregierung fanden letztlich allerdings keine Berücksichtigung. Die Anregung des Bundesrates wurde vom Vermittlungsausschuß aufgenommen[17] und die Zertifizierung zum Entsorgungsfachbetrieb in § 52 KrW-/AbfG verankert.

---

12 Vgl. § 13 Abs. 4 EfbV, § 6 Abs. 7 EgRL.

13 Stellungnahme des Bundesrates zum Entwurf der Bundesregierung zu einem Gesetz zur Vermeidung von Rückständen, Verwertung von Sekundärrohstoffen und Entsorgung von Abfällen, BT-Drs. 12/5672, S. 76.

14 Richtlinie 75/442/EWG des Rates über Abfälle vom 15. Juli 1975 (ABlEG L 194, S. 39), geänd. durch Richtlinie 91/156/EWG vom 18. 3. 1991 (ABlEG L 78, S. 32), Richtlinie 91/692/EWG vom 23. 12. 1991 (ABlEG L 377, S. 48) und Entscheidung 96/350/EG vom 24. 5. 1996 (ABlEG L 135, S. 32).

15 Verordnung (EWG) Nr. 259/93 des Rates zur Überwachung und Kontrolle der Verbringung von Abfällen in der, in die und aus der Europäischen Gemeinschaft vom 1. Februar 1993 (ABlEG L 30, S. 1, ber. ABlEG L 18, S. 38), zuletzt geänd. durch Entscheidung 1999/816/EG vom 24. November 1999 (ABlEG L 316, S. 45).

16 Gegenäußerung der Bundesregierung zur Stellungnahme des Bundesrates, BT-Drs. 12/5672, S. 132.

17 Vgl. den Hinweis in der Entwurfsbegründung der Bundesregierung zur Verordnung über Entsorgungsfachbetriebe (Entsorgungsfachbetriebeverordnung - EfbV), BR-Drs. 353/96, S. 27.

B. Gründe für die Zertifizierung

Insgesamt bestehen drei Gründe, die abfallwirtschaftliche Unternehmen dazu bewegen könnten, von der Möglichkeit der Zertifizierung zum Entsorgungsfachbetrieb Gebrauch zu machen.

I. Stärkung der haftungsrechtlichen Verantwortlichkeit der Entsorgungspflichtigen

Durch die Möglichkeit der Zertifizierung zum Entsorgungsfachbetrieb sollen Anreize für ein hohes Qualifikationsniveau in der Entsorgungswirtschaft gesetzt werden[18]. Die Erfüllung hoher Entsorgungsstandards spielt insbesondere bei der Beauftragung gewerblicher Entsorgungsunternehmen eine wichtige Rolle. Nach § 16 Abs. 1 S. 1 KrW-/AbfG können die nach §§ 5 Abs. 2, 11 Abs. 1 KrW-/AbfG zur Verwertung und Beseitigung verpflichteten Abfallerzeuger und -besitzer sowie die entsorgungspflichtigen Körperschaften Dritte mit der Erfüllung ihrer Pflichten beauftragen[19]. Die Verantwortlichkeit der Auftraggeber für die ordnungsgemäße Erfüllung der Entsorgungspflichten bleibt nach § 16 Abs. 1 S. 2 KrW-/AbfG hiervon jedoch unberührt. Der Dritte wird lediglich als Erfüllungsgehilfe tätig[20].

Wird die Entsorgung nicht ordnungsgemäß durchgeführt, kann der Auftraggeber strafrechtlich (a.) und zivilrechtlich (b.) zur Verantwortung gezogen werden[21].

a. Strafrechtliche Verantwortlichkeit

Ein vom BGH entschiedener Fall, das *Falisan*-Urteil[22], soll die strafrechtliche Verantwortlichkeit illustrieren. Der Angeklagte, dem der Vorwurf der fahrlässigen umweltgefährdenden Abfallbeseitigung nach § 326 Abs. 1 Nr. 3, Abs. 4 a.F. StGB zur Last ge-

---

18 Entwurfsbegründung der Bundesregierung zur Verordnung über Entsorgungsfachbetriebe (Entsorgungsfachbetriebeverordnung - EfbV), BR-Drs. 353/96, S. 29.

19 Zum Einsatz von Entsorgungsfachbetrieben als Drittbeauftragte vgl. *Peters*, UPR 1997, S. 211ff.

20 *Kahl*, DVBl 1995, S. 1327/1329; *Schink*, DÖV 1995, S. 881/884; *Queitsch*, der städtetag 1998, S. 272; *Wieberneit*, BB 1997, S. 2333/2335. Insofern besteht kein Unterschied zu der alten Rechtslage nach § 3 Abs. 2 S. 2 AbfG a.F., vgl. dazu *Kunig*, in: Kunig/Schwermer/Versteyl, AbfG, § 3 Rn. 33; *Tettinger*, GewArch 1988, S. 41/46; *Winkelmann*, UPR 1991, S. 169/170.

21 Ausführlich zur strafrechtlichen Verantwortlichkeit des Abfallbesitzers nach § 326 StGB *Krieger*, DB 1996, S. 613ff; vgl. auch BayOblG, NuR 2000, S. 407ff. zur Strafbarkeit nach § 326 Abs. 2 StGB bei einem Verstoß gegen die EG-Abfallverbringungsverordnung (unterlassene Notifizierung bei der grenzüberschreitenden Verbringung von Abfall zur Verwertung, der in der „gelben Liste" aufgeführt ist).

22 BGH NJW 1994, S. 1745ff. = BGHSt 40, 84ff. - *Falisan* -.

legt wurde, war Geschäftsführer eines Entsorgungsunternehmens, das mit der Entsorgung von quecksilberhaltiger Saatgutbeize (Falisan) beauftragt worden war. Obwohl es dem Auftraggeber erkennbar darauf ankam, die Entsorgung des Falisan in den Anlagen durchführen zu lassen, über die bei den Vertragsverhandlungen gesprochen worden war, entschloß sich der Angeklagte, das Falisan einem dritten Unternehmen X zur Entsorgung zu überlassen, ohne den Auftraggeber hiervon in Kenntnis zu setzen. Ohne Wissen des Angeklagten hatte X jedoch schon vor der Überlassung des Falisan mit einem In- und Exportkaufmann vereinbart, daß dieser das Falisan gegen eine Vergütung übernehme. Das Falisan wurde teilweise in einem von dem Kaufmann ausersehenen Schweinestall in Deutschland, teilweise in einem Hühnerstall in Polen gelagert.

Die Sorgfaltsanforderungen, die denjenigen treffen, der einen anderen mit der Entsorgung von umweltgefährdendem Abfall i.S.d. § 326 Abs. 1 Nr. 3 StGB beauftragt[23], beziehen sich nach dem BGH „insbesondere auf die Auswahl des mit der Abfallbeseitigung zu beauftragenden Unternehmens, das (...) bestimmten Zuverlässigkeitskriterien entsprechen muß“[24]. Der Auftraggeber genüge dieser Pflicht nicht schon dadurch, daß er mit der Entsorgung ein Unternehmen betraue, das überhaupt Abfallbeseitigung betreibe, die ersuchte Leistung anbiete und die ordnungsgemäße Erledigung in allgemeiner Form zusage. Vielmehr treffe ihn eine darüber hinaus gehende Erkundigungspflicht in dem Sinne, daß er sich davon zu überzeugen habe, ob das in Aussicht genommene Unternehmen zu der angebotenen Abfallentsorgung tatsächlich imstande und rechtlich befugt sei[25].

In dem *Falisan*-Urteil findet sich noch eine weitere, für die Beauftragung von Entsorgungsfachbetrieben besonders interessante Überlegung: Der BGH verweist darauf, daß die Fahrlässigkeit nicht schon deshalb verneint werden durfte, weil die Firma X - abgesehen davon, daß sie von einem Sachverständigen empfohlen worden war und keine Anhaltspunkte für eine nicht ordnungsgemäße Entsorgung des Falisan vorlagen - Mitglied eines Entsorgungsverbands war. Der Mitgliedschaft in dem betreffenden Unter-

---

[23] Dem BGH zufolge spielt es dabei keine Rolle, ob der Auftraggeber Abfallbesitzer ist. Täter im Sinne des § 326 StGB könne nach allgemeinen Grundsätzen auch derjenige sein, der, ohne für die ordnungsgemäße Abfallbeseitigung selbst verantwortlich zu sein, eine Beseitigungshandlung mit Tatherrschaft vornehme oder vornehmen lasse. Demgemäß unterliege jeder Auftraggeber, gleichgültig, ob er „Abfallbesitzer“ sei oder die Beseitigung von Abfall für andere übernommen habe und seinerseits delegiere, denselben Anforderungen an die - objektiv - zu erbringende Sorgfalt, vgl. BGH NJW 1994, S. 1745/1747.

[24] BGH NJW 1994, S. 1745/1747, 1748.

[25] BGH NJW 1994, S. 1745/1748.

nehmensverband käme Bedeutung nur dann zu, wenn diese u.a. von der Erfüllung bestimmter Zuverlässigkeitsstandards abhängig wäre[26].

Die logische Folge dieser Ausführungen ist, daß es dem Abfallerzeuger haftungsrechtlich zugute kommen muß, wenn er einen Entsorgungsfachbetrieb mit der Entsorgung beauftragt[27]. Sofern der Entsorgungsfachbetrieb für die Entsorgungstätigkeit, die Gegenstand des Auftrags ist, zertifiziert worden ist und dem Auftraggeber keine Hinweise auf einen etwaigen Wegfall der Zertifizierungsvoraussetzungen vorliegen, kann der Vorwurf der Sorgfaltswidrigkeit jedenfalls nicht mehr darauf gestützt werden, daß der Auftraggeber „irgendein" Unternehmen mit der Entsorgungstätigkeit beauftragt und sich nicht zuvor über die tatsächliche und rechtliche Möglichkeit des Unternehmens, den Auftrag ordnungsgemäß auszuführen, vergewissert hat[28].

Allerdings wird die Beauftragung eines Entsorgungsfachbetriebs nicht automatisch zum Entfallen eines möglichen Fahrlässigkeitsvorwurfs führen[29]. Das Überwachungszertifikat garantiert die ordnungsgemäße Entsorgungstätigkeit nicht[30], da seit der letzten Begehung des Betriebes nachteilige Veränderungen eingetreten oder bei der Begehung Mißstände nicht erkannt worden sein können.

Für den Auftraggeber ergibt sich daraus, daß er regelmäßig zwar von der ordnungsgemäßen Entsorgungstätigkeit des Entsorgungsfachbetriebs ausgehen kann, er jedoch verpflichtet ist, Ermittlungen über die Arbeitsweise des Unternehmens anzustellen, wenn Anhaltspunkte gegen die Ordnungsgemäßheit der Tätigkeit des Entsorgungsfachbetriebs bestehen.

b. Zivilrechtliche Verantwortlichkeit

Die Beauftragung eines Entsorgungsfachbetriebs führt auch zu einer Entlastung im Rahmen der zivilrechtlichen Verantwortlichkeit. Den Erzeuger und Besitzer von Abfall trifft eine Verkehrssicherungspflicht dahingehend, daß er das Erforderliche und ihm

---

26 BGH NJW 1994, S. 1745/1748.

27 Vgl. auch *Cosson*, in: Brandt/Ruchay/Weidemann, KrW-/AbfG, B 100 § 52 Rn. 189.

28 *Versteyl*, in: Kunig/Paetow/Versteyl, KrW-/AbfG, § 52 Rn. 3; vgl. auch *Tünnesen-Harmes*, in: Himmelmann/Pohl/Tünnesen-Harmes, Handbuch des Umweltrechts, B 3.8, EfbV, Rn. 15.

29 In diese Richtung argumentierend *Fritsch*, Das neue KrW-/AbfG, Rn. 664: „Einen Fahrlässigkeitsvorwurf wird man dem Auftraggeber nur noch in extremen Ausnahmesituationen machen können".

30 *Cosson*, in: Brandt/Ruchay/Weidemann, KrW-/AbfG, B 100 § 52 Rn. 189.

Zumutbare unternehmen muß, damit sich die mit der Abfallentstehung, -beförderung, -lagerung und -entsorgung entstehenden Gefahren nicht zum Schaden Dritter auswirken[31]. Die Erfüllung dieser Pflicht erfordert die Vornahme von Aufklärungsmaßnahmen, etwa die Feststellung der Zusammensetzung und der Gefährlichkeit des zu entsorgenden Abfalls[32], die Beachtung der für die Entsorgungsanlage geltenden öffentlich-rechtlichen Bestimmungen, organisatorische Vorkehrungen, zum Beispiel durch die Festlegung von Verantwortlichkeiten im Unternehmen, und Kontroll- und Aufsichtsmaßnahmen über das die konkrete Entsorgungstätigkeit wahrnehmende Personal bzw. Unternehmen[33].

Wird ein drittes Unternehmen mit der Entsorgung beauftragt, besteht die den Abfallerzeuger treffende Verkehrssicherungspflicht nach dem von dem BGH entschiedenen *Mineralöl*-Fall insofern weiter, als dieser sich in angemessener Weise Gewißheit darüber verschaffen muß, daß der Dritte eine ordnungsgemäße Entsorgung der Abfälle gewährleisten kann[34]. In der *Mineralöl*-Entscheidung ging es um die deliktsrechtliche Verantwortlichkeit eines Industrieunternehmens, das Mineralölabfälle einem Abfallbeseitiger zum Transport und zur schadlosen Verbrennung überlassen hatte. Das beauftragte Unternehmen beförderte die Abfälle zu einer von ihm errichteten Beseitigungsanlage, die auf einer mit Müll verkippten Kiesgrube errichtet worden war. Eine Genehmigung für den Betrieb der Anlage lag jedoch nicht vor, und der Müll wurde auch nicht in der Anlage beseitigt. Statt dessen leitete das beauftragte Unternehmen die Ölabfälle durch in den Boden getriebene Löcher unmittelbar in die Kiesgrube ein mit der Folge, daß oberhalb und auf dem Grundwasserspiegel ein ausgedehnter Ölkörper festgestellt wurde. Der Auftraggeber wurde von dem betroffenen städtischen Wasserwerk, das aufwendige Vorsorgemaßnahmen hatte vornehmen müssen, auf Ersatz der hierdurch entstandenen Aufwendungen in Anspruch genommen.

Der BGH führte aus, daß der verkehrssicherungspflichtige Abfallerzeuger von seiner Verantwortung für die von ihm geschaffenen Gefahrenquellen nicht immer schon dadurch freigestellt sei, daß eine andere Stelle aufgrund eines Vertrages zu ihrer Sicherung ebenfalls verpflichtet sei. Vielmehr könne er, wenn die Umstände es erforderten, etwa bei besonders erhöhter Gefahrenlage oder bei ernsthaften Zweifeln über die Ein-

---

31 BGH NJW 1976, S. 46 - *Mineralöl* -; OLG Düsseldorf DB 1995, S. 2262/2263.

32 BGHZ 63, 119/123.

33 *Taupitz*, UTR 40 (1997), S. 237/251.

34 BGH NJW 1976, S. 46/47.

haltung der Gefahren- und Sicherheitsanforderungen, verpflichtet sein, die Arbeiten des beauftragten Unternehmens zu überwachen und notfalls selbst einzugreifen[35].

Bei der Beauftragung eines Entsorgungsfachbetriebs ist der Auftraggeber nur noch dann verpflichtet, sich über die Eignung des Unternehmens zu vergewissern, wenn Anhaltspunkte für eine nicht ordnungsgemäße abfallwirtschaftliche Tätigkeit des zu beauftragenden Unternehmens bestehen. Die besonderen Qualitätsmerkmale des Unternehmens, zu denen die Vornahme weitreichender betrieblicher organisatorischer Vorkehrungen[36], die Sicherung der Durchführung der abfallwirtschaftlichen Tätigkeit entsprechend den gesetzlichen Anforderungen und die persönliche Eignung (Zuverlässigkeit, Fach- bzw. Sachkunde) aller im Betrieb beschäftigten Personen zählen[37], sind schon von den technischen Überwachungsorganisationen bzw. Entsorgergemeinschaften geprüft worden. Eine unwiderlegbare Vermutung für eine ordnungsgemäße Entsorgungstätigkeit liegt zwar nicht vor. Von der Verläßlichkeit der Prüfergebnisse ist im Regelfall aber auszugehen. Ferner ist zu berücksichtigen, daß die an die Entsorgungsfachbetriebe gestellten Anforderungen regelmäßig weit über die Anforderungen hinausgehen, die ein Auftraggeber an das Entsorgungsunternehmen stellen könnte[38].

2. Anreiz durch Deregulierung[39]

Infolge verschiedener verfahrensrechtlicher Privilegien, die mit der Zertifizierung zum Entsorgungsfachbetrieb verbunden sind, soll ein Anreiz für Entsorgungsunternehmen geschaffen werden, sich der freiwilligen Überwachung durch technische Überwachungsorganisationen oder durch anerkannte Entsorgergemeinschaften zu unterziehen. Nach § 51 Abs. 1 KrW-/AbfG bedürfen Entsorgungsfachbetriebe keiner Trans-

35 BGH NJW 1976, S. 46/47.

36 Ausführlich zur deliktischen Haftung von Unternehmensträgern und -mitarbeitern sowie zu Haftungserleichterungen bei Einhaltung von in der Öko-Audit-VO bzw. in den DIN EN ISO 9000ff. vorgeschriebenen Managementstrukturen *Möllers*, DB 1996, S. 1455ff., insbesondere S. 1460f.

37 Vgl. die Beschreibung im 2. Teil, II. C.

38 Vgl. auch die Ausführungen von *Petersen*, einem der an der Erarbeitung der EfbV maßgeblich beteiligten Mitarbeiter des Bundesumweltministeriums, wonach die Anforderungen, die an Entsorgungsfachbetriebe gestellt werden, über die der bisherigen Zertifizierungssysteme hinausgehen: „Man kann davon ausgehen, daß derjenige, der Entsorgungsfachbetrieb ist, in der Regel den höchsten Vertrauensschutz auch für den Abfallerzeuger bringt. Es gibt aus meiner Sicht nichts Vergleichbares, weder ISO-zertifizierte Betriebe noch Öko-Audit-validierte Betriebe“, vgl. ENTSORGA-Schrift 28, S. 11/13.

39 Zweifel am Deregulierungseffekt äußern *Kaminski/Konzak*, Das untergesetzliche Regelwerk zum Kreislaufwirtschafts- und Abfallgesetz, EfbV - Vorbemerkungen Rn. 17. Zu der Deregulierung in der Abfallwirtschaft generell vgl. *Tomerius*, ZG 2000, S. 247ff.

portgenehmigung nach § 49 KrW-/AbfG und keiner Genehmigung für die Vermittlung von Abfallverbringungen nach § 50 KrW-/AbfG[40]. Die behördliche Kontrollerlaubnis wird durch ein Anzeigeverfahren ersetzt. Des weiteren ist der Entsorgungsfachbetrieb nach § 13 Abs. 5 der Verordnung über Verwertungs- und Beseitigungsnachweise (Nachweisverordnung)[41] von der Pflicht befreit, Abfälle nur nach vorhergehender behördlicher Bestätigung des Entsorgungsnachweises anzunehmen[42]. Schließlich gilt der Entsorgungsfachbetrieb gemäß § 2 Abs. 5 AltautoV[43] als anerkannter Verwertungsbetrieb oder Anlage zur weiteren Verwertung von Altautos. Eine nochmalige Überprüfung nach § 4 Abs. 2 AltautoV durch einen hierfür qualifizierten Sachverständigen, der eine entsprechende Prüfbescheinigung ausstellt, erübrigt sich.

Die Zertifizierung führt angesichts der Freistellung von den Genehmigungspflichten somit zu einer teilweisen Rücknahme der behördlichen Überwachung über den Entsorgungsfachbetrieb. Die Intensität der Präventivkontrolle wird infolge der Ersetzung der Genehmigungs- durch eine Anzeigepflicht abgeschwächt. Damit wird für die Abfallwirtschaft auf bundesgesetzlicher Ebene festgelegt, was beim Öko-Audit unter dem Stichwort der „funktionalen Äquivalenz" diskutiert wird[44] und in Bayern sogar in einer Vereinbarung zwischen der bayerischen Staatsregierung und der bayerischen Wirtschaft seinen Niederschlag gefunden hat[45]. Funktionale Äquivalenz bedeutet, daß die

---

40 Zum Streit zwischen Bund und Ländern, ob auch Abfallmakler zertifiziert werden können, vgl. die Ausführungen im 1. Teil bei II. B. 2.

41 Verordnung über Verwertungs- und Beseitigungsnachweise (Nachweisverordnung - NachwV) vom 10. September 1996 (BGBl. I S. 1382).

42 Zur Übertragbarkeit von Entsorgungsnachweisen und Transportgenehmigungen vgl. *Spieß* NuR 1999, S. 306ff.

43 Verordnung über die Überlassung und umweltverträgliche Entsorgung von Altautos (Altauto-Verordnung - AltautoV), verkündet als Art. 1 der Verordnung über die Entsorgung von Altautos und die Anpassung straßenverkehrsrechtlicher Vorschriften vom 4. Juli 1997 (BGBl. I S. 1666); vgl. hierzu den Beitrag von *Kopp*, NJW 1997, S. 3292ff.

44 Vgl. *Mittelstaedt*, in: Lübbe-Wolff, Der Vollzug des europäischen Umweltrechts, S. 235/244; *Hansmann*, in: Rengeling, Integrierter und betrieblicher Umweltschutz, S. 207/211f.; *Köck*, JZ 1995, S. 643/650; *ders.*, VerwArch 87 (1996), S. 644/680; *Schneider*, Die Verwaltung 28 (1995), S. 361/386; *Koch/Laskowski*, ZUR 1997, S. 182/184ff.

45 „Umweltpakt Bayern. Miteinander die Umwelt schützen" lautet der Titel einer am 23. Oktober 1995 zwischen der Bayerischen Staatsregierung und der bayerischen Wirtschaft abgeschlossenen Vereinbarung, in der sich die Vertreter der Wirtschaft verpflichteten, innerhalb der nächsten 5 Jahre 500 Standorte nach der Öko-Audit-VO registrieren zu lassen. Im Gegenzug erklärte die Staatsregierung, „alle landesrechtlichen Handlungsspielräume aus[zu]schöpfen sowie über Bundesrat, Umweltminister- und Wirtschaftsministerkonferenz im Bereich bundes- und europarechtlicher Regelung darauf hinzuwirken, daß Unternehmen, die als geprüfter Standort im Rahmen des EG-Öko-Audit-Systems registriert sind, funktional äquivalente Erleichterungen bei den Be-

behördliche Überwachungstätigkeit durch private Eigenüberwachung ersetzt werden kann, sofern die Wirksamkeit der privaten Kontrollmechanismen, die der behördlichen Überwachung in nichts nachstehen darf, gewährleistet ist[46]. Im Rahmen des Öko-Audits kommt die „Ersetzung (...) der Aufgaben der Vollzugsbehörden durch selbstverantwortliche betriebliche Kontrolle (...)“ deshalb „nur dann in Betracht, wenn das jeweilige Instrument aus Öko-Audit-Verordnung und Ordnungsrecht gleichwertig in seinen Zielsetzungen und gleich in seiner Steuerwirksamkeit, d.h. funktional und materiell äquivalent ist“[47]. In bezug auf behördliche Genehmigungsverfahren hat das Öko-Audit-System auf gesetzlicher Ebene bisher nur zu einer Erleichterung bei den vorzulegenden Unterlagen bei der Antragstellung auf Erteilung einer immissionsschutzrechtlichen Anlagengenehmigung geführt. Nach der - unklaren[48] - Formulierung des § 4 Abs. 1 S. 2 der 9. BImSchV berücksichtigt die Genehmigungsbehörde bei der Prüfung der Genehmigungsunterlagen im Rahmen ihres Ermittlungsermessens, daß der Genehmigungsgegenstand Teil eines registrierten Standortes ist, was zu einer Übernahme der Prüfergebnisse des Umweltgutachters führen könnte[49].

Vor diesem Hintergrund stellt sich die gesetzliche Freistellung des Entsorgungsfachbetriebs von drei Genehmigungspflichten in der Tat als „Pionierregelung“[50] dar.

---

richts- und Dokumentationspflichten, den Behördenkontrollen und im Genehmigungsverfahren erhalten“ (zitiert bei *Böhm-Amtmann*, ZUR 1997, S. 178/179). Ausführlich zum „Umweltpakt Bayern“ *Böhm-Amtmann*, ZUR 1997, S. 178ff.; *dies.*, GewArch 1997, S. 353ff.

46 Vgl. *Mittelstaedt*, in: Lübbe-Wolff, Der Vollzug des europäischen Umweltrechts, S. 235/244; *Moormann*, ZUR 1997, S. 188/191, der zwischen drei „Betrachtungsebenen“ unterscheidet: „(1) Gleichwertigkeit auf der Zielebene, (2) Gleichwertigkeit in der Wirkmächtigkeit im System („Funktionalität“ als - abstrakte - Steuerungswirksamkeit) und (3) Gleichwertigkeit hinsichtlich der faktischen Durchsetzungsmacht („Funktionalität“ als - konkrete Steuerungswirksamkeit)“; vgl. auch *Feldhaus*, UPR 1997, S. 341/342, 343.

47 Zitiert nach *Böhm-Amtmann*, GewArch 1997, S. 353/355.

48 *Feldhaus*, UPR 1997, S. 341/346.

49 *Feldhaus*, UPR 1997, S. 341/347.

50 *Schmidt-Preuß*, VVDStRL 56 (1997), S. 160/199. Die Ersetzung von Genehmigungs- durch Anzeigeverfahren sollte nach dem Willen der alten Bundesregierung allerdings auf breiterer Ebene eingeführt werden, vgl. Unterrichtung durch die Bundesregierung - "Schlanker Staat": Die nächsten Schritte, BT-Drs. 13/10145, S. 7; vgl. auch schon die Vorschläge der von der alten Bundesregierung eingesetzten *Schlichter*-Kommission, dargestellt - am Beispiel des Immissionsschutzrechts - bei *Schmidt-Kötters*, in: Hoffmann-Riem/Schneider, Verfahrensprivatisierung im Umweltrecht, S. 31ff., insbesondere S. 73ff. Eine Bund-Länder-Arbeitsgruppe untersucht weitere Möglichkeiten der Deregulierung im Abfallrecht, einschließlich weiterer verfahrensrechtlicher Erleichterungen für Entsorgungsfachbetriebe. Die Arbeitsgruppe soll ihre Ergebniss im Herbst 2001 vorlegen.

3. Anreiz durch verbesserte Wettbewerbschancen

Indem das Vertrauen der Entsorgungspflichtigen in die Zuverlässigkeit der Entsorgungsbetriebe durch die Zertifizierung gestärkt wird, eröffnen sich den Entsorgungsfachbetrieben im Vergleich zu nicht zertifizierten Betrieben auch verbesserte Marktchancen. Nicht zuletzt wegen der ihn treffenden zivil- und strafrechtlichen Verantwortlichkeit wird sich der Abfallerzeuger vornehmlich an Entsorgungsfachbetriebe halten, da sie am verläßlichsten eine ordnungsgemäße abfallwirtschaftliche Tätigkeit gewährleisten. Vor diesem Hintergrund wird häufig die Ansicht geäußert, daß die Zertifizierung langfristig die „Eintrittskarte" für den Entsorgungsmarkt werde[51]. Die verbesserten Auftragschancen werden im übrigen, da die deregulierende Wirkung der Zertifizierung sich nicht unbedingt kostengünstiger als die Erfüllung der Zertifizierungsanforderungen auswirken wird, als der eigentliche Grund für die Entscheidung des Unternehmens, sich zertifizieren zu lassen, genannt[52].

Grundsätzlich sind viele abfallwirtschaftliche Unternehmen bereit, sich zum Entsorgungsfachbetrieb zertifizieren zu lassen. Nach Informationen des Landesumweltamtes Nordrhein-Westfalen wurden bis zum 30. April 1998 allein mit in Nordrhein-Westfalen ansässigen, aber bundesweit tätigen technischen Überwachungsorganisationen Überwachungsverträge geschlossen, die sich auf insgesamt 428 Standorte[53] bezogen. Bis zum 15. Dezember 1997 waren demgegenüber nur 303 Standorte gezählt worden[54]. Entsorgergemeinschaften, die in Nordrhein-Westfalen ansässig sind, aber Mitglieder aus dem gesamten Bundesgebiet haben, haben bis zum 30. April 1998 Zertifizierungsanträge für insgesamt 1185 Standorte, gegenüber 1016 Standorte zum 15. Dezember 1997, vorgelegen[55].

---

51 *Hüwels* in seinem bei den 5. Kölner Abfalltagen zu dem Thema „Abfall und Haftung" gehaltenen Vortrag über die Bedeutung freiwilliger Überwachungssysteme bei der Organisation und Kontrolle der Pflichtenwahrnehmung im Betrieb, zitiert bei *Schoeneck*, ZUR 1997, S. 107/108; vgl. auch die Begrüßungsworte des Bonner Stadtdirektors *R. Schreiber* zur 1. Informationsveranstaltung „Entsorgungsfachbetriebeverordnung - Umsetzung und erste Erfahrungen" des EdDE am 9. Juni 1997 in Köln, ENTSORGA-Schrift 28, S. 9.

52 Zu den Kosten der durch die Zertifizierung entfallenden Genehmigungen (ausgenommen die Kosten der Überprüfung durch einen Sachverständigen nach § 4 Abs. 2 AltautoV) vgl. *Kaminski/Konzak*, Das untergesetzliche Regelwerk zum Kreislaufwirtschafts- und Abfallgesetz, EfbV - Vorbemerkungen Rn. 19 - 21.

53 Die Zertifizierung erfolgt standort- und nicht unternehmensbezogen. Ein Entsorgungsunternehmen kann Anlagen an verschiedenen Standorten zertifizieren lassen.

54 LUA-INFO Entsorgungsfachbetrieb Nr. 5, Daten zum Vollzug Teil II, S. 2.

55 LUA-INFO Entsorgungsfachbetrieb Nr. 5, Daten zum Vollzug Teil II, S. 2.

Bis zum 30. April 1998 sind durch die technischen Überwachungsorganisationen bereits 219 Standorte, gegenüber 121 Standorten zum 15. Dezember 1997, zertifiziert worden. Entsorgergemeinschaften haben bis zum 30. April 1997 insgesamt 530 Standorte, gegenüber 211 Standorte zum 15. Dezember 1997, zertifiziert[56].

C. Gegenstand der Untersuchung

Die Zertifizierung zum Entsorgungsfachbetrieb nach 52 KrW-/AbfG zeichnet sich dadurch aus, daß die freiwillige Unterwerfung unter ein von Privaten durchgeführtes Zertifizierungssystem gesetzlich mit dem Wegfall drei behördlicher Genehmigungspflichten verbunden ist. Prägend sind der - noch zu klärende und hier im untechnischen Sinne verstandene - „private" Charakter und die Freiwilligkeit des Überwachungs- und Zertifizierungssystems.

Diese beiden Kernpunkte sollen in dieser Arbeit daraufhin überprüft werden, ob sie verfassungsrechtlichen Anforderungen und den Vorgaben des europäischen Gemeinschaftsrechts gerecht werden.

I. Überwachung durch Private

Das Verhältnis der von privatrechtlich organisierten Vereinen durchgeführten Prüftätigkeit, bei der zudem der Eigenüberwachung des Zertifizierungskandidaten erhebliches Gewicht zukommt, zu der behördlichen Überwachung ist von besonderem Interesse. Die ordnungsgemäße abfallwirtschaftliche Tätigkeit ist für den Umwelt- und Gesundheitsschutz von grundlegender Bedeutung[57] und durch eine effektive Überwachung zu sichern. Wird die „zum Kernbereich traditionell staatlicher Sicherheits -und Ordnungsgewährleistung"[58] zählende Umweltaufsicht bei der Behörde zurückgeschraubt und „an ihre Stelle" eine Kombination aus Fremdüberwachung durch private Prüfstellen und Eigenüberwachung gesetzt, stellt sich die Frage, ob das Überwachungs- und Zertifizierungssystem durch Private den Anforderungen an die Zulässigkeit und Grenzen der Privatisierung der Gefahrenabwehr standhält.

---

[56] LUA-INFO Entsorgungsfachbetrieb Nr. 5, Daten zum Vollzug Teil II, S. 2.

[57] Vgl. BVerfGE 79, 127/156 - *Rastede* -.

[58] *Lübbe-Wolff/Steenken*, ZUR 1993, S. 263/265. Zur Kooperation privater und staatlicher Stellen im Kreislaufwirtschafts- und Abfallrecht vgl. *Fluck*, UPR 2000, S. 281ff.

Die Frage wird unter zwei Aspekten untersucht: Zum einen wird das Konzept an den Vorgaben gemessen, die die Verfassung zu der Privatisierung von Aufgaben der Gefahrenabwehr macht. Geprüft wird, ob die Verfassung die Wahrnehmung von Überwachungsaufgaben durch Private überhaupt zuläßt und ob der beamtenrechtliche Funktionsvorbehalt aus Art. 33 Abs. 4 GG ihr nicht entgegensteht. Ferner wird untersucht, welche Vorgaben sich aus dem Demokratie- und Rechtsstaatsprinzip ergeben und ob ihnen genügt wird. An zweiter Stelle ist zu klären, welche Anforderungen sich aus der grundrechtlichen Schutzpflicht und dem Staatsziel Umweltschutz an die Verantwortung des Staates zur Gewährleistung einer ordnungsgemäßen abfallwirtschaftlichen Tätigkeit ergeben.

Eine funktionierende Überwachung in der Abfallwirtschaft im Interesse des Gesundheits- und Umweltschutzes ist auch auf gemeinschaftsrechtlicher Ebene von Bedeutung. Die Abfallrechtsrahmenrichtlinie 75/442[59] bestimmt in ihrem siebten Erwägungsgrund das Erfordernis der behördlichen Präventivkontrolle in der „strengen" Form des Genehmigungsvorbehaltes für Unternehmen, die Abfälle für andere aufbereiten, lagern oder ablagern und für Firmen, die ihre Abfälle selbst beseitigen oder fremde Abfälle sammeln. In der Richtlinie über gefährliche Abfälle[60] bestimmt der sechste Erwägungsgrund, daß sichergestellt werden muß, daß die Beseitigung und Verwertung gefährlicher Abfälle möglichst vollständig überwacht wird.

Die Einschränkung der behördlichen Überwachung aufgrund der Zertifizierung durch die technischen Überwachungsorganisationen und Entsorgergemeinschaften wird vor diesem Hintergrund auch an den gemeinschaftsrechtlichen Überwachungsvorgaben gemessen.

2. Freiwilligkeit der Zertifizierung

Der zweite Fragenkreis betrifft die Berührung von Grundrechten und Grundfreiheiten trotz der Freiwilligkeit der Zertifizierung. Aufgrund der oben aufgezeigten haftungsrechtlichen Erleichterungen des Abfallkunden bei Beauftragung eines Entsorgungsfachbetriebs und der damit verbundenen wettbewerbsrechtlichen Vorteile desselben

---

59 Richtlinie 75/442/EWG des Rates über Abfälle vom 15. Juli 1975 (ABlEG L 194, S. 39), geänd. durch Richtlinie 91/156/EWG vom 18. 3. 1991 (ABlEG L 78, S. 32), Richtlinie 91/692/EWG vom 23. 12. 1991 (ABlEG L 377, S. 48) und Entscheidung 96/350/EG vom 24. 5. 1996 (ABlEG L 135, S. 32).

60 Richtlinie 91/689/EWG des Rates vom 12. Dezember 1991 über gefährliche Abfälle (ABlEG L 377, S. 20), geänd. durch Richtlinie 94/31/EWG vom 27. 06. 1994 (ABlEG L 168, S. 28).

könnte sich die Vermutung, daß die Zertifizierung sich als „Eintrittskarte" auf dem Abfallmarkt darstellen wird, bewahrheiten und das abfallwirtschaftliche Unternehmen gehalten sein, einer Entsorgergemeinschaft beizutreten oder einen Überwachungsvertrag mit einer technischen Überwachungsorganisation abzuschließen. Dieser „Zwang zur Zertifizierung" kann sich sowohl auf in Deutschland als auch auf in anderen Mitgliedstaaten der EU ansässige Unternehmen auswirken.

3. Eingrenzung

Die Beantwortung der beiden Fragen geht von dem Fall aus, daß sowohl das zertifizierungswillige Unternehmen bzw. der schon zertifizierte Entsorgungsfachbetrieb als auch die Prüforganisationen und Entsorgergemeinschaften Private sind. Die Beteiligung öffentlich-rechtlicher Entsorgungsunternehmen am Zertifizierungsverfahren wird nur an zwei Stellen angesprochen und zwar zum einen bei der Frage, wer sich zum Entsorgungsfachbetrieb zertifizieren lassen kann[61] und im Zusammenhang mit der Grundrechtsfähigkeit von Entsorgergemeinschaften, die im Rahmen der staatlichen Schutzpflicht von Bedeutung ist[62].

Darüber hinaus wird die Zertifizierung von Unternehmen, die sich als Abfallmakler betätigen, nicht in die Untersuchung einbezogen. Dieser Bereich ist gesetzlich nur insofern geregelt ist, als § 51 Abs. 1 KrW-/AbfG von der Möglichkeit der Zertifizierung für diesen Berufszweig ausgeht. Weitere Einzelheiten sind jedoch nicht niedergelegt. Die vorliegende Abhandlung untersucht dagegen das Zertifizierungssystem auf der Grundlage der Bestimmungen des § 52 KrW-/AbfG und des dazu ergangenen untergesetzlichen Regelwerkes. Lediglich im Zusammenhang mit der Frage, welche Unternehmen sich zum Entsorgungsfachbetrieb zertifizieren lassen können, wird auf die Zertifizierung von Abfallmaklern eingegangen.

4. Weitere Fragen

Das Zertifizierungssystem wirft im Hinblick auf die Vereinbarkeit mit deutschem und europäischem Recht noch weitere Fragen auf, die hier allerdings nur kurz angerissen werden.

---

[61] Zu der Zertifizierungsfähigkeit öffentlicher Entsorgungsunternehmen vgl. die Ausführungen im 1. Teil bei II. A. 1.

[62] Vgl. den 4. Teil, I B. 2. c. aa. (2) (b).

In grundrechtlicher Hinsicht stellt sich neben der Frage nach dem „Zwang zur Zertifizierung“ die Frage, inwieweit die Grundrechte und Grundfreiheiten der nicht zertifizierten Unternehmen durch das Bestehenbleiben der drei Genehmigungspflichten berührt werden[63].

In wettbewerbsrechtlicher Hinsicht stellt sich die Frage, wie Entsorgergemeinschaften ihre Satzung ausgestalten müssen, ohne Wettbewerbsverstöße zu begehen[64]. Von Bedeutung ist beispielsweise, welche Aufnahmebedingungen die Entsorgergemeinschaft vorsieht und unter welchen Bedingungen Mitglieder ausgeschlossen werden können.

In vergaberechtlicher Hinsicht drängt sich die Frage auf, ob die öffentlich-rechtlichen Entsorgungsträger im Hinblick auf den Umweltschutz bevorzugt Entsorgungsfachbetrieben den Auftrag zur Wahrnehmung der ihnen obliegenden Entsorgungstätigkeiten vergeben dürfen. Damit ist die Frage nach der Zulässigkeit der „grünen Vergabe” angesprochen, die gegenwärtig auf EU - Ebene diskutiert wird. Sie ist auch gemeinschaftsrechtlich von Bedeutung. In diesem Zusammenhang stellt sich auch die Frage nach der Vereinbarkeit mit der Dienstleistungsfreiheit. Gegenwärtig sind fast alle Entsorgungsfachbetriebe in Deutschland ansässig. Eine Bevorzugung inländischer Unternehmen könnte zu einer Einschränkung der Dienstleistungsfreiheit ausländischer Unternehmen führen, so daß die bevorzugte Vergabe auch an Art. 49 EGV (ex-Art. 59) zu messen wäre.

Diese Fragen werden vorliegend allerdings nicht vertieft, da ansonsten der Rahmen der vorliegenden Arbeit gesprengt würde. Das Augenmerk richtet sich also auf Fragen im Zusammenhang mit der Überwachung durch Private und der Freiwilligkeit der Zertifizierung.

---

63 Vgl. allgemein zu der grundrechtlichen Beeinträchtigung von Verhaltensfreiheiten, wenn der Staat an ein bestimmtes Tun oder Unterlassen Nachteile knüpft *Weber-Dürler*, VVDStRL 57 (1998), S. 57/69; zu der Berührung der Grundfreiheiten speziell bei den nicht zertifizierten Unternehmen aus dem EG-Ausland vgl. *Versteyl*, in: Kunig/Paetow/Versteyl, KrW-/AbfG, § 51 Rn. 12.

64 Zu den wettbewerblichen Grenzen der Entsorgungswirtschaft allgemein vgl. *Bender/Rinne*, WuW 1998, S. 439ff.

II. Gang der Darstellung

Die Darstellung wird in eine verfassungs- und gemeinschaftsrechtliche Bewertung gegliedert, die jeweils die private Überwachungstätigkeit und den Zwang zur Zertifizierung untersuchen wird. Der Bewertung geht eine Begriffsbestimmung und eine Darstellung des Überwachungs- und Zertifizierungskonzeptes voraus. Außerdem wird zuvor geklärt, ob die Überwachungstätigkeit durch Private überhaupt dem privaten Bereich zuzuordnen ist. Die Arbeit gliedert sich insgesamt in fünf Teile.

Dem Verständnis der Arbeit dient die Begriffsbestimmung von „Zertifizierung" und „Entsorgungsfachbetrieb". Deshalb wird im 1. Teil definiert und anhand von anderen Zertifizierungssystemen illustriert, was unter „Zertifizierung" zu verstehen ist. Ferner wird ausgeführt, welches Unternehmen „Entsorgungsfachbetrieb" werden kann.

Im 2. Teil wird das Überwachungs- und Zertifizierungssystem vorgestellt. Im einzelnen handelt es sich um die Darstellung der durch die technischen Überwachungsorganisationen und Entsorgergemeinschaften durchgeführten Fremdüberwachung, der den Entsorgungsfachbetrieb treffenden Eigenüberwachungspflichten und der verbleibenden behördlichen Überwachungstätigkeit. Die Darstellung stützt sich dabei auf die Bestimmungen des zu § 52 KrW-/AbfG ergangenen untergesetzlichen Regelwerks[65].

Der 3. Teil geht der Frage nach, ob die Fremdüberwachung durch die technischen Überwachungsorganisationen und Entsorgergemeinschaften überhaupt dem nichtstaatlichen Bereich zuzuordnen ist. Die Einordnung in den staatlichen oder nichtstaatlichen Bereich ist für die verfassungsrechtliche Prüfung des Überwachungs- und Zertifizierungssystems von Bedeutung. Die Bewertung der „Privatisierungsfähigkeit" der Überwachung sowohl in bezug auf die Verfassungsvorgaben zur Privatisierung als solche als auch in bezug auf die sich aus der grundrechtlichen Schutzpflicht und Art. 20a GG ergebenden Anforderungen an die staatliche Letztverantwortung knüpft an die konkrete Ausgestaltung der von Privaten wahrgenommenen Tätigkeit an und erfordert deshalb eine genaue Bestimmung, welcher „Privatisierungsform" diese Aufgabenwahrnehmung zuzuordnen ist.

Der 4. Teil nimmt schließlich die Bewertung des Überwachungs- und Zertifizierungskonzepts in verfassungsrechtlicher Hinsicht vor. Im Zusammenhang mit der Überwa-

[65] Im einzelnen handelt es sich um die aufgrund der Ermächtigung in § 52 Abs. 2 KrW-/AbfG ergangene Entsorgungsfachbetriebeverordnung (EfbV) und die Entsorgergemeinschaftenrichtlinie (EgRL).

chungsprivatisierung werden, neben der Vereinbarkeit dieser spezifischen Privatisierungsform mit den Privatisierungsvorgaben und den in Art. 20 GG niedergelegten Staatsgrundlagen, die sich aus der grundrechtlichen Schutzpflicht und dem Staatsziel Umweltschutz ergebenden Anforderungen an die verbleibende staatliche Überwachungsverantwortung untersucht.

In bezug auf den „Zwang zur Zertifizierung" wird der Frage nachgegangen, ob die Zertifizierung sich überhaupt grundrechtsrelevant auswirkt und, sofern dies der Fall ist, ob sie den grundrechtlichen Vorgaben standhält.

Der 5. und letzte Teil untersucht die Aspekte „Überwachungsprivatisierung" und „Zwang zur Zertifizierung" in gemeinschaftsrechtlicher Hinsicht. Die Überwachungstätigkeit der technischen Überwachungsorganisationen und Entsorgergemeinschaften wird, insbesondere im Hinblick auf den Wegfall der Transportgenehmigungs- und der Nachweisbestätigungspflicht, an den sekundärrechtlichen Vorgaben der Abfallrichtlinien gemessen.

Der „Zwang zur Zertifizierung" erfordert eine genauere Betrachtung der Voraussetzungen der möglicherweise betroffenen Grundfreiheiten.

1. Teil

Begriffsbestimmungen

I. Zertifizierung

Zertifizierung kann umschrieben werden als die Verleihung eines Zeichens, das die Erfüllung besonderer Anforderungen nach außen dokumentiert.

Die Zertifizierung kann obligatorisch oder freiwillig sein. Ein Beispiel für ein obligatorisches Zertifizierungssystem ist die Zertifizierung zum wasserrechtlichen Fachbetrieb nach § 191 WHG, die die Voraussetzung für die Montage und die Unterhaltung von wassergefährdenden Anlagen nach § 19g WHG darstellt. Bei freiwilligen Zertifizierungssystemen wird die Verleihung des Zeichens dagegen an die Erfüllung besonderer, über die gesetzlichen Anforderungen hinausgehender Voraussetzungen geknüpft. Die Zertifizierung zum Entsorgungsfachbetrieb ist ein solches System, da die Entsorgungsfachbetriebseigenschaft grundsätzlich keine Voraussetzung für die Betätigung in der Abfallwirtschaft ist[66].

Zertifizierungssysteme, insbesondere im Umweltbereich, bestehen auf gemeinschaftsrechtlicher und auf nationaler Ebene. Daneben hat auch die Industrie zum Teil „eigene" Zeichen eingeführt[67]. Zu unterscheiden ist darüber hinaus zwischen der Verleihung produktbezogener und betriebsbezogener Zeichen.

Bevor das Zertifizierungskonzept, das den vorliegenden Untersuchungsgegenstand bildet, im einzelnen dargestellt wird, werden im folgenden die wichtigsten produkt- und unternehmensbezogenen freiwilligen Zertifizierungssysteme aus dem Umweltbereich vorgestellt, um zu verdeutlichen, daß die Zertifizierung immer mit der Erfüllung besonderer, zum Teil recht aufwendiger Anforderungen verbunden ist.

Die Darstellung konkretisiert den Begriff der Zertifizierung und führt das thematische Umfeld auf, in dem sich das System der Zertifizierung zum Entsorgungsfachbetrieb bewegt. Damit soll sie einem besseren Verständnis für den vorliegenden Untersuchungsgegenstand dienen.

---

66 Ob die Zertifizierung dagegen faktisch eine Voraussetzung ist, ist eine andere Frage. Vgl. dazu die Ausführungen im 4. Teil bei II.

67 Vgl. dazu *Voss*, EWS 1993, S. 202ff.

A. Produktbezogene Zertifizierung

I. Der „Blaue Engel“

Das wichtigste deutsche produktbezogene Umweltzeichen ist der im Jahr 1977 eingeführte[68], dem öffentlichen Recht[69] zuzuordnende „Blaue Engel“, der für eine bestimmte Produktgruppe vergeben wird[70]. Für die Vergabe ist maßgeblich, daß sich die Produkte einer Gruppe im Vergleich zu anderen Produkten, die in demselben Bereich wie die auszuzeichnenden Produkte legal eingesetzt werden können, weniger umweltschädigend auswirken[71]. Rein umweltfreundliche Produkte können nicht ausgezeichnet werden, sondern nur solche Produktgruppen, deren Nutzung auch mit Umweltbelastungen, allerdings in geringerem Umfang, verbunden ist[72]. Beispiele sind die Vergabe des Umweltzeichens für lärmarme Baumaschinen, weil sie unter allen technisch und einsatzmäßig vollständig gleichwertigen Maschinen aufgrund ihrer leiseren Arbeits-

---

68) Vgl. dazu *Klindt*, BB 1998, S. 545/546; *Roller*, EuZW 1992, S. 499.

69 *Berendes*, GewArch 1998, S. 14/16; *Janiszewski*, Das Umweltzeichen, S. 26, 27; *Wimmer*, BB 1989, S. 565/567.

70 Die Vergabe erfolgt in einem zweistufigen Verfahren. Die erste Stufe betrifft das Verfahren bis zum Beschluß der Vergabe des Umweltzeichens: Beim Umweltbundesamt können von jedermann Vorschläge für die Vergabe des Umweltzeichens Blauer Engel abgegeben werden. Das Umweltbundesamt gibt die gesammelten Vorschläge an die Jury Umweltzeichen, einem vom Bundesumweltminister im Benehmen mit dem Vorsitzenden der Umweltministerkonferenz einberufenen, weisungsunabhängigen Kollegialorgan, weiter. Die Jury Umweltzeichen entscheidet zweimal jährlich, welche Vorschläge einer näheren Prüfung unterzogen werden sollen. Die Prüfung erfolgt wiederum durch das Umweltbundesamt, das eine Vergabegrundlage erarbeitet, die in einer Expertenanhörung erörtert wird. Die Anhörung wird von dem Deutschen Institut für Gütesicherung und Kennzeichnung (RAL) durchgeführt, das auch die Vergabe des Umweltzeichens an einzelne Produkte vornimmt. Auf der Grundlage des Anhörungsergebnisses beschließt die Jury Umweltzeichen anschließend die Vergabegrundlagen. Die zweite Stufe betrifft die konkrete Zeichenvergabe: Interessierte Hersteller beantragen beim RAL den Abschluß eines Zeichenbenutzungsvertrags. Der Antrag wird von RAL, dem Umweltbundesamt und dem Bundesland, in dem der Antragsteller seinen Firmensitz hat, geprüft. Bei einer positiven Entscheidung wird zwischen dem Antragsteller und dem RAL ein Zeichenbenutzungsvertrag geschlossen, in dem sich der Hersteller zur Einhaltung der besonderen Produktanforderungen verpflichtet. Mit Abschluß des Zeichenbenutzungsvertrages ist der Hersteller berechtigt, den „Blauen Engel“ zu Werbezwecken des ausgezeichneten Produktes einzusetzen. Zeicheninhaber bleibt allerdings das Bundesumweltministerium.

71 *Klindt*, BB 1998, S. 545/546.

72 Vgl. *Klindt*, BB 1998, S. 545/546: „Die Relativität des Auszeichnungsanlasses hat folgende Konsequenzen: Da etwas Selbstverständliches keiner Auszeichnung bedarf, erhält ein Fahrrad nach diesem Verständnis nie einen „Blauen Engel“ - wohl aber ein leises Mofa. (...) Gleiches gilt für die Paare Zahnbürste/leise elektrische Zahnbürste oder Sense/leiser Elektro-Rasenmäher (...)“.

weise hervorgehoben werden sollen[73], oder die Vergabe des Umweltzeichens für quecksilberfreie Fieberthermometer[74], weil ihre Nutzung mit weniger Gesundheitsgefahren - die zum Beispiel bestehen, wenn das Thermometer auf den Boden fällt und zerbricht - verbunden ist[75].

2. Die „Europäische Blume“

Auf gemeinschaftsrechtlicher Ebene besteht ein System produktbezogener Zertifizierung seit der Einführung des Umweltzeichens „Europäische Blume“ im Jahr 1992. Die „Europäische Blume“ wurde durch die Verordnung 880/92/EWG[76] eingeführt, die allerdings im Juli 2000 durch die Verordnung 1980/2000/EG[77] ersetzt wurde[78]. Die Ver-

---

73 Zur „Geschichte“ der Vergabe des Umweltzeichens für lärmarme Baumaschinen vgl. *Klindt*, BB 1998, S. 545/547.

74 Die Vergabe des Umweltzeichens für quecksilberfreie medizinische Fieberthermometer ist von der Jury Umweltzeichen in ihrer Sitzung vom 12./13. Dezember 1996 beschlossen worden, vgl. *Klindt*, BB 1998, S. 545/547.

75 Lt. Bundesumweltministerium waren bis Juni 1998 insgesamt 4304 Produkte von 919 Herstellern in 77 Produktgruppen mit dem "Blauen Engel" gekennzeichnet, vgl. Umwelt 1998, S. 253.

76 Verordnung (EWG) Nr. 880/92 des Rates vom 23. März 1992 betreffend ein gemeinschaftliches System zur Vergabe eines Umweltzeichens (ABIEG L 99, S. 1).

77 Verordnung (EG) Nr. 1980/2000 des Europäischen Parlaments und des Rates vom 17. Juli 2000 zur Revision des gemeinschaftlichen Systems zur Vergabe eines Umweltzeichens (ABIEG L 237, S. 1).

78 Das Vergabeverfahren nach der Verordnung 880/92 war dem des Blauen Engels nicht unähnlich. Vergabevorschläge konnten an das Bundesumweltamt gerichtet werden, das, nachdem die Vorschläge durch die Jury Umweltzeichen diskutiert worden waren, Vergabebedingungen entwarf. Die Bedingungen wurden einer von der RAL organisierten Expertenanhörung unterworfen und anschließend als deutscher Vorschlag an die Kommission geschickt. Die Kommission war nach Maßgabe der Art. 6 und 7 der Verordnung allein zuständig für die Bestimmung der Vergabebedingungen. Auch sie veranstaltete eine Expertenanhörung und wurde darüber hinaus von einem aus Vertretern der Mitgliedstaaten zusammengesetzten Ausschuß beraten. Die Kommission legte das Ergebnis der Anhörung dem Ausschuß vor, der mit qualifizierter Mehrheit eine Stellungnahme beschloß. Anschließend entschied die Kommission endgültig über die Annahme des Vorschlags. Die zweite Stufe der Vergabe der „Europäischen Blume“ wurde nach den Art. 9 Abs. 1, 10 Abs. 3 der Verordnung durch nationale, unabhängige Stellen durchgeführt. In der Bundesrepublik ist dies der RAL gewesen. Das Verfahren der Vergabe entsprach dem des Blauen Engels, wobei an der Prüfung des Antrags des Herstellers nur das Umweltbundesamt beteiligt wurde. Das gemeinsame Prüfergebnis wurde darüber hinaus der Kommission zugeleitet, die den Wunsch gemäß Art. 10 der VO den zuständigen Stellen der anderen Mitgliedstaaten mitteilte. Nach Ablauf einer dreißigtägigen Frist konnte die Zertifizierung erfolgen, sofern die Kommission dem RAL nicht mitgeteilt hatte, daß begründete Einwände gegen die Zeichenvergabe bestünden.
Die Verordnung 1980/2000 hat das Verfahren geändert: Die Vergabekriterien werden nach der Verordnung 1980/2000 von dem Ausschuß für das Umweltzeichen der Europäischen Union („AUEU“) erarbeitet. Der AUEU besteht aus Vertretern der zuständigen nationalen Stellen und dem sogenannten Konsultationsforum, das sich u.a. aus Vertretern von Industrie und Verbrau-

ordnung 880/92 findet auf Zeichenbenutzungsverträge, die unter ihrem Geltungsbereich geschlossen wurden, weiterhin Anwendung.

Das Umweltzeichen kann nach Art. 2 Abs. 1 der Verordnung 1980/2000 „für in der Gemeinschaft verfügbare Produkte“ vergeben werden, so zum Beispiel für Wasch[79]- und Geschirrspülmaschinen[80], Küchenrollen[81] oder Waschmittel[82]. Die Verordnung 1980/2000 findet gemäß Art. 2 Abs. 5 keine Anwendung auf Lebensmittel, Getränke, Arzneimittel sowie auf Medizinprodukte im Sinne der Richtlinie 93/42/EWG[83], die ausschließlich zur berufsfachlichen Verwendung bestimmt sind oder von Ärzten verschrieben oder überwacht werden müssen.

Vergabekriterium ist nach Art. 1 i.V.m. Art. 3 und 4, daß das Produkt im Vergleich zu anderen Produkten derselben Produktgruppe geringere negative Umweltauswirkungen aufweist. Die Beurteilung der Umweltfreundlichkeit beginnt bereits im Zeitpunkt der Fertigung der Produkte und umfaßt die Stadien der Verteilung, der Verwendung, des Verbrauchs bis zur Entsorgung[84]. Nach Art. 4 Abs. 1 werden die spezifischen Umweltkriterien für jede Produktgruppe nach einem bestimmten Beurteilungsschema festgelegt. Zu den maßgeblichen Umweltaspekten zählen während des gesamten Lebenszyklus des Produktes u.a. die Luft- und Wasserqualität, Abfallverringerung, Energieeinsparung und der Schutz der Ozonschicht.

---

cherschutzorganisationen zusammensetzt. Das Verfahren zur Erarbeitung der Vergabekriterien leitet die Europäische Kommission entweder von sich aus oder auf Antrag des AUEU ein. Über die Vergabe des Umweltzeichens entscheidet die zuständige nationale Stelle, erforderlichenfalls nach Konsultation der zuständigen Stellen der anderen Mitgliedstaaten, bei der der Antrag auf die Vergabe des Umweltzeichens eingeht.

79 Die für die Vergabe der Europäischen Blume an Waschmaschinen erforderlichen Kriterien wurden bereits überarbeitet, vgl. ABlEG 1996 L 191, S. 56 (vorher ABlEG 1993 L 198, S. 35). Angemerkt sei, daß Vergabekriterien für Produkte, die vor Inkrafttreten der Verordnung 1980/2000 festgelegt wurden, auch nach Inkrafttreten der Verordnung 1980/2000 gelten, bis sie geändert oder aufgehoben werden (vgl. Art. 19 der Verordnung 1980/2000).

80 ABlEG 1993 L 198, S. 38.

81 ABlEG 1994 L 364, S. 32.

82 ABlEG 1995 L 217, S. 14.

83 Richtlinie 93/42/EWG des Rates vom 14. Juni 1993 über Medizinprodukte (ABlEG L 169, S. 1), zuletzt geänd. durch Richtlinie 2000/70/EG vom 16. November 2000 (ABlEG L 313, S. 22).

84 Vgl. Art. 1 Abs. 2 der Verordnung 1980/2000; vgl. auch *Klindt*, BB 1998, S. 545/553.

B. Unternehmensbezogene Zertifizierung

Die unternehmensbezogene Zertifizierung knüpft an die Erfüllung besonderer Qualifikationsanforderungen bei der Betriebsführung und beim Betriebsablauf an. Für abfallwirtschaftlich tätige Unternehmen ist die Zertifizierung zum Entsorgungsfachbetrieb nicht die einzige Möglichkeit, besondere Qualifikationsanforderungen zu erfüllen. Sie können sich am Umweltauditsystem nach Maßgabe der Öko-Audit-VO[85] beteiligen oder sich von privatrechtlichen Prüforganisationen nach Maßgabe der DIN EN ISO 9000ff. und 14001 zertifizieren lassen.

I. Teilnahme am Öko-Audit

Die Errichtung eines freiwilligen Systems zur Bewertung und Verbesserung des betrieblichen Umweltschutzes ist in der Öko-Audit-VO vorgesehen. Am Umweltmanagement- und -betriebssystem kann sich nach Art. 3 der Öko-Audit-VO „jede Organisation beteiligen, die ihre Umweltleistung verbessern möchte". Hierzu zählt, wie auch schon nach der bisherigen Rechtlage, ein Betrieb oder Unternehmen, das Abfälle verwertet oder beseitigt.

Das teilnehmende Unternehmen ist nach Art. 3 Abs. 2a) i.V.m. Anhang VII der Verordnung verpflichtet, seine Tätigkeiten, Produkte und Dienstleistungen einer Umweltprüfung zu unterziehen. Zu den zu berücksichtigenden Anforderungen gehören die Vorgaben der einschlägigen rechtlichen Vorschriften, die Erfassung von wesentlichen Umweltauswirkungen nach Anhang VI sowie die Bewertung von Reaktionen auf frühere Vorfälle. Praktisch handelt es sich um eine Bestandsaufnahme über die Situation des betrieblichen Umweltschutzes.

Auf der Grundlage der Umweltprüfung ist dann ein Umweltmanagement zu schaffen, das die Anforderungen des Anhang I erfüllt. Das Umweltmanagementsystem umfaßt u.a. die Festlegung der Umweltpolitik des Unternehmens durch die oberste Unternehmensleitung (z.B. Verpflichtung zur kontinuierlichen Verbesserung und Verhütung von Umweltbelastungen und Verpflichtung zur Einhaltung aller relevanten Umweltgesetze), das Treffen von Maßnahmen zur Implementierung dieser Politik (z.B. durch

---

85 Verordnung (EG) Nr. 761/2001 des Europäischen Parlamentes und des Rates vom 19. März 2001 über die freiwillige Beteiligung von Organisationen an einem Gemeinschaftssystem für das Umweltmanagement und die Umweltbetriebsprüfung (EMAS) (ABlEG L 114, S. 1). Die Verordnung hat die ursprüngliche Öko-Audit-VO 1838/93 vom 10. Juli 1993 (ABlEG L 168, S.1) abgelöst.

Festlegung und Dokumentierung von Verantwortlichkeiten), sowie die Durchführung von Kontroll- und Korrekturmaßnahmen.

Nach Art. 3 Abs. 2b) i.V.m. Anhang II ist eine Umweltbetriebsprüfung vorzunehmen, bei der die Einhaltung des Umweltmanagementsystems geprüft wird. Umweltbetriebsprüfungen sind mindestens alle drei Jahre vorzunehmen.

Gemäß Art. 3 Abs. 2c) i.V.m. Anhang III Abschnitt 3.2 ist eine Umwelterklärung zu erstellen, die insbesondere erläutert, welche Ergebnisse das Unternehmen oder der Betrieb im Hinblick auf die Umweltziele und -anforderungen erzielt.

Nach Art. 3 Abs. 2d) werden die Umweltprüfung, das Umweltmanagementsystem, das Verfahren für die Umweltbetriebsprüfung und die Umwelterklärung von einem amtlich zugelassenen Umweltgutachter geprüft. Der Umweltgutachter überprüft die Einhaltung der Vorgaben der Öko-Audit-VO und validiert bejahendenfalls die Umwelterklärung.

Hat der Umweltgutachter die Umwelterklärung validiert, wird die Erklärung an die für die Eintragung der Standorte zuständige Industrie- und Handelskammer gesandt. Ist glaubhaft gemacht, daß der Standort den Anforderungen der Öko-Audit-VO entspricht, trägt sie den Standort in das sog. Standortregister ein. Die Eintragung berechtigt das Unternehmen zur Verwendung einer sog. Teilnahmeerklärung, bei dem es sich um ein Zeichen handelt, das die erfolgreiche Teilnahme am Öko-Audit nach außen dokumentiert.

2. Qualitäts- und Umweltmanagement nach DIN ISO 9000ff., 14001

Für abfallwirtschaftlich tätige Unternehmen besteht schließlich noch die Beteiligung an einem Qualitätsmanagementsystem gemäß DIN ISO 9000ff. und am Umweltmanagementsystem nach DIN ISO 14001. Bei ihnen wird mit ähnlichen Instrumenten wie beim Öko-Audit gearbeitet[86]. So wird die Einführung des betrieblichen Umweltschutzes nach DIN ISO 14001 in der Folge „Umweltpolitik - Planung - Implementierung und Durchführung - Kontroll- und Korrekturmaßnahmen - Bewertung durch die oberste Leitung“[87] durchgeführt. Lediglich die Umweltprüfung fehlt. Die Zertifizierung erfolgt durch private, einer vorherigen behördlichen Kontrolle nicht unterworfenen Prüforganisationen.

---

[86] Vgl. dazu den anschaulichen Erfahrungsbericht von *Edelmann/Wacker*, UVP-report 1/97, S. 47ff. (Zertifizierung eines Ingenieur- und Planungsunternehmens nach DIN ISO 14001).

[87] *Feldhaus*, UPR 1998, S. 41.

II. Entsorgungsfachbetrieb

Der Entsorgungsfachbetrieb im Sinne der EfbV wird in § 2 Abs. 1 EfbV definiert. Danach kann Entsorgungsfachbetrieb der Betrieb werden, der gewerbsmäßig oder im Rahmen wirtschaftlicher Unternehmen oder öffentlicher Einrichtungen Abfälle einsammelt, befördert, lagert, behandelt, verwertet oder beseitigt, aufgrund seiner organisatorischen, personellen und technischen Ausstattung in der Lage ist, eine oder mehrere der genannten Tätigkeit selbständig wahrzunehmen und hinsichtlich einer oder mehrerer der genannten Tätigkeiten die in der EfbV genannten Anforderungen an Organisation, Ausstattung und Tätigkeit sowie an die Zuverlässigkeit, Fach- und Sachkunde des Inhabers und der im Betrieb beschäftigten Personen erfüllt.

Ob auch andere, von der Definition des § 2 EfbV nicht erfaßte Betriebe Entsorgungsfachbetrieb werden können, wird im Zusammenhang mit der Zertifizierungsfähigkeit von Abfallvermittlern diskutiert[88].

Welcher Betrieb Entsorgungsfachbetrieb im Sinne der EfbV werden kann, läßt sich am anschaulichsten bei einer gesonderten Darstellung der unternehmensbezogenen und der tätigkeitsbezogenen Anforderungen illustrieren.

A. Unternehmensbezogene Voraussetzungen

Unternehmensbezogene Anforderungen ergeben sich in bezug auf den Unternehmenszweck, der Selbständigkeit der Unternehmensführung und der Standortbezogenheit.

1. Unternehmenszweck

Nach § 2 Abs. 1 Nr. 1 EfbV kann jeder Betrieb Entsorgungsfachbetrieb werden, der gewerbsmäßig oder im Rahmen wirtschaftlicher Unternehmen oder öffentlicher Einrichtungen abfallwirtschaftliche Tätigkeiten durchführt. Die Zertifizierung ist also nicht auf private Dienstleister beschränkt; vielmehr können sich auch Eigenentsorger oder für die öffentlich-rechtlichen Entsorgungsträger tätigen Betriebe[89], wie zum Bei-

---

[88] Vgl. die Ausführungen in diesem Teil unter II. B. 2.

[89] Vgl. den Artikel „Berliner Stadtreinigung arbeitet für ein Gütesiegel" in der *Berliner Morgenpost* vom 24. Juni 1997, in dem von der Zertifizierung der Berliner Stadtreinigungsbetriebe (BSR) zum Entsorgungsfachbetrieb berichtet wird. Dem Artikel zufolge haben sich bisher 17 Betriebsteile der BSR zum Entsorgungsfachbetrieb zertifizieren lassen. Bis zum Ende des Jahres 1997 wurden alle Betriebsteile zertifiziert; dazu der Erfahrungsbericht von *Lehmann/ Loy/Thaben/Kempin*, der städtetag 1998, S. 131ff.; zur Zertifizierung von zwei Standorten der

spiel Eigenbetriebe, gemischt-wirtschaftliche Unternehmen oder formalprivatisierte Betriebe zum Entsorgungsfachbetrieb zertifizieren lassen[90].

2. Selbständige Unternehmensführung

Nach § 2 Abs. 1 Nr. 2 EfbV muß der Betrieb in der Lage sein, die zertifizierten abfallwirtschaftlichen Tätigkeiten selbständig wahrzunehmen. Das bedeutet, daß eine organisatorisch, personell und technisch unabhängige Betriebseinheit Entscheidungen in eigener Verantwortung treffen können muß[91]. Dem steht nicht entgegen, daß der Betrieb eine 100%ige Tochtergesellschaft in einem Konzern ist und die wichtigen Entscheidungen von der Mutter- oder Kopfgesellschaft getroffen werden[92]. Dies macht § 2 Abs. 2 S. 1 EfbV deutlich, wonach Entsorgungsfachbetrieb auch nur ein Teil eines Unternehmens werden kann.

Unselbständige Betriebsniederlassungen können zum Entsorgungsfachbetrieb zertifiziert werden, wenn mit ihnen auch der Unternehmensteil begutachtet worden ist, in dem die betrieblichen Entscheidungen getroffen werden[93].

3. Standortbezogene Zertifizierung

In jedem Fall erfolgt die Zertifizierung zum Entsorgungsfachbetrieb standortbezogen[94]. Das ergibt sich aus § 2 Abs. 3 S. 1 Nr. 1 EfbV[95], wonach die Verwendung der Bezeichnung „Entsorgungsfachbetrieb“ für Standorte verboten ist, für die ein Unternehmen kein wirksames Überwachungszertifikat besitzt, sowie aus § 5 Abs. 1 EfbV, wonach der Entsorgungsfachbetrieb für jeden Standort zum Nachweis einer sach- und fachgerechten Durchführung der abfallwirtschaftlichen Tätigkeit ein Betriebstagebuch zu führen hat. Zwar ist nach § 2 Abs. 3 Nr. 2 und 3 EfbV die Verwendung der Bezeichnung „Entsorgungsfachbetrieb“ verboten für Anlagen und Tätigkeiten, für die ein

---

Entsorgung Dortmund-GmbH (EDG) vgl. Verband Kommunale Abfallwirtschaft und Stadtreinigung e.V., der städtetag 1997, S. 644ff.

90 *Cosson*, in: Brandt/Ruchay/Weidemann, KrW-/AbfG, B 100, § 52 Rn. 34.

91 *Cosson*, in: Brandt/Ruchay/Weidemann, KrW-/AbfG, B 100, § 52 Rn. 36; *Kaminski/Konzak*, Das untergesetzliche Regelwerk zum KrW-/AbfG, § 2 EfbV Rn. 11; *Petersen*, ENTSORGA-Schrift 28, S. 11/14.

92 *Cosson*, in: Brandt/Ruchay/Weidemann, KrW-/AbfG, B 100, § 52, Rn. 36.

93 *Cosson*, in: Brandt/Ruchay/Weidemann, KrW-/AbfG, B 100, § 52 Rn. 36.

94 *Cosson*, in: Brandt/Ruchay/Weidemann, KrW-/AbfG, B 100, § 52 Rn. 40.

95 *Cosson*, in: Brandt/Ruchay/Weidemann, KrW-/AbfG, B 100, § 52 Rn. 38.

Unternehmen kein wirksames Zertifikat besitzt. Damit wird aber, im negativen Sinne, an die partielle Möglichkeit der Zertifizierung nur für bestimmte Abfälle und bestimmten abfallwirtschaftlichen Tätigkeiten an einem Standort angeknüpft.

B. Zertifizierungsfähige Tätigkeiten

I. Einsammlung, Beförderung, Lagerung, Behandlung, Verwertung oder Beseitigung

Die zertifialen abfallwirtschaftlichen Tätigkeiten werden in § 2 Abs. 1 Nr. 1 EfbV aufgeführt. Einsammeln bedeutet das Abholen und Entgegennehmen der von den Besitzern bereitgestellten Abfälle sowie das Auflesen weggeworfener Sachen in der Landschaft und auf Straßen[96]. Die Beförderung betrifft Vorgänge der Ortsveränderung auf öffentlichen Verkehrswegen und bezieht die Übernahme und Ablieferung der Abfälle ein[97]. Abfälle werden gelagert, wenn sie an einem Ort deponiert und dort keiner weiteren Maßnahme unterzogen werden[98]. Die Lagerung unterscheidet sich von der Ablagerung dadurch, daß bei der letzteren Abfälle dauerhaft an einem Ort deponiert werden mit dem Ziel, sich ihrer zu entledigen[99]. Bei der Behandlung wird der Abfall gezielt auf eine bestimmte Nutzung oder Beseitigung vorbereitet[100]. Durch bestimmte biologische, chemische und physikalische Verfahren wird der Abfall verändert, um anschliessend der für ihn vorgesehenen „endgültigen" Entsorgung zugeführt zu werden. Der bezweckte Nutzungserfolg kann aber auch zeitgleich mit der Behandlung eintreten, zum Beispiel bei der energetischen Verwertung[101], bei der Abfälle durch Einsatz als Ersatzbrennstoff zur Energiegewinnung genutzt werden. Bei der Verwertung wird in § 4 Abs. 3 und Abs. 4 KrW-/AbfG zwischen stofflicher und energetischer Verwertung[102] unterschieden. Bei der stofflichen Verwertung werden Abfälle als Substitute für andere

---

96 Vgl. *Fluck*, in: Fluck, Kreislaufwirtschafts- und Abfallrecht, § 4 KrW-/AbfG Rn. 209ff.

97 Vgl. *Fluck*, in: Fluck, Kreislaufwirtschafts- und Abfallrecht, § 4 KrW-/AbfG Rn. 217ff.; *Kunig*, in: Kunig/Paetow/Versteyl, KrW-/AbfG, § 4 Rdn. 51.

98 Vgl. i.e. *Kunig*, in: Kunig/Paetow/Versteyl, KrW-/AbfG, § 4 Rn. 53.

99 *Kunig*, in: Kunig/Paetow/Versteyl, KrW-/AbfG, § 10 Rn. 15; *Fluck*, in: Fluck, Kreislaufwirtschafts- und Abfallrecht, § 4 KrW-/AbfG Rn. 225ff.

100 *Weidemann*, in: Brandt/Ruchay/Weidemann, KrW-/AbfG, B 100, § 4 Rn. 76; *Kunig*, in: Kunig/Paetow/Versteyl, KrW-/AbfG, § 4 Rn. 15.

101 *Weidemann*, in: Brandt/Ruchay/Weidemann, KrW-/AbfG, B 100, § 4 Rn. 76.

102 Vgl. zum Rechtsbegriff der Verwertung im einzelnen *Weidemann*, in: Brandt/Ruchay/Weidemann, KrW-/AbfG, B 100, § 4 Rn. 81ff.

Rohstoffe verwendet, indem aus ihnen Stoffe gewonnen werden (sekundäre Rohstoffe) oder ihre stofflichen Eigenschaften für den ursprünglichen Zweck oder für andere Zwecke - mit Ausnahme der unmittelbaren Energierückgewinnung - genutzt werden. Bei der energetischen Verwertung werden Abfälle zur Gewinnung von Energie genutzt. Die Beseitigung erfolgt nach 10 Abs. 1 KrW-/AbfG, wenn Abfälle nicht verwertet werden. Sie sind dann dauerhaft von der Kreislaufwirtschaft auszuschließen und zur Wahrung des Wohls der Allgemeinheit zu beseitigen.

2. Vermittlung von Verbringungen?

Sehr streitig ist zwischen Bund, Ländern und beteiligten Wirtschaftskreisen, ob auch die Vermittlung von Abfallverbringungen[103] zertifizierungsfähig ist und der Abfallmakler von der Vermittlungsgenehmigungspflicht gemäß § 51 Abs. 1 KrW-/AbfG freigestellt ist.

Die in § 2 Abs. 1 Nr. 1 EfbV genannten abfallwirtschaftlichen Tätigkeiten führen das Makeln von Abfällen nicht auf. Der Verordnungsgeber hat dies damit begründet, daß für Vermittlungsgeschäfte, ein allgemeines, das Anforderungsprofil auch für die Fachbetriebseigenschaft prägendes Berufsbild noch nicht existiere und eine bundesgesetzliche Regelung insoweit nicht geboten sei[104]. Das bedeutet seiner Auffassung nach aber nicht, daß das Makeln nicht zertifizierungsfähig ist. Die Zertifizierung von Vermittlern könne unmittelbar auf § 52 KrW-/AbfG gestützt erfolgen. Die EfbV lege den Kreis der zertifizierungsfähigen Betriebe und abfallwirtschaftlichen Tätigkeit nicht abschließend fest[105].

Die Länder sind dagegen der Ansicht, daß die Makeltätigkeit gegenwärtig nicht zertifizierungsfähig ist. Sie stehen auf dem Standpunkt, daß die EfbV abschließend den Kreis der zertifizierungsfähigen Tätigkeiten bestimme. Außerdem sei schwerlich nachzuvollziehen, warum die erst 1994 einer Genehmigungspflicht unterworfene Tätigkeit des Vermittlers ohne materielle Regelungen über die Anforderungen an dessen Tätigkeit zertifizierungsfähig sein solle, der Verordnungsgeber die Zertifizierungsanforderungen bei bekannten abfallwirtschaftlichen Tätigkeiten dagegen selbst festlege. Dieser hätte

---

103 Zum Begriff der „Verbringung" in § 50 Abs. 1 KrW-/AbfG vgl. *Cosson*, in: Brandt/Ruchay/ Weidemann, KrW-/AbfG, B 100, § 50 Rn. 11.

104 BR-Drs. 353/96, S. 31.

105 *Petersen*, ENTSORGA-Schrift 28, S. 11/12.

in Bezug auf die Vermittler erst recht Regelungsbedarf gehabt, wenn deren Zertifizierung in Betracht zu ziehen gewesen wäre[106].

Dieses rechtspolitisch überzeugende Argument läßt sich juristisch allerdings nicht halten. § 51 Abs. 1 KrW-/AbfG bestimmt, daß einer Vermittlungsgenehmigung nicht bedarf, wer Entsorgungsfachbetrieb im Sinne des § 52 Abs. 1 KrW-/AbfG ist. Nach § 52 Abs. 1 KrW-/AbfG ist aber Entsorgungsbetrieb, wer berechtigt ist, das Gütezeichen einer nach Abs. 3 anerkannten Entsorgergemeinschaft zu führen oder einen Überwachungsvertrag mit einer technischen Überwachungsorganisation geschlossen hat, nicht dagegen, wer die Anforderungen der EfbV erfüllt. § 52 KrW-/AbfG bestimmt zwar, daß die EfbV die Anforderungen an die Entsorgungsfachbetriebe festlegen kann, auf der anderen Seite erstreckt sich die Verordnungsermächtigung nicht auf die Festlegung des Kreises der Entsorgungsfachbetriebe[107]. Grenzt die EfbV ihren Anwendungsbereich nur durch die Festlegung des Kreises der zertifizierungsfähigen Tätigkeiten aber ein, bedeutet das nicht gleichzeitig, daß andere Tätigkeiten nicht zertifizierungsfähig sind[108]. Dem § 51 KrW-/AbfG läßt sich überdies entnehmen, daß der Gesetzgeber von der Zertifizierungsfähigkeit von Abfallmaklern ausgegangen ist, da er ansonsten die Freistellung von der Vermittlungsgenehmigungspflicht nicht vorgesehen hätte[109].

3. Abgrenzung zwischen Abfall und Produkt

Die gesamten abfallwirtschaftlichen Maßnahmen müssen sich auf Abfall beziehen. Die zweckgerichtete Herstellung von Produkten[110] kann nicht zertifiziert werden.

---

106 Die aufgeführten Argumente der Länder sind einem Arbeitspapier entnommen, das von dem für die Zustimmung zu Überwachungsverträgen zuständigen Sachbearbeiter im Saarländischen Umweltministerium erarbeitet worden ist und als Grundlage für die bei der 75. Sitzung des Abfallrechtsausschusses am 11./12.02.1998 in Hannover vorgesehene Diskussion über die Zertifizierungsfähigkeit von Maklern diente. Bei dem Treffen einigten sich die Länder, von einer Zertifizierung von Maklern Abstand zu nehmen und bereits erteilte Zustimmungen zu entsprechenden Überwachungsverträgen zurückzunehmen.

107 *Cosson*, in: Brandt/Ruchay/Weidemann, KrW-/AbfG, B 100 § 52 Rn. 35; *Kaminski/Konzak*, Das untergesetzliche Regelwerk zum KrW-/AbfG, § 2 Rn. 9.

108 So auch *Petersen*, ENTSORGA-Schrift 28, S. 11/15.

109 *Kaminski/Konzak*, Das untergesetzliche Regelwerk zum KrW-/AbfG, § 2 EfbV Rn 9.

110 In der Literatur hat sich die Abgrenzung von Abfall und Produkt im Rahmen des § 3 Abs. 3 S. 1 Nr. 1 KrW-/AbfG eingebürgert, vgl. nur *Queitsch*, UPR 1995, S. 412/413; *Krings*, WiVerw 1995, S. 103/115; dagegen *Wendenburg* NVwZ 1995, S. 833/835f.: Abgrenzung zwischen „Abfall“ und „Nicht-Abfall“; ausführlich zu der Abgrenzung zwischen Abfall und Produkt *Petersen*,

Die an § 3 Abs. 3 S. 1 Nr. 1 KrW-/AbfG anknüpfende Abgrenzung zwischen Produkt und Abfall ist deshalb auch für die Zertifizierung zum Entsorgungsfachbetrieb von großer Bedeutung[111]. Auszugehen ist dabei von der Abfalldefinition in § 3 Abs. 1 S. 1 KrW-/AbfG. Abfälle sind danach alle beweglichen Sachen, die unter die in Anhang I zum KrW-/AbfG aufgeführten Gruppen fallen und deren sich ihr Besitzer entledigt, entledigen will oder entledigen muß.

Im Interesse einer möglichst großen Objektivierung des Abfallbegriffs[112] zählt § 3 Abs. 3 KrW-/AbfG die Fälle auf, in denen fiktiv von einem Entledigungswillen auszugehen ist. Nach § 3 Abs. 3 S. 1 Nr. 1 KrW-/AbfG ist der Wille zur Entledigung hinsichtlich solcher Sachen anzunehmen, die bei der Energieumwandlung, Herstellung, Behandlung oder Nutzung von Stoffen oder Erzeugnissen oder bei Dienstleistungen anfallen, ohne daß der Zweck der jeweiligen Handlung hierauf gerichtet ist. Das Ziel der größtmöglichen Objektivierung des Abfallbegriffs wird hier nicht ganz konsequent eingehalten, denn der Zweck der Handlung bestimmt sich nach der Auffassung des Erzeugers, ob ein Produkt hervorgebracht werden soll oder nicht[113].

Entscheidend ist also die „Erzeugungs- oder Produktionsabsicht“[114]. Ihr Vorliegen bestimmt sich danach, ob die Erzeugung der in Frage stehenden Sachen zumindest ein mitbestimmender Grund für die Vornahme der Handlung gewesen ist[115]. Die beabsichtigte Herstellung von Nebenprodukten kann bei einem grundsätzlich auf die Erzeugung anderer Sachen gerichteten Vorgang ebenfalls zur Bejahung der Produkteigenschaft des Nebenproduktes führen[116]. Hier ist allerdings die Verkehrsanschauung ergänzend heranzuziehen, wodurch die Auffassung des Erzeugers wieder etwas objektiviert

---

ZUR 2000 (Sonderheft), S. 61/62ff.; zum Abfallbegriff nach der Abfallrechtsrahmenrichtlinie 75/442 und nach der Rechtsprechung des EuGH vgl. *Versteyl*, EuZW 2000, S. 585ff.

111 *Cosson*, in: Brandt/Ruchay/Weidemann, KrW-/AbfG, B 100, § 52 Rn. 35.

112 Das Interesse rührt davon her, die mit dem subjektiven Abfallbegriff in § 1 Abs. 1 AbfG a.F. verbundenen Mißstände abzustellen, die es dem Abfallbesitzer ermöglichten, aufgrund einer bloßen Willensbekundung, daß sein Stoff kein Abfall sei, der Anwendbarkeit des AbfG a.F. zu entgehen, vgl. dazu *Schink*, VerwArch 88 (1997), S. 230/231.

113 *Schink*, VerwArch 88 (1997), S. 230/242.

114 *Schink*, VerwArch 88 (1997), S. 230/243.

115 *Kunig*, in: Kunig/Paetow/Versteyl, KrW-/AbfG, § 3 Rn. 40.

116 *Kunig*, in: Kunig/Paetow/Versteyl, KrW-/AbfG, § 3 Rn. 40; *Schink*, VerwArch 88 (1997), S. 230/243.

wird[117]. Eine Rolle spielt dabei zum Beispiel, ob das Nebenprodukt allgemeine oder gewerbliche Produktnormen oder Spezifikationen erfüllt, ob es einen positiven Marktwert hat oder ob es aufgrund einer bestimmten Nachfrage produziert worden ist[118]. Gegen die Produkteigenschaft spricht, daß das Produkt vor seiner weiteren wirtschaftlichen Verwendung einem Verwertungsverfahren nach Anhang II B zum KrW-/AbfG unterzogen werden muß; das gilt selbst dann, wenn die Sache einen positiven Marktwert hat[119].

---

117 Vgl. i.e. *Schink*, VerwArch 88 (1988), S. 230/243ff.; ausführlich auch *Wolfers*, NVwZ 1998, S. 225/226ff.; *Kunig*, in: Kunig/Paetow/Versteyl, KrW-/AbfG, § 3 Rn. 40ff.

118 *Schink*, VerwArch 88 (1997), S. 230/243ff.; *Kunig*, in: Kunig/Paetow/Versteyl, KrW-/AbfG, § 3 Rn. 40.

119 *Schink*, VerwArch 88 (1997), S. 230/244.; *Kunig*, in: Kunig/Paetow/Versteyl, KrW-/AbfG, § 3 Rn. 40.

2. Teil

Das Konzept der Überwachung und Zertifizierung

Die Erlangung des Überwachungszertifikats und des Überwachungszeichens ist, entsprechend dem Vorbild des wasserrechtlichen Fachbetriebs nach § 191 Abs. 2 S. 1 Nr. 2 WHG, auf zweifache Weise möglich. Das Unternehmen schließt entweder einen Überwachungsvertrag mit einer technischen Überwachungsorganisation, die nach erfolgreicher Überprüfung die Zertifizierung vornimmt, oder das Unternehmen wird Mitglied einer Entsorgergemeinschaft. Die Zertifizierung und die Überwachung durch die technische Überwachungsorganisation sind in der EfbV geregelt, zu deren Erlaß die Bundesregierung in § 52 Abs. 2 KrW-/AbfG ermächtigt worden ist. Die Zertifizierung und die Überwachung durch die Entsorgergemeinschaft sind in der Entsorgergemeinschaftenrichtlinie (EgRL) geregelt, die das Bundesumweltministerium mit Zustimmung des Bundesrates gemäß § 52 Abs. 3 KrW-/AbfG erlassen hat[120].

Das Überwachungs- und Zertifizierungskonzept besteht bei beiden Zertifizierungsalternativen aus drei Elementen: der Fremdüberwachung durch die technische Überwachungsorganisation oder durch die Entsorgergemeinschaft (I.), der Eigenüberwachung des (zukünftigen) Entsorgungsfachbetriebs (II.) und der verbleibenden behördlichen Überwachung (III.).

I. Fremdüberwachung

Die Zertifizierung zum Entsorgungsfachbetrieb erfolgt nach vorheriger Überprüfung der Zertifizierungsvoraussetzungen durch eine technische Überwachungsorganisation (A.) oder durch eine Entsorgergemeinschaft, deren Mitglied der Entsorgungsbetrieb ist (B.).

---

120 Der Richtliniengeber hat die Richtlinie für vordringlich erachtet, „um abfallwirtschaftlich tätigen Betrieben alle gesetzlichen Möglichkeiten für die Erlangung der Entsorgungsfachbetriebseigenschaft zu bieten“. Die Richtlinie biete „darüber hinaus Vereinigungen, die sich zum Zwecke privater Qualifizierung und Zertifizierung gegenwärtig im nicht regulierten Bereich gebildet haben oder bilden, ein klares umweltrechtliches Profil, bei dessen Erfüllung sie sich von der für die Abfallwirtschaft zuständigen obersten Landesbehörde anerkennen lassen können“ (BR-Drs. 359/96, S. 14).

A. Überwachung und Zertifizierung durch eine technische Überwachungsorganisation

Im folgenden werden die einzelnen Schritte der Überwachung und Zertifizierung, der Abschluß eines Überwachungsvertrags (1.), die Überwachung des Zertifizierungskandidaten (2.), die behördliche Zustimmung (3.) sowie die Zertifizierung selbst (4.) dargestellt. Abschließend werden die Fälle aufgeführt, in denen das Überwachungszertifikat entzogen wird (5.).

1. Abschluß eines Überwachungsvertrages

Die Zertifizierung zum Entsorgungsfachbetrieb durch eine technische Überwachungsorganisation, wie zum Beispiel dem RWTÜV oder der DEKRA, erfolgt auf der Grundlage eines Überwachungsvertrages.

Die EfbV definiert die technische Überwachungsorganisation nicht; auch legt sie - anders als bei den die konkrete Überprüfung vornehmenden Sachverständigen, die gemäß § 15 Abs. 1 S. 3 Nr. 2 EfbV zuverlässig, unabhängig und fachkundig sein müssen – keine Anforderungen an sie fest. Das erklärt sich daraus, daß sich die Verordnungsermächtigung in § 52 Abs. 2 KrW-/AbfG nicht auf diese Punkte erstreckt, sondern lediglich auf die Bestellung und Zusammensetzung der Prüforgane und des Prüfverfahrens.

Allerdings hat der Verordnungsgeber im Verordnungsverfahren der EfbV seine Vorstellung, was unter einer technischen Überwachungsorganisation zu verstehen ist, deutlich gemacht. Danach ist eine technische Überwachungsorganisation ein „rechtsfähiger Zusammenschluß oder eine Personenvereinigung mehrerer Sachverständiger, zum Beispiel freiberuflicher Sachverständiger gemäß § 36 GewO, deren Sachverständigentätigkeit auf eine dauernde Zusammenarbeit angelegt ist“; außerdem müsse sie „frei von Einflüssen sein, die ihr technisches Urteil beeinträchtigen können“[121].

Welche weiteren Anforderungen an die technische Überwachungsorganisation im einzelnen als vom Verordnungsgeber vorausgesetzt anzusehen sind, konkretisiert eine in einer ad-hoc-Arbeitsgruppe mit Vertretern der Länder, unter Federführung des niedersächsischen Umweltministeriums erarbeitete Vollzugshilfe „Zustimmung zu Überwachungsverträgen/Anerkennung von Entsorgergemeinschaften“ mit Stand vom 14. 3. 1997[122] (im folgenden 'Vollzugshilfe' benannt). Die Vollzugshilfe dient der Sicherstel-

---

[121] BR-Drs. 353/96, S. 48.

[122] Die Vollzugshilfe wird in der Fassung vom 14. 3. 1997 unverändert angewandt.

lung eines einheitlichen behördlichen Vollzugs der EfbV bzw. der EgRL in den Ländern. Sie ist keine an die zuständigen Landesbehörden gerichtete Verwaltungsvorschrift, da die ad-hoc-Arbeitsgruppe kein weisungsbefugtes Organ ist. Die Vollzugshilfe ist den Landesbehörden lediglich zur Anwendung empfohlen worden und wird in der Praxis auch herangezogen.

Nach der Vollzugshilfe muß sich die technische Überwachungsorganisation in geordneten wirtschaftlichen Verhältnissen befinden und unabhängig, d.h. keinem wirtschaftlichen, finanziellen oder sonstigen Druck ausgesetzt, sein. Daneben werden Anforderungen an die personelle und sachliche Ausstattung aufgestellt.

Die Vollzugshilfe führt Regelbeispiele für die fehlende Unabhängigkeit auf. Sie entsprechen den in § 10 Abs. 1 Nr. 5 i.V.m. § 6 UAG für Umweltgutachterorganisationen genannten Regelbeispielen[123]. Die an die wirtschaftlichen Verhältnisse und an die Unabhängigkeit gestellten Anforderungen gelten als erfüllt, wenn die technische Überwachungsorganisation eine Zulassung als Umweltgutachterorganisation nach § 10 UAG für den Unternehmensbereich Recycling, Behandlung, Vernichtung oder Endlagerung von festen oder flüssigen Abfällen im Sinne des Art. 2i) der Öko-Audit-VO (a.F.) besitzt. Dasselbe gilt „in der Regel", wenn die technische Überwachungsorganisation für die Zertifizierung von Umweltmanagementsystemen nach DIN EN ISO 14001ff. oder Qualitätsmanagementsystemen nach DIN EN ISO 9001ff. im Bereich Recycling und Entsorgung akkreditiert oder aufgrund anderer Rechtsvorschriften, wie zum Beispiel bei der Trägergemeinschaft für Akkreditierung (TGA) nach GewO oder StVZO, als „technische Überwachungsorganisation" anerkannt ist[124].

---

123 Danach ist die Unabhängigkeit in der Regel nicht gegeben, wenn die technische Überwachungsorganisation
- Inhaber eines grundsätzlich als Entsorgungsfachbetrieb tauglichen Entsorgungsbetriebes ist oder die Anteilsmehrheit an einem solchen Unternehmen besitzt;
- Weisungen aufgrund vertraglicher oder sonstiger Beziehungen im Rahmen ihrer Tätigkeit auch dann zu befolgen hat, wenn sie sie zu gutachterlichen Handlungen gegen ihre Überzeugung verpflichten;
-organisatorisch, wirtschaftlich, kapital- oder personalmäßig mit Dritten verflochten ist, ohne daß deren Einflußnahme auf die Wahrnehmung der Aufgaben als technische Überwachungsorganisation durch Festlegungen in Satzung, Gesellschaftsvertrag oder Anstellungsvertrag auszuschließen ist;
- in dem zu überprüfenden Betrieb beratend tätig ist oder Anteile an dem zu überprüfenden Betrieb besitzt; vgl. Vollzugshilfe S. 8.

124 Vollzugshilfe S. 9.

In bezug auf die personelle und sachliche Ausstattung hat die technische Überwachungsorganisation sicherzustellen, daß sie über eine ausreichende Anzahl von Sachverständigen sowie über die erforderlichen Mittel und Einrichtungen verfügt[125]. Die mit der Überwachung beauftragten Sachverständigen müssen, wie auch schon von § 15 Abs. 1 S. 3 Nr. 2 EfbV gefordert, zuverlässig, unabhängig und fachkundig sein. Die Verantwortung für die Überwachung und Zertifizierung des Entsorgungsbetriebes verbleibt aber bei der technischen Überwachungsorganisation. Vor diesem Hintergrund hat die technische Überwachungsorganisation die Länder, in denen Sachverständige der Organisation Prüfungen vornehmen, von jeder Haftung für die Tätigkeit der beauftragten Sachverständigen freizustellen[126]. Schließlich hat die Überwachungsorganisation sicherzustellen, daß ihr Personal durch geeignete Fortbildung über den für die Tätigkeit erforderlichen aktuellen Wissensstand verfügt[127].

a. Vertragsinhalt

Die zwingenden Anforderungen an den Überwachungsvertrag sind in § 12 EfbV geregelt. Danach muß der schriftlich abzuschließende Vertrag die Überwachung und die Zertifizierung des Unternehmens als Entsorgungsfachbetrieb nach den Anforderungen der §§ 13 und 14 EfbV regeln. § 13 EfbV regelt die Pflichten der technischen Überwachungsorganisation und des Zertifizierungskandidaten im Zusammenhang mit der Überwachung. § 14 EfbV enthält Regelungen über die Zertifizierung[128]. Nach § 12 Abs. 2 EfbV können weitergehende Vereinbarungen getroffen werden, sofern sie den Anforderungen der EfbV nicht widersprechen.

In § 13 EfbV sind die Rechte und Pflichten der Vertragsparteien konkret geregelt: Nach § 13 Abs. 1 Nrn. 1 bis 4 EfbV bezieht sich die Überwachungsverpflichtung der technischen Überwachungsorganisation auf die Überprüfung der in den §§ 3 - 11 EfbV festgelegten Anforderungen an den Betrieb[129], auf die schriftliche Dokumentierung des

---

125 „Die erforderliche Anzahl der Sachverständigen bemißt sich nach der Anzahl der bereits abgeschlossenen Überwachungsverträge bzw. der beabsichtigten Vertragsabschlüsse sowie eventueller Beauftragungen durch Entsorgergemeinschaften jeweils unter Berücksichtigung der Art und Größe der Entsorgerbetriebe, wie zum Beispiel die Zahl der Mitarbeiter", vgl. Vollzugshilfe S. 9.

126 Vollzugshilfe S. 9.

127 Vollzugshilfe S. 9.

128 Auf die Bestimmungen des § 14 EfbV wird unten bei 4. (Zertifizierung des Unternehmens) und 5. (Entzug des Überwachungszertifikates) eingegangen.

129 Die technische Überwachungsorganisation ist verpflichtet, die in der EfbV festgelegten Anforderungen an die Organisation, Ausstattung und Tätigkeit des Betriebes sowie an die Zuverlässig-

Prüfungsverlaufs und -ergebnisses gegenüber dem Betrieb, auf die Darlegung der festgestellten Mängel und auf eine umfassende Geheimhaltungspflicht.

aa. Prüfungsperioden

Die Überprüfung der Erfüllung der in der EfbV festgelegten Anforderungen muß vor der erstmaligen Zertifizierung, nach wesentlichen Änderungen, im übrigen jährlich erfolgen. Für die Fristberechnung der jährlichen Prüfung („Wiederholungsaudit") gilt, daß die 12-Monats-Frist nicht erst ab dem Zeitpunkt der Zertifikatsausstellung, sondern ab dem Tag, in dem zum letzten Mal eine Vor-Ort-Begehung des Unternehmens durch den Sachverständigen erfolgt ist, zu laufen beginnt[130].

bb. Prüfungsinhalt und Vermeidung von Doppelprüfungen

Bei der Überprüfung sind gemäß § 13 Abs. 3 EfbV neben den einschlägigen Rechtsvorschriften auch die hierzu ergangenen veröffentlichten Verwaltungsvorschriften des Bundes und der Länder zu berücksichtigen[131]. Außerdem hat die technische Überwachungsorganisation gemäß § 13 Abs. 4 EfbV zur Vermeidung von Doppelprüfungen die Ergebnisse von Prüfungen heranzuziehen, die durch einen unabhängigen Umweltgutachter oder eine Umweltgutachterorganisation im Rahmen des Öko-Audits oder durch eine akkreditierte Stelle im Rahmen der Zertifizierung eines Qualitätsmanagementsystems nach DIN EN ISO 9001ff. vorgenommen wurden.

cc. Unterstützungspflichten

Das Unternehmen ist nach § 13 Abs. 2 Nrn. 1 bis 3 EfbV - in Anlehnung an die allgemeine behördliche Überwachungsregelung des § 40 KrW-/AbfG - verpflichtet, den beauftragten Sachverständigen der technischen Überwachungsorganisation die für die Prüfung notwendigen Dokumente sowie Arbeitskräfte und Werkzeuge zur Verfügung zu stellen, ihnen das Betreten des Grundstücks, der Geschäfts- und Betriebsräume sowie die Einsicht in Unterlagen und die Vornahme von technischen Ermittlungen und

---

keit, Fach- und Sachkunde des Betriebsinhabers, der für die Leitung und Beaufsichtigung des Betriebes verantwortlichen Personen und des sonstigen Personals zu überprüfen.

130 LUA-INFO Entsorgungsfachbetrieb Nr. 4, Fristen, S. 3.

131 Als Vorbild für diese Regelung diente die an die Umweltgutachter, Umweltgutachterorganisationen und Inhabern von Fachkenntnisbescheinigungen bei der Überprüfung von Standorten gerichtete gleichlautende Regelung in § 15 Abs. 2 Nr. 5 UAG; vgl. zu dem Problem der Bindungswirkung von Verwaltungsvorschriften in diesem Zusammenhang *Kaminski/Konzak*, Das untergesetzliche Regelwerk zum KrW-/AbfG, § 13 Rn. 15 (in der Kommentierung irrtümlich als Rn. 13 numeriert).

Prüfungen zu gestatten. Außerdem hat das Unternehmen der technischen Überwachungsorganisation alle Änderungen im Betrieb, die für die Erfüllung der in der EfbV genannten Anforderungen erheblich sind, unverzüglich anzuzeigen.

dd. Weitere Inhalte

Die Vollzugshilfe sieht daneben als weitere Inhalte folgende Punkte vor: Zielfestlegung des Vertrages (Zertifizierung und Überwachung nach KrW-/AbfG und § 13 Abs. 1 EfbV), Vorbehaltsklausel (Zustimmung der zuständigen Behörde), Gültigkeitsdauer des Vertrages von mindestens einer Erstüberprüfung plus ein Jahr, Festlegung eines von der technischen Überwachungsorganisation angewandten Zertifizierungs- und Überwachungssystems und die Verpflichtung der technischen Überwachungsorganisation zur Einsetzung qualifizierter Sachverständiger im Sinne des § 15 Abs. 1 Nr. 2 EfbV[132].

b. Rechtsnatur des Überwachungsvertrags

Vor dem Hintergrund der Ersetzung der Transportgenehmigungs- und Entsorgungsnachweisbestätigungspflicht durch die Zertifizierung zum Entsorgungsfachbetrieb stellt sich die Frage, ob der zwischen der technischen Überwachungsorganisation und dem Bewerber abgeschlossene Überwachungsvertrag dem öffentlichen Recht oder dem Zivilrecht zuzuordnen ist.

Die Abgrenzung zwischen einem öffentlich-rechtlichen und privatrechtlichen Vertrag erfolgt unter Heranziehung der allgemeinen Abgrenzungskriterien zwischen öffentlichem Recht und Privatrecht. Entscheidend ist vor allem der Gegenstand des Vertrages[133], d.h. es kommt darauf an, ob das Rechtsverhältnis, das durch den Vertrag begründet, geändert oder aufgehoben wird, als öffentlich-rechtlich oder privatrechtlich zu qualifizieren ist[134].

Gegen einen öffentlich-rechtlichen Vertrag könnte vorliegend bereits sprechen, daß es sich bei den Vertragspartnern um Privatrechtssubjekte handelt. Nach der älteren Subjektstheorie, die darauf abstellt, ob Rechtsträger des öffentlichen Rechts oder des Privatrechts am Vertrag beteiligt sind, würde ein öffentlich-rechtlicher Vertrag ausschei-

---

132 Vgl. Vollzugshilfe S. 18, 19.

133 *Erichsen*, in: Erichsen, Allgemeines Verwaltungsrecht, § 25 Rn. 2 m.w.N.

134 GmS-OBG BVerwGE 74, 368/370 = BGHZ 97, 312ff.; BVerwGE 22, 138/140; 30, 65/67; 42, 331/332.

den[135]. Mittlerweile ist allerdings anerkannt, daß auch Privatrechtssubjekte einen öffentlich-rechtlichen Vertrag schließen können, wenn Spezialrecht diese Möglichkeit ausdrücklich vorsieht[136]. Diese Voraussetzung ist vorliegend erfüllt. § 52 Abs. 1 S. 1 KrW-/AbfG sieht ausdrücklich vor, daß Entsorgungsfachbetrieb ist, wer einen Überwachungsvertrag mit einer technischen Überwachungsorganisation abgeschlossen hat. Diese Bestimmung ist zudem im Zusammenhang mit § 51 KrW-/AbfG zu lesen, wonach einer Transportgenehmigungs- und Maklergenehmigungspflicht nicht bedarf, wer Entsorgungsfachbetrieb im Sinne des § 52 Abs. 1 KrW-/AbfG ist; daneben ist sie auch im Hinblick auf § 13 Abs. 5 NachwV zu lesen, wonach Entsorgungsfachbetriebe gesetzlich von der Pflicht, besonders überwachungsbedürftige Abfälle nur nach vorhergehender Bestätigung des Entsorgungsnachweises anzunehmen, freigestellt sind.

Festzuhalten ist danach, daß ein öffentlich-rechtlicher Vertrag vorliegend nicht schon deshalb ausscheidet, weil es sich bei den Vertragsparteien um zwei Privatrechtssubjekte handelt. Abzustellen ist also weiterhin auf die Rechtsnatur des Vertrags.

Die Bestimmung der Rechtsnatur richtet sich nach verschiedenen Kriterien. Zum einen wird darauf abgestellt, ob sich der Vertrag auf gesetzlich öffentlich- oder privatrechtlich geregelte Sachverhalte bezieht[137]. Daneben ist auf den Vertragszweck, d.h. auf die Frage, ob mit dem Vertrag überwiegend öffentliche oder private Interessen verfolgt werden[138], den Gesamtcharakter[139] und auf den Schwerpunkt[140] abzustellen. Auch die durch den Vertrag begründeten oder mit ihm verbundenen Rechtsfolgen sind zu berücksichtigen[141].

---

135 Zu den Anhängern der älteren Subjektstheorie zählt *Wolff*, AöR 1951, S. 205/208ff., der allerdings auch den Beliehenen zu den öffentlich-rechtlichen Rechtsträgern zählt.

136 BVerwG RdL 1992, S. 167/168; *Bonk*, in: Stelkens/Bonk/Sachs, VwVfG, § 54 Rn. 65.

137 Hier wird das Kriterium des Sachzusammenhangs herangezogen; vgl. BVerwGE 42, 331/332; BVerwG NJW 1976, S. 2360; NJW 1980, S. 2538; DÖV 1981, S. 878; NJW 1985, S. 989; BGHZ 35, 69/71; 56, 365/368. Dieses Kriterium muß aber dann versagen, wenn der im Vertrag geregelte Sachverhalt gesetzlich nicht geregelt ist, vgl. insoweit die zutreffende Kritik bei *Ehlers*, Verwaltung in Privatrechtsform, S. 443.

138 Hier wird die Interessentheorie herangezogen; vgl. GmS-OBG BVerwGE 74, 368/370; BVerwGE 30, 65/67; BGH NJW 1972, S. 585; NJW 1983, S. 2311; BGH JZ 1973, S. 420.

139 BGHZ 56, 365/372; BGH NJW 1983, S. 2311.

140 BVerwGE 22, 138/140; BGHZ 56, 365/373; 76, 17/20.

141 BGH DVBl 1965, S. 276; JZ 1973, S. 420.

Für die Annahme eines öffentlichen Vertrages könnte sprechen, daß ein Entsorgungsbetrieb, der einen Überwachungsvertrag mit einer technischen Überwachungsorganisation abgeschlossen hat und sich hat zertifizieren lassen, von drei öffentlich-rechtlichen Genehmigungspflichten gesetzlich freigestellt ist[142]. Die Durchführung der Überwachung hat im Fall der Zertifizierung eine Veränderung der öffentlich-rechtlichen Pflichten zur Folge.

Auf der anderen Seite ist zu berücksichtigen, daß der Überwachungsvertrag den Wegfall der drei Genehmigungspflichten selbst nicht zum Gegenstand hat. Erst wenn das Unternehmen zertifiziert worden ist, tritt die verfahrensrechtliche Erleichterung ein. Der Überwachungsvertrag selbst regelt vielmehr nur die besonderen Pflichten des Betriebes nach Maßgabe der EfbV sowie die Prüf- und Zertifizierungspflichten der technischen Überwachungsorganisation. Die Verpflichtung zur Erfüllung dieser Pflichten stellt die eigentliche vertragliche Rechtsfolge dar. Vor diesem Hintergrund liegt auch der Schwerpunkt der Vereinbarung nicht in dem Wegfall der behördlichen Genehmigungspflichten, sondern in der Erfüllung der besonderen Voraussetzungen der EfbV.

Die Anforderungen der EfbV beziehen sich auch nicht auf einen öffentlich-rechtlichen Sachverhalt, weil ihre Erfüllung keine Voraussetzung für die abfallwirtschaftliche Betätigung ist. Zwar hat der Entsorgungsfachbetrieb nach § 7 Abs. 1 EfbV die für seine abfallwirtschaftliche Tätigkeit geltenden öffentlich-rechtlichen Vorschriften zu beachten, und als Ergänzung dazu schreibt § 13 Abs. 3 EfbV der technischen Überwachungsorganisation vor, daß sie bei der Überprüfung neben den einschlägigen Rechtsvorschriften auch die hierzu ergangenen amtlich veröffentlichten Verwaltungsvorschriften des Bundes und der Länder berücksichtigen muß. Die Pflicht nach § 7 Abs. 1 EfbV trifft den Betrieb aber ohnehin, d.h. auch ohne Zertifizierungsabsichten[143], und die Verpflichtung der technischen Überwachungsorganisation nach § 13 Abs. 3 EfbV ist lediglich eine zwingende Vorgabe für ihre Überwachungstätigkeit, die nicht geeignet ist, aus der Überwachung und Zertifizierung insgesamt einen öffentlich-rechtlich geregelten Sachverhalt zu machen.

---

142 Aus diesem Grund die Annahme eines öffentlich-rechtlichen Vertrags andenkend *Kaminski/Konzak*, Das untergesetzliche Regelwerk zum Kreislaufwirtschafts- und Abfallgesetz, § 12 EfbV Rn. 11.

143 Allerdings müssen beim Bewerber Maßnahmen getroffen werden, die eine bewußte und aktive Beachtung der Rechtsvorschriften gewährleisten, vgl. i.e. *Cosson*, in: Brandt/Ruchay/Weidemann, KrW-/AbfG, B 100 § 52 Rn. 72ff.

Es fragt sich allerdings, ob der Vertragszweck nicht zu der Bejahung eines öffentlich-rechtlichen Vertrags führt. Mit dem Abschluß eines Überwachungsvertrags verpflichtet sich das abfallwirtschaftliche Unternehmen nämlich zur Erfüllung der Pflichten in der EfbV, die eine ordnungsgemäße abfallwirtschaftliche Tätigkeit sicherstellen und damit auch dem Schutz von Gesundheit und Umwelt dienen sollen. Auf der anderen Seite ist jedoch zu berücksichtigen, daß mit der Überwachung und Zertifizierung gleichzeitig auch der private Zweck verfolgt wird, eine günstige Auftragssituation zu sichern oder die Auftragslage zu verbessern. Das Abstellen auf den Zweck allein ist nicht geeignet, die öffentlich-rechtliche Natur eines Vertrages herzuleiten, wenn neben öffentlichen zugleich auch private Zwecke verfolgt werden.

Vorliegend ergibt sich deshalb aus dem Rechtsfolgen- und Sachverhaltskriterium, daß es sich bei dem Überwachungsvertrag um einen zivilrechtlichen Vertrag handelt.

2. Überwachung des Zertifizierungskandidaten

a. Überwachungsverantwortlichkeit

Aufgrund des Überwachungsvertrags ist die technische Überwachungsorganisation gegenüber dem Entsorgungsbetrieb zur Überwachung und, bei Vorliegen der gesetzlichen Voraussetzungen, zur Zertifizierung verpflichtet. Die konkrete Überprüfung wird zwar durch die bei der technischen Überwachungsorganisation angestellten Sachverständigen durchgeführt, verantwortlich für eine ordnungsgemäße Überwachung und auch Zertifizierung bleibt aber die technische Überwachungsorganisation[144].

b. Durchführung der Überwachung

aa. Kriterien nach der Vollzugshilfe

Nach der Vollzugshilfe soll die technische Überwachungsorganisation allgemeingültige Anforderungen an das Überwachungs- und Zertifizierungssystem festlegen[145]. Damit soll sichergestellt werden, daß die Entsorgungsbetriebe nach einheitlichen Kriterien und nach einem einheitlichen Verfahren überwacht und zertifiziert werden, die Prüfsystematik und Prüftiefe für den Betrieb und für die Zustimmungsbehörde transpa-

---

[144] Vollzugshilfe S. 9.

[145] Vollzugshilfe S. 10.

rent sind und die Prüfungen die Abgleichung mit den Anforderungen der EfbV beinhalten.

Das Überwachungs- und Zertifizierungssystem hat nach der Vollzugshilfe mindestens die Kriterien und das Verfahren zur Erteilung, Aufrechterhaltung und zum Entzug der Fachbetriebseigenschaft einschließlich der Bewertung von Mängeln und das Vorgehen bei Betriebsänderungen und bei nachträglich auftretenden Mängeln vorzusehen. Ausserdem sind - als Mindestanforderungen - die Methodik und die systematische Vorgehensweise bei der Zertifizierung einschließlich entsprechender Verfahrensanweisungen der technischen Überwachungsorganisation an den Sachverständigen festzulegen.

Die Erfüllung dieser Anforderungen kann in der Praxis durch die Erstellung einer Auditcheckliste nachgewiesen werden, in der alle für die Zertifizierung relevanten, vom Betrieb zu liefernden Informationen, Unterlagen und Nachweise aufgeführt sind und anhand welcher der Sachverständige eine sowohl für die zustimmende Behörde als auch für den Zertifizierungskandidaten transparente Prüfung vornehmen kann.

Zu dem Überwachungs- und Zertifizierungssystem gehört schließlich auch die Vorhaltung eines internen Qualitätssicherungssystems. Insbesondere soll die Prüftätigkeit der Sachverständigen stichprobenartig kontrolliert und darüber ein Verzeichnis geführt werden. Außerdem soll eine Sammlung und Auswertung der durch die Prüfungen gewonnenen Erkenntnisse sowie ein regelmäßiger Erfahrungsaustausch durch die technische Überwachungsorganisation gesichert werden.

bb. Betriebsbegehung durch den Sachverständigen

Der Sachverständige überprüft, ob der Zertifizierungskandidat die §§ 3 bis 11 EfbV erfüllt, maßgeblich dadurch, daß er die schriftlichen Unterlagen des Betriebs, wie zum Beispiel Genehmigungsunterlagen, begutachtet und eine Vor-Ort-Begehung mit den Betriebsangehörigen durchführt. Nach den Vorgaben der Vollzugshilfe[146] hat die technische Überwachungsorganisation einen Plan für die Vor-Ort-Prüfung zu erstellen. Zum Abgleich der Dokumentationen mit den tatsächlichen Begebenheiten im Betrieb nimmt der Sachverständige eine Begehung aller Anlagenteile vor. Dabei sollen auch Mitarbeitergespräche geführt werden. Geeignete Stichproben sollen die Verläßlichkeit der Dokumentationen des Betriebes bestätigen. Die Anzahl der Stichproben soll sich nach den konkreten Gegebenheiten richten. Es handelt sich weitgehend um eine „nach-

146 Vgl. Vollzugshilfe S. 10.

vollziehende Plausibilitätskontrolle", wie sie auch in behördlichen Verfahren, zum Beispiel nach § 6 UVPG[147], vorkommt. Im Prinzip muß die technische Überwachungsorganisation sich auf die von dem Entsorgungsbetrieb vorgelegten Unterlagen verlassen und deren Richtigkeit unterstellen. Der Richtigkeit der Angaben des Zertifizierungskandidaten kommt bei der Beurteilung der Zertifizierungsvoraussetzungen mithin erhebliche Bedeutung zu.

3. Behördliche Zustimmung

a. Beteiligte Behörden

Zu seiner Wirksamkeit bedarf der Überwachungsvertrag der Zustimmung der für die Abfallwirtschaft zuständigen obersten Landesbehörde am Hauptsitz der technischen Überwachungsorganisation oder der von ihr bestimmten Behörde. Bei der Zustimmung zu Überwachungsverträgen, die auch die Überwachung von Entsorgungsfachbetrieben mit Standorten in anderen Ländern regeln, trifft die Behörde gemäß § 15 Abs. 1 S. 2 EfbV ihre Entscheidung im Benehmen mit den zuständigen Behörden dieser Länder. Das bedeutet, daß die örtlich zuständige Überwachungsbehörde am Standort des Entsorgungsbetriebes beteiligt werden soll, da ihr gegebenenfalls Informationen über den Zertifizierungskandidaten vorliegen, die einer Zustimmung entgegenstehen könnten. „Benehmen" heißt allerdings nur, daß die Behörde eine für die Zustimmungsbehörde nicht verbindliche Stellungnahme abgibt[148].

Der Kontakt zwischen der Antrags- und der Benehmensbehörde wird über eine nach Landesrecht zu bestimmenden „Knotenstelle" hergestellt[149]. Nicht nur vor der Zustimmungserteilung, sondern auch danach sollen die Antrags- und die Benehmensbehörden miteinander in Kontakt bleiben. Die Vollzugshilfe sieht vor, daß die Antragsbehörde jede Zustimmung, Ablehnung, Widerruf oder sonstige Äußerung unverzüglich allen Knotenstellen mitteilt. Diese sorgen dann für die ordnungsgemäße Verteilung und Abrufmöglichkeit in ihren Ländern[150].

---

[147] Vgl. dazu *Hoffmann-Riem*, AöR 119 (1994), S. 590/610.

[148] Vgl. *Kaminski/Konzak*, Das untergesetzliche Regelwerk zum KrW-/AbfG, § 15 EfbV Rn. 4.

[149] Für das Land Nordrhein-Westfalen ist das Landesumweltamt die zuständige Knotenstelle.

[150] Vgl. Vollzugshilfe S. 29.

b. Ablauf des Zustimmungsverfahren

Das Zustimmungsverfahren läuft nach der Vollzugshilfe in den folgenden Schritten ab:

1. Antrag. Die technische Überwachungsorganisation stellt bei der zuständigen Behörde einen schriftlichen Antrag auf Zustimmung zum Überwachungsvertrag. Der Antrag enthält Angaben zur technischen Überwachungsorganisation (Name, Hauptsitz und Anschrift), zum zu zertifizierenden Entsorgungsbetrieb, zu dessen Betriebsinhaber sowie eine Darstellung des Betriebes inklusive eines Organisationsplanes. Ihm sind ferner Nachweise zur Organisation der technischen Überwachungsorganisation[151], die Freistellungserklärung, Unterlagen zu den beauftragten Sachverständigen, eine Darstellung des Zertifizierungs- und Überwachungssystems, das Überwachungszertifikat und -zeichen sowie Regelungen über deren Nutzung und der Überwachungsvertrag beizufügen.

2. Vollständigkeitsprüfung. Die Antragsbehörde überprüft die eingereichten Unterlagen auf ihre Vollständigkeit. Fehlen Unterlagen, wird die technische Überwachungsorganisation aufgefordert, diese nachzureichen.

3. Beteiligung der Benehmensbehörde. Mit einem Formschreiben informiert die Antragsbehörde die Benehmensbehörde über die wesentlichen Angaben zu dem Betrieb. Die Benehmensbehörde gibt der Antragsbehörde umgehend bekannt, ob und ggf. welche Unterlagen sie zu dem Betrieb bzw. Überwachungsvertrag zusätzlich benötigt. Sie nimmt Stellung zu anlagenspezifischen Besonderheiten hinsichtlich des konkreten Entsorgungsbetriebes mit dessen zu zertifizierenden Tätigkeiten und Abfallarten und benennt spezifische Problempunkte, auf die bei der Überprüfung und Überwachung besonders zu achten ist. Hat sie Kenntnis von Tatsachen, die einer Zertifizierung als Entsorgungsfachbetrieb entgegenstehen könnten, weist sie darauf hin. Außerdem kann sie erklären, ob und in welchem Rahmen eine direkte Zusendung von Überwachungsberichten der technischen Überwachungsorganisation an die Benehmensbehörde in die Auflage zu dem Zustimmungsbescheid nach § 15 Abs. 3 EfbV aufgenommen werden soll.

Die Benehmensbehörde hat ihre Stellungnahme an die Antragsbehörde innerhalb einer Frist von vier Wochen abzugeben, die in Ausnahmefällen auf Antrag verlängert wer-

[151] Zum Beispiel Auszug aus einem Handelsregister zur Angabe der Rechtsform, Gesellschaftervertrag oder sonstige verbindliche Regelungen, Nachweise zur Anerkennung als Umweltgutachterorganisation oder andere Anerkennung, und Organisationsplan, vgl. i.e. Vollzugshilfe S. 17.

den kann. Geht eine Stellungnahme innerhalb dieser Frist nicht ein, entscheidet die Antragsbehörde nach Aktenlage.

4. Prüfung des Antrags. Die Antragsbehörde überprüft die eingereichten Unterlagen inhaltlich auf die erforderlichen Mindestinhalte. Sie erteilt nach § 15 Abs. 1 S. 3 EfbV die Zustimmung, wenn der Überwachungsvertrag die in den §§ 12 bis 14 EfbV genannten Anforderungen erfüllt und die von der technischen Überwachungsorganisation mit der Durchführung des Überwachungsauftrages beauftragten Sachverständigen die hierfür erforderliche Zuverlässigkeit, Unabhängigkeit und Fachkunde besitzen. Bei Vorliegen der gesetzlichen Voraussetzungen hat die technische Überwachungsorganisation einen Anspruch auf Erteilung der Zustimmung[152]. Die Zustimmung kann auch allgemein, d.h. für alle von einer bestimmten technischen Überwachungsorganisation abgeschlossenen Verträge[153], erteilt werden.

c. Voraussetzungen der Zustimmungserteilung

Die Eignung der Sachverständigen ist ein kritischer Punkt für die Zustimmungserteilung. Zwar bestimmt § 15 Abs. 1 S. 3 Nr. 2 EfbV daß die Sachverständigen zuverlässig, unabhängig und fachkundig sein müssen, konkretisiert allerdings nicht, wann diese Eignungskriterien vorliegen oder fehlen. Das Schweigen der Verordnung ist einer der Gründe dafür gewesen, daß die Zustimmungen zu Überwachungsverträgen und Anerkennungen von Entsorgergemeinschaften erst ab Bestehen der Vollzugshilfe, die diese „unbestimmten Rechtsbegriffe" konkretisiert, erteilt worden sind[154].

Allerdings hat der Verordnungsgeber in der Begründung zur EfbV schon ausgeführt, daß die „in der Organisation zusammengefaßten Sachverständigen (...) aufgrund ihrer Ausbildung, ihrer Kenntnisse und ihrer durch praktische Tätigkeit gewonnenen Erfahrungen die Gewähr dafür bieten [müssen], daß die Prüfungen ordnungsgemäß durchgeführt werden. Sie müssen darüber hinaus zuverlässig und hinsichtlich ihrer Prüftätigkeit unabhängig sein; es darf insbesondere kein Zusammenhang zwischen der Prüftätigkeit und anderen Leistungen bestehen"[155]. Was das konkret bedeutet, erklärt die

---

152 *Kaminski/Konzak*, Das untergesetzliche Regelwerk zum Kreislaufwirtschafts- und Abfallgesetz, § 15 EfbV Rn. 5.

153 *Frenz*, KrW-/AbfG, § 52 Rn. 2.

154 *Wender*, ENTSORGA-Schrift 28, S. 21/23.

155 BR-Drs. 353/96, S. 48.

Vollzugshilfe[156], die die Anforderungen an die Zuverlässigkeit, Unabhängigkeit und Fachkunde der Sachverständigen in Anlehnung an die an die Regelungen der §§ 5 - 7 UAG zur Qualifikation des Umweltgutachters und der Voraussetzungen der für die Leitung und Beaufsichtigung eines Betriebes verantwortlichen Person nach § 9 EfbV bestimmt[157].

---

156 Vgl. Vollzugshilfe S. 5ff.

157 Danach besitzt der Sachverständige die erforderliche *Zuverlässigkeit*, wenn er aufgrund seiner persönlichen Eigenschaften, seines Verhaltens und seiner Fähigkeiten zur ordnungsgemäßen Erfüllung der ihm übertragenen Aufgaben geeignet ist. Die erforderliche Zuverlässigkeit ist in der Regel nicht gegeben, wenn der Sachverständige
- sich wegen der Begehung bestimmter Delikte strafbar gemacht hat oder wegen der Verletzung bestimmter Vorschriften des besonderen Polizeirechts mit einer Geldbuße belegt worden ist;
- wiederholt oder grob pflichtwidrig gegen besonderes Gefahrenabwehrrecht verstoßen hat oder im Fall einer Beauftragung als Betriebs- oder Störfallbeauftragter seine Verpflichtungen als Beauftragter verletzt hat;
- infolge strafgerichtlicher Verurteilung die Fähigkeit zur Bekleidung öffentlicher Ämter verloren hat;
- sich nicht in geordneten wirtschaftlichen Verhältnissen befindet, es sei denn, daß dadurch die Interessen der Auftraggeber oder anderer Personen nicht gefährdet sind; oder
- infolge eines körperlichen Gebrechens, wegen Schwäche seiner geistigen Kräfte oder wegen einer Sucht nicht nur vorübergehend unfähig ist, die Tätigkeit als Sachverständiger ordnungsgemäß auszuüben.

Ein Sachverständiger besitzt die erforderliche *Unabhängigkeit*, wenn er keinem wirtschaftlichen, finanziellen oder sonstigen Druck unterliegt, der sein Urteil beeinflussen oder das Vertrauen in die unparteiische Aufgabenwahrnehmung in Frage stellen kann. Der Sachverständige darf keine Bindungen eingehen, die seine berufliche Entscheidungsfreiheit beeinträchtigen oder beeinträchtigen könnten. Die erforderliche Unabhängigkeit ist in der Regel nicht gegeben, wenn der Sachverständige
- in irgendeiner Weise beruflich mit einem Entsorgungsbetrieb im Sinne des § 2 Abs. 1 Nr. 1 und Abs. 2 EfbV verbunden ist;
- eine Tätigkeit aufgrund eines Beamtenverhältnisses, Soldatenverhältnisses oder eines Anstellungsvertrages mit einer juristischen Person des öffentlichen Rechts ausübt, es sei denn, es handelt sich um eine Beratungstätigkeit als Bediensteter einer Industrie- und Handelskammer, Handwerkskammer, Berufskammer oder einer sonstigen Körperschaft des öffentlichen Rechts, die eine Selbsthilfeeinrichtung für Unternehmen ist, die sich als Entsorgungsfachbetrieb zertifizieren lassen können; ferner ist die Prüfung und Erteilung von Zertifikaten nach DIN EN ISO 9001 und 14001ff. sowie nach dem UAG vereinbar;
- eine Tätigkeit aufgrund eines Richterverhältnisses, öffentlich-rechtlichen Dienstverhältnisses als Leihbeamter auf Zeit oder eines öffentlich-rechtlichen Amtsverhältnisses ausübt, es sei denn, daß er die ihm übertragenen Aufgaben ehrenamtlich wahrnimmt;
- Weisungen aufgrund vertraglicher oder sonstiger Beziehungen bei der Tätigkeit als Sachverständiger auch dann zu befolgen hat, wenn sie ihn zu gutachterlichen Handlungen gegen seine Überzeugung verpflichten;
- organisatorisch, wirtschaftlich, kapital- oder personalmäßig mit Dritten verflochten ist, ohne daß deren Einflußnahme auf die Wahrnehmung der Aufgaben als Sachverständiger durch Festlegungen in Satzung, Gesellschaftsvertrag oder Anstellungsvertrag auszuschließen ist;
- in dem zu überprüfenden Betrieb beratend tätig ist oder Anteile an dem zu überprüfenden Betrieb besitzt.

Die Anforderungen an die Zuverlässigkeit, Unabhängigkeit und Fachkunde gelten nach § 15 Abs. 2 EfbV als erfüllt, wenn der Sachverständige eine Zulassung als Umweltgutachter nach § 9 des Umweltauditgesetzes oder die technische Überwachungsorganisation eine Zulassung als Umweltgutachterorganisation nach § 10 des Umweltauditgesetzes für den Unternehmensbereich Recycling, Behandlung, Vernichtung oder Endlagerung von festen oder flüssigen Abfällen im Sinne des Art. 2i) der EG-Öko-Audit-Verordnung (a.F.) besitzt.

Neben den Erfordernissen der Zuverlässigkeit, Unabhängigkeit und Fachkunde sieht die LAGA-Vollzugshilfe weitergehend vor, daß der Sachverständige sich regelmäßig fortzubilden hat, um den für seine Tätigkeit notwendigen aktuellen Wissensstand vorzuhalten. Außerdem hat er den Nachweis über das Bestehen einer Berufshaftpflicht zu erbringen[158].

4. Zertifizierung des Unternehmens

Stellt die technische Überwachungsorganisation aufgrund der Überwachung nach § 13 EfbV fest, daß der Betrieb die in der EfbV enthaltenen Anforderungen erfüllt und hat die zuständige Behörde dem Überwachungsvertrag zugestimmt, ist die technische Überwachungsorganisation verpflichtet, dem Betrieb ein schriftliches Überwachungszertifikat auszustellen. Durch das Anerkennungszertifikat erhält der Entsorgungsfachbetrieb die Berechtigung, die Bezeichnung „Entsorgungsfachbetrieb" im beruflichen Verkehr zu führen.

Die erforderliche *Fachkunde* liegt vor, wenn der Sachverständige aufgrund seiner Ausbildung, beruflichen Bildung und praktischen Erfahrung zur ordnungsgemäßen Erfüllung der ihm obliegenden Aufgaben geeignet ist. Die Fachkunde erfordert den Abschluß eines naturwissenschaftlichen, technischen oder biowissenschaftlichen Studiums an einer Hochschule oder Fachhochschule, eine mindestens dreijährige eigenverantwortliche hauptberufliche abfallwirtschaftliche Tätigkeit im Bereich Überwachung und Begutachtung in bzw. von einem Unternehmen im Sinne des § 2 Abs. 1 Nrn. 1 und 2 EfbV und das Vorhandensein ausreichender Fachkenntnisse über Methodik und Durchführung von Überwachungen und Zertifizierungen der in § 2 Abs. 1 Nrn. 1 und Abs. 2 EfbV genannten Unternehmen und die im Anhang zur EfbV genannten Bereiche.

Von den ersten zwei genannten Anforderungen kann abgesehen werden, wenn eine technische Fachschulausbildung oder die Qualifikation als Meister in einem Unternehmen im Sinne des § 2 Abs. 1 Nr. 1 und Abs. 2 EfbV vorliegt und mindestens fünf Jahre eine eigenverantwortliche hauptberufliche abfallwirtschaftliche Tätigkeit im Bereich Überwachung und Begutachtung in bzw. von einem Entsorgungsbetrieb im Sinne des § 2 Abs. 1 Nrn. 1 und 2 EfbV wahrgenommen wurde.

[158] Vgl. Vollzugshilfe S. 7.

Nach § 14 Abs. 2 EfbV ist das Zertifikat zu befristen; die Gültigkeitsdauer darf einen Zeitraum von 18 Monaten nicht überschreiten. Die am Tag des letzten Vor-Ort-Audits beginnende[159] 18-Monats-Frist verfolgt zwei Zwecke: zum einen soll es dem Entsorgungsfachbetrieb bei unverschuldeter Unwirksamkeit des Überwachungsvertrags ermöglicht werden, innerhalb der Gültigkeitsdauer des Zertifikates einen neuen Überwachungsvertrag abzuschließen. Daneben soll der Entsorgungsfachbetrieb ein Wiederholungsaudit - einschließlich eventuell zu behebender Mängel - durchführen können, bevor das alte Zertifikat seine Gültigkeit verliert, da nach Ablauf der 12-Monatsfrist die Voraussetzungen des § 14 Abs. 1 EfbV i.V.m. § 13 Abs. 1 Ziff. 1 EfbV grundsätzlich nicht mehr vorliegen[160].

Gleichzeitig mit dem Überwachungszertifikat ist dem Betrieb ein Überwachungszeichen zu erteilen, das die Bezeichnung „Entsorgungsfachbetrieb“ in Verbindung mit dem Hinweis auf die zertifizierte Tätigkeit und die das Überwachungszeichen erteilende technische Überwachungsorganisation aufweist.

5. Entzug des Überwachungszertifikates

Die technische Überwachungsorganisation ist gemäß § 14 Abs. 4 EfbV zum Entzug des Zertifikates verpflichtet,

(i) wenn der Betrieb die in der Verordnung genannten Anforderungen auch nach Ablauf einer von der technischen Überwachungsorganisation gesetzten Frist, die drei Monate nicht überschreiten darf, nicht erfüllt;

(ii) wenn der Betrieb die anerkannte Tätigkeit auf Dauer eingestellt;

(iii) wenn der Überwachungsvertrag durch Kündigung beendet wird; oder

(iv) wenn die Überwachungsorganisation im Einzelfall durch einen Verwaltungsakt der zuständigen Behörde hierzu verpflichtet wird.

Insbesondere beim ersten Entziehungsgrund ist es „primär Aufgabe der technischen Überwachungsorganisation, aufgrund ihrer eigenen Überwachung über die Erfüllung der Anforderungen zu entscheiden“[161]. Liegt einer der Entziehungsgründe vor, ist der Betrieb nach § 14 Abs. 5 EfbV nicht mehr berechtigt, das Überwachungszeichen zu

---

159 LUA-INFO Entsorgungsfachbetrieb Nr. 4, Fristen, S. 4.

160 LUA-INFO Entsorgungsfachbetrieb Nr. 4, Fristen, S. 4.

161 BR-Drs. 353/96, S. 52.

führen und verpflichtet, das Überwachungszertifikat der technischen Überwachungsorganisation auf deren Verlangen zurückzugeben. Mit dem Entzug verliert das Überwachungszeichen seine Wirksamkeit.

B. Überwachung und Zertifizierung durch eine Entsorgergemeinschaft

Die Zertifizierung zum Entsorgungsfachbetrieb durch eine Entsorgergemeinschaft setzt die Mitgliedschaft des Entsorgungsbetriebs in der Entsorgergemeinschaft, die Erfüllung der von ihr festgelegten Zertifizierungsanforderungen sowie die behördliche Anerkennung der Entsorgergemeinschaft voraus.

I. Mitgliedschaft in einer anerkannten Entsorgergemeinschaft

a. Begriff und Anforderungen an eine Entsorgergemeinschaft

Nach der in § 2 EgRL enthaltenen Definition ist eine Entsorgergemeinschaft eine Vereinigung von Betrieben oder Unternehmen mit Betriebsteilen im Sinne des § 2 Abs. 2 EfbV, in denen die in § 2 Abs. 1 EfbV genannten abfallwirtschaftlichen Tätigkeiten ausgeführt werden. Die Entsorgergemeinschaft legt Anforderungen an die Organisation, Ausstattung und Tätigkeit ihrer Mitgliedsbetriebe sowie an die erforderliche Zuverlässigkeit, Sach- und Fachkunde der Inhaber und der im Betrieb beschäftigten Personen fest. Sie überwacht diese Anforderungen und verleiht Überwachungszertifikate und Überwachungszeichen an solche Mitgliedsbetriebe, die als Entsorgungsfachbetriebe die von ihr festgelegten Anforderungen erfüllen.

Gemäß § 3 EgRL ist die Entsorgergemeinschaft verpflichtet, die in den §§ 4 bis 10 EgRL genannten Anforderungen an ihre Tätigkeit satzungsmäßig oder durch sonstige Regelung verbindlich festzulegen. Weitergehende oder ergänzende Regelungen können vorgesehen werden, soweit diese den Anforderungen der Richtlinie nicht widersprechen und insbesondere Wettbewerbsbeschränkungen nicht zu besorgen sind.

Die Vollzugshilfe sieht auch für Entsorgergemeinschaften allgemeine Anforderungen und Vorgaben an die persönliche und sachliche Ausstattung vor. Für die Entsorgergemeinschaften gilt gleichermaßen wie für die technische Überwachungsorganisation, daß sie sich in geordneten wirtschaftlichen Verhältnissen befinden und unabhängig sein muß. Die für die technische Überwachungsorganisation aufgestellten Kriterien gelten entsprechend. Auch die Anforderungen an die personelle und sachliche Ausstattung entsprechen weitestgehend denen, die an die technischen Überwachungsorganisationen gestellt werden. Beauftragt die Entsorgergemeinschaft eine technische Überwachungsorganisation mit der Überprüfung, hat sie sicherzustellen, daß die technische Überwachungsorganisation diese Anforderungen im Sinne der Vollzugshilfe erfüllt und daß die Sachverständigen zuverlässig, unabhängig und fachkundig sind. Denn die Verantwortung für die Überwachung und Zertifizierung des Mitgliedsbetriebes verbleibt bei ihr.

b. Mitgliedschaft

Die Mitgliedschaft in einer Entsorgergemeinschaft ist in § 4 EgRL an bestimmte Bedingungen geknüpft. Abfallwirtschaftlich tätige Betriebe im Sinne des § 2 Abs. 1 Nr. 1 EfbV oder Unternehmen mit Betriebsteilen im Sinne des § 2 Abs. 2 EfbV, in denen solche Tätigkeiten ausgeführt werden, können Mitglied einer Entsorgungsgemeinschaft werden, wenn sie sich zur Erfüllung der von der Entsorgergemeinschaft festgelegten Anforderungen verpflichten, die Satzung, insbesondere die von der Entsorgergemeinschaft festgelegten Regelungen über die Überwachung und die Erteilung von Überwachungszertifikaten und Überwachungszeichen, anerkennen und Gewähr für die Erfüllung dieser Verpflichtungen bieten[162].

Die Entsorgergemeinschaft ist nach § 4 Abs. 2 EgRL verpflichtet, einen Mitgliedsbetrieb von der Mitgliedschaft auszuschließen, wenn diesem zwei Jahre nach der Aufnahme in die Entsorgergemeinschaft kein Überwachungszertifikat und Überwachungszeichen erteilt wurde oder diesem das Überwachungszertifikat und Überwachungszeichen entzogen worden ist. Die Satzung der Entsorgergemeinschaft kann weitergehende Ausschlußgründe vorsehen, z.B. das Erlöschen der Mitgliedschaft, wenn schon im ersten Jahr nach der Aufnahme in die Entsorgergemeinschaft keine Berechtigung erworben wurde, das Überwachungszertifikat und das Überwachungszeichen zu führen.

---

[162] Praktisch bedeutet das, daß ein Betrieb oder Betriebsteil im Sinne des § 2 Abs. 2 EfbV bei der Entsorgergemeinschaft einen Aufnahmeantrag stellt, in dem er sich schon verpflichtet, die genannten Anforderungen zu erfüllen. Die Gewähr für die Erfüllung dieser Verpflichtung wird in etwa dadurch geboten, daß dem Aufnahmeantrag eine Anlage beigefügt wird, in der der Aufnahmekandidat erklärt, daß er die betrieblichen und personellen Anforderungen entsprechend der EfbV und der Satzung der Entsorgergemeinschaft erfüllen wird. Der Antrag wird dann dem Überwachungsausschuß (§ 10 EgRL) unterbreitet, der über die Erfüllung der Aufnahmekriterien berät. Das Ergebnis seiner Beratung dient als Grundlage für die Entscheidung über den Aufnahmeantrag durch die geschäftsführungs- und vertretungsberechtigten Organe.

c. Behördliche Anerkennung

aa. Beteiligte Behörden

Gemäß § 52 Abs. 3 KrW-/AbfG bedürfen Entsorgergemeinschaften der Anerkennung durch die für die Abfallwirtschaft zuständige oberste Landesbehörde oder die von ihr bestimmte Behörde. Die Anerkennung gilt bundesweit. Bei der Anerkennung länderübergreifend tätiger Entsorgergemeinschaften trifft die Anerkennungsbehörde ihre Entscheidung gemäß § 11 Abs. 1 S. 2 EgRL im Benehmen mit den zuständigen Behörden der Länder, in denen die Mitgliedsbetriebe ihren Sitz oder Standort haben.

Die Benehmensregelung hat denselben Zweck wie bei § 15 Abs. 1 S. 2 EfbV. „Benehmen" bedeutet auch hier, daß die zuständige Überwachungsbehörde vor Ort ihre unverbindliche Stellungnahme abgeben soll[163]. Benehmensbehörden sind alle zuständigen Überwachungsbehörden am Sitz oder Standort der Mitgliedsbetriebe. Wie bei § 15 EfbV soll die Antragsbehörde auch über die Anerkennung hinaus mit der Benehmensbehörde in Kontakt bleiben und sie über jede Anerkennung bzw. Ablehnung der Anerkennung, jeglichen Widerruf oder sonstige Änderung über die Knotenstelle informieren.

bb. Ablauf des Anerkennungsverfahrens

Hinsichtlich der Anerkennung von Entsorgergemeinschaften sind gleichfalls Vorgaben in der Vollzugshilfe erarbeitet worden. Die Anerkennung der Entsorgergemeinschaft vollzieht sich danach in den folgenden Schritten:

1. Antrag. Die Entsorgergemeinschaft stellt bei der für die Abfallwirtschaft zuständigen obersten Landesbehörde des Landes, in dem sich der Hauptsitz der Entsorgergemeinschaft befindet, oder der von ihr bestimmten Behörde einen schriftlichen Antrag auf Anerkennung. Der Antrag enthält Angaben zur Entsorgergemeinschaft (Name, Sitz, Anschrift und Reichweite) und benennt die Mitgliedsbetriebe. Dem Antrag sind dieselben Informationen wie dem Antrag auf Zustimmung zum Überwachungsvertrag beizufügen.

2. Vollständigkeitsprüfung. Die Antragsbehörde überprüft die eingereichten Unterlagen auf ihre Vollständigkeit. Fehlen Unterlagen, fordert die Antragsbehörde ihre Übersendung an.

3. Beteiligung der Benehmens- und Kartellbehörde. Anschließend informiert sie die Benehmensbehörde mit einem Formschreiben über die wesentlichen Angaben zu dem Betrieb. Die Benehmensbehörde gibt der Antragsbehörde umgehend bekannt, ob und ggf. welche Unterlagen sie zu dem Betrieb zusätzlich benötigt.

Zusätzlich beteiligt die Antragsbehörde die zuständige Kartellbehörde am Sitz der Entsorgergemeinschaft. Stammen die Mitgliedsbetriebe aus demselben Bundesland, ist die jeweilige Landeskartellbehörde, ansonsten die Bundeskartellbehörde zu beteiligen. Die Kartellbehörde erhält eine Kopie der Satzung und eine Auflistung der Mitgliedsbetriebe mit deren Tätigkeitsbereichen zur Prüfung hinsichtlich erkennbarer Wettbewerbsbeschränkungen.

Die Benehmensbehörde äußert sich zu dem jeweiligen Mitgliedsbetrieb in derselben Weise wie im Rahmen des Zustimmungsverfahrens zum Überwachungsvertrag. Die Kartellbehörde nimmt Stellung zu der Frage, ob durch die Bildung und Anerkennung der Entsorgergemeinschaft Wettbewerbsbeschränkungen zu besorgen sind und gibt Hinweise zur Entscheidung der Antragsbehörde bzw. formuliert Auflagen zu dem Anerkennungsbescheid.

Die Benehmens- und Kartellbehörden haben innerhalb von vier Wochen Stellung zu nehmen. Ausnahmsweise kann auf Antrag die Frist verlängert werden. Bei Ablauf der Frist ohne Stellungnahme kann die Antragsbehörde, gegebenenfalls unter Einräumung einer Nachfrist, nach Aktenlage entscheiden.

4. Prüfung des Antrags. Die Antragsbehörde überprüft die eingereichten Unterlagen inhaltlich auf die erforderlichen Voraussetzungen. Die Anerkennung ist nach § 11 Abs. 1 S. 4 EgRL zu erteilen, wenn die Entsorgergemeinschaft die in der EgRL genannten Anforderungen an ihre Tätigkeit erfüllt und Wettbewerbsbeschränkungen nicht zu befürchten sind.

[163] Vgl. *Kaminski/Konzak*, Das untergesetzliche Regelwerk zum KrW-/AbfG, § 11 EgRL Rn. 2 mit Verweis auf § 15 EfbV Rn. 4.

2. *Überwachung des Mitgliedsbetriebes*

a. Überwachungsverantwortlichkeit

Nach § 6 Abs. 1 EgRL ist die Entsorgergemeinschaft für die Überwachung der Mitgliedsbetriebe verantwortlich[164].

Organisatorisch nimmt ein von der Entsorgergemeinschaft gemäß § 10 Abs. 1 EgRL zu bildender Überwachungsausschuß die Überprüfung wahr. Er entscheidet auch über die Erteilung und den Entzug von Überwachungszertifikaten, zum Beispiel indem er die Kriterien für die von der Entsorgergemeinschaft zu vergebenden Überwachungszeichen festsetzt und die Voraussetzungen für die Verleihung des Überwachungszeichens und -zertifikates feststellt.

Der Ausschuß besteht aus mindestens drei, höchstens zehn Mitgliedern. Die Mitglieder müssen Inhaber eines in der Entsorgergemeinschaft vereinigten Entsorgungsfachbetriebs oder mit der Leitung und Beaufsichtigung eines solchen Betriebes beauftragt sein. Sie müssen die für die Leitung und Beaufsichtigung eines Entsorgungsfachbetriebs erforderliche Zuverlässigkeit und Fachkunde besitzen. Die Zusammensetzung der Mitglieder im Ausschuß soll die Tätigkeitsbereiche der in der Entsorgergemeinschaft vereinigten Mitgliedsbetriebe repräsentieren.

Beschlüsse werden mit der Mehrheit von mindestens zwei Dritteln der sich an der Abstimmung beteiligenden Mitglieder gefaßt. Die Beschlußfähigkeit ist gegeben, wenn sich die Hälfte der Ausschußmitglieder an der Abstimmung beteiligt. Die Mitglieder des Überwachungsausschusses sind hinsichtlich der Entscheidungen im Ausschuß an Weisungen nicht gebunden.

Für bestimmte Regionen oder für bestimmte abfallwirtschaftliche Tätigkeiten der Mitgliedsbetriebe kann der Überwachungsausschuß seine Aufgaben an Unterausschüsse delegieren. Dieser hat dann dieselbe Organisationsstruktur und dieselben Rechten und Pflichten wie der Überwachungsausschuß.

b. Durchführung der Überwachung

Die konkrete Betriebsprüfung der Mitgliedsbetriebe wird nach § 6 Abs. 2 EgRL von Sachverständigen durchgeführt. Es handelt sich entweder um Sachverständige, die bei

[164] Vgl. auch BR-Drs. 359/96, S. 21.

der Entsorgergemeinschaft fest angestellt sind oder um Sachverständige, die bei einer technischen Überwachungsorganisation, die von der Entsorgergemeinschaft mit der Überprüfung beauftragt worden ist, angestellt sind. In jedem Fall müssen sie dieselben Anforderungen an die Zuverlässigkeit, Unabhängigkeit und Fachkunde erfüllen wie die Sachverständigen einer „direkt“ beauftragten technischen Überwachungsorganisation.

Auf der Grundlage ihrer Gutachten entscheidet der Überwachungsausschuß dann über die Erteilung und Entziehung von Überwachungszertifikaten. Wie auch bei der Überwachung nach der EfbV sind bei der Überprüfung der von der Entsorgergemeinschaft festgelegten Anforderungen - zur Vermeidung von Doppelprüfungen - die Ergebnisse von Prüfungen heranzuziehen, die durch einen unabhängigen Umweltgutachter oder eine Umweltgutachterorganisation nach der Öko-Audit-VO oder durch eine nach DIN EN ISO 45012 akkreditierte Stelle im Rahmen der Zertifizierung eines Qualitätsmanagementsystems nach DIN ISO 9001ff. vorgenommen wurden.

Die Überwachung der Mitgliedsbetriebe entspricht der Überwachung von Entsorgungsbetrieben durch technische Überwachungsorganisationen nach der EfbV.

Die Vollzugshilfe sieht auch bei der Tätigkeit der Entsorgergemeinschaften vor, daß diese ein Überwachungs- und Zertifizierungssystem verbindlich festzulegen und zu dokumentieren haben.

Die an die Mitgliedsbetriebe zu stellenden Anforderungen, die die Entsorgergemeinschaft satzungsmäßig oder in sonstiger Weise verbindlich festlegen muß, müssen gemäß § 5 EgRL mindestens den jeweils in der EfbV genannten Anforderungen entsprechen, vgl. § 5 EgRL. Die Prüfungsintervalle entsprechen gemäß § 6 Abs. 1 EgRL ebenfalls denen der EfbV. Auch die Rechte und Pflichten der Sachverständigen (Dokumentations- und Mängelberichtspflichten, Zugangs- und Informationsrechte sowie Geheimhaltungspflichten) decken sich mit denen der technischen Überwachungsorganisationen.

Die Prüfung läuft in den folgenden Schritten ab[165]:

1. Auftrag. Der Mitgliedsbetrieb teilt der Entsorgergemeinschaft mit, welche abfallwirtschaftlichen Tätigkeitsbereiche zertifiziert werden sollen und beauftragt sie in diesem Umfang mit der Zertifizierung.

2. Fragenkatalog. Zur Vorbereitung auf die Überprüfung übersendet die Entsorgergemeinschaft dem Betrieb einen Fragekatalog, in dem vorab schon das Vorhandensein einiger für die Zertifizierung erheblicher Anforderungen abgefragt wird (zum Beispiel die Frage, ob die Verantwortungs-, Entscheidungs- und Mitwirkungsbefugnisse gemäß § 3 Abs. 2 EfbV festgelegt und anhand von Funktionsbeschreibungen und Organisationsplänen dargestellt sind). Ferner weist der Fragekatalog auf die vom Betrieb zu erfüllenden Anforderungen hin (zum Beispiel auf die Notwendigkeit der Führung eines Betriebstagebuches mit dem notwendigen Inhalt gemäß § 5 EfbV).

3. Antworten. Den ausgefüllten Fragebogen sendet der Betrieb der Entsorgergemeinschaft zurück, die mittels ihrer beauftragten Sachverständigen den Fragebogen auswertet.

4. Beteiligung der Benehmensbehörde. Vor Beginn der Überprüfung ist nochmals ein behördliches Benehmensverfahren durchzuführen[166]. Die örtlich zuständige Überwachungsbehörde am Sitz des Zertifizierungskandidaten wird von der Entsorgergemeinschaft von dem Zertifizierungsauftrag informiert. Die Behörde hat innerhalb einer Frist von sechs Wochen eine Stellungnahme abzugeben, die für die Entsorgergemeinschaft allerdings in keiner Weise verbindlich ist. In ihrer Stellungnahme kann die Benehmensbehörde auf gegebenenfalls bestehende Schwachpunkte beim Betrieb hinweisen, auf die bei der Auditierung besonders geachtet werden kann. Auf dieses „zweite Benehmensverfahren" haben sich die Länder im Frühsommer 1997 verständigt. Sie ist weder in der EgRL noch in der Vollzugshilfe vorgesehen. Die Beteiligung der Überwachungsbehörde kann aber in Form einer Auflage zum Anerkennungsbescheid verfügt werden.

---

165 Die nachfolgenden Angaben werden auf der Grundlage von Informationsmaterial, die der Verf. freundlicherweise von der bvse-Entsorgergemeinschaft e.V. überlassen worden sind, gemacht.

166 Das Benehmensverfahren direkt vor einer konkret erfolgenden Zertifizierung ist in der EgRL nicht vorgesehen. Die Länder setzten diese Beteiligung am Zertifizierungsprozeß im Frühsommer 1997 durch. Sie ist daher in der Vollzugshilfe mit Stand vom 14. 3. 1997 auch noch nicht vorgesehen; vgl. i.e. *Wender*, ENTSORGA-Schrift 28, S. 21/27f.

5. Prüfung. Nach Ablauf der sechswöchigen Frist wird die Überprüfung durch den Sachverständigen durchgeführt.

6. Gesamtprüfbericht. Anschließend erstellt der Sachverständige für den Überwachungsausschuß einen Gesamtprüfbericht. Da die Mitglieder des Überwachungsausschusses selbst in abfallwirtschaftlich ausgerichteten Betrieben tätig sind, besteht zwischen dem Zertifizierungskandidaten und den Betrieben, in denen die Ausschußmitglieder tätig sind, grundsätzlich ein Konkurrenzverhältnis. Zur Vermeidung subjektiver Entscheidungen bei der Frage der Zertifizierung und zur Wahrung der größtmöglichen Unparteilichkeit des Überwachungsausschuß ist es - auch aus wettbewerbsrechtlichen Gründen[167] - ratsam, daß der Sachverständige für den Überwachungsausschuß einen anonymisierten Prüfbericht erstellt, in dem nur die für die Frage der Zertifizierung notwendigen Fakten enthalten sind, der Name des Betriebes und sonstige für die Zertifizierung nicht notwendige Daten dagegen nicht offengelegt werden. Ein solches Verfahren wird von den Entsorgergemeinschaften auch praktiziert.

7. Entscheidung des Überwachungsausschusses. Der - möglichst anonymisierte - Prüfbericht wird dem Überwachungsausschuß zur Beratung und Entscheidung zugeleitet. Nach § 10 Abs. 1 S. 2 EgRL entscheidet er auf der Grundlage des Gutachtens über die Erteilung des Überwachungszertifikats.

3. Zertifizierung des Mitgliedsbetriebs

Beschließt der Überwachungsausschuß die Zertifizierung des Mitgliedsbetriebes, ist er verpflichtet, ihm das Überwachungszertifikat und das Überwachungszeichen - befristet auf höchstens 18 Monate - zu erteilen.

Ist die Anerkennung der Entsorgergemeinschaft mit der Auflage verbunden worden, die zuständigen Landesbehörde und/oder der Benehmensbehörde von der Zertifizierung zu unterrichten, informiert die Entsorgergemeinschaft die Behörde über die erfolgte Zertifizierung. Die Behörde kann den Prüfbericht zur Ansicht anfordern.

4. Entzug des Überwachungszertifikates

Die Entsorgergemeinschaft ist gemäß § 8 Abs. 1 EgRL aus denselben Gründen wie die technische Überwachungsorganisation nach § 14 Abs. 4 EfbV zum Entzug des Über-

[167] *Wender*, ENTSORGA-Schrift 28, S. 21/29.

wachungszertifikates und der Berechtigung der Führung des Überwachungszeichens verpflichtet, nämlich wenn

(i) der Mitgliedsbetrieb die von der Entsorgergemeinschaft festgelegten Anforderungen auch nach Ablauf einer von ihr gesetzten, drei Monate nicht überschreitenden Frist nicht erfüllt;

(ii) die Entsorgergemeinschaft hierzu durch einen Verwaltungsakt der zuständigen Behörde verpflichtet worden ist;

(iii) der Mitgliedsbetrieb die zertifizierte Tätigkeit auf Dauer einstellt oder

(iv) die Mitgliedschaft des Betriebes in der Entsorgergemeinschaft endet.

II. Eigenüberwachung

Die in den §§ 3 bis 11 EfbV an den Entsorgungsfachbetrieb gestellten Anforderungen beziehen sich auf seine sachliche und personelle Ausstattung (§§ 3 - 7 EfbV) und auf die persönlichen Voraussetzungen, die in dem Betrieb Beschäftigte erfüllen müssen (§§ 8 - 11 EfbV). Diese Voraussetzungen gelten sowohl für Unternehmen, die einen Überwachungsvertrag mit einer technischen Überwachungsorganisation geschlossen haben als auch für Unternehmen, die Mitglied einer Entsorgungsgemeinschaft geworden sind[168].

Die Eigenüberwachungspflichten lassen sich in vier Kategorien, nämlich die betrieblichen Organisationspflichten, die tätigkeitsbezogenen Anforderungen, die persönlichen Anforderungen und die Dokumentationspflichten aufteilen.

1. Betriebliche Organisationspflichten. Die betriebliche Organisation muß nach § 3 EfbV so ausgestaltet sein, daß die erforderliche Überwachung und Kontrolle der vom Betrieb durchgeführten abfallwirtschaftlichen Tätigkeiten gesichert ist. Dabei sind verschiedene Faktoren wie insbesondere der Zweck, die Tätigkeit und die Größe des Betriebes, die Tätigkeit der im Betrieb beschäftigten Personen und die Art, insbesondere die Gefährlichkeit, Beschaffenheit und Menge der Abfälle, auf die sich die Tätigkeit bezieht, zu berücksichtigen.

[168] Vgl. § 5 Abs. 1, Abs. 2 S. 1 EgRL.

Die personelle Ausstattung soll ebenfalls eine ordnungsgemäße Aufgabenerfüllung sicherstellen. Nach § 4 EfbV ist für jeden Standort des Entsorgungsfachbetriebs mindestens eine für die Leitung und Beaufsichtigung des Betriebes verantwortliche Person zu bestellen, deren Aufgabe es ist, neben der fachlichen Leitung die Überwachung und Kontrolle der abfallwirtschaftlichen Tätigkeiten insbesondere im Hinblick auf die Beachtung der gesetzlichen Vorschriften durchzuführen. Daneben muß sonstiges Personal in ausreichendem Umfang vorhanden sein, um einen sach- und fachgerechten Betriebsablauf sicherzustellen.

2. Tätigkeitsbezogene Anforderungen. Bei der Durchführung der abfallwirtschaftlichen Tätigkeit hat der Betrieb gemäß § 7 Abs. 1 S. 1 EfbV die Erfüllung aller öffentlich-rechtlichen Voraussetzungen sicherzustellen. Diese Verpflichtung geht über die Selbstverständlichkeit der Beachtung aller öffentlich-rechtlichen Vorschriften hinaus und verlangt von allen Mitarbeitern die aktive und bewußte Beachtung der gesetzlichen Vorgaben[169]. Maßnahmen zur Erfüllung dieser Verpflichtung sind zum Beispiel die Beschaffung der relevanten abfallrechtlichen Gesetze, die Schulung der Mitarbeiter über wichtige, ihren Arbeitsbereich betreffende Bestimmungen und die schriftliche Dokumentation der Erfüllung aller behördlicher Anordnungen und Auflagen[170].

Die Beauftragung Dritter im Rahmen der zertifizierten Tätigkeit ist nur unter bestimmten Voraussetzungen zulässig. Gemäß § 7 Abs. 2 EfbV ist der Entsorgungsfachbetrieb verpflichtet, grundsätzlich nur solche Dritte in die abfallwirtschaftliche Tätigkeit einzubeziehen, die selbst zertifiziert sind. Nur in einem „insgesamt unerheblichem Umfange", der schwierig zu bestimmen sein dürfte[171], läßt § 7 Abs. 3 EfbV zu, daß auch nicht zertifizierte Dritte mit der Ausführung von zertifizierten Tätigkeiten beauftragt werden. Der Entsorgungsfachbetrieb hat in diesem Fall eine sach- und fachgerechte Ausführung dieser Tätigkeiten durch eine sorgfältige Auswahl und ausreichende Kontrolle sicherzustellen.

In jedem Fall werden die beauftragten Dritten, ob zertifiziert oder nicht zertifiziert, als Erfüllungsgehilfen des Entsorgungsfachbetriebs tätig. Für den zertifizierten Dritten folgt dies aus § 7 Abs. 2 S. 2 EfbV, wonach die Verantwortlichkeit des Entsorgungs-

---

169 *Cosson*, in: Brandt/Ruchay/Weidemann, KrW-/AbfG, B 100 § 52 Rn. 72.

170 Vgl. *Rahlenbeck*, ENTSORGA-Schrift 28, S. 57/60.

171 Ausführlich *Kaminski/Konzak*, Das untergesetzliche Regelwerk zum KrW-/AbfG, § 7 EfbV Rn. 7ff.; *Petersen*, ENTSORGA-Schrift 28, S. 11/17; *Cosson*, in: Brandt/Ruchay/Weidemann, KrW-/AbfG, B 100 § 52 Rn. 78ff.; LUA-INFO Entsorgungsfachbetrieb Nr. 3, Drittbeauftragung, S. 1ff.

fachbetriebs für die ordnungsgemäße Ausführung der Tätigkeiten unberührt bleibt. Dasselbe gilt auch für den nicht zertifizierten Dritten. Zwar ist eine dem § 7 Abs. 2 S. 2 EfbV vergleichbare Bestimmung in § 7 Abs. 3 EfbV ausdrücklich nicht vorgesehen. Allerdings ist bei dem nicht zertifizierten Dritten die Gefahr der Schlechterfüllung, mangels Fremdüberprüfung durch eine technische Überwachungsorganisation oder Entsorgergemeinschaft, grundsätzlich größer als bei einem zertifizierten Entsorgungsbetrieb. Und wenn der Entsorgungsfachbetrieb für die Tätigkeit des zertifizierten Dritten verantwortlich bleibt, muß dies deshalb erst recht für den nicht zertifizierten Dritten gelten.

Für die abfallwirtschaftlichen Tätigkeiten muß nach § 6 EfbV außerdem ein hinreichender Versicherungsschutz bestehen, wobei dessen Art und Umfang auf der Grundlage einer von einem Sachverständigen vorzunehmenden[172] betrieblichen Risikoabschätzung zu bestimmen sind.

3. Personenbezogene Anforderungen. Der Betriebsinhaber und alle im Betrieb beschäftigten Personen müssen über die erforderliche Zuverlässigkeit verfügen, d.h. daß sie „auf Grund ihrer persönlichen Eigenschaften, ihres Verhaltens und ihrer Fähigkeiten zur ordnungsgemäßen Erfüllung der ihnen obliegenden Aufgaben geeignet sind“[173]. Bezüglich des Betriebsinhabers und der für die Leitung und Beaufsichtigung des Betriebes verantwortlichen Personen gilt eine Regelvermutung, daß die Zuverlässigkeit nicht gegeben ist, wenn sie wiederholt oder besonders pflichtwidrig (Geldbuße von mehr als DM 10 000, 00 oder Strafe) gegen Vorschriften des besonderen Umweltrechts, des Gewerbe- oder Arbeitsschutzrechts oder des Betäubungsmittel-, Waffen- oder Sprengstoffrechts verstoßen haben.

Darüber hinaus muß das Leitungspersonal fachkundig und das sonstige Personal sachkundig sein. Sachkundigkeit ist nur dann gewährleistet, wenn das Personal auf der Grundlage eines Einarbeitungsplanes betrieblich eingearbeitet wird. Außerdem trifft den Betriebsinhaber nach § 11 EfbV eine Fortbildungsverantwortung. Er hat sicherzustellen, daß das Leitungs- und sonstige Personal durch geeignete Fortbildung über den für die Tätigkeit erforderlichen aktuellen Wissensstand verfügt.

4. Dokumentationspflichten. Die Einhaltung der oben dargestellten Pflichten ist zum Teil schriftlich zu dokumentieren und den Überwachungsorganen vorzulegen.

---

172 *Petersen*, ENTSORGA-Schrift 28, S. 11/16.

Festlegung von Zuständigkeiten. Zur Sicherung der Überwachung der Anforderungen an die Betriebsorganisation nach § 3 Abs. 2 EfbV sind für die im Betrieb vorgenommenen abfallwirtschaftlichen Tätigkeiten die Verantwortung und Entscheidungs- und Mitwirkungsbefugnisse festzulegen und in Form von Funktionsbeschreibungen und Organisationsplänen (sog. Organigrammen) darzustellen. Die Darstellung erstreckt sich auf den Betriebsinhaber bzw. bei juristischen Personen oder nicht rechtsfähigen Personenvereinigungen den Vertretungs- und Geschäftsführungsberechtigten, auf die für die Leitung und Beaufsichtigung verantwortlichen Personen, auf die gesetzlich zu bestellenden Betriebsbeauftragten sowie auf das sonstige Personal. Soweit für die sach- und fachgerechte Durchführung der abfallwirtschaftlichen Tätigkeit erforderlich, sind für diese Tätigkeiten nach § 3 Abs. 3 EfbV Arbeitsabläufe durch Arbeitsanweisungen festzulegen.

Ausreichende Personalstärke. Nach § 4 Abs. 2 EfbV muß neben den für die Leitung und Beaufsichtigung des Betriebes verantwortlichen Personen ausreichend sonstiges Personal vorhanden sein. Das ist der Fall, wenn ein sach- und fachgerechter Betriebsablauf sichergestellt werden kann. Der Nachweis für die ausreichende Personalstärke erfolgt auf der Grundlage eines Einsatzplanes, bei dem übliche Ausfälle einzelner Personen durch Urlaub, Krankheit und Fortbildungsmaßnahmen zu berücksichtigen sind.

Betriebstagebuch. § 5 EfbV schreibt die Führung eines Betriebstagebuchs für jeden Standort des Entsorgungsbetriebes vor[174]. Damit soll der Nachweis einer sach- und fachgerechten Durchführung der abfallwirtschaftlichen Tätigkeit erbracht werden. Das Betriebstagebuch hat alle für den Nachweis eines ordnungsgemäßen Verbleibs der Abfälle wesentlichen Daten zu enthalten. Es muß Angaben über Art, Menge, Herkunft und Verbleib der Abfälle enthalten sowie die durchgeführten Leistungen dokumentieren. Ferner müssen besondere Vorkommnisse, wie zum Beispiel Betriebsstörungen, die sich nachteilhaft auf die ordnungsgemäße Entsorgung auswirken können, aufgeführt

---

173 Vgl. §§ 8 Abs. 1 S. 1, 9 Abs. 1, 10 Abs. 1 S. 1 und 2 i.V.m. § 8 Abs. 1 S. 2 EfbV.

174 Durch die Pflicht zur Führung eines Betriebstagebuchs hat der Verordnungsgeber auf ein schon in der TA Abfall Teil 1 (Ziff. 5.4.3) und der TA Siedlungsabfall (Ziff. 6.4.3) vorgesehenes Instrument zurückgegriffen. Die in § 5 Abs. 1 S. 2 Nr. 1 EfbV geforderten Angaben über Art, Menge, Herkunft und Verbleib der vom Entsorgungsfachbetrieb eingesammelten, beförderten, gelagerten, behandelten, verwerteten oder beseitigten Abfälle entsprechen weitgehend den Anforderungen der TA-Abfall an das Betriebstagebuch, vgl. *Rahlenbeck*, ENTSORGA-Schrift 28, S. 57/59. Die Pflicht zur Führung eines Betriebstagebuchs ist auch in § 11 des Entwurfs der Bundesregierung über die Entsorgung von Altholz (Stand: 20. September 2000) vorgesehen. Die Pflicht trifft den Betreiber einer Altholzverwertungsanlage.

und Angaben über die möglichen Ursachen und erfolgten Abhilfemaßnahmen gemacht werden. Weichen die Deklarationen des Entsorgerbetriebes von denen des Abfallerzeugers ab, ist dies ebenfalls mit einer Beschreibung der getroffenen Maßnahmen aufzuführen. Die Personen, die mit der Durchführung der abfallwirtschaftlichen Tätigkeit beauftragt worden sind, sowie die Beauftragung eines nicht zertifizierten Betriebes im Rahmen des § 7 Abs. 3 EfbV sind ebenfalls im Betriebstagebuch aufzuführen. Schließlich müssen die Ergebnisse von anlagen- und stoffbezogenen Kontrolluntersuchungen einschließlich Funktionskontrollen im Tagebuch festgehalten werden.

Diese Anforderungen stellen die gesetzlichen Mindestanforderungen dar. Die technische Überwachungsorganisation kann im Überwachungsvertrag noch weitergehende Anforderungen an die Führung der Betriebstagebücher vorsehen.

Die Führung des Betriebstagebuchs stellt, da es den Nachweis einer sach- und fachgerechten Durchführung der abfallwirtschaftlichen Tätigkeit erbringen soll, ein wichtiges Element bei der Überprüfung durch die technische Überwachungsorganisation dar. Entsprechend äußert sich die Vollzugshilfe dahin, daß die „Dokumentationen entsprechend § 5 EfbV (Betriebstagebuch) wegen der Privilegierung der Entsorgungsfachbetriebe einen hohen Stellenwert bei der Überprüfung durch die technische Überwachungsorganisation“[175] hätten. Die konkrete Überprüfung durch die Überwachungsorgane beschränkt sich allerdings auf stichprobenartige Kontrollen bestimmter Tage. Es würde den Sachverständigen ein zu großer zeitlicher Aufwand abverlangt, wenn sie jeden Tag im Betriebstagebuch nachkontrollieren müßten.

III. Verbleibende behördliche Überwachung

A. Überwachung der technischen Überwachungsorganisation und der Entsorgergemeinschaft

1. Zustimmung und Anerkennung unter Vorbehalt

Die behördliche „Kontrolle der Kontrolleure“ erfolgt nicht nur im Vorfeld der Überwachungs- und Zertifizierungstätigkeit. Durch die in § 15 Abs. 3 EfbV und § 11 Abs. 2 EgRL vorgesehene Möglichkeit, zur Sicherstellung der Zustimmungs- und An-

[175] S. 10.

erkennungsvoraussetzungen die Zustimmung und die Anerkennung mit Bedingungen oder Auflagen, bei der Anerkennung auch mit Auflagenvorbehalten, zu versehen, kann eine begleitende Kontrolle sichergestellt werden.

§ 15 Abs. 3 EfbV und § 11 Abs. 2 S. 2 EgRL sehen zum Beispiel die Auferlegung von Berichtspflichten der technischen Überwachungsorganisation und der Entsorgergemeinschaft (im Einzelfall oder in wiederkehrenden Fristen) über die Durchführung der Überwachung und Zertifizierung durch die zuständige Behörde vor. Die Vollzugshilfe äußert sich dahingehend, daß die technische Überwachungsorganisation und die Entsorgergemeinschaft zu einer Berichtspflicht verpflichtet werden sollten[176].

Daneben können die Anerkennung und die Zustimmung mit weiteren Auflagen über Mitteilungs- und Informationspflichten versehen werden[177], zum Beispiel

(i) die Verpflichtung, der Antragsbehörde unaufgefordert die Änderungen mitzuteilen, die die Struktur der technischen Überwachungsorganisation oder der Entsorgergemeinschaft, das Überwachungs- und Zertifizierungssystem oder den einzelnen Überwachungsvertrag betreffen;

(ii) die Verpflichtung, nach Erteilung einer allgemeinen Zustimmung in von der Antragsbehörde zu bestimmenden Zeitabständen den Abschluß weiterer Einzelverträge mitzuteilen und jeweils eine Kopie des Vertrages vorzulegen bzw. - bei der Entsorgergemeinschaft - unaufgefordert die Mitglieder des Überwachungsausschusses zu benennen bzw. Änderungen der Zusammensetzung mitzuteilen; oder

(iii) die Verpflichtung, die Sachverständigen, die nach der Zustimmung oder Anerkennung beauftragt und bisher nicht benannt worden sind, der Antragsbehörde unverzüglich zu benennen und deren Qualifikation (Zuverlässigkeit, Unabhängigkeit, Fachkunde) nachzuweisen.

2. Widerruf der Zustimmung und der Anerkennung

Bei Nichterfüllung einer Auflage, beim nachträglichen Eintritt von Tatsachen, aufgrund derer die Behörde berechtigt gewesen wäre, die Zustimmung oder die Anerkennung nicht zu erteilen und zur Verhinderung oder Beseitigung schwerer Nachteile für das Allgemeinwohl ist die zuständige Behörde zum Widerruf der Zustimmung oder der

176 Vgl. S. 28 und 30.

177 Für weitere Beispiele vgl. i.e. die in der Vollzugshilfe auf S. 11 bzw. S. 13/14 aufgeführten Informationspflichten.

Anerkennung berechtigt (§ 15 Abs. 4 EfbV; § 11 Abs. 3 EgRL). Ein weiterer Widerrufsgrund der Zustimmung zum Überwachungsvertrag liegt vor, wenn die technische Überwachungsorganisation ihre Pflichten gemäß § 13 Abs. 1 und § 14 EfbV nicht ordnungsgemäß wahrnimmt (§ 15 Abs. 4 Nr. 4 EfbV).

Da nicht die Antragsbehörde, sondern die Benehmensbehörde vor Ort ist, erlangt sie zumeist im Rahmen ihrer Überwachungstätigkeit Kenntnis von Tatsachen, die zum Widerruf berechtigen. Sie teilt diese Tatsachen der Antragsbehörde mit, die den Widerruf verfügt. Die Vollzugshilfe sieht entsprechend vor, daß die Benehmensbehörde, wenn sie Kenntnis von Tatsachen erlangt, die einen Widerruf rechtfertigen würden, diese unverzüglich der Antragsbehörde mitteilt und daß damit Gründe vorliegen, die Anerkennung zu widerrufen[178].

B. Überwachung des Entsorgungsfachbetriebs

1. Allgemeine Überwachung nach § 40 KrW-/AbfG

Abgesehen von dem Wegfall der Genehmigungsvorbehalte nach § 5 Abs. 1 NachwV und nach § 49 KrW-/AbfG unterliegt der zertifizierte Entsorgungsbetrieb grundsätzlich unverändert der „normalen" Überwachung nach § 40 KrW-/AbfG durch die nach Landesrecht zuständige Überwachungsbehörde. Die Überwachungsbefugnis bezieht sich auf die Verwertung und Beseitigung von Abfällen, womit nach der Legaldefinition in §§ 4 Abs. 5, 10 Abs. 2 S. 1 KrW-/AbfG auch das Bereitstellen, Überlassen, Einsammeln, die Beförderung, Lagerung und Behandlung von Abfällen zur Verwertung und zur Beseitigung sowie die Ablagerung bei Abfällen zur Beseitigung erfaßt werden.

§ 40 KrW-/AbfG macht keine Aussage zum Anlaß und zur Häufigkeit von Überwachungsmaßnahmen. Die Art und Häufigkeit der Überwachungstätigkeit steht vielmehr im behördlichen Ermessen[179]. Die ordnungsgemäße Überprüfung des abfallwirtschaftlichen Unternehmens durch technische Überwachungsorganisationen und Entsorgergemeinschaften erlaubt der Behörde deshalb auch, die Intensität der Überwachung des Entsorgungsfachbetriebs zurückzuschrauben. Wenn der Überwachungsbehörde die Überwachungsberichte der technischen Überwachungsorganisationen und Entsorger-

---

178 Vgl. Vollzugshilfe S. 29 und 31.

179 *Donner/Röckeisen*, in: Brandt/Ruchay/Weidemann, KrW-/AbfG, B 100 § 40 Rn. 64; *Paetow*, in: Kunig/Paetow/Versteyl, KrW-/AbfG, § 40 Rn. 9; Fluck, in: *Fluck*, Kreislaufwirtschafts- und Abfallrecht, § 40 KrW-/AbfG Rn. 65.

gemeinschaften vorliegen und der Zeitpunkt der letzten Auditierung noch nicht zu weit zurückliegt, wendet die Behörde ihr Entschließungsermessen nicht fehlerhaft an, wenn sie von einer routinemäßigen Überwachung[180] des Entsorgungsfachbetriebs absieht und sich auf eine anlaßbezogene Kontrolle beschränkt.

Der Zeitraum dieser eingeschränkten Kontrolltätigkeit ist einzelfallbezogen zu bestimmen. Je nach Größe des Betriebs sowie Umfang und abstrakter Gefährlichkeit der zertifizierten abfallwirtschaftlichen Tätigkeit kann die (Wieder-)Aufnahme einer routinemäßigen Kontrolle auch schon bald nach der Zertifizierung wieder geboten sein.

Hat die Überwachungsbehörde im Benehmensverfahren Zweifel an der Zertifizierungsfähigkeit des Kandidaten geäußert und ist die Zertifizierung dennoch erfolgt, kann das zeitweise Aussetzen der routinemäßigen Überwachung sogar einen Ermessensfehlgebrauch darstellen. Bei Zweifeln über die ordnungsgemäße abfallwirtschaftliche Tätigkeit kann sich das der Behörde bei der Überwachung zustehende Entschließungsermessen dahin verdichten, daß sie sich über den möglicherweise bestehenden gesetzeswidrigen Zustand vergewissern muß und sich auf das private Überwachungsergebnis nicht verlassen darf. Andernfalls würde sie den Zweck des § 40 KrW-/AbfG mißachten, eine ordnungsgemäße abfallwirtschaftliche Tätigkeit zu sichern.

Auf der anderen Seite könnte aber auch die „relative" Gefahrlosigkeit der abfallwirtschaftlichen Tätigkeit eines bisher nicht negativ in Erscheinung getretenen kleinen Entsorgungsfachbetriebs das Absehen von aufwendigen routinemäßigen Überwachungsmaßnahmen zwischen zwei Auditierungen rechtfertigen[181].

Grundsätzlich gilt aber, daß die Überwachung - unter Bezugnahme auf die positiven Prüfberichte der Fremdüberwachung - nicht vollständig ausgesetzt werden darf[182]. Vielmehr hat die Behörde einzelfallsbezogen über den Umfang und die Art der Überwachungsmaßnahmen zu entscheiden. Die EfbV und die EgRL selbst gehen von der weiterbestehenden behördlichen Überwachungstätigkeit aus, indem sie die Verpflichtung der technischen Überwachungsorganisation und Entsorgergemeinschaft zum Entzug des Überwachungszertifikates und -zeichens vorsehen, sofern eine entsprechende

---

180 Wie zum Beispiel durch die Durchführung von Messungen, Informationssammlung und Beobachtungsmaßnahmen.

181 Zur Vereinbarkeit einer vollständigen Aussetzung der behördlichen Überwachungstätigkeit mit den gemeinschaftsrechtlichen Vorgaben aus den Abfallrichtlinien vgl. den 5. Teil, I. B. 1.

182 Vgl. dazu den 4. Teil, I. B. 2. b. und c.

Verpflichtung durch Verwaltungsakt besteht. Diese Bestimmung erklärt sich nur vor dem Hintergrund, daß entweder die Fremdüberwacher die Zertifizierungsvoraussetzungen unzutreffend beurteilen oder der Entsorgungsfachbetrieb zwischen zwei Auditierungen die Zertifizierungsanforderungen nicht mehr erfüllt. Die Vollzugshilfe geht ebenfalls von der neben der Tätigkeit der technischen Überwachungsorganisationen und Entsorgergemeinschaften bestehenden behördlichen Überwachungstätigkeit aus. Auf der einen Seite sieht sie vor, die direkte Übersendung der Prüfberichte an die Benehmensbehörde als Auflage zur Zustimmung oder zur Anerkennung aufzunehmen, und auf der anderen Seite bestimmt sie, daß die Benehmensbehörde vor Ort etwaige Kontrollmängel der Fremdüberwacher, die sich auch aus der nicht gesetzeskonformen abfallwirtschaftlichen Tätigkeit des Entsorgungsfachbetriebs ergeben können, den Antragsbehörden mitteilt und damit Gründe für den Widerruf der Anerkennung oder Zustimmung vorliegen.

Die in der Vollzugshilfe gesehene Notwendigkeit der weiterbestehenden Überwachung des Entsorgungsfachbetriebs durch die örtlich zuständige Überwachungsbehörde ergibt sich auch vor dem Hintergrund der Regelung der behördlichen Zuständigkeit für die Zustimmung und Anerkennung. Da die Zustimmung und Anerkennung von den für die Abfallwirtschaft zuständigen obersten Landesbehörden am Hauptsitz der technischen Überwachungsorganisation und Entsorgergemeinschaft erteilt wird, die technische Überwachungsorganisation und Entsorgergemeinschaft aber bundesweit tätig sind, kann eine wirksame „Kontrolle der Kontrolleure", die notwendigerweise die Überwachung der Tätigkeit des Entsorgungsfachbetriebs einschließt, nur wirksam ausgeübt werden, wenn die lokale Benehmensbehörde vor Ort die Rechtfertigung der Zertifizierung anhand der Überwachung des Entsorgungsfachbetriebs überprüft.

2. Überwachung der freigestellten Tätigkeiten

Auch hinsichtlich der genehmigungsfreien Vorgänge besteht eine - wenn auch abgeschwächte - behördliche Eröffnungskontrolle. Der Entsorgungsfachbetrieb ist nach §§ 13 Abs. 5 S. 2 NachwV i.V.m. §§ 43 Abs. 2, 46 Abs. 2 KrW-/AbfG und nach § 51 Abs. 1 KrW-/AbfG verpflichtet, vor Aufnahme der freigestellten Tätigkeit diese der zuständigen Behörde anzuzeigen. Diese genehmigungsersetzende Anzeige soll die Behörde über einen grundsätzlich umweltbelastenden Vorgang in Kenntnis setzen und erlaubt es ihr, im Bedarfsfall einzuschreiten[183].

---

[183] *Kloepfer*, Umweltrecht, § 5 Rn. 38.

Die Einschreitensmöglichkeit ist in § 14 Abs. 5 NachwV und in § 51 KrW-/AbfG geregelt. Nach § 14 Abs. 5 NachwV kann die zuständige Behörde abweichend von der Freistellung in § 13 Abs. 5 NachwV anordnen, daß der Entsorgungsfachbetrieb Abfälle nur nach vorhergehender Entsorgungsnachweisbestätigung annehmen darf, wenn einer der drei folgenden Fälle vorliegt: Der erste Fall ist gegeben, wenn Anhaltspunkte dafür bestehen, daß die Ordnungsgemäßheit und Schadlosigkeit der Verwertung oder Gemeinwohlverträglichkeit der Beseitigung nicht gewährleistet ist oder sonstige Voraussetzungen für die Inanspruchnahme des privilegierten Nachweisverfahrens nicht vorliegen und der Abfallentsorger nicht innerhalb einer behördlich gesetzten Frist das Vorliegen der Voraussetzungen nachgewiesen hat. Im zweiten Fall hat der Abfallentsorger gegen die ihm im weiteren nach der NachwV oder bei der Entsorgung obliegenden Pflichten verstoßen. Der dritte, als „Auffangtatbestand" ausgestaltete Fall liegt vor, wenn Gründe des Wohls der Allgemeinheit eine vorhergehende Bestätigung des Entsorgungsnachweises erfordern.

Darüber hinaus regelt § 51 KrW-/AbfG in bezug auf die Transporttätigkeit, daß die zuständige Behörde Auflagen vorsehen kann, soweit dies erforderlich ist, um die Erfüllung der Pflichten nach den §§ 5 und 11 KrW-/AbfG sicherzustellen. Sie hat die Durchführung der anzuzeigenden Tätigkeiten zu untersagen, wenn Tatsachen bekannt sind, aus denen sich Bedenken gegen die Zuverlässigkeit des Anzeigepflichtigen oder der für die Leitung und Beaufsichtigung des Betriebes verantwortlichen Personen ergeben oder die Einhaltung der in den §§ 5 und 11 KrW-/AbfG genannten Pflichten anders nicht zu gewährleisten ist.

3. Teil

Die Überwachung durch Private im Zertifizierungsverfahren: staatliche oder nichtstaatliche Tätigkeit

Die Einordnung der Fremdüberwachung der technischen Überwachungsorganisationen und Entsorgergemeinschaften sowie der Eigenüberwachung des Entsorgungsfachbetriebs in den staatlichen oder nichtstaatlichen Bereich ist eine für die verfassungsrechtliche Bewertung der „Privatisierung der Überwachung" zu klärende Vorfrage. Sie stellt sich vor dem Hintergrund der Einschränkung der allgemeinen behördlichen Überwachung nach § 40 KrW-/AbfG und angesichts der mit der Überwachung und Zertifizierung verbundenen Freistellung von drei behördlichen Genehmigungspflichten.

Im folgenden wird die Bedeutung von staatlicher und nichtstaatlicher Aufgabenwahrnehmung kurz skizziert (I.). Anschließend werden die Varianten der Erfüllung staatlicher Aufgaben durch Privatrechtssubjekte dargestellt (II.), bevor eine konkrete Zuordnung der Überwachung und Zertifizierung durch die technischen Überwachungsorganisationen und Entsorgergemeinschaften (III.) und der Eigenüberwachung durch die (zukünftigen) Entsorgungsfachbetriebe erfolgt (IV.).

I. Abgrenzung zwischen staatlicher und nichtstaatlicher Aufgabe

Eine staatliche Aufgabe liegt vor, wenn der Staat die Aufgabe in verfassungsrechtlich zulässiger Weise[184] entweder selbst unmittelbar übernimmt oder sie in mittelbarer Verwaltung durch eine Körperschaft oder Anstalt des öffentlichen Rechts oder einen Beliehenen erfüllt[185]. Kennzeichnend ist also, daß die Wahrnehmungskompetenz bei der Verwaltung liegt.

Auch wenn eine Aufgabe nichtstaatlich ist, kann die Allgemeinheit an ihrer Erfüllung ein erhebliches Interesse haben, wie das Beispiel der im Grundsatz privatisierten Abfallentsorgung nach §§ 5 Abs. 2, 11 Abs. 1 KrW-/AbfG zeigt. Die überragende Bedeutung einer geordneten Abfallentsorgung für das Allgemeinwohl „aus Gründen des Schutzes der Volksgesundheit (Seuchengefahr), der Landschaftspflege und des Um-

[184] Vgl. dazu *Bull*, Die Staatsaufgaben nach dem Grundgesetz, S. 105.

[185] *H. Peters*, FS Nipperdey II, S. 877/880; vgl. auch BVerfGE 12, 205/243.

weltschutzes"[186] bleibt auch nach erfolgter materieller Privatisierung[187] bestehen. Nichtstaatliche Aufgaben können daher auch solche sein, an deren Erfüllung die Öffentlichkeit ein maßgebliches Interesse hat. Es handelt es sich um öffentliche Aufgaben[188].

Damit wird deutlich, daß staatliche oder hoheitliche Aufgaben nicht mit öffentlichen Aufgaben gleichzusetzen sind. Staatliche Aufgaben stellen nur einen Teil der öffentlichen Aufgaben dar[189]. Mit anderen Worten: öffentliche Aufgaben können staatliche und nichtstaatliche Aufgaben sein.

Die Überwachung und Zertifizierung nach § 52 KrW-/AbfG ist in jedem Fall eine öffentliche Aufgabe, denn die Überprüfung der Entsorgungsbetriebe auf die Einhaltung der Anforderungen an eine ordnungsgemäße Abfallentsorgung ist, wie der Entsorgungsvorgang selbst, im Hinblick auf den Gesundheitsschutz der Bevölkerung und den in Art. 20a GG verankerten Umweltschutz eine Aufgabe von überragender Bedeutung für das Allgemeinwohl.

Öffentliche Aufgaben, die staatlich wahrgenommen werden, können, bis auf einen engen, der ausschließlichen Zuständigkeit des Staates vorbehaltenen Kernbestand[190], auf Privatrechtssubjekte übertragen werden. Die Übertragung ist in vielfältiger Weise möglich.

II. Erscheinungsformen der Übertragung staatlicher Aufgaben auf Private

Zu den konkreten Erscheinungsformen der Übertragung staatlicher Aufgaben auf Private[191] zählen neben der Übertragung von Aufgaben der Daseinsvorsorge (Abfallent-

---

186 BVerfGE 79, 127/156 - *Rastede* -; vgl. auch BVerwGE 85, 44/47.

187 Zum Begriff vgl. die Ausführungen bei II. B. (in diesem Teil).

188 *H. Peters*, FS Nipperdey II, S. 877/878; *Isensee*, in: Isensee/Kirchhof, HdBStR III, § 57 Rn. 36; kritisch *Di Fabio*, JZ 1999, S. 585/586; vgl. auch *Bull*, Die Staatsaufgaben nach dem Grundgesetz, S. 47ff., der den Begriff „öffentliche Aufgaben" nur für begrenzt anwendbar hält.

189 *Peters*, in: FS Nipperdey, II, S. 877/879; *Isensee*, in: Isensee/Kirchhof, HdBStR III, § 57 Rn. 37; *Bucher*, Privatisierung von Bundesfernstraßen, S. 39; a.A. *Grabbe*, Verfassungsrechtliche Grenzen der Privatisierung kommunaler Aufgaben, S. 35.

190 Dazu unten die im 4. Teil unter I. A. 1. erfolgten Ausführungen.

191 Vgl. zum Begriff des Privaten *Ossenbühl*, VVDStRL 29 (1971), S. 137/144.

sorgung, Abwasserbeseitigung etc.)[192] u.a. die Gewährung zweckgebundener Subventionen (Gutscheinsystem)[193], die private Finanzierung von Verkehrsprojekten[194] und die private Wahrnehmung von Teilen des Verwaltungsverfahrens, die sogenannte Verfahrensprivatisierung[195]. Gemeinsam ist ihnen, daß Angelegenheiten, die bisher von der öffentlichen Hand wahrgenommen wurden, in den privaten Bereich verlagert werden[196]. Oberbegriff dieser Erscheinungsformen ist der der Privatisierung[197].

Privatisierung öffentlicher Aufgaben ist in vielschichtigen Erscheinungen[198] möglich, deren wesentliche Fallgruppen im folgenden dargestellt werden.

A. Organisationsprivatisierung (formelle Privatisierung)

Bei der Organisations- oder formellen Privatisierung bedient sich der Verwaltungsträger zur Erfüllung der ihm obliegenden Aufgaben der privaten Rechtsform durch Grün-

---

192 Vgl. dazu *Kummer/Giesberts*, NVwZ 1996, S. 1166ff.

193 *Möschel*, JZ 1988, S. 885/887, der als Beispiel die Gewährung von Wohngeld an einkommensschwache Mieter (als Alternative zum staatlichen Wohnungsbau) nennt.

194 Vgl. dazu *Grupp*, DVBl 1994, S. 140ff.; *Ekardt*, VBlBW 1997, S. 281ff.

195 Vgl. nur die Beiträge bei *Hoffmann-Riem/Schneider*, Verfahrensprivatisierung im Umweltrecht, 1996.

196 *Bauer*, VVDStRL 55 (1996), S. 242/251; *Däubler*, Privatisierung als Rechtsproblem, S. 16; *Ronellenfitsch*, in: Isensee/Kirchhof, HdBStR III, § 84 Rn. 43.

197 Zu der Privatisierung gehört auch die *Vermögensprivatisierung*, bei der Eigentumswerte und Vermögenswerte der öffentlichen Hand, wie zum Beispiel Grundvermögen und Wirtschaftsunternehmen, auf Private übertragen werden. Aktuelles Beispiel ist die im Oktober 1997 eingeleitete letzte Phase der Privatisierung der Deutsche Lufthansa AG, vgl. FAZ v. 04. 09. 1997. Auf sie wird im folgenden allerdings nicht eingegangen, da sie im vorliegenden Zusammenhang bedeutungslos ist.

198 Die Vielschichtigkeit des Privatisierungsbegriffs zeigt sich auch daran, daß die Einteilung der verschiedenen Privatisierungsarten in der Literatur unterschiedlich vorgenommen wird, vgl. zum Beispiel *Möschel*, JZ 1988, S. 885ff., der wie folgt unterscheidet: Privatisierung im formellen Sinn - Übertragung von Dienstleistungen auf Private - Gutscheinsystem - Übertragung von Eigentum; *Schoch*, DVBl 1994, S. 962ff. unterscheidet dagegen zwischen Organisationsprivatisierung - Vermögenprivatisierung - materieller und funktionaler Privatisierung. Auch begrifflich besteht Uneinheitlichkeit; *v. Hagemeister*, Die Privatisierung öffentlicher Aufgaben, S. 53 versteht unter funktionaler Privatisierung die vollständige Übertragung öffentlicher Aufgaben auf Private, wohingegen die überwiegende Literatur, wie zum Beispiel *Bauer*, VVDStRL 55 (1996), S. 242/252 und *Schoch*, DVBl 1994, S. 962/963, unter funktionaler Privatisierung lediglich den Vollzug einer bei der Verwaltung verbleibenden Aufgabe durch einen Privaten, zum Beispiel durch einen Verwaltungshelfer, versteht. *v. Hagemeister*, Die Privatisierung öffentlicher Aufgaben, S. 52, wiederum faßt diese Erscheinung unter den Begriff der organisatorischen Privatisierung als Unterkategorie der materiellen Privatisierung.

dung einer juristischen Person des Privatrechts, zum Beispiel einer AG oder GmbH[199]. Die Aufgabe verbleibt als staatliche Aufgabe weiterhin in der Zuständigkeit des Verwaltungsträgers, der die Tätigkeit der privatrechtlichen Einheit kontrolliert und für diese verantwortlich ist[200]. Diese Form der Privatisierung ist vor allem im kommunalen Wirtschaftsrecht anzutreffen. Auch im Entsorgungsbereich, dessen Einrichtungen von Gesetzes wegen keine wirtschaftlichen Unternehmen im Sinne der Kommunalgesetze der Länder sind[201], wird sie genutzt[202].

B. Aufgabenprivatisierung (materielle Privatisierung)

Bei der materiellen Privatisierung wird die Verwaltungsaufgabe als solche privaten Rechtsträgern zur eigenverantwortlichen Wahrnehmung übertragen[203]. Die Aufgabe verliert ihren Charakter als staatliche Aufgabe und geht in private Trägerschaft über[204].

Aktuelles Beispiel im Bereich der Abfallentsorgung ist der in § 5 Abs. 2 und § 11 Abs. 1 KrW-/AbfG aufgestellte Grundsatz der Eigenverwertung und -beseitigung von Abfällen, mit dem das bisherige in § 3 Abs. 2 AbfG a.F. verankerte Prinzip der hoheitlichen Entsorgungsverantwortlichkeit aufgegeben worden ist. Die Entsorgung der Abfälle, die nicht der Überlassungspflicht nach § 13 KrW-/AbfG unterliegen, ob-

---

199 *Gusy*, ZRP 1998, S. 265/267; *Klowait*, Die Beteiligung Privater an der Abfallentsorgung, S. 120; *Schink*, VerwArch 85 (1994), S. 251/256; *Möschel*, JZ 1988, S. 885/886. Die Gründung einer OHG ist dagegen wegen des in den Kommunalgesetzen der Länder aufgestellten Verbotes der unbeschränkten Haftung bei der Beteiligung an einer Gesellschaft nicht möglich, vgl. zum Beispiel § 110 Abs. 1 Nr. 2 KSVG Saarland.

200 *Peine*, DÖV 1997, S. 353/354; *Tettinger*, FS Friauf, S. 569/570; *Schoch*, DVBl 1994, S. 962; *v. Hagemeister*, Die Privatisierung öffentlicher Aufgaben, S. 44. Da die Verwaltungsaufgabe als solche nicht in den privaten Sektor verlagert wird, wird die Organisationsprivatisierung von einigen Stimmen als Privatisierungsform abgelehnt und als „Scheinprivatisierung" (vgl. *S. Süß*, BayVBl. 1986, S. 257/259; *H. Koglin*, KStZ 1991, S. 89/90) bzw. als bloßes „Internum der Staatsorganisation" (*Däubler*, Privatisierung als Rechtsproblem, S. 28) qualifiziert. Aber da die Verwaltungsaufgabe nunmehr von einem Privatrechtssubjekt erfüllt wird, dessen Organisation vom Dienst-, Organisations- und Haushaltsrecht des öffentlichen Rechts losgelöst ist und dessen Rechtsbeziehungen zum Benutzer zivilrechtlich ausgestaltet sind, ist die Eingruppierung der Organisationsprivatisierung in einer der Kategorien des Oberbegriffs „Privatisierung" gerechtfertigt.

201 Vgl. § 108 Abs. 2 Nr. 1 KSVG Saarland.

202 *Schink*, VerwArch 85 (1994), S. 251/256.

203 *Tettinger*, FS Friauf, S. 569/570; *v. Hagemeister*, Die Privatisierung öffentlicher Aufgaben, S. 51; *Schoch*, DVBl 1994, S. 962/963.

204 *Gusy*, ZRP 1998, S. 265/267, 268; *Hoppe/Bleicher*, NVwZ 1996, S. 421/422; *Scholz*, NJW 1997, S. 14/15.

liegt nunmehr der Entsorgungspflichtigkeit des privaten Abfallerzeugers oder -besitzers[205].

C. Funktionale Privatisierung (Privatisierung der Aufgabenerledigung[206])

Bei der funktionalen Privatisierung verbleibt die Aufgabenverantwortlichkeit beim Verwaltungsträger, während die Aufgabenerledigung entweder vollständig oder auch nur zum Teil einem Privatrechtssubjekt übertragen wird[207]. Die Aufgabe bleibt im Grundsatz staatlich, kann aber durch Private, die selbst nicht hoheitlich nach außen auftreten, erfüllt werden.

1. Verwaltungshelfer

Haupterscheinungsform der funktionalen Privatisierung ist der *Verwaltungshelfer*. Er erfüllt hoheitliche Aufgaben im Auftrag und nach Weisung der zuständigen Behörde[208]. Sein Handeln wird der Behörde zugerechnet und ist deshalb Teil des staatlichen Handelns[209]. Er tritt nach außen nicht selbständig auf.

Ein Beispiel für die Einschaltung von Verwaltungshelfern ist die Beauftragung eines Dritten durch den öffentlich-rechtlichen Entsorgungsträger mit der Durchführung seiner Entsorgungspflichten nach § 16 Abs. 1 S. 1 KrW-/AbfG[210].

2. Staatlich-privates Kondominium

Eine andere Variante der funktionalen Privatisierung ist das sog. *staatlich-private Kondominium*[211], bei dem der Staat ihm obliegende Aufgaben durch Private - zumeist auf-

---

205 *Kahl*, DVBl 1995, S. 1327/1336.

206 Von *Tettinger*, FS Friauf, S. 257/259, auch als „Dienstleistungsprivatisierung" bezeichnet.

207 *Schoch*, DVBl 1994, S. 962/963; *Erbguth*, UPR 1995, S. 369; *Hoppe/Bleicher*, NVwZ 1996, S. 421/422; vgl. auch *Hoffmann-Riem*, DVBl 1996, S. 225/226: „Eine funktionale Privatisierung liegt vor, wenn die staatliche Verantwortung für Problemlösungen in dem betreffenden Regelungsfeld im Grundsatz erhalten bleibt, ihre Wahrnehmung aber aufgeteilt und mit je unterschiedlicher Reichweite auf Private verlagert oder mit ihnen im kooperativen Verbund wahrgenommen wird".

208 *Maurer*, Allgemeines Verwaltungsrecht, § 23 Rn. 60.

209 *Brüning*, NWVBl 1997, S. 286/290.

210 *Fritsch*, Das neue Kreislaufwirtschafts- und Abfallrecht, Rn. 277; vgl. auch *Kloepfer*, Umweltrecht, § 18 Rn. 127; *Versteyl*, in: Kunig/Paetow/Versteyl, KrW-/AbfG, § 16 Rn. 11: „Im Außenverhältnis wird der Private jedoch in der Regel hoheitlich tätig". Die verschiedenen Modelle bei der Drittbeauftragung (Betriebsführungsmodell, Betreibermodelle etc.) werden anschaulich bei *Tettinger*, FS Friauf, S. 569/571 dargestellt.

grund einer rechtsgeschäftlichen Übereinkunft[212] - durchführen läßt. Es handelt sich um eine Zusammenarbeit zwischen Staat und Privaten, „die im Innenverhältnis durch verantwortungs- und entscheidungsteilende Form der Aufgabenwahrnehmung gekennzeichnet ist, ohne daß dem Privaten dabei im Außenverhältnis zum Bürger hoheitliche Befugnisse eingeräumt werden“[213].

Diese Beteiligung an der staatlichen Aufgabenerfüllung unterscheidet sich von der Verwaltungshilfe durch den gesteigerten Verantwortlichkeitsgrad des Privaten[214], der auch dadurch zum Ausdruck kommt, daß der Private nach außen zivilrechtlich im eigenen Namen auftritt.

Beispiele für staatlich-private Kondominien sind die Einschaltung von Privatbanken bei der Verteilung von Subventionen[215] oder die Durchführung von staatlichen Entsorgungsaufgaben durch Private im Rahmen des sog. Pachtmodells. Bei diesem verpachtet der öffentlich-rechtliche Entsorgungsträger die im Eigentum der öffentlichen Hand stehende Entsorgungsanlage dem Privaten, der nach außen als Betreiber der Anlage im eigenen Namen und auf eigene Rechnung auftritt und auch selbst das erforderliche Personal einstellt[216].

3. Verwaltungssubstitution

Eine weitere Erscheinungsform der funktionalen Privatisierung ist das *staatsersetzende Privathandeln unter staatlicher Aufsicht*[217] oder die *Verwaltungssubstitution*[218]. Hier

---

211 *Klowait*, Die Beteiligung Privater an der Abfallentsorgung, S. 97; *Wallerath*, Öffentliche Bedarfsdeckung und Verfassungsrecht, S. 81; *Steiner*, Öffentliche Verwaltung durch Private, S. 177, 178; *Ossenbühl*, VVDStRL 29 (1971), S. 137/149.

212 *Klowait*, Die Beteiligung Privater an der Abfallentsorgung, S. 97 beschränkt das staatlich-private Kondominium - unter nicht überzeugendem Verweis auf *Wallerath*, Öffentliche Bedarfsdeckung und Verfassungsrecht, S. 81, der wohl von einem weiteren Verständnis ausgegangen ist - per definitionem auf rechtsgeschäftliche Übereinkommen zwischen dem Staat und den Privaten. Zu der Überzeugungskraft dieser Sichtweise vgl. unten bei III. 2. (in diesem Teil).

213 *Klowait*, Die Beteiligung Privater an der Abfallentsorgung, S. 98.

214 *Klowait*, Die Beteiligung Privater an der Abfallentsorgung, S. 97.

215 Hierzu sehr ausführlich *Steiner*, Öffentliche Verwaltung durch Private, S. 173ff.; *Klowait*, Die Beteiligung Privater an der Abfallentsorgung, S. 98f.

216 *Kummer/Giesberts*, NVwZ 1996, S. 1166/1169.

217 Von *Ossenbühl*, VVDStRL 29 (1971) S. 137/149 als „staatsentlastendes Privathandeln unter staatlicher Aufsicht“ benannt; *Steiner*, Öffentliche Verwaltung durch Private, S. 106 spricht vom „staatsaussparendem“ Handeln Privater.

nehmen Private aus eigener Initiative und mit eigenen Mitteln im öffentlichen Interesse liegende Aufgaben wahr, die - würden Private sich ihrer nicht annehmen - ansonsten von der Verwaltung wahrgenommen werden müßten[219]. Es handelt sich somit um eine staatliche Aufgabe, die aber auch von Privatrechtssubjekten wahrgenommen werden kann. Diese handeln dann im nichtstaatlichen Bereich[220]. Der Staat, der diese Tätigkeiten, etwa durch finanzielle Zuschüsse, fördert, zieht sich auf eine „Beobachterrolle mit Korrekturfunktion"[221] zurück.

Beispiele für das staatsersetzende Privathandeln sind die Errichtung und Unterhaltung von sozialen Einrichtungen, wie etwa Krankenhäusern, Kindergärten oder Drogenberatungsstellen durch private Wohlfahrtsverbände (Caritas, DRK) und die freien Berufe, die von bedeutendem Allgemeininteresse sind, wie zum Beispiel die Rechtsanwalts- oder Arztberufe[222]. Ein weiteres Beispiel für staatsersetzendes Privathandeln ist die Durchführung von Kontrollaufgaben durch Private[223].

---

218 Die Rechtsfigur der Verwaltungssubstitution ist erstmals bei *von Heimburg*, Verwaltungsaufgaben und Private, S. 60, 139ff. einer eingehenden Untersuchung unterzogen worden. Allerdings faßt sie den Begriff des Verwaltungssubstitutes sehr weit. Ihrer Konzeption zufolge unterfallen alle Erscheinungen der staatlich-privaten Kooperation ohne staatliche Kompetenzübertragung der Verwaltungssubstitution, die lediglich von der mit der Übertragung von Kompetenzen verbundenen Beleihung abzugrenzen sei. Kritisch zu diesem weiten Ansatz *Wallerath*, Öffentliche Bedarfsdeckung und Verfassungsrecht, S. 81 Fn. 139 und *Klowait*, Die Beteiligung Privater an der Abfallentsorgung, S. 117 mit Fn. 349.

219 *Maurer*, Allgemeines Verwaltungsrecht, § 23 Rn. 65; *v. Hagemeister*, Die Privatisierung öffentlicher Aufgaben, S. 25. Die Verwaltungssubstitution wird auch als „unmittelbare Aufgabenerfüllung durch eigene Organe des Staates, die unter dem Vorbehalt eines vertraglich oder durch Verwaltungsakt abgesicherten, staatsersetzenden privaten Handelns steht", definiert, vgl. *Brüning*, NWVBl 1997, S. 286/290 im Anschluß an *Wallerath*, Öffentliche Bedarfsdeckung und Verfassungsrecht, S. 82.

220 Dieselben öffentlichen Aufgaben können sowohl auf staatlicher als auch auf nichtstaatlicher Ebene wahrgenommen werden, vgl. *Peters*, FS Nipperdey II, S. 877/880: „Es kann auch sein, daß dieselbe Aufgabenart privat von nichtstaatlichen Stellen erfüllt wird, daß jedoch, weil die Erledigung nicht umfassend genug oder sonstwie zu unvollkommen bleibt, der Staat ergänzend einspringt, so daß es öffentliche Aufgaben gibt, die teils privat, teils als staatliche zur Durchführung kommen."

221 *Ossenbühl*, VVDStRL 29 (1971), S. 137/149.

222 Vgl. die Übersicht bei *v. Hagemeister*, Die Privatisierung öffentlicher Aufgaben, S. 25ff.

223 *von Heimburg*, Verwaltungsaufgaben und Private, S. 139, 140ff; allerdings qualifiziert sie die nach § 24c GewO a.F. tätigen amtlichen oder amtlich anerkannten Sachverständigen unzutreffenderweise als Verwaltungssubstitute.

4. Abgrenzung und Gemeinsamkeiten

Mit der Verwaltungshilfe haben das staatsersetzende Privathandeln und das staatlich-private Kondominium gemeinsam, daß aufgrund der bestehend bleibenden staatlichen Aufgabenverantwortung die private Tätigkeit überwacht wird und behördlichen Eingriffsmöglichkeiten unterliegt. Anders als beim Verwaltungshelfer wird das Handeln des Privaten nach außen bei der Verwaltungssubstitution und beim staatlich-privaten Kondominium dem Staat allerdings nicht als eigenes Handeln zugerechnet. Vielmehr wird der Private im Gegensatz zum Verwaltungshelfer in dem ihm zugewiesenen Bereich selbständig und autonom tätig[224]. Nach außen handelt er - auf zivilrechtlicher Ebene - in eigenem Namen.

Der Unterschied zwischen Verwaltungssubstitution und staatlich-privaten Kondominium besteht im Grad der größeren Autonomie der zuerst genannten Form bei der Erledigung der staatlichen Aufgabe[225]. Ein Unterschied wird auch beim Grad der verbleibenden Verwaltungsbeteiligung gesehen. Während der Private beim staatlich-privaten Kondominium „nur" an der staatlichen Aufgabenerfüllung beteiligt werde, der Staat an der Aufgabenerfüllung also selbst auch noch mitwirke, würde der Private beim staatsersetzenden Handeln die originär staatlichen Wahrnehmungsbefugnisse vollständig ersetzen[226]. Der zuletzt genannte Unterschied überzeugt nicht in jedem Fall. Nur teilweise hält der Staat in Bereichen, in denen Private „verwaltungssubstitutiv" handeln, keine eigenen Handlungsfazilitäten vor, wie dies etwa bei den in den verschiedensten Sozial- und Kulturbereichen handelnden Verbänden der Fall sein kann. In anderen Bereichen dagegen bestehen neben den Privaten auch staatliche Einrichtungen. Ein Beispiel ist der Arztberuf: Neben den privat- und kassenärztlichen Praxen sieht auch der Staat entsprechende Einrichtungen durch Gesundheitsämter vor. Richtig ist dagegen, daß der Staat an der Erfüllung der konkret von dem Verwaltungssubstituten durchgeführten Aufgabe vollständig verzichtet.

---

224 *von Heimburg*, Verwaltungsaufgaben und Private, S. 139 (nur bezogen auf den Verwaltungssubstituten); *Klowait*, Die Beteiligung Privater an der Abfallentsorgung, S. 98 (staatlich-privates Kondominium) und S. 101 (Verwaltungssubstitution); *Brüning*, NWVBl 1997, S. 286/290.

225 *Klowait*, Die Beteiligung Privater an der Abfallentsorgung, S. 102; *Brüning*, NWVBl 1997, S. 286/290: „Vom staatsanteiligen Privathandeln unterscheidet sich die Verwaltungssubstitution durch den Grad der Autonomie des Handelns, die sich vor allem darin ausdrückt, daß der Substitut in dem ihm zugewiesenen Bereich selbständig und weitgehend unabhängig von behördlichen Weisungen tätig ist".

226 *Klowait*, Die Beteiligung Privater an der Abfallentsorgung, S. 102.

D. Beleihung

Beliehene sind Privatrechtssubjekte, die mit der hoheitlichen Wahrnehmung bestimmter Verwaltungsaufgaben im eigenen Namen betraut werden[227]. Sie handeln also im staatlichen Bereich. Die Beleihung, die dem Gesetzesvorbehalt unterliegt, verfolgt den Zweck, die öffentliche Verwaltung zu dezentralisieren und Personen des öffentlichen Rechts zu entlasten; außerdem sollen - wie bei der funktionalen Privatisierung - private Initiative, Finanzmittel und privates Know-how nutzbar gemacht werden[228].

Die Frage nach dem Beleihungsgegenstand wird uneinheitlich beantwortet[229]. Im wesentlichen stehen sich die sog. Aufgabentheorie und die Rechtsstellungstheorie gegenüber. Die Anhänger der Aufgabentheorie gehen von der Bestimmbarkeit spezifischer staatlicher Aufgaben aus; ihnen zufolge liegt eine Beleihung vor, wenn der Private zu einer Tätigkeit berechtigt oder verpflichtet wird, die eine materiell-staatliche Aufgabe darstellt[230]. Nach der herrschenden Rechtsstellungs- und Befugnistheorie ist für die Beleihung dagegen die Delegation hoheitlicher Befugnisse gegenüber Dritten kennzeichnend[231].

Gegen die Aufgabentheorie spricht, daß sie von der unzutreffenden Prämisse der Bestimmbarkeit materiell-staatlicher Aufgaben ausgeht[232]. Die Konsequenz ihrer Auffassung ist, daß es einen festen Kreis staatlicher Aufgaben geben muß, von deren Wahrnehmung Private grundsätzlich ausgeschlossen sind und die ihnen nur mittels Beleihung übertragen werden können. Einen solchen Kreis gibt es aber gerade nicht. Vielmehr ergibt das Fehlen eines Katalogs von Staatsaufgaben, daß diese notwendigerwei-

---

227 *Wolff/Bachof/Stober*, VerwR II, § 104 I 2 Rn. 2; *Krölls*, GewArch 1997, S. 445/446.

228 *Wolff/Bachof/Stober*, VerwR II, § 104 I 2, Rn. 1.

229 Vgl. die Zusammenstellung bei *von Heimburg*, Verwaltungsaufgaben und Private, S. 31ff. und bei *Benz*, Die verfassungsrechtliche Zulässigkeit der Beleihung einer Aktiengesellschaft mit Dienstherrenbefugnissen, S. 28ff.

230 *Mennacher*, Begriffsmerkmale und Rechtsstellung der mit öffentlicher Gewalt beliehenen Hoheitsträger des Privatrechts, S. 19; *Huber*, Wirtschaftsverwaltungsrecht I, S. 533; *Steiner*, JuS 1969, S. 69/70.

231 *Jarass*, Wirtschaftsverwaltungsrecht mit Wirtschaftsverfassungsrecht, § 6 II 2 Rn. 26; *Wolff/Bachof/Stober*, VerwR II, § 104 I Rn. 1, 2; *Stelkens*, in: Stelkens/Bonk/Sachs, VwVfG, § 1 Rn. 135; *v. Hagemeister*, Die Privatisierung öffentlicher Aufgaben, S. 58; *von Heimburg*, Verwaltungsaufgaben und Private, S. 33f.; *Scholz*, NJW 1997, S. 14/15.

232 *v. Hagemeister*, Die Privatisierung öffentlicher Aufgaben, S. 59.

se nicht abschließend sind[233]. Mit der Rechtstellungstheorie ist deshalb auf die Befugnisse abzustellen, die der Staat in verfassungsrechtlich zulässiger Weise an sich gezogen und anschließend auf Private übertragen hat.

Die Verwaltungskompetenzen, mit denen der Private beliehen werden kann, können obrigkeitlicher[234] oder auch nur schlichthoheitlicher[235] Natur sein. Entscheidend ist, daß die Handlung des Beliehenen als integraler Bestandteil der Verwaltungstätigkeit erscheint. Bei Prüftätigkeiten durch Private kommt es darauf an, daß deren Prüfergebnis von den zuständigen Behörden anerkannt und ihrer eigenen Überwachungstätigkeit zugrundegelegt wird. Nach dem BGH genügt es dabei, daß der Private nur faktisch auf die behördliche Überwachung in dem oben beschriebenen Sinne Einfluß nimmt[236].

Der Beliehene hat mit dem Verwaltungshelfer gemeinsam, daß beide Privatrechtssubjekte sind und beide bei der Wahrnehmung einer hoheitlichen Aufgabe eingeschaltet werden. Allerdings übernimmt der Verwaltungshelfer nur den Vollzug der Aufgabe. Nach außen wird die Aufgabe von dem Hoheitsträger erfüllt. Unmittelbare Rechtsbeziehungen bestehen nur zwischen dem Verwaltungsträger und dem Bürger. Der Beliehene hingegen wird selbst hoheitlich tätig. Er ist als Träger der mittelbaren Staatsverwaltung selbst Teil der Staatsorganisation. Insofern unterscheidet sich die Beleihung auch vom staatlich-privaten Kondominium und von der Verwaltungssubstitution, die nicht mit der Übertragung hoheitlicher Kompetenzen verbunden sind[237].

Beispiele für mit schlicht-hoheitlichen Überwachungstätigkeiten befaßte Beliehene sind amtlich anerkannte Prüfingenieure für Baustatik[238], KFZ-Sachverständige nach §§ 21, 29 StVZO[239] oder die nach §§ 11, 14 GSG mit der Anlagenüberwachung befaßten Sachverständigen[240].

---

233 *Benz*, Die verfassungsrechtliche Zulässigkeit der Beleihung einer Aktiengesellschaft mit Dienstherrenbefugnissen, S. 29.

234 Beispiele: der Seeschiffskapitän nach § 101 SeemG, vgl. dazu BVerwG DÖV 1984, S. 1025, oder der Luftfahrzeugführer nach § 29 Abs. 3 LuftVG, vgl. dazu VGH Kassel, NJW 1976, S. 1990; OLG Celle, NJW 1982, S. 770; BGH NJW 1983, S. 448/449.

235 *Backherms*, GewArch 1979, S. 323/324; *Wolff/Bachof/Stober*, VerwR II, § 104 I Rn. 2 m.w.N.

236 BGH NJW 1993, S. 1784 = DÖV 1993, S. 671 = BGHZ 122, 85ff.

237 Vgl. für die Verwaltungssubstitution *Klowait*, Die Beteiligung Privater an der Abfallentsorgung, S. 116; *Brüning*, NWVBl 1997, S. 286/290.

238 *Schulte*, BauR 1998, S. 249/254.

239 BGHZ 49, 108; BGH NJW 1973, S. 458; OLG Köln NJW 1989, S. 2065; OLG Oldenburg NVwZ-RR 1992, S. 284; a.A. *Götz*, DÖV 1975, S. 211f.; *Herschel*, NJW 1969, S. 817/819; of-

III. Einordnung der Fremdüberwachung in den staatlichen oder nichtstaatlichen Bereich

Von den oben skizzierten Privatisierungsformen können für die Frage der Überwachungsprivatisierung nach § 52 KrW-/AbfG die folgenden Erscheinungen im vorhinein ausgeschlossen werden:

Die Organisationsprivatisierung spielt im Zusammenhang mit der Überwachung und Zertifizierung von Entsorgungsbetrieben nach § 52 KrW-/AbfG keine Rolle, da diese Tätigkeiten nicht vom Staat, sondern von den in § 52 KrW-/AbfG genannten technischen Überwachungsorganisationen und Entsorgergemeinschaften wahrgenommen werden.

Auch eine materielle Privatisierung scheidet aus. Der Entsorgungsfachbetrieb bleibt weiterhin der behördlichen Überwachung unterworfen, auch wenn die Überwachungstätigkeit im Rahmen des der Überwachungsbehörde zustehenden Ermessens eingeschränkt wird. Auch die von den Genehmigungspflichten freigestellten Tätigkeiten unterliegen weiterhin der behördlichen Überwachung. Selbst wenn von dem Wegfall des vorherigen Genehmigungsverfahrens auf einen „staatlichen Entscheidungsverzicht" geschlossen wird[241], ändert dies nichts daran, daß die staatliche Verantwortung für das Vorliegen der Freistellungsvoraussetzungen unangetastet bleibt[242].

Die Ersetzung der Genehmigungs- durch die Anzeigepflicht dient gerade der Informierung der zuständigen Behörden, damit sie ihre Überwachungstätigkeit auf diese Aktivitäten erstrecken. Indem sie unter bestimmten Voraussetzungen die verfahrensrechtli-

---

fenlassend *Pietzcker*, in: Hoffmann-Riem/ Schneider, Verfahrensprivatisierung im Umweltrecht, S. 284/296.

240 BGHZ 122, 85; *Meyer*, in: Landmann/Rohmer, GewO, § 14 GSG Rn. 51.

241 So *Pietzcker*, in: Hoffmann-Riem/Schneider, Verfahrensprivatisierung im Umweltrecht, S. 284/286, der den staatlichen Entscheidungsverzicht der Verfahrensprivatisierung gegenüberstellt. Letztere Erscheinung sei gegeben, wenn der Staat die Sachentscheidung treffe, aber das zu der Entscheidung hinführende Verfahren ganz oder teilweise privatisiere.

242 Vgl. auch *Hoffmann-Riem*, DVBl 1996, S. 225/226 zur Abgrenzung der funktionalen von der materiellen Privatisierung (von *Hoffmann-Riem* als Aufgabenprivatisierung bezeichnet) bei unterbleibender staatlicher Umsetzung der privat getroffenen Entscheidung: „Werden demgegenüber nur einzelne Entscheidungselemente verfahrensmäßig ‚privatisiert', ohne daß die materielle öffentliche Aufgabe verändert wird, so daß der Staat zumindest kontrollierend oder revidierend eingreifen kann, kann nicht von einer Aufgabenprivatisierung gesprochen werden. So liegt es etwa, wenn die bauordnungsrechtliche Genehmigung durch ein Anzeigeverfahren ersetzt wird oder auch dieses entfällt, dadurch aber die bauordnungsrechtliche Verantwortung der Behörde unberührt bleibt".

chen Privilegien wieder rückgängig machen können bzw. die Freistellung von der Transport- und Vermittlungsgenehmigungspflicht mit Auflagen versehen können, haben sie überdies ein „Letztentscheidungsrecht“ bei der Beurteilung der Freistellungsvoraussetzungen.

Im Rahmen der funktionalen Privatisierung scheidet auch die Verwaltungshilfe aus, weil die technischen Überwachungsorganisationen und Entsorgergemeinschaften weitergehende Entscheidungsbefugnisse als der Verwaltungshelfer haben, etwa wenn sie über die Erteilung oder den Entzug des Überwachungszertifikates entscheiden. Außerdem treten sie selbst in unmittelbare zivilrechtliche Rechtsbeziehungen zum Zertifizierungskandidaten.

Die Einordnung der an der Zertifizierung Beteiligten in den staatlichen oder nichtstaatlichen Bereich beschränkt sich damit auf die Überprüfung, ob eine dem staatlichen Bereich zuzuordnende Beleihung (A.) oder eine bloße Mitwirkung der zivilrechtlich handelnden technischen Überwachungsorganisationen und Entsorgergemeinschaften in Form des staatlich-privaten Kondominiums oder der Verwaltungssubstitution vorliegt (B.).

A. Beleihung

Bevor auf die einzelnen Tatbestände eingegangen wird, die eine Beleihung begründen könnten (2.), soll kurz erörtert werden, welche der an der Überwachung und Zertifizierung beteiligten Personen - die technische Überwachungsorganisation und die Entsorgergemeinschaft oder die die Betriebsprüfung konkret vornehmenden Sachverständigen - überhaupt als Beliehene in Betracht kommen (1.).

1. Person des Beliehenen

Als mögliche Beliehene kommen die technischen Überwachungsorganisationen und die Entsorgergemeinschaften, für die der Überwachungsausschuß entscheidet, in Betracht. Dagegen wird nicht auf die die Betriebsprüfung konkret vornehmenden Sachverständigen abgestellt[243]. Für die technische Überwachungsorganisation ergibt sich dies aus §§ 13, 14 EfbV, wonach die technische Überwachungsorganisation verpflichtet ist, die Erfüllung der Voraussetzungen der EfbV zu überprüfen und bei positivem

---

[243] Anders *Kaminski/Konzak*, Das untergesetzliche Regelwerk zum KrW-/AbfG, § 12 EfbV Rn. 14ff.

Ergebnis und behördlicher Zustimmung dem Betrieb das Überwachungszertifikat zu erteilen. Zwar nimmt der Sachverständige der technischen Überwachungsorganisation nach § 13 Abs. 2 Nrn. 1 und 2 EfbV die konkrete Betriebsprüfung vor, und es ist - gerade bei einer technischen Überwachungsorganisation, die nur aus wenigen Sachverständigen besteht - auch nicht auszuschließen, daß er abschließend über das Vorliegen der Zertifizierungsvoraussetzungen entscheidet. Die Formulierung in §§ 13, 14 EfbV legt aber nahe, daß der Verordnungsgeber von der „Letztentscheidungsbefugnis“ der technischen Überwachungsorganisation ausgegangen ist.

Eine Vergleichbarkeit mit den technischen Überwachungsorganisationen, für die die amtlich anerkannten KFZ-Sachverständigen oder die amtlich anerkannten Sachverständigen für Anlagenprüfungen tätig werden und die selbst Beliehene sind, liegt nicht vor. Nach den ausdrücklichen gesetzlichen Vorgaben in § 29 Abs. 2 StVZO und in § 14 GSG werden die Prüfungen der Fahrzeuge bzw. Anlagen nämlich von den Sachverständigen vorgenommen, wohingegen die technischen Überwachungsorganisationen lediglich den organisatorischen Rahmen zur Verfügung stellen.

Demgegenüber wird im Rahmen des § 52 KrW-/AbfG und der EfbV die technische Überwachungsorganisation mit der Prüfung des Zertifizierungskandidaten betraut. Da der Verordnungsgeber zudem keine Vorgaben an die interne Organisation der technischen Überwachungsorganisation gemacht hat, ist es auch nicht auszuschließen, daß die technische Überwachungsorganisation - wie die Entsorgergemeinschaft - einen Ausschuß zu dem Zweck eingerichtet hat, über die Zertifizierungsvoraussetzungen auf der Grundlage des Sachverständigengutachtens zu entscheiden.

Für die Frage der Beleihung ist deshalb auf die technische Überwachungsorganisation und nicht auf die bei ihr beschäftigten Sachverständigen abzustellen.

Auch bei der Entsorgergemeinschaft ist nicht auf den Sachverständigen abzustellen. § 52 Abs. 1 KrW-/AbfG sieht vor, daß Entsorgungsfachbetrieb ist, wer das Gütezeichen einer anerkannten Entsorgergemeinschaft führt. Die Bestimmung geht, angelehnt an den gleichlautenden § 191 Abs. 2 Nr. 2 WHG, davon aus, daß nicht der Sachverständige, sondern die Gütegemeinschaft über das Vorliegen der Zertifizierungsvoraussetzungen entscheidet. Dem entspricht die Ausgestaltung der Gütegemeinschaften in der Praxis: Bestehende Gütegemeinschaften entscheiden durch eingerichtete Überwachungsausschüsse auf der Grundlage der Sachverständigengutachten über das Vorliegen der Zertifizierungsvoraussetzungen[244]. Für die Entsorgergemeinschaft ist § 10 EgRL insoweit einschlägig.

Entscheiden somit nicht die einzelnen Sachverständigen abschließend über das Vorliegen der Zertifizierungsvoraussetzungen, würde ihr Prüfergebnis mithin auch nicht Bestandteil der behördlichen Aufsicht. Vielmehr würde die abschließende Bewertung der Entscheidungsorgane der technischen Überwachungsorganisationen und der Entsorgergemeinschaften zugrundegelegt, so daß nur die technische Überwachungsorganisation und die Entsorgergemeinschaft selbst als Beliehene in Betracht kommen.

2. Die technische Überwachungsorganisation und die Entsorgergemeinschaft als Beliehene?

Aus dem Wortlaut des § 52 KrW-/AbfG ergibt sich keine Beleihung. Anders als zum Beispiel § 28 UAG, der die Zulassungsstelle für Umweltgutachter ausdrücklich als Beliehene vorsieht, äußern sich weder § 52 KrW-/AbfG noch die EfbV dahin, daß die technische Überwachungsorganisation und die Entsorgergemeinschaft die Überwachung und Zertifizierung als Beliehene ausüben.

Auch der Verordnungsgeber ist nicht von einer Beleihung ausgegangen[245]. Allerdings steht der Umstand, daß zwischen der technischen Überwachungsorganisation und dem Entsorgungsbetrieb ein privatrechtlicher Vertrag[246] geschlossen wird bzw. das einer Entsorgergemeinschaft beigetretene Entsorgungsunternehmen deren privatrechtliche Satzung anerkennt, einer Beleihung nicht entgegen[247]. Die EfbV macht genaue Vorgaben, welche Voraussetzungen der Zertifizierungskandidat erfüllen muß und läßt den Zertifizierern wenig Freiraum zur eigenständigen Festlegung der Zertifizierungsvoraussetzungen[248]. Ferner zeigt der Vergleich mit der - ebenfalls auf privatrechtlicher

---

244 *Buhck*, Überwachungsgemeinschaften im Umweltrecht, S. 85.

245 Laut informell erteilter Auskunft des für die Erarbeitung der EfbV zuständigen Referatsleiters des BMU.

246 *Petersen/Stöhr/Kracht*, DVBl 1996, S. 1161/1168; vgl. auch die im 2. Teil bei I. A. 1. b. gemachten Ausführungen.

247 So aber *Buhck*, Überwachungsgemeinschaften im Umweltrecht, S. 206: „Die Kompetenzen der Gemeinschaften regeln sich nach der Vereinssatzung und sind damit ausschließlich privatrechtlicher Natur"; vgl. auch *Versteyl*, in: Kunig/Paetow/Versteyl, KrW-/AbfG, § 52 Rn. 14, 15.

248 Insofern besteht ein Unterschied zu BVerwGE 61, 222ff., das die Belieheneneigenschaft einer anerkannten Züchtervereinigung nach § 5 Abs. 6 TierZG a.F. (1976) mit dem Argument verneint hat, daß das TierZG davon ausgehe, „daß die ‚zuständige' Züchtervereinigung im Sinne des § 5 Abs. 6 kraft ihrer privaten Vereinsautonomie das Zuchtprogramm und damit auch das Zuchtziel

Grundlage erfolgenden - Prüftätigkeit der anerkannten Sachverständigen nach § 14 Abs. 1 GSG, daß eine Beleihung nicht schon deshalb ausscheidet, weil die in Frage stehende Handlung der Erfüllung einer zivilrechtlichen Verpflichtung dient[249].

Die Annahme einer Beleihung wäre aber aus drei Gründen denkbar: zum einen könnte eine Beleihung angenommen werden aufgrund der Einschränkung der Überwachungstätigkeit der für den Entsorgungsfachbetrieb örtlich zuständigen Überwachungsbehörden (a.). Daneben könnte die mit der Zertifizierung verbundene gesetzliche Freistellung von den drei Genehmigungspflichten für eine Beleihung sprechen (b.). Schließlich wäre eine Beleihung denkbar, wenn das positive Ergebnis der Auditierung eine Voraussetzung für die behördliche Zustimmung zum Überwachungsvertrag oder der Anerkennung der Entsorgergemeinschaft wäre (c.). Diese drei Möglichkeiten werden im folgenden erörtert.

a. Beleihung aufgrund der Einschränkung der behördlichen Überwachung?

Eine Beleihung könnte vorliegen, wenn die Überwachungsbehörden sich die positiven Ergebnisse der Überprüfungen der technischen Überwachungsorganisationen und Entsorgergemeinschaften zu eigen machten und ihre Überwachungstätigkeit bis auf rein anlaßbezogene Kontrollen aussetzten. In diesem Fall würde die Überwachungstätigkeit der technischen Überwachungsorganisationen und Entsorgergemeinschaften in die behördliche Überwachung derart eingebunden, daß sie als ein Teil der behördlichen Kontrolle erschiene.

Die Beleihung aufgrund der Verzahnung von privater und behördlicher Kontrolle wird bei der Prüftätigkeit des Umweltgutachters im Rahmen des Öko-Audits diskutiert. Da zum Prüfumfang des Umweltgutachters vor der Validierung der Umwelterklärung des Unternehmens auch die Einhaltung aller einschlägigen Umweltvorschriften zähle und der Umweltgutachter nach § 15 Abs. 2 Nr. 5 UAG verpflichtet sei, bei der Überprüfung von Standorten neben den einschlägigen Rechts-vorschriften auch die hierzu ergangenen amtlich veröffentlichten Verwaltungs-vorschriften des Bundes und der Län-

---

(..)" bestimme; angesichts des von der Vereinigung verfolgten Zieles, für die Zucht jeweils die genetisch am besten veranlagten Elterntiere zur Verfügung zu stellen, regele das TierZG „also nicht eigenständig die Abstammungs- und Zuchtwertvoraussetzungen, unter denen ein Hengst in das Zuchtbuch einer bestimmten Züchtervereinigung einzutragen (...)" sei.

[249] *Rhein*, Das Gemeinschaftssystem für das Umweltmanagement und die Umweltbetriebsprüfung, S. 156.

der zu berücksichtigen, erscheine die Erwartung realistisch, daß Unternehmen, die am Öko-Audit teilnähmen, aus der Sicht der Auf-sichtsbehörde weniger überwachungsbedürftig erschienen, als die Unternehmen, die sich nicht am Öko-Audit beteiligten. Langfristig könnten sich die Umweltgutachter „so verläßlich (und kostengünstig) in die fortbestehende ordnungsbehördliche Überwa-chungsverantwortung für den betrieblichen Umweltschutz einfügen, daß das faktisch einer Aufgabenteilung gleichkommt“[250].

Ob allein aus der Zurückschraubung der behördlichen Überwachungstätigkeit auf eine Beleihung geschlossen werden kann, ist zweifelhaft. Würde schon der Einfluß des privaten Prüfergebnisses auf das behördliche Überwachungsermessen für die Beleihung genügen, würde die Verwaltungspraxis des jeweiligen Verwaltungsträgers über die Beleihung und damit auch über die Frage, ob dem Gesetzesvorbehalt Genüge getan worden ist, entscheiden. Da die Praxis der Behörden zudem unterschiedlich sein kann, würde in dem einen Überwachungsbezirk der private Überwacher als Beliehener angesehen, in einem anderen Bezirk dagegen nicht. Da über wesentliche Fragen im Sinne des Gesetzesvorbehaltes, zu denen auch die Beleihung gehört, aber der Gesetzgeber und nicht die örtlich und sachlich zuständige Überwachungsbehörde zu entscheiden hat[251] und darüber hinaus eine erhebliche, an die Praxis der verschiedenen Behörden geknüpfte Rechtsunsicherheit zu befürchten wäre, kann es für die Beleihung nicht ausreichend sein, daß die Behörde ihre eigene Überwachungstätigkeit - auch im Rahmen der zulässigen Ermessensausübung - zurückschraubt und die privaten Überwachungsergebnisse übernimmt. Vielmehr muß die zusätzliche behördliche Kontrolle neben der von Privatrechtssubjekten durchgeführten Überwachung rechtlich unzulässig sein[252] - etwa wegen eines Verstoßes gegen das Verhältnismäßigkeitsprinzip -, damit von einer Beleihung ausgegangen werden kann. Denn nur dann macht sich die Behörde das private Überwachungsergebnis „endgültig“ zu eigen[253].

---

250 *Höland*, ZEuP 1998, S. 30/48; vgl. auch *Rhein*, Das Gemeinschaftssystem für das Umweltmanagement und die Umweltbetriebsprüfung, S. 152ff., insbes. S. 157; *Köck*, JZ 1995, S. 643/650.

251 Was der Fall wäre, wenn die Überwachungstätigkeit des Privaten nicht bereits gesetzlich festgelegt ist.

252 Vgl. auch *Lübbe-Wolff/Steenken*, ZUR 1993, S. 263/266.

253 Insofern wird dem BGH, der das faktische „Sich-zu-eigen-machen“ des Prüfergebnisses des Privaten ausreichen läßt, nur insoweit gefolgt, als die „private“ Prüftätigkeit gesetzlich bereits vorgesehen ist.

Für die Überwachung des (zukünftigen) Entsorgungsfachbetriebs folgt daraus, daß eine Beleihung der technischen Überwachungsorganisationen und Entsorgergemeinschaften nicht aus dem Grund hergeleitet werden kann, daß die zuständigen Verwaltungsträger ihre Überwachungstätigkeit gegebenenfalls nach § 40 KrW-/AbfG ermessensfehlerfrei einschränken[254].

Die behördliche Überwachung des Entsorgungsfachbetriebs durch die örtlich zuständigen Behörden ist darüber hinaus zur Gewährleistung einer ordnungsgemäßen „Kontrolle der Kontrolleure" auch angezeigt. Die für die Zustimmung und Anerkennung zuständigen, etwa in Schleswig-Holstein ansässigen, Behörden können nämlich ohne die Hilfe der Überwachungsbehörden vor Ort in München, um ein Beispiel zu geben, die ordnungsgemäße Prüftätigkeit der technischen Überwachungsorganisationen und Entsorgergemeinschaften gar nicht kontrollieren. Das Fortbestehen der lokalen behördlichen Überwachung des Entsorgungsfachbetriebs ist vor diesem Hintergrund nicht nur „nicht unzulässig", sondern sogar geboten. Deshalb darf eine faktische Übernahme des Prüfergebnisses der technischen Überwachungsorganisationen und Entsorgergemeinschaften erst gar nicht erfolgen.

b. Beleihung aufgrund der gesetzlichen Freistellung von drei Genehmigungspflichten?

Allerdings könnte die mit der Zertifizierung verbundene gesetzliche Freistellung von drei Genehmigungspflichten für eine Beleihung sprechen. Würden die technische Überwachungsorganisation und die Entsorgergemeinschaft nicht die Zertifizierung vornehmen, unterläge der Entsorgungsbetrieb weiterhin den oben aufgeführten Genehmigungspflichten. Der technischen Überwachungsorganisation und der Entsorgergemeinschaft ist somit die Berechtigung übertragen worden, nach vorangegangener Prüfung dem Entsorgungsunternehmen eine Bescheinigung auszustellen, durch die er die Befugnis erlangt, das privilegierte Nachweisverfahren nach den §§ 10ff. NachwV in Anspruch zu nehmen und Transporttätigkeiten ohne die Einholung einer behördlichen Genehmigung durchzuführen.

Man könnte daher argumentieren, daß die Prüf- und Zertifizierungstätigkeit im Hinblick auf die Punkte, die wegen der Zertifizierung vor der Aufnahme der freigestellten Tätigkeit nicht mehr behördlich im Rahmen eines Genehmigungsverfahrens geprüft werden, so eng in die hoheitliche Verwaltungstätigkeit der zuständigen Überwachungs-

254 *Buhck*, Überwachungsgemeinschaften im Umweltrecht, S. 206, 207.

behörde eingebunden wird, daß diesbezüglich eine Beleihung vorliegt[255]. Zwar werden die technische Überwachungsorganisation und die Entsorgergemeinschaft nicht im Rahmen eines behördlichen Genehmigungsverfahrens[256], sondern unabhängig von einem solchen ausschließlich zum Zweck der Überwachung und Zertifizierung tätig. Darauf kann es aber nicht ankommen. Entscheidend ist vielmehr, daß die Prüfungspunkte mit denen, die dem behördlichen Genehmigungsvorbehalt unterliegen, identisch sind und im Rahmen der behördlichen Aufsicht zugrundegelegt werden[257]. Uner-

---

255 Vgl. auch BVerwG NVwZ-RR 1991, S. 330/331 zur Ausstellung von Prüfbescheinigungen durch die sog. Bergbau-Versuchsstrecke, einer Abteilung der Westfälischen Berggewerkschaftskasse, einer von Bergbauunternehmen getragenen juristischen Person des Privatrechts. Nach § 51 BBergG besteht für Betriebe, die zum Zweck der Aufsuchung, Gewinnung oder Aufbereitung von Bodenschätzen betrieben werden, eine sog. Betriebsplanpflicht, die der Zulassung durch die zuständige Behörde bedürfen. Die Zulassung von Betriebsplänen unterliegt verschiedenen Voraussetzungen. Nach § 65 Nr. 3 BBergG können private Prüfstellen durch Rechtsverordnung vorgesehen werden, die bestimmte Einrichtungen und Stoffe durch Prüfbescheinigungen zulassen. Werden diese Bescheinigungen der zuständigen Behörde vorgelegt, gelten bestimmte an die Zulassung der Betriebspläne geknüpfte Voraussetzungen als erfüllt. Das BVerwG bejaht die Belieheneneigenschaft der Bergbau-Versuchsstrecke und führt aus: „Die Ausstellung dieser Bescheinigungen [durch die Bergbau-Versuchsstrecke] dient, wie sich aus der Ermächtigungsvorschrift des § 65 BBergG ergibt, vor allem der Vorsorge gegen Gefahren für Leben und Gesundheit und dem Schutz von Sachgütern Beschäftigter und Dritter in Bergbaubetrieben und soll im Hinblick auf eine ordnungsgemäße und sichere Führung der Bergbaubetriebe das behördliche Verfahren der Zulassung von Betriebsplänen vereinfachen und entlasten. Die danach zu bestimmenden Stellen, die die Bauart- und Eignungsprüfung von im Bergbau zum Einsatz kommenden und dafür allgemein zuzulassenden Einrichtungen und Stoffen vornehmen, nehmen somit eine Befugnis wahr, die an sich, gäbe es die Beleihung dieser Stellen mit der Prüfung nicht, von der Bergbehörde bei der Zulassung bergbaulicher Betriebspläne jeweils im Einzelfall wahrzunehmen wäre".

256 Insofern liegt ein Unterschied zu der Tätigkeit des KFZ-Sachverständigen, der im Rahmen des § 21 StVZO tätig wird und des amtlich anerkannten Baustatikers, der mit der Prüfung der statischen Berechnung eines Baugesuchs beauftragt wird, vor. Beide werden innerhalb eines behördlichen Genehmigungsverfahrens tätig und ihre Feststellungen hängen auf das Engste mit der Genehmigungserteilung zusammen. Im Ergebnis verhält es sich genauso bei den durch § 65 Nr. 3 BBergG vorgesehenen Stellen, die Prüfbescheinigungen für bestimmte Voraussetzungen, die für die Zulassung des Betriebsplans erfüllt sein müssen, ausstellen und in diesem Umfang die behördliche Prüfung ersetzen.

Vgl. auch OLG Hamm NVwZ 1990, S. 1105/1106 zu den anerkannten Prüfstellen nach § 3 Abs. 4 GSG: keine Beleihung, da die Prüfstellen nicht im Rahmen einer behördlichen Eröffnungskontrolle tätig werden. Die Behörde schreitet nach § 5 GSG u.a. zur Verhinderung des Inverkehrbringens erst ein, wenn sie auf irgendeine Weise Kenntnis von der Gefahrbringung des technischen Arbeitsmittels erlangt.

257 *Kaminski/Konzak*, Das untergesetzliche Regelwerk zum KrW-/AbfG, § 12 EfbV Rn. 16, bejahen - unter Rückgriff auf BGH NJW 1993, S. 1784ff., der die Belieheneneigenschaft eines im Vorfeld eines immissionsschutzrechtlichen Genehmigungsverfahren tätig gewordenen Sachverständigen bejaht hat - aus diesem Grunde die Belieheneneigenschaft der Sachverständigen der technischen Überwachungsorganisation. Allerdings gehen sie nicht weiter auf die Frage ein, inwieweit die Aufsichtsbehörde an das Ergebnis der Sachverständigenprüfung und der sich anschlie-

heblich wäre, würde man die Beleihung bejahen, auch die Freiwilligkeit der Zertifizierung[258], da ausschlaggebend ist, ob und inwieweit die bisherige Wahrnehmungskompetenz der Verwaltung durch die Übertragung hoheitlicher Befugnisse auf Private ersetzt wird.

Der Umfang der behördlichen Aufsicht kann der Beleihung allerdings entgegenstehen, wenn die von der technischen Überwachungsorganisation und der Entsorgergemeinschaft getroffene Entscheidung gegenüber der zuständigen Verwaltungsbehörde keine abschließend bindende Wirkung entfaltet, sondern ihrer Eingriffsbefugnis unterworfen bleibt.

An der Bindungswirkung fehlt es hier. Am weitestgehendsten bestimmt § 14 Abs. 2 NachwV, daß die für die Entsorgungsnachweisbestätigung zuständige Behörde bei Vorliegen einer der in den Nrn. 1 - 3 NachwV genannten Voraussetzungen anordnen kann, daß der Entsorgungsfachbetrieb Abfälle nur nach vorheriger Entsorgungsnachweisbestätigung annehmen darf[259]. Der „Auffangtatbestand" in § 14 Abs. 2 Nr. 3 NachwV macht deutlich, daß die Nachweisbestätigungspflicht auch dann wieder aufleben kann, wenn die abfallwirtschaftliche Tätigkeit im Entsorgungsfach-betrieb ordnungsgemäß durchgeführt wird. Die drohende Beeinträchtigung des Allgemeinwohls bedeutet nicht, daß sie zwangsläufig auf gesetzeswidrige Zustände im Unternehmen zurückzuführen ist[260].

ßenden Zertifizierung gebunden ist. Vgl. hierzu die sogleich erfolgenden weiteren Ausführungen.

Nach *von Heimburg*, Verwaltungsaufgaben und Private, S. 113, 118ff. ist zwischen dem „organintern" und dem „organexternen" Beliehenen zu unterscheiden. Während der „organinterne" Beliehene von der Behörde zu Prüfaufgaben herangezogen wird, nimmt der „organextern" Beliehene im Außenverhältnis selbständig hoheitliche Befugnisse wahr, ohne daß die Behörde tätig wird. *Schwerdtfeger*, Pharm.Ind. 1989, S. 979/985 benennt als Beispiel für einen organexternen Beliehenen den nach den früher geltenden §§ 10, 11 StVZO (mittlerweile ersetzt von der Fahrerlaubnis-Verordnung (FeV) vom 18. August 1998, BGBl. I. S. 2214) die Fahrprüfung abnehmenden TÜV-Sachverständigen.

258 A.A. OLG Hamm NVwZ 1990, S. 1105.

259 Die Bestimmung wurde damit begründet, daß bei Entsorgungsfachbetrieben „mangels behördlicher Einzelfreistellung nicht die Möglichkeit besteht, bereits die Freistellung mit Nebenbestimmungen zu versehen, insbesondere aber die Freistellung selbst zurückzunehmen oder zu widerrufen" (BR-Drs. 356/96, S. 85).

260 Dies zeigt der Vergleich mit § 14 Abs. 2 Nr. 2 NachwV, wonach die Bestätigungspflicht u.a. wieder angeordnet werden kann, wenn der Abfallentsorger gegen die ihm bei der Entsorgung obliegenden Pflichten verstoßen hat.

Auch hinsichtlich der Transporttätigkeit bestehen weitreichende behördliche Eingriffsbefugnisse. Nach § 51 Abs. 2 S. 2 KrW-/AbfG ist die für die Genehmigungserteilung zuständige Aufsichtsbehörde verpflichtet, die Transporttätigkeit zu untersagen, wenn Tatsachen bekannt sind, aus denen sich Bedenken gegen die Zuverlässigkeit des Inhabers oder des Leitungs- und Beaufsichtigungspersonals des Entsorgungsfachbetriebs ergeben oder die Einhaltung der in den §§ 5 und 11 genannten Pflichten anders nicht zu gewährleisten ist. Die bestehend bleibende Überwachungsverantwortlichkeit über den zertifizierten Betrieb wird daran deutlich, daß die Behörde zur Untersagung der genehmigungsfreien Tätigkeiten verpflichtet ist, obwohl der Wegfall der Anforderungen an die Zuverlässigkeit noch nicht zweifelsfrei erwiesen ist[261].

Nach § 51 Abs. 2 S. 1 KrW-/AbfG kann die zuständige Behörde für die Durchführung der anzuzeigenden Tätigkeiten Auflagen vorsehen, soweit dies erforderlich ist, um die Erfüllung der Pflichten nach den §§ 5 und 11 sicherzustellen. Der gesetzliche Auflagenvorbehalt macht deutlich, daß die Behörde im Rahmen ihrer eigenen Überwachungstätigkeit zu einem von der technischen Überwachungsorganisation abweichenden Ergebnis gelangen kann. Denn soll die Befugnis zur Auflagenerteilung die Erfüllung der Eigenentsorgungspflichten nach §§ 5, 11 KrW-/AbfG sicherstellen, bedeutet das doch nichts anderes, als daß die Überwachungsbehörde die Zertifizierungsvoraussetzungen, die die Erfüllung dieser Pflichten einschließen, entweder in der Gegenwart oder auch in der Zukunft für noch nicht bzw. nicht mehr vollständig erfüllt oder zumindest für noch nicht erwiesen ansieht[262].

Insofern besteht ein deutlicher Unterschied zu den anerkannten Beleihungsfällen. So unterliegt zum Beispiel die KFZ-Überprüfung nach § 29 StVZO durch den Sachverständigen nicht auch der Wahrnehmungszuständigkeit der zuständigen Aufsichtsbehörde. Vielmehr hat nur der Sachverständige die Kompetenz zur Wahrnehmung der KFZ-Überprüfung, deren Ergebnis als verbindliche Grundlage für das weitere behördliche Vorgehen nach § 29 Abs. 5 StVZO dient. Genauso verhält es sich bei dem aner-

---

[261] Insoweit besteht ein Unterschied zu der behördlichen Überwachungsverantwortlichkeit über den Führerscheininhaber. Nach § 3 Abs. 1 FeV ist die Verwaltungsbehörde zum Entzug der Fahrerlaubnis erst verpflichtet, wenn sich der Inhaber des Führerscheins erwiesenermaßen als ungeeignet zum Führen von Kraftfahrzeugen erweist. Bei Anhaltspunkten für eine Ungeeignetheit kann die Behörde nach § 11 Abs. 2 FeV „zur Vorbereitung der Entscheidung über die Entziehung" die Beibringung von Gutachten anordnen. Hier besteht noch nicht einmal die Berechtigung zum Entzug im Wege des Verwaltungsermessens.

[262] Vgl. auch *Versteyl*, in: Kunig/Paetow/Versteyl, KrW-/AbfG, § 51 Rn. 10; *Frenz*, KrW-/AbfG, § 51 Rn. 2.

kannten Prüfingenieur für Baustatik[263]. Auch die Prüfungen von überwachungsbedürftigen Anlagen nach § 11 GSG werden - nur - von den amtlichen oder amtlich für diesen Zweck anerkannten Sachverständigen vorgenommen; das Ergebnis ihrer Prüftätigkeit wird von der anordnungsbefugten Aufsichtsbehörde bei ihrem weiteren Vorgehen zugrundegelegt.

Die §§ 14 Abs. 2 NachwV, 51 Abs. 2 S. 1 KrW-/AbfG machen deutlich, daß der technischen Überwachungsorganisation die Überwachungsbefugnisse aufgrund des § 52 KrW-/AbfG i.V.m. der EfbV nicht abschließend in dem Sinne übertragen worden sind, daß die jeweiligen Aufsichtsbehörden das Überwachungsergebnis ihrem eigenen Vorgehen verbindlich zugrunde legen. Vielmehr bleibt ihre Prüf- und Überwachungszuständigkeit bezüglich der für die Erteilung der Nachweisbestätigung und der Transportgenehmigung notwendigen Voraussetzungen gewahrt.

Daß die behördlichen Überwachungsbefugnisse erhalten bleiben sollen, geht auch aus der Begründung zu § 14 NachwV hervor. Allgemein wurde zu § 14 NachwV ausgeführt, daß die zuständige Behörde die Möglichkeit haben solle, die Einholung einer Bestätigung schon dann anzuordnen, wenn Anhaltspunkte bestünden oder Tatsachen bekannt seien, die dafür sprächen, daß der Abfallerzeuger oder der Abfallentsorger der mit der privilegierten Nachweisführung verbundenen besonderen Eigenverantwortung nicht gerecht werde oder insoweit eine entsprechende Prognose gerechtfertigt sei[264]. Die Bestätigungsbefugnis der Aufsichtsbehörde hinsichtlich der Entsorgungsfachbetriebe begründete der Verordnungsgeber damit, daß bei diesen mangels behördlicher Einzelfreistellung nicht die Möglichkeit bestünde, bereits die Freistellung mit Nebenbestimmungen zu versehen[265], „insbesondere aber die Freistellung selbst zurückzunehmen oder zu widerrufen“[266]. Der Bundesrat, auf dessen Initiative der § 52 in das KrW-/AbfG aufgenommen wurde, führte zu den behördlichen Befugnissen nach § 51 Abs. 2 KrW-/AbfG aus, daß - aufgrund der Ersetzung der Genehmigungs- durch die Anzeigepflicht - eine Vereinfachung des abfallrechtlichen Vollzuges „ohne Einschränkung der nach geltendem Recht vorhandenen Einschreitensmöglichkeiten“ erreicht werde[267]. Aus diesen Ausführungen und der gesetzlichen Ausgestaltung der behördli-

---

263 Vgl. § 94 Abs. 4 Nr. 3 LBO Saarland i.V.m. §§ 1ff. BauPrüfVergVO Saarland.

264 BR-Drs. 356/96, S. 83.

265 Vgl. § 13 Abs. 3 NachwV.

266 BR-Drs. 356/96, S. 85.

267 BT-Drs. 12/7284, S. 54.

chen Eingriffsbefugnisse wird deutlich, daß die Übertragung von Überwachungsbefugnissen auf Private, verbunden mit einer Entlastung der Behörde in ihrer Überwachungstätigkeit[268], zwar gewollt war, daß das „Ruder" bezüglich der Beurteilung der für die Freistellung erheblichen Voraussetzungen aber nicht aus der Hand gegeben werden sollte[269]. Das Kennzeichnende bei der Beleihung ist dagegen gerade, daß die Behörde das Überprüfungsergebnis des Beliehenen bei ihrem eigenen Handeln verbindlich zugrundelegt[270].

c. Die erfolgreiche Prüfung des Zertifizierungskandidaten als Bedingung für die Zustimmung oder Anerkennung?

Eine Beleihung der technischen Überwachungsorganisationen und Entsorgergemeinschaften kann auch nicht aus dem Gesichtspunkt hergeleitet werden, daß die erfolgreiche Prüfung des Zertifizierungskandidaten bzw. der bisherigen Mitglieder der Entsorgergemeinschaft eine Voraussetzung für die Zustimmung und Anerkennung darstellen würde und die Zustimmungs- und Anerkennungsbehörden sich das Ergebnis der Prüftätigkeit zu eigen machen würden.

Nach dem Konzept des § 52 KrW-/AbfG i.V.m. der EfbV und der EgRL sind die Zustimmung und Anerkennung vor der Überprüfung zu erteilen.

Voraussetzung für die Zustimmungserteilung ist nach § 15 Abs. 1 S. 3 EfbV nur, daß der Überwachungsvertrag die in den §§ 12 bis 14 EfbV genannten Anforderungen erfüllt, d.h. der Überwachungsvertrag den in den § 12 bis 14 EfbV genannten Inhalt enthält und die von der technischen Überwachungsorganisation beauftragten Sachverständigen die hierfür erforderliche Zuverlässigkeit, Unabhängigkeit und Fachkunde besitzen. Ein anderes Konzept hat der Verordnungsgeber nicht vorgesehen. Nach der Auffassung des Bundesrates, auf dessen Initiative die jetzige Fassung des § 15 EfbV zurückgeht, ist die Zustimmung „nach der Regelung des § 14a [jetzt § 15] und der

268 Eben durch den Wegfall des Genehmigungsvorbehaltes.

269 Zutreffend *Buhck*, Überwachungsgemeinschaften im Umweltrecht, S. 208, der - allerdings nicht auf die Entsorgergemeinschaft nach § 52 KrW-/AbfG beschränkt - unter Verweis auf *von Heimburg*, Verwaltungsaufgaben und Private, S. 43 feststellt, daß „lediglich ein staatlicher Kompetenzverzicht, aber keine Kompetenzübertragung" stattfände.

270 Insofern besteht hier ein entscheidender Unterschied zu den behördlichen Überwachungsbefugnissen im Rahmen der §§ 11, 14 GSG; dort wird eine zusätzliche Überwachung durch die zuständigen Gewerbeaufsichtsämter neben der Aufsicht durch die amtlich anerkannten Sachverständigen für den Regelfall als nicht zulässig angesehen, vgl. *Lübbe-Wolff/Steenken*, ZUR 1993, S. 263/266.

Konzeption der Entsorgungsfachbetriebeverordnung allein davon abhängig, daß der Überwachungsvertrag, der die Tätigkeit der technischen Überwachungsorganisation regelt, sowie die technische Überwachungsorganisation selbst bestimmten Anforderungen der Verordnung entspricht. Anforderungen an den Entsorgungsfachbetrieb sind im Zustimmungsverfahren nicht zu prüfen, so daß dessen Sitz die Zuständigkeit einer bestimmten Landesbehörde für die Zustimmung zum Überwachungsvertrag nicht begründen kann"[271].

Dasselbe gilt für die Anerkennung der Entsorgergemeinschaft. Sie ist allein an die Voraussetzung gebunden, daß die Entsorgergemeinschaft die in der EgRL genannten Anforderungen an die Überwachung und Zertifizierung erfüllt und Beschränkungen des Wettbewerbs nicht zu besorgen sind. Die bei den Mitgliedsbetrieben möglicherweise bestehenden Unregelmäßigkeiten, die der Erfüllung der Zertifizierungsvoraussetzungen entgegenstehen könnten, können im Vorfeld der Anerkennung durch die Mitwirkung der Benehmensbehörde zwar an die Oberfläche kommen. Eine Auswirkung auf die Anerkennung wird dies aber nur insoweit haben, als die Entsorgergemeinschaft im Weg der Auflage verpflichtet werden kann, die Überwachungsergebnisse der Benehmensbehörde zu senden. Die konkrete Überprüfung des Betriebs erfolgt dagegen erst im Anschluß an die Anerkennung.

Im Ergebnis ist somit festzuhalten, daß die technischen Überwachungsorganisationen und Entsorgergemeinschaften nicht als Beliehene tätig werden, da das Ergebnis ihrer Überwachungstätigkeit in keinerlei Hinsicht von den für den Entsorgungsfachbetrieb zuständigen Überwachungsbehörden oder den Zustimmungs- und Anerkennungsbehörden abschließend übernommen wird. Vielmehr besteht ihre Überwachungszuständigkeit neben der Prüftätigkeit der technischen Überwachungsorganisationen und Entsorgergemeinschaften weiter.

B. Funktionale Privatisierung

Übrig bleibt deshalb nur die Einordnung der Überwachungstätigkeit in die Privatisierung der Aufgabenerledigung. Zu klären ist, ob ein staatlich-privates Kondominium oder eine Verwaltungssubstitution vorliegt.

---

[271] BR-Drs. 353/1/96, S. 10. Zudem haben erste praktische Erfahrungen gezeigt, daß die Zustimmungsbehörde in einigen Fällen, in denen ihre Zustimmung erst nach erfolgter Überprüfung durch Sachverständige beantragt wurde, diese unter Hinweis auf das Fehlen der gesetzlichen Zu-

Gegen ersteres spricht, daß die technischen Überwachungsorganisationen und Entsorgergemeinschaften mit den Behörden nicht in rechtsgeschäftlichen Beziehungen stehen. Auf der anderen Seite kann die Natur der Rechtsbeziehungen für die Einordnung nicht allein ausschlaggebend sein. Ebensowenig kann es darauf ankommen, ob der Staat auf den Privaten zugeht und ihn in die Wahrnehmung seiner Aufgaben einbeziehen will oder ob der Private aus eigener Initiative tätig wird. Entscheidend ist vielmehr, wie sich das Verhältnis zwischen Privaten und Verwaltung inhaltlich gestaltet, d.h. inwieweit eine Beteiligung des Staates an der Erfüllung „seiner" Aufgaben noch vorliegt und wie weit die Autonomie des Privaten bei der Aufgabenerfüllung reicht.

Stellt man auf diese materiellen Kriterien ab, liegt im Verhältnis zwischen den Behörden und den technischen Überwachungsorganisationen und Entsorgergemeinschaften ein staatlich-privates Kondominium oder - sollte der Begriff auf ein rechtsgeschäftliches Verhältnis zwischen Behörde und Privatem beschränkt werden - eine staatlich-private Kooperation näher als die Verwaltungssubstitution. Die für den Entsorgungsfachbetrieb örtlich und sachlich zuständigen Überwachungsbehörden verzichten nicht vollständig auf ihre eigene Überwachungstätigkeit, sondern schränken sie gegebenenfalls lediglich im Rahmen ihres Ermessens ein. Die für die freigestellten Tätigkeiten grundsätzlich zuständigen Genehmigungsbehörden setzen ihre Überwachungstätigkeit ebenfalls nicht aus, sondern nehmen sie auf eine andere Weise, nämlich vornehmlich im repressiven Bereich, wahr.

Für ein staatlich-privates Kondominium oder Kooperationsverhältnis spricht auch der verhältnismäßig geringe Umfang der den technischen Überwachungsorganisationen und Entsorgergemeinschaften verbleibenden autonomen Befugnisse bei der Ausgestaltung der Überwachung und Zertifizierung. Bei der Zertifizierung von Entsorgungsfachbetrieben im Sinne des § 2 Abs. 1 und 2 EfbV muß der Überwachungsvertrag den Vorgaben der EfbV entsprechen. Dasselbe gilt für die Entsorgergemeinschaft im Sinne der EgRL, deren Anerkennung an die Erfüllung der Anforderungen der EgRL geknüpft wird[272].

Zwar können die technischen Überwachungsorganisationen und Entsorgergemeinschaften striktere Anforderungen aufstellen. Die begrenzte Autonomie kommt aber

---

stimmungsvoraussetzungen verweigert hat. Abgesehen von einer nicht vorhandenen rechtlichen Bindung an das Prüfergebnis kann daher auch von einer faktischen Bindung keine Rede sein.

[272] Vgl. allerdings zur Wirksamkeit der Bindung der Entsorgergemeinschaften an die Bestimmungen der EgRL Teil 4 I. B 2. c. aa. (2) (bb).

gerade darin zum Ausdruck, daß die - sehr weitgehenden - Anforderungen der EfbV, die an den Entsorgungsfachbetrieb zu stellen sind, zwingend sind. Darüber hinaus sind die technischen Überwachungsorganisationen und Entsorgergemeinschaften bezüglich ihrer Arbeitsweise genauen Anforderungen durch die EfbV bzw. durch die Verwaltungspraxis, in der die EgRL und auch die Vollzugshilfe herangezogen werden, unterworfen.

Festzuhalten ist demnach, daß das Überwachungs- und Zertifizierungssystem der Variante der funktionalen Privatisierung am nächsten kommt, die unter dem Begriff des „staatlich-privaten Kondominiums" diskutiert wird[273].

IV. Einordnung der Eigenüberwachung

Das Verhältnis zwischen behördlicher Überwachung und der privaten Eigenüberwachung durch den Entsorgungsfachbetrieb kommt ebenfalls einem staatlich-privaten Kondominium oder Kooperationsverhältnis am nächsten.

In bezug auf die Zertifizierung besteht zwischen dem Entsorgungsfachbetrieb und den Anerkennungs- und Überwachungsbehörden zwar kein direkter Kontakt, sondern die technischen Überwachungsorganisationen und Entsorgergemeinschaften sind „zwischengeschaltet". Trotzdem liegt auch hier eine „kooperative Arbeitsteilung" vor: Da den Ergebnissen der Eigenüberwachung, wie zum Beispiel der Niederschriften im Betriebstagebuch, eine erhebliche Bedeutung bei der Beurteilung der Zertifizierungsvoraussetzungen zukommen kann, haben diese auch einen Einfluß auf den Umfang der behördlichen Überwachung sowie auf die mit der Zertifizierung verbundenen Genehmigungsfreistellungen.

Die Eigenüberwachung stellt sich deshalb ebenfalls als eine Erscheinungsform der funktionalen Privatisierung dar[274]. Die behördliche Überwachungstätigkeit wird in geringerem Umfang wahrgenommen, ohne daß die Überwachungsverantwortlichkeit eingeschränkt wird.

---

273 Anders *Buhck*, Überwachungsgemeinschaften im Umweltrecht, S. 211, der eine Verwaltungssubstitution annimmt. *Buhck* erörtert die Einordnung der Überwachungsgemeinschaften allerdings vor dem Hintergrund seines entwickelten Einsatzmodells von Überwachungsgemeinschaften, nach dem die zuständigen Überwachungsbehörden ihre Überwachungstätigkeit vollständig aussetzen, vgl. S. 117.

274 Vgl. auch *Hoffmann-Riem*, DVBl 1996, S. 225/226.

4. Teil

Verfassungsrechtliche Bewertung des Überwachungs- und Zertifizierungskonzeptes

Die Untersuchung erfolgt unter dem Aspekt der Überwachungsprivatisierung (I.) sowie im Hinblick auf die grundrechtliche Relevanz eines möglichen „Zwangs zur Zertifizierung" (II.).

I. Bewertung der Überwachungsprivatisierung

Es wird zuerst untersucht, ob das Überwachungs- und Zertifizierungskonzept den Verfassungsvorgaben an die Überwachungsprivatisierung standhält (A.). Anschließend wird der Frage nachgegangen, ob das Zertifizierungssystem der aus der grundrechtlichen Schutzpflicht und aus Art. 20a GG folgenden staatlichen Verantwortung für eine ordnungsgemäße Überwachung der Abfallentsorgung gerecht wird (B).

A. Verfassungsrechtliche Zulässigkeit und Grenzen der Überwachungsprivatisierung

Folgende Fragen sind zu klären: Da die Überwachung der Gefahrenabwehr dient, die grundsätzlich dem staatlichen Gewaltmonopol zuzuordnen ist, stellt sich die Frage, ob die Überwachung der abfallwirtschaftlichen Tätigkeiten der funktionalen Privatisierung überhaupt zugänglich ist (1.) und welche Grenzen sich aus dem beamtenrechtlichen Funktionsvorbehalt des Art. 33 Abs. 4 GG ergeben könnten (2.). Da die Zertifizierung zudem Einfluß auf die behördliche Überwachungstätigkeit nimmt, bedarf sie daneben einer näheren Untersuchung im Hinblick auf das Demokratieprinzip (3.). Die Einwirkung privater Aktivitäten auf die behördliche Tätigkeit ist auch für das Rechtsstaatsprinzip (4.) von Bedeutung. Hier spielt eine Rolle, ob der Einsatz privaten Sachverstandes nicht sogar geboten sein kann, aber auch, ob die Einbeziehung Privater nicht eine den Gesetzesvorbehalt auslösende wesentliche Angelegenheit ist. Im Zusammenhang mit dem Rechtsstaatsprinzip ist darüber hinaus zu diskutieren, ob der Wegfall der drei Genehmigungspflichten nicht zu einer unzulässigen Verkürzung des Rechtsschutzes von Dritten führt.

1. Privatisierungsfähigkeit der Überwachung

Mit der Privatisierungsfähigkeit der Überwachung wird die Frage angesprochen, ob Aufgaben der Gefahrenabwehr von Privatrechtssubjekten überhaupt erfüllt werden dürfen oder ob sie nicht vielmehr einem Kernbestand staatlicher Aufgaben zuzuordnen sind, der privater Initiative verschlossen bleibt[275].

Die Gefahrenabwehr dient der Aufrechterhaltung der öffentlichen Sicherheit, welche für die Funktionsfähigkeit und das Selbstverständnis des Staates[276] unabdingbar ist[277]. Sie zählt deshalb zu den ausschließlich dem Staat vorbehaltenen Aufgaben und rechtfertigt die Existenz des staatlichen Gewaltmonopols, d.h. „die dem Staat vorbehaltene Fähigkeit, seine Bürger gegen deren Willen rechtlich zu verpflichten und die Pflichterfüllung mit eigenen Mitteln, notfalls mit physischer Gewalt, durchzusetzen"[278].

Aus dem staatlichen Gewaltmonopol folgt zum einen ein absolutes Verbot der Gewaltanwendung durch den Bürger gegen den Staat sowie ein prinzipielles Verbot der Gewaltanwendung unter den Bürgern[279]. In beiden Fällen würde die Funktionsfähigkeit des Staates in Frage gestellt, wobei dem „Gewaltverbot inter privatos"[280] allerdings nicht die staatlich erlaubte private Gewaltanwendung, wie zum Beispiel die gesetzlich vorgesehenen Notwehrbefugnisse[281], unterfällt. Die Funktionsfähigkeit würde nur ge-

275 Vgl. zu dieser Problematik *Gramm*, Privatisierung und notwendige Staatsaufgaben, 2001.

276 Das auf *Thomas Hobbes* zurückgehende moderne Staatsverständnis begründet das staatliche Gewaltmonopol auf die Friedenssicherungspflicht des Staates. Danach hält der Staat sein Gewaltmonopol gegenüber seinen Bürgern nur so lange inne, wie er diese vor Gefahren, die von anderen drohen oder ausgehen, schützt. Für die Idee des staatlichen Monopols legitimer Gewaltausübung steht *Jean Bodin*, Six livres de la République, S. 430ff.; vgl. auch die zusammenfassende Darstellung bei *Quaritsch*, Staat und Souveränität I, S. 268ff. Hauptmerkmal der staatlichen Souveränität ist für *Bodin* die Konzentration jeglicher öffentlichen Gewalt beim Souverän. Sie sei das entscheidende Kennzeichen des Staates, mit dem seine Überlegenheit gegenüber Kräften der Gesellschaft garantiert werde und ihn in die Lage versetzte, seinen Willen in der Gesellschaft durchzusetzen.

277 *Merten*, Rechtsstaat und Gewaltmonopol, S. 33; *Ossenbühl*, Eigensicherung und hoheitliche Gefahrenabwehr, S. 43; *Bracher*, Gefahrenabwehr durch Private, S. 81, 104ff.; *Stober*, DÖV 2000, S. 261/263; *Hammer*, DÖV 2000, S. 613/616.

278 *Krölls*, GewArch 1997, S. 445/448; *Merten*, Rechtsstaat und Gewaltmonopol, S. 55; vgl. auch BVerfGE 49, 24/56f.

279 Vgl. *Krölls*, GewArch 1997, S. 445/447.

280 *Krölls*, GewArch 1997, S. 445/448.

281 Vgl. zum Beispiel §§ 32, 34 StGB, §§ 227, 228, 229, 561, 859, 860, 904 BGB.

fährdet, wenn neben der staatlichen Gewalt eine unabhängige, staatlich nicht abgeleitete Gewalt bestünde[282].

Die Legitimation wird dagegen nicht in Frage gestellt, wenn der Staat Private in die Erfüllung von Aufgaben der Gefahrenabwehr einbezieht, sofern er die Tätigkeit des Privaten kontrollieren und lenkend eingreifen kann[283]. Denn hier bleibt der Staat auch weiterhin für die Gewährleistung der öffentlichen Sicherheit verantwortlich und verlagert ihre Durchführung lediglich in organisatorischer Hinsicht in den privaten Bereich. Das Gewaltmonopol steht nur der vollständigen Begebung der Verantwortung für die Aufrechterhaltung der öffentlichen Sicherheit im Sinne einer materiellen Privatisierung entgegen[284].

Vor diesem Hintergrund begegnet die Überwachungs- und Zertifizierungstätigkeit der technischen Überwachungsorganisationen und Entsorgergemeinschaften keinen Bedenken. Sie unterliegen sowohl im Vorfeld als auch im Anschluß an die Zertifizierung der staatlichen Kontrolle. Darüber hinaus wird der Gefahr einer nicht ordnungsgemässen Zertifizierung begegnet, indem auch der Entsorgungsfachbetrieb weiterhin der behördlichen Überwachung unterworfen bleibt. Hinzu kommt, daß die gesetzlichen Freistellungen von den Genehmigungspflichten auf behördliche Anordnung wieder rückgängig gemacht werden können, wenn der Entsorgungsfachbetrieb die Anforderungen, die für die freigestellten Tätigkeiten gelten, nicht mehr erfüllt oder dies zur Sicherung einer ordnungsgemäßen abfallwirtschaftlichen Tätigkeit erforderlich ist[285]. Die staatliche Aufsicht über die privatrechtliche Gefahrenabwehr wird also durch eine „Kontrolle der Kontrolleure und der Kontrollierten" ausgeübt, die sicherstellt, daß der Staat bezüglich der privaten Kontrollergebnisse ein Letztentscheidungsrecht hat.

In bezug auf die „Privatisierungsfähigkeit der Überwachung" begegnet das Überwachungs- und Zertifizierungssystem nach § 52 KrW-/AbfG daher keinen Bedenken.

---

[282] *Krölls*, GewArch 1997, S. 445/448; vgl. auch *Gusy*, DÖV 1996, S. 573/576.

[283] Vgl. *Stober*, DÖV 2000, S. 261/265; ausführlich zu den Grenzen der Privatisierung bei der Staatsaufgabe Sicherheit *Gramm*, Privatisierung und notwendige Staatsaufgaben, S. 395ff.

[284] *Scholz*, FS Friauf, S. 439/445f.; *Krölls*, GewArch 1997, S. 445/449; vgl. auch BVerwGE 95, 188/196ff. = NVwZ 1994, S. 1102/1104 - *Flugsicherheitsgebühr* -.

[285] Vgl. § 51 Abs. 2 KrW-/AbfG: „oder zur Einhaltung der in den §§ 5 und 11 genannten Pflichten anders nicht zu gewährleisten ist"; § 14 Abs. 2 Nr. 1 und insbesondere Nr. 3 NachwV „Gründe des Wohls der Allgemeinheit".

2. Der Funktionsvorbehalt nach Art. 33 Abs. 4 GG

Im folgenden werden Bedeutung und Inhalt des Funktionsvorbehaltes nach Art. 33 Abs. 4 GG dargestellt (1.), bevor das Überwachungs- und Zertifizierungssystem konkret an ihm gemessen werden (2.).

a. Bedeutung und Inhalt

Art. 33 Abs. 4 GG statuiert den sog. Funktionsvorbehalt zugunsten des Beamtentums, der ebenfalls eine „elementare Schranke für die Übertragung von Aufgaben der Gefahrenabwehr auf Private"[286] darstellt. Danach ist die Ausübung hoheitsrechtlicher Befugnisse als ständige Aufgabe in der Regel Angehörigen des öffentlichen Dienstes zu übertragen, die in einem öffentlich-rechtlichen Dienst- und Treueverhältnis stehen. Die Bestimmung, die auch auf die Übertragung von Aufgaben auf außerhalb des öffentlichen Dienstes stehende Privaten anwendbar ist[287], soll sicherstellen, daß besonders bedeutsame Angelegenheiten nur von qualifizierten und in einem besonders engen Abhängigkeitsverhältnis zum Staat stehenden Bediensteten wahrgenommen werden. Dem Beamtentum soll ein substantiell bedeutsamer Tätigkeitsbereich erhalten bleiben, und es soll nicht auf die Wahrnehmung von nur untergeordneten Staatsfunktionen verwiesen werden[288].

---

286 *Krölls*, GewArch 1997, S. 445/451; vgl. auch *Ossenbühl*, Eigensicherung und hoheitliche Gefahrenabwehr, S. 43: „Deshalb darf eine Ausgliederung aus dem Funktionsvorbehalt des Art. 33 Abs. 4 GG im Bereich der Gefahrenabwehr und der inneren Sicherheit als den klassischen Materien des Polizeiwesens nur dann erfolgen, wenn dies nach Lage der Sache und des Einzelfalls zwingend geboten ist"; ausführlich zur staatlich veranlaßten Gefahrenabwehr in Form des Privatrechts und ihrer Vereinbarkeit mit Art. 33 Abs. 4 GG *Bracher*, Gefahrenabwehr durch Private, S. 137.

287 Zum Teil ist vertreten worden, daß Art. 33 Abs. 4 GG sich nur auf die Aufgabenverteilung innerhalb der öffentlichen Verwaltung, d.h. zwischen Berufsbeamten einerseits und Angestellten und Arbeitern des öffentlichen Dienstes andererseits, beziehe, vgl. *Bansch*, Die Beleihung als verfassungsrechtliches Problem, S. 66, 68f. Dem hat sich die herrschende Meinung zu Recht nicht angeschlossen. Sie begegnet der ersten Meinung mit einem argumentum a maiore ad minus: „Wenn bestimmte Aufgaben oder Befugnisse nicht von Angestellten und Arbeitern des öffentlichen Dienstes wahrgenommen werden dürften, so könnten erst recht Private nicht mit ihnen betraut werden" (*Bracher*, Gefahrenabwehr durch Private, S. 63/64 mit Bezug auf *Steiner*, Öffentliche Verwaltung durch Private, S. 260). Zur herrschenden Meinung vgl. die Nachweise bei *Buhck*, Überwachungsgemeinschaften im Umweltrecht, S. 217 Fn. 403.

288 *Maunz*, in: Maunz/Dürig, GG, Art. 33 Rn. 32. Zur Vereinbarkeit mit Art. 33. Abs. 4 GG bei der Privatisierung von Gefängnissen vgl. *Hoffmann-Riem*, JZ 1999, S. 421/428.

Der beamtenrechtliche Funktionsvorbehalt dient der Konkretisierung des in der Verfassung nicht ausdrücklich normierten[289] Gewaltmonopols. Dies ergibt sich bereits daraus, daß die „Ausübung hoheitsrechtlicher Befugnisse" unstreitig Maßnahmen umfaßt, die mit der Ausübung von Gewalt verbunden sind[290]. Da die Aufrechterhaltung der öffentlichen Sicherheit eine elementare, die Funktionsfähigkeit und Legitimation des Staates sichernde Aufgabe ist, dient der beamtenrechtliche Funktionsvorbehalt somit auch der Aufrechterhaltung des staatlichen Gewaltmonopols. Vor diesem Hintergrund besteht zwischen dem Gewaltmonopol und Art. 33 Abs. 4 GG eine enge inhaltliche Verbindung[291].

Inwieweit sich aus Art. 33 Abs. 4 GG Einschränkungen für die Überwachungsprivatisierung nach § 52 KrW-/AbfG ergeben, hängt entscheidend von der Bedeutung der „hoheitsrechtlichen Befugnisse" ab. Zum Teil wird zwischen öffentlich- und privatrechtlicher Handlungsform differenziert und nur die erste für die Anwendbarkeit des Funktionsvorbehaltes herangezogen[292]. Innerhalb dieser Auffassung wird weiterhin zwischen Eingriffs- und Leistungsverwaltung unterschieden und teilweise nur der erste Bereich auf den Funktionsvorbehalt bezogen[293]. Nach anderer Auffassung gehört auch die Leistungsverwaltung zu den „hoheitsrechtlichen Befugnissen", da diese in zunehmendem Maße die Eingriffsverwaltung verdränge[294] und auch bei ihr der Eingriffsverwaltung vergleichbare Situationen entstehen könnten, etwa bei der Vorenthaltung existenznotwendiger Leistungen, wie Rente oder Sozialhilfe[295].

Nach beiden Ansichten innerhalb der ersten Auffassung wäre Art. 33 Abs. 4 GG bei der Überwachungstätigkeit der technischen Überwachungsorganisation und der Ent-

---

289 Vgl. nur Art. 73 Nr. 10 GG und Art. 87 Abs. 1 S. 2 GG; diese Bestimmungen lassen die Wahrnehmung einzelner Sicherheitsaufgaben konkret zu oder schreiben sie vor, ohne das Gewaltmonopol ausdrücklich festzulegen, vgl. *Gusy*, DÖV 1996, S. 573/578.

290 Vgl. *Rudolf*, VVDStRL 37 (1979), S. 175/202; *Benndorf*, DVBl 1981, S. 23/24; *Bracher*, Gefahrenabwehr durch Private, S. 81.

291 *Krölls*, GewArch 1997, S. 445/451; *Bracher*, Gefahrenabwehr durch Private, S. 81.

292 *Benndorf*, DVBl 1981, S. 23/27; *Buhck*, Überwachungsgemeinschaften im Umweltrecht, S. 219; *Rudolf*, VVDStRL 37 (1979), S. 175/202ff.

293 *Thieme*, in: Forsthoff/von Münch/Schick/Thieme/Ule/Mayer, Verfassungsrechtliche Grenzen einer Reform des öffentlichen Dienstrechts, S. 303/354; *Hill*, DVBl 1989, S. 321ff.

294 *Maunz*, in: Maunz/Dürig, GG, Art. 33 Rn. 33, der für eine „dynamische" Bestimmung des Funktionsvorbehaltes optiert.

295 *Benndorf*, DVBl 1981, S. 23/26.

sorgergemeinschaft nicht berührt, da diese Gefahrenabwehr auf privatrechtlicher Grundlage betreiben.

Nach anderer Auffassung ist für die Bestimmung der hoheitsrechtlichen Befugnisse nicht auf die Rechtsnatur der Handlungsform, sondern auf den Inhalt der konkreten Aufgabe abzustellen. Danach ist zu fragen, ob die Bedeutsamkeit der Aufgabe ihre Wahrnehmung durch den zum Staat in einem besonderen Treueverhältnis stehenden Beamten erfordert[296].

Der zuletzt genannten Meinung ist zu folgen. Die Abgrenzung nach der Rechtsform überzeugt aus den folgenden Gründen nicht: Wie oben erwähnt, liegt der Zweck des Art. 33 Abs. 4 GG unstreitig darin, die Erfüllung bedeutsamer Angelegenheiten durch qualifizierte, in einem besonderen Treueverhältnis stehenden und nicht zum Streik berechtigten Bediensteten sicherzustellen[297]. In welcher Rechtsform der Staat die ihm obliegenden Aufgaben erfüllt, bleibt seinem politischen Ermessen überlassen[298]. Die Wahl der Rechtsform hat aber für die Bedeutsamkeit der Aufgabe keinen Einfluß. Daher kann es für die Anwendbarkeit des Art. 33 Abs. 4 GG nicht darauf ankommen, für welche Form der Staat sich entschieden hat. Andernfalls hätte er es in der Hand, durch die Wahl der Rechtsform sich der Geltung des verfassungsrechtlichen Funktionsvorbehaltes zu entziehen[299].

Der Wortlaut des Art. 33 Abs. 4 GG steht dieser materiellen Bestimmung nicht entgegen. Der die rechtsformorientierte Auslegung nahelegende Begriff „Befugnisse" wird durch die weite Formulierung, diese seien als ständige „Aufgabe" den in einem öffentlich-rechtlichen Dienst- und Treueverhältnis stehenden Angehörigen des öffentlichen Dienstes zu übertragen, wieder relativiert[300]. Auch die Formulierung, die Ausübung „hoheitsrechtlicher Befugnisse" sei dem Berufsbeamtentum zu übertragen steht einer

---

296 *Kunig*, in: von Münch/Kunig, GG, Art. 33 Rn. 49; *Schuppert*, in: AK-GG, Art. 33 Abs. 4, 5 Rn. 35.

297 *Maunz*, in: Maunz/Dürig, GG, Art. 33 Rn. 32.; *Ossenbühl*, VVDStRL 29 (1971), S. 137/162; *Ehlers*, Verwaltung in Privatrechtsform, S. 122.

298 Vgl. BVerwGE 13, 47/54; vgl. auch *Pietzcker*, Der Staatsauftrag als Instrument des Verwaltungshandelns, S. 362ff. Unberührt bleiben hiervon natürlich die einfachgesetzlichen und verfassungsrechtlichen Privatisierungsgrenzen.

299 *Leisner*, Der Beamte als Leistungsträger, in: Leisner, Das Berufsbeamtentum im demokratischen Staat, S. 121/140; *Bracher*, Gefahrenabwehr durch Private, S. 139; *Ehlers*, Verwaltung in Privatrechtsform, S. 122; vgl. auch *Schulte*, DVBl 1995, S. 130/135.

300 *Bracher*, Gefahrenabwehr durch Private, S. 140.

materiellen Auslegung nicht entgegen[301], denn der Parlamentarische Rat hat mit der Wortwahl der „hoheitsrechtlichen Befugnisse" keinen politischen Willen verbunden[302].

Die Gefahrenabwehr zählt zu den Aufgaben, die der Staat, will er nicht seine Legitimation und Qualität in Frage stellen, wahrnehmen muß[303]. Daher ist die vom Staat vorgesehene und von ihm auch geförderte[304] Möglichkeit für abfallwirtschaftliche Unternehmen, sich freiwillig einem System privater Überwachung zu unterwerfen, an Art. 33 Abs. 4 GG zu messen.

Art. 33 Abs. 4 GG sieht allerdings nicht ausnahmslos die Wahrnehmung bedeutsamer Aufgaben durch Beamte vor. Zum einen betrifft der Funktionsvorbehalt nur die „ständige" Aufgabenübertragung. Eine solche liegt aber nur vor, wenn ein Bediensteter mit ihrer Wahrnehmung nicht nur vorübergehend, zum Beispiel bei Katastropheneinsätzen oder bei sonstigen besonderen Vorkommnissen oder weil geeignete Beamte zeitweise fehlen[305], sondern unbefristet oder zumindest für einen längeren Zeitraum - und dies nicht nur rein punktuell - betraut wird[306].

Des weiteren ordnet Art. 33 Abs. 4 GG die Ausübung hoheitsrechtlicher Befugnisse durch Beamte nur „in der Regel" an. Die Bestimmung läßt danach Ausnahmen zu, wenn alle übrigen Merkmale des Funktionsvorbehaltes gegeben sind[307]. Die Ausnahme ist allerdings an das Vorliegen quantitativer und qualitativer Rechtfertigungsgründe gebunden. In quantitativer Hinsicht muß die Ausübung hoheitsrechtlicher Befugnisse auf einzelne Zuständigkeiten beschränkt bleiben[308], sie darf also nicht ganze Verwaltungsbereiche erfassen[309]. In qualitativer Hinsicht bedarf es eines sachlichen Grundes,

---

301 A.A. *Buhck*, Überwachungsgemeinschaften im Umweltrecht, S. 219.

302 *Thieme*, in: Forsthoff/von Münch/Schick/Thieme/Ule/Mayer, Verfassungsrechtliche Grenzen einer Reform des öffentlichen Dienstrechts, S. 303/354; *Leisner*, in: Leisner, Das Berufsbeamtentum im demokratischen Staat, S. 126.

303 Vgl. die in diesem Teil unter I. A. 1. gemachten Ausführungen.

304 Die Förderung liegt in den infolge der Zertifizierung verbundenen Verfahrensprivilegien.

305 *Maunz*, in: Maunz/Dürig, GG, Art. 33 Rn. 42.

306 *Kunig*, in: von Münch/Kunig, GG, Art. 33 Rn. 50; *Ossenbühl*, Eigensicherung und hoheitliche Gefahrenabwehr, S. 35; *Gromoll*, Rechtliche Grenzen der Privatisierung öffentlicher Aufgaben, S. 155.

307 Vgl. auch *Grabbe*, Verfassungsrechtliche Grenzen der Privatisierung kommunaler Aufgaben, S. 53f.

308 *Steiner*, Öffentliche Verwaltung durch Private, S. 260.

309 *Bracher*, Gefahrenabwehr durch Private, S. 70.

zu dessen Ermittlung die Vorteile der Übertragung der Verwaltungsaufgabe auf Private mit den infolge der „Entstaatlichung“ drohenden Gefahren abzuwägen sind[310].

Ein sachlicher Grund könnte vorliegen, wenn Private die Aufgabe in geeigneterer Weise wahrnehmen können, z.B. weil sie über größere Sachkompetenz verfügen[311]. Kann diese besser von Privaten als von Beamten gestellt werden, muß private Einsatztätigkeit auch im Bereich der Gefahrenabwehr möglich sein.

Die Gefahr, die mit der Übertragung von Aufgaben der Gefahrenabwehr auf Private verbunden ist, insbesondere im Hinblick auf mögliche Eigeninteressen, die eine effiziente Aufgabenwahrnehmung gefährden könnten[312], ist mit ihrem Vorteil, wie der besseren Sachkompetenz und der Einsparung eines unverhältnismäßigen staatlichen Aufwands oder auch dem größtmöglichen staatlichen Rückzug aus grundrechtlich geschützten Lebensbereichen, abzuwägen[313]. Das Ausmaß der dem Privaten übertragenen Befugnisse ist dabei von erheblicher Bedeutung. Sind ihm obrigkeitliche Befugnisse verliehen worden, die die Anwendung von Gewalt einschließen, ist die Gefahr eines größeren Schadensumfanges bei Miß- oder Fehlgebrauch der übertragenen Befugnisse gegeben als bei der Übertragung bloßer Überwachungsaufgaben[314]. Die Übertragung bloßer Aufsichts- und Kontrollaufgaben ohne Befugnis zum Ergreifen aktiver Maßnahmen, weder gegenüber dem zu Überwachenden noch gegenüber Dritten, begegnet dagegen grundsätzlich keinen Bedenken.

Von Gewicht ist auch der Überwachungsgegenstand. Bezieht sich die Überwachung auf Rechtsgüter von erheblicher Bedeutung für das Allgemeinwohl, wie etwa dem Gesundheits- und Umweltschutz, kann die Schlechterfüllung der Überwachungsbefugnisse und -pflichten gravierendere Auswirkungen haben als wenn Rechtsgüter von „geringerer“ Bedeutung betroffen sind.

---

310 *Krölls*, GewArch 1997, S. 445/452; *Bracher*, Gefahrenabwehr durch Private, S. 145.

311 *Di Fabio*, VerwArch 81 (1990), S. 193/225.

312 Vgl. dazu *Hoffmann-Riem*, DVBl 1996, S. 225/228.

313 *Bracher*, Gefahrenabwehr durch Private, S. 88.

314 *Bracher*, Gefahrenabwehr durch Private, S. 89f.

b. Vereinbarkeit des Überwachungs- und Zertifizierungssystems mit Art. 33 Abs. 4 GG

Im folgenden wird untersucht, ob die Fremdüberwachung durch die technischen Überwachungsorganisationen und Entsorgergemeinschaften den Vorgaben des Art. 33 Abs. 4 GG standhält und wie sich die Eigenüberwachung durch den Entsorgungsfachbetrieb zu Art. 33 Abs. 4 GG verhält.

aa. Fremdüberwachung

Die Vereinbarkeit der Fremdüberwachung mit Art. 33 Abs. 4 GG wird unter zwei Aspekten geprüft: Zum einen erfolgt die Prüfung unter dem Aspekt der potentiellen Gefährdung der Allgemeinheit aufgrund der privaten Überwachungstätigkeit und der Freistellung von drei behördlichen Genehmigungspflichten (1). Anschließend wird die Zulässigkeit der Überwachungsprivatisierung unter dem Gesichtspunkt der den technischen Überwachungsorganisationen und Entsorgergemeinschaften zustehenden Rechte gegenüber dem Zertifizierungskandidat geprüft (2).

Die Prüfung wird sich aus dem folgenden Grund auf die Frage reduzieren, ob ein sachlicher Grund für die Übertragung der abfallwirtschaftlichen Überwachungstätigkeit auf private Organisationen vorliegt: Die Überwachung wird zwar ständig wahrgenommen, da sie sowohl im Vorfeld als auch im Anschluß an die Zertifizierung erfolgt. Die Einschränkung der Fremdüberwachung zwischen zwei Auditierungen ist ohne Bedeutung, da entscheidend ist, daß die Überwachung insgesamt auf einen längeren Zeitraum angelegt ist. Den Anforderungen an die Ausnahme von der Regel wird jedoch in quantitativer Hinsicht genügt, denn die Überwachung ist auf abfallwirtschaftliche Tätigkeiten beschränkt. Zu klären bleibt, ob die Übertragung auch sachlich gerechtfertigt ist, da sich dann endgültig - und trotz der „Ständigkeit" der Überwachung - keine Bedenken gegen Art. 33 Abs. 4 GG ergeben.

(1) Zulässigkeit in bezug auf die Wahrung des Allgemeinwohls

Die große Bedeutung einer ordnungsgemäßen Überwachung der Abfallentsorgung für den Gesundheits- und Umweltschutz begründet zwar ein besonderes staatliches Interesse an einer sorgfältigen Aufgabenerledigung. Diese kann aber auch durch Beamte nicht in besserem Maße gewährleistet werden, wenn die Privaten die Gewähr für eine sachkundige und unabhängige Überwachung bieten und den Überwachungsaufwand auch in besserem Maße gewährleisten können als staatliche Behörden.

Diese Anforderungen sind bei der Überwachung durch die technischen Überwachungsorganisationen und Entsorgergemeinschaften grundsätzlich gewahrt. Zwar legen das KrW-/AbfG und die EfbV selbst keine Anforderungen an die Organisation der technischen Überwachungsorganisation fest; allerdings verfügen die die Überprüfung konkret vornehmenden Sachverständigen in der Praxis über die erforderlichen fachlichen Qualifikationen, da andernfalls die Zustimmung zum Überwachungsvertrag nicht erteilt wird. Gleiches gilt in bezug auf die Anerkennung der Entsorgergemeinschaften[315].

Würde die Überwachung und Zertifizierung durch Beamte ausgeführt, wäre hiermit ein erheblicher finanzieller Aufwand für den Staat verbunden, da er genügend Prüfpersonal vorhalten müßte. Angesichts der wachsenden Zahl der zertifizierungswilligen Betriebe könnte dies bedeuten, daß er im Lauf der kommenden Monate und vielleicht sogar Jahre verpflichtet wäre, eine wachsende Zahl von Sachverständigen einzustellen. Es ist zweifelhaft, ob in diesem Fall das Zertifizierungssystem nach § 52 KrW-/AbfG überhaupt geschaffen worden wäre.

Da der Überwachungsaufwand somit effektiver von den technischen Überwachungsorganisationen und Entsorgergemeinschaften wahrgenommen werden kann und dies dem Ziel, eine möglichst gesundheits- und umweltschonende Abfallwirtschaft zu erreichen, förderlich ist, ist die Wahrnehmung der Überwachungsaufgaben durch technische Überwachungsorganisationen und Entsorgergemeinschaften deshalb grundsätzlich sachlich gerechtfertigt.

Zu klären bleibt allerdings, ob die mit der Zertifizierung verbundene Freistellung von behördlichen Genehmigungspflichten mit Art. 33 Abs. 4 GG zu vereinbaren ist.

Behördliche Erlaubnisvorbehalte sind klassische Instrumente der Gefahrenabwehr. Sie enthalten ein generelles gesetzliches Verbot, das ihnen unterliegende Handeln ohne Erlaubnis zu verwirklichen. Der Verwaltung wird Raum für ein Kontrollverfahren gegeben, in dem materiell geprüft wird, ob das beantragte Verhalten oder Vorhaben mit den einschlägigen Rechtsvorschriften übereinstimmt oder nicht[316].

---

315 Ob die technischen Überwachungsorganisationen und Entsorgergemeinschaften zur Einhaltung dieser Vorgaben rechtlich verpflichtet werden können, ist eine andere Frage, vgl. hierzu unten den 4. Teil I. B. 2. c. aa. (1) (b) in bezug auf die technischen Überwachungsorganisationen und c. aa. (2) (b) in bezug auf die Entsorgergemeinschaften.

316 *Wahl*, in: Kimminich/ v. Lersner/Storm, HdUR I, „Erlaubnis“, S. 530.

Das Zertifizierungssystem könnte im Hinblick auf Art. 33 Abs. 4 GG Bedenken begegnen, wenn die Behörde im Rahmen des Genehmigungsverfahrens Allgemeinwohlbelange oder rechtliche Positionen Dritter zu berücksichtigen hätte und eine auch im Hinblick auf die behördliche Entlastung nicht zu kompensierende Gefahr bestünde, daß diese Aspekte im Zertifizierungsverfahren nicht mehr hinreichend berücksichtigt würden.

Der Zertifizierung geht die Überprüfung von Merkmalen voraus, die auch der behördlichen Kontrolle im Rahmen des Entsorgungsnachweis- und des Transportgenehmigungsverfahrens unterliegen. „Aufhänger" sind die §§ 13 Abs. 1 Nr. 2 EfbV, 6 EgRL, nach denen die technische Überwachungsorganisation und die Entsorgergemeinschaft verpflichtet sind, die an die Entsorgungsfachbetriebe in der EfbV gestellten Anforderungen zu überprüfen[317].

Wegen der Identität der zu prüfenden Aspekte werden im Zertifizierungsverfahren dieselben Belange berücksichtigt wie im behördlichen Genehmigungsverfahren. Wenn die Überwachung durch die technische Überwachungsorganisation und der Entsorgergemeinschaft, die ja die Zertifizierungsvoraussetzungen betrifft, mit Art. 33 Abs. 4 GG vereinbar ist, dann ergeben sich auch keine Bedenken im Hinblick auf das Entfallen der behördlichen Genehmigungspflicht.

Etwas anderes könnte nur dann gelten, wenn das behördliche Genehmigungsverfahren im weiteren Umfang die Berücksichtigung der Wahrung von Allgemeinwohlbelangen erlaubt als das Zertifizierungsverfahren. Dem Schutz der Allgemeinheit wird bei der Transportgenehmigung, die nur an personenbezogene Voraussetzungen geknüpft ist, dadurch Rechnung getragen, daß sie mit Auflagen versehen werden kann, soweit dies „zur Wahrung des Wohls der Allgemeinheit" (§ 49 Abs. 2 S. 2) erforderlich ist. Dieser Schutz entfällt bei der Zertifizierung nicht, denn nach § 51 Abs. 2 kann die Behörde für die angezeigte Transporttätigkeit Auflagen vorsehen, soweit diese erforderlich sind,

---

317 Die behördliche Prüfung - im Rahmen des Entsorgungsnachweisverfahrens - der Gewährleistung der Ordnungsgemäßheit und Schadlosigkeit der Verwertung oder der Gemeinwohlverträglichkeit der Beseitigung (§ 5 Abs. 2 S. 1 NachwV) wird durch die Prüfung nach § 7 Abs. 1 S. 1 EfbV i.V.m. §§ 5 Abs. 3 S. 1 (Ordnungsgemäßheit und Schadlosigkeit der Verwertung) bzw. 10 Abs. 1 KrW-/AbfG (Gemeinwohlverträglichkeit der Beseitigung) ersetzt. Die Voraussetzungen der Erteilung der Transportgenehmigung nach § 49 Abs. 2 S. 1 KrW-/AbfG, Zuverlässigkeit des Antragstellers oder der für die Leitung und Beaufsichtigung des Betriebes verantwortlichen Personen sowie Sach- und Fachkunde des Einsammlers und Beförderers und der von ihnen beauftragten Dritten bei der Transportgenehmigung, werden im Zertifizierungsverfahren nach Maßgabe der §§ 8, 9, 10 und 13 EfbV geprüft.

um die Erfüllung der Pflichten nach den §§ 5 und 11 KrW-/AbfG sicherzustellen. Da zu der Erfüllung dieser Grundpflichten das Verbot der Beeinträchtigung des Wohls der Allgemeinheit gehört[318], bleiben durch diese Einschreitensmöglichkeit die Allgemeinwohlbelange in demselben Umfang gewahrt. Auch die Entsorgungsnachweisbestätigung kann nach § 5 Abs. 4 S. 1 NachwV mit Auflagen und Bedingungen versehen werden, um die Erfüllung der Bestätigungsvoraussetzungen sicherzustellen. Ergeht eine Nebenbestimmung zu dem Zweck der Sicherstellung der Genehmigungsvoraussetzungen, bedeutet dies, daß die Ablehnung des begehrten Verwaltungsaktes vermieden werden soll, auch wenn die Behörde die Genehmigungsvoraussetzungen noch nicht oder bald nicht mehr für erfüllt oder erwiesen ansieht. In einem solchen Fall verfügt die Behörde deshalb über einen größeren Spielraum als die technischen Überwachungsorganisationen und Entsorgergemeinschaften, die das Vorliegen der gesetzlichen Voraussetzungen festgestellt haben müssen, um den Betrieb zertifizieren zu dürfen. Die Gefahr, daß Belange Dritter oder des Allgemeinwohls infolge des Wegfalls der Genehmigungspflichten in geringerem Umfang berücksichtigt würden, besteht daher nicht.

(2) Zulässigkeit in bezug auf Rechtspositionen des Zertifizierungskandidaten

Das Überwachungs- und Zertifizierungssystem führt zu keiner für Art. 33 Abs. 4 GG beachtlichen Gefährdung von Rechtspositionen des Zertifizierungskandidaten.

Da die Kontrolltätigkeit der technischen Überwachungsorganisationen und Entsorgergemeinschaften sich nur auf die Einhaltung von privatrechtlich festgelegten Anforderungen bezieht und sie keinerlei Befugnis zur Gewaltanwendung haben, ergeben sich keine Bedenken im Hinblick auf Art. 33 Abs. 4 GG. Die „härteste" Waffe, die der technischen Überwachungsorganisation oder der Entsorgergemeinschaft zusteht, ist die Möglichkeit, das Überwachungszertifikat nicht zu erteilen bzw. es zu entziehen. Dagegen ist der Entsorgungsfachbetrieb aber nicht schutzlos gestellt. Er kann, wenn er der Meinung ist, daß die Verweigerung der Zertifizierung oder der Entzug unberechtigterweise erfolgt ist, sich durch Inanspruchnahme zivilgerichtlichen Rechtsschutzes wehren. Den Ersatz der Kosten, die ihm durch einen ungerechtfertigten Entzug entstehen, zum Beispiel durch die wiederauflebenden Genehmigungspflichten, kann er gegen die

---

318 Zu § 5 KrW-/AbfG vgl. *Spoerr*, in: Brandt/Ruchay/Weidemann, KrW-/AbfG, B 100 § 5 Rn. 88; zu § 11 KrW-/AbfG vgl. Abs. 1 i.V.m. § 10 Abs. 4 KrW-/AbfG.

technische Überwachungsorganisation oder gegen die Entsorgergemeinschaft, etwa aus positiver Vertragsverletzung, geltend machen.

bb. Eigenüberwachung

Zweifelhaft ist, ob die Eigenüberwachung durch den Entsorgungsfachbetrieb überhaupt an Art. 33 Abs. 4 GG zu messen ist.

Die Gefahrenabwehr zählt nur dann zu den hoheitsrechtlichen Befugnissen im Sinne des Art. 33 Abs. 4 GG, wenn sie mit der Sicherung des inneren Friedens in Zusammenhang steht[319]. Ihr sind alle Maßnahmen zuzuordnen, die der Abwehr von Gefahren dienen, die von anderen Menschen oder von Gegenständen ausgehen, für die andere Menschen verantwortlich sind. Dagegen sind Maßnahmen zur Abwehr von Gefahren, die der Handelnde durch sein eigenes Verhalten geschaffen hat oder die von einer Sache ausgehen, die sich in seinem Besitz oder Eigentum befindet, zwar auch Gefahrenabwehrmaßnahmen. Sie dienen jedoch nicht der Sicherung des inneren Friedens, da sie sich gegen den Gefahrenverantwortlichen selbst „richten"[320]. Den Interessen Dritter wird vielmehr Rechnung getragen, wenn der Polizeipflichtige dafür sorgt, daß eine Gefahr sich nicht realisieren wird.

Dasselbe gilt für Maßnahmen zur Gefahrenvorsorge, die der Verpflichtete ebenfalls „gegen sich selbst" trifft, um das Entstehen einer polizeirechtlichen Gefahr zu verhindern[321].

Bei den das abfallwirtschaftliche Unternehmen treffenden Pflichten zur Erfüllung der Zertifizierungsvoraussetzungen handelt es sich um Maßnahmen zur Gefahrenvorsorge, denn sie sind auf die Sicherung einer ordnungsgemäßen abfallwirtschaftlichen Tätigkeit ausgerichtet und sollen das Entstehen einer Gefahr vermeiden. Da die Maßnahmen sich unmittelbar gegen den Betreiber des Unternehmens richten und er lediglich den ihm obliegenden Sicherungspflichten nachkommt, zählen sie nicht zu den dem staatlichen Gewaltmopol unterfallenden Maßnahmen und sind deshalb auch nicht an Art. 33 Abs. 4 GG zu messen.

---

319 *Bracher*, Gefahrenabwehr durch Private, S. 143.

320 *Bracher*, Gefahrenabwehr durch Private, S. 143.

321 *Bracher*, Gefahrenabwehr durch Private, S. 144.

3. Die demokratische Legitimation nach Art. 20 Abs. 2 GG

Das in Art. 20 Abs. 1 und 2 GG verankerte Demokratieprinzip knüpft mit dem in Abs. 2 S. 1 GG bestimmten Satz „Alle Staatsgewalt geht vom Volke aus" an das verfassungsrechtliche Gebot der Volkssouveränität an. Es bedeutet, daß staatliche Herrschaft nicht vorgegeben und hinzunehmen ist, sondern auf eine vom Staatsvolk ausgehende Legitimation und Entscheidung zurückzuführen sein muß[322].

Das Demokratieprinzip ist für das Überwachungs- und Zertifizierungssystem nach § 52 KrW-/AbfG von Bedeutung, weil es den Umfang der behördlichen Überwachung beeinflußt. Zum einen ist zu klären, ob sich die Prüf- und Zertifizierungstätigkeit als Ausübung von Staatsgewalt darstellt mit der Folge, daß die technischen Überwachungsorganisationen und Entsorgergemeinschaften der demokratischen Legitimation bedürften (a.). Auf der anderen Seite stellt sich die Frage nach der hinreichenden demokratischen Legitimation des Handelns der zuständigen Überwachungsbehörden, die das Ergebnis der privaten Zertifizierung im Rahmen ihrer Aufsichtstätigkeit heranziehen (b.).

a. Überwachung und Zertifizierung als Ausübung von Staatsgewalt?

Unstreitig ist, daß der autonome[323] Begriff „Staatsgewalt" nicht zu eng bestimmt werden darf. So ist die Ausübung von Staatsgewalt nicht nur auf den Bereich des obrigkeitlichen Handelns zu beschränken[324], sondern beinhaltet jegliche Wahrnehmung der dem Staat zukommenden oder von ihm tatsächlich wahrgenommenen Aufgaben[325].

Auf der anderen Seite ist zweifelhaft, ob „Staatsgewalt" so weitgehend interpretiert werden kann, daß auch das Handeln von Privatrechtssubjekten hiervon umfaßt wird. Bei formal privatisierten Unternehmen ist dies zwar der Fall[326], und auch das Handeln

---

322 *Böckenförde*, in: Isensee/Kirchhof, HdBStR I, § 22 Rn. 5; *Denninger*, Verfassungsrechtliche Anforderungen an die Normsetzung im Umwelt- und Technikrecht, S. 118ff.

323 Der Begriff „Staatsgewalt" ist weder mit dem Begriff der „staatlichen Gewalt" in Art. 1 Abs. 1 GG, dem Begriff der „öffentlichen Gewalt" in Art. 19 Abs. 4 GG noch mit dem der „vollziehenden Gewalt" in Art. 1 Abs. 3, 20 Abs. 2 GG identisch, vgl. *Schmidt-Aßmann*, AöR 116 (1991), S. 329/338.

324 *Böckenförde*, in: Isensee/Kirchhof, HdBStR I, § 22 Rn. 12; *Schmidt-Aßmann*, AöR 116 (1991), S. 329/339; vgl. auch BVerfGE 47, 253/273; 77, 1/40: „Das demokratische Prinzip erstreckt sich nicht nur auf bestimmte, sondern auf alle Arten der Ausübung von Staatsgewalt".

325 *Böckenförde*, in: Isensee/Kirchhof, HdBStR I, § 22 Rn. 12.

326 *Schmidt-Aßmann*, AöR 116 (1991), S. 329/346.

des Beliehenen ist die Ausübung von Staatsgewalt[327]. Mit diesen Fällen kann aber das Handeln von Privatpersonen, die außerhalb der Verwaltungsorganisation stehen und die aufgrund eigener, grundrechtlich abgesicherter Initative Aufgaben wahrnehmen, die auch in die Zuständigkeit der öffentlichen Hand fallen und im öffentlichen Interesse liegen, nicht verglichen werden. Ihre Tätigkeit wird weder von einem hinter ihnen stehenden Verwaltungsträger dirigiert, der die ihm obliegenden staatlichen Aufgaben lediglich in der Form des Privatrechts wahrnimmt[328], noch ist ihnen die Erfüllung staatlicher Aufgaben - wie beim Beliehenen - zur eigenverantwortlichen Wahrnehmung übertragen worden. Würden ihre Tätigkeiten dem Begriff der „Staatsgewalt" zugeordnet, würde der Zweck des Art. 20 Abs. 2 S. 1 GG verfehlt, der die Ausübung jeglicher hoheitlicher Tätigkeiten demokratisch absichern, staatliche Herrschaft dagegen nicht ausdehnen soll[329]. Dieses Ergebnis deckt sich auch mit der Rechtsprechung der BVerfG, nach dem sich die Ausübung von Staatsgewalt als „amtliches Handeln mit Entscheidungscharakter"[330] darstellt.

Die Tätigkeit der technischen Überwachungsorganisationen und Entsorgergemeinschaften stellt sich danach nicht als die Ausübung von Staatsgewalt dar, auch wenn ihre Überwachungs- und Zertifizierungstätigkeit Einfluß auf die behördliche Überwachungstätigkeit nimmt. Vielmehr geht es um die Frage, ob und inwieweit das von privaten Entscheidungen beeinflußte Handeln der Überwachungsbehörden, die sich als Ausübung von Staatsgewalt darstellt, hinreichend legitimiert ist.

---

327 *Schmidt-Aßmann*, AöR 116 (1991), S. 329/346; *Lerche*, in: Maunz/Dürig, GG, Art. 86 Rn. 68.

328 *Schmidt-Aßmann*, AöR 116 (1991), S. 329/346; *Böckenförde*, in: Isensee/Kirchhof, HdBStR I, § 22 Rn. 13. Die Wahl der Rechtsform hat auf die Verfassungsbindung keinen Einfluß.

329 *Schmidt-Aßmann*, AöR 116, S. 329/339; vgl. auch *Burgi*, Die Verwaltung 2000, S. 183/193f. Auch wenn Privatrechtssubjekte immer stärker in die Wahrnehmung öffentlicher Aufgaben einbezogen und mit Befugnissen ausgestattet werden, die de facto der Ausübung obrigkeitlicher Gewalt entspricht, ändert dies an diesem Ergebnis nichts. Denn die tatsächlichen Veränderungen bei der Wahrnehmung öffentlicher Aufgaben durch Private können die Auslegung des Art. 20 Abs. 2 S. 1 GG nicht beeinflussen. Zweifelnd, aber zu demselben Ergebnis gelangend, mit Vorschlägen, wie gesellschaftliche Selbstregulative ausgestaltet werden soll, damit die Vereinbarkeit mit dem Demokratieprinzip gegeben ist, *Di Fabio*, VVDStRL 56 (1997), S. 235/264f.

330 BVerfGE 83, 60/73; BVerfG NVwZ 1996, S. 574/575; *Burgi*, Die Verwaltung 2000, S. 183/192.

b. Legitimationsanforderungen an die Übernahme privater Entscheidungen

Das Gebot der Volkssouveränität erfordert, daß die Ausübung jeglicher Staatsgewalt durch die drei Staatsorgane einer direkt auf das Volk zurückzuführenden Legitimation[331] bedarf[332].

aa. Personelle Legitimation

In personeller Hinsicht erfordert das Demokratieprinzip, daß die Berufung jedes mit der Wahrnehmung von Staatsgewalt betrauten Amtswalters individuell erfolgen muß und einer auf das Volk zurückzuführenden ununterbrochenen Legitimation bedarf[333]. Damit soll nicht nur die Legitimation des Amtswalters selbst, sondern auch sein Handeln demokratisch abgesichert werden. Da dem Grundgesetz das Konzept einer mittelbaren parlamentarischen Demokratie zugrundeliegt, ist eine unmittelbare demokratische Legitimation nicht erforderlich. Bei der Ausübung der Staatsgewalt wird das Parlament als Mittler des Volkswillens tätig. Dies zeigt sich auch bei der personellen Legitimierung der Exekutive. Der personelle „Legitimationsstrang" stellt sich bei ihr wie folgt dar: Das durch das Volk in unmittelbaren Wahlen demokratisch legitimierte Parlament wählt den Bundeskanzler bzw. in den Ländern den Ministerpräsidenten. Diese berufen ihrerseits die einzelnen Bundes- bzw. Landesminister. Mit der parlamentarischen Einsetzung der Regierung wird gleichzeitig die Verantwortung derselben gegenüber dem Parlament begründet. Der jeweilige Ressortminister wiederum beruft entweder selbst oder durch weitere, ebenfalls individuell berufene Funktionsträger die einzelnen Bundes- oder Landesbeamten. Nur wenn diese Kette in allen Fällen vollständig ist, also nicht durch das Dazwischentreten eines nicht oder nicht hinreichend demokratisch legitimierten Organs bzw. Amtswalters unterbrochen wird, ist die demokratische Legitimität in personeller Hinsicht gewährleistet[334].

---

331 Die demokratische Legitimation wird durch verschiedene „Legitimationsstränge" gewahrt. Neben dem funktionellen und institutionellen Legitimationsstrang, nach dem die demokratische Legitimation der drei Gewalten und ihrer Organe unmittelbar auf der Entscheidung des Verfassungsgebers beruht, bestehen die organisatorisch-personelle sowie die sachlich-inhaltliche Legitimation, auf die im folgenden näher eingegangen wird. Zu der funktionellen und institutionellen demokratischen Legitimation vgl. *Böckenförde*, in: Isensee/Kirchhof, HdBStR I, § 22 Rn. 15.

332 BVerfGE 47, 253/275.

333 BVerfGE 83, 60/73; BVerfG NVwZ 1996, S. 574/575.

334 *Herzog*, in: Maunz/Dürig, GG, Art. 20 Rn. 53; *Böckenförde*, in: Isensee/Kirchhof, HdBStR I, § 22 Rn. 16.

bb. Sachlich-inhaltliche Legitimation

In materieller Hinsicht ist erforderlich, daß die Ausübung von Staatsgewalt inhaltlich auf den vom Staatsvolk gebildeten Willen zurückgeht[335]. Dies wird zum einen dadurch sichergestellt, daß das Parlament als Gesetzgebungsorgan durch periodisch stattfindende Wahlen vom Volk unmittelbar demokratisch legitimiert wird, zum anderen durch die gegenüber dem Volk bestehende demokratische Verantwortlichkeit für die wahrgenommenen Aufgaben. Die Verantwortlichkeit des Parlaments besteht unmittelbar durch die Periodizität der Wahlen (Art. 38 Abs. 1 GG). Die Verantwortlichkeit der Exekutive gegenüber dem Volk ist dagegen mittelbar, da sie der parlamentarischen Verantwortung unterliegt. Während die Regierung und die einzelnen Minister für ihr eigenes Handeln gegenüber dem Parlament unmittelbar verantwortlich sind, besteht eine mittelbare Verantwortlichkeit für der Regierung oder einem Ministerium nachgeordnete Behörden und Organe, soweit sie der Weisungsgewalt oder dem Aufsichtsrecht von Regierung bzw. Minister unterliegen[336].

cc. Zusammenwirken von personeller und sachlich-inhaltlicher Legitimation

Streng genommen müßte sich aus den Legitimationsvorgaben der Schluß ergeben, daß Staatsgewalt nur durch ausschließlich personell-demokratisch legitimierte Organe und nur nach genauen Vorgaben des vom Staatsvolk gebildeten Willens ausgeübt werden darf. Daß dem nicht so ist, zeigt die grundsätzliche[337] Akzeptanz des sog. ministerialfreien Raumes, bei dem Organe innerhalb der Verwaltung von ministerieller Weisungsgewalt freigestellt und zu autonomer Entscheidung berufen sind[338].

Die personell und die sachlich-inhaltlich demokratische Legitimation, die beide die effektive demokratische Legitimation staatlichen Handelns zum Ziel haben, stehen nicht eigenständig nebeneinander, sondern ergänzen einander dahin, daß das Legitima-

---

335 Herzog, in: Maunz/Dürig, GG, Art. 20 Rn. 48; *Böckenförde*, in: Isensee/Kirchhof, HdBStR I, § 22 Rn. 21.

336 *Böckenförde*, in: Isensee/Kirchhof, HdBStR I, § 22 Rn. 21.

337 Vgl. nur *Böckenförde*, in: Isensee/Kirchhof, HdBStR I, § 22 Rn. 24: „Ministerialfreie Entscheidungsräume (...) allenfalls insoweit gerechtfertigt (...), als die gesetzlich übertragene und umschriebene Aufgabe nach ihrer spezifischen Eigenart solche Weisungsfreiheit notwendig erfordert, wie etwa im Prüfungswesen oder bei verwaltungsinternen Kontrollinstanzen, nicht aber darüber hinaus"; *Bracher*, Gefahrenabwehr durch Private, S. 95: „Richtig erscheint es, die Befugnis des Parlaments zur Einrichtung ministerialfreier Räume durch das Recht und die Pflicht zur Staatsleitung zu begrenzen"; vgl. auch BVerfGE 9, 268/282.

338 *Böckenförde*, in: Isensee/Kirchhof, HdBStR I, § 22 Rn. 24.

tionsdefizit des einen Stranges durch die besonders weitgehende Verwirklichung des anderen Legitimationsstranges kompensiert werden kann[339]. Daher steht es dem Erfordernis der demokratischen Legitimation nicht entgegen, wenn personell nicht-demokratisch legitimierte Private an der Erfüllung von Verwaltungsaufgaben beteiligt werden, solange ihr Handeln inhaltlich bestimmten Vorgaben und der Aufsicht demokratisch legitimierter Instanzen unterworfen ist[340]. Erforderlich, aber auch ausreichend ist die Aufrechterhaltung der staatlichen Verfahrensherrschaft[341] und Letztentscheidungsverantwortung[342].

dd. Wahrung der Legitimationsanforderungen

Können private Beiträge zur Gefahrenabwehr durch ein effektives Zusammenspiel von personellem und sachlich-inhaltlichem Legitimationsstrang somit in das Verwaltungshandeln einbezogen werden, stellt sich nun die Frage, ob die Legitimationsanforderungen bei der Zugrundelegung des privaten Zertifizierungsergebnisses durch die zuständigen Aufsichtsbehörden gewahrt sind. Die Frage wird im Hinblick auf die private Fremdüberwachung (1) und auf die Eigenüberwachung (2) untersucht.

(1) Die Zugrundelegung des Ergebnisses der privaten Fremdüberwachung

Den technischen Überwachungsorganisationen und Entsorgergemeinschaften mangelt es vollständig an personeller Legitimation. Dieses Defizit wird aber durch den sachlich-inhaltlichen Legitimationsstrang aufgewogen.

---

339 BVerfGE 83, 60/72; BVerfG NVwZ 1995, S. 574/575: „Für die Beurteilung, ob dabei ein hinreichender Gehalt an demokratischer Legitimation erreicht wird, haben die in der Rechtsprechung des BVerfG und in der Literatur unterschiedenen Formen der institutionellen, funktionellen, sachlich-inhaltlichen und der personellen Legitimation Bedeutung nicht je für sich, sondern nur in ihrem Zusammenwirken".

340 *Böckenförde*, in: Isensee/Kirchhof, HdBStR I, § 22 Rn. 23, der allerdings eine vollständige Substituierung ablehnt; *Bracher*, Gefahrenabwehr durch Private, S. 96; vgl. auch Niedersächsisches OVG, NdsVBl. 1998, S. 16/17 zur Vereinbarkeit der Einrichtung der "Niedersächsischen Gesellschaft zur Endlagerung von Sonderabfall GmbH", Andienungsadressatin für Sonderabfälle, mit dem Demokratieprinzip.

341 *Steinberg*, in: Hoffmann-Riem/Schmidt-Aßmann, Konfliktbewältigung durch Verhandlungen I, S. 295/307; *Pietzcker*, in: Hoffmann-Riem/Schneider, Verfahrensprivatisierung im Umweltrecht, S. 284/305ff.

342 BVerfG NVwZ 1996, S. 574/576 in Bezug auf die demokratische Legitimation von im Schleswig-Holsteinischen MitbestG vorgesehenen Einigungsstellen; *Kunig*, in: Hoffmann-Riem/Schmidt-Aßmann, Konfliktbewältigung durch Verhandlungen I, S. 43/62; *Schuppert*, DÖV 1995, S. 761/769; *Jestaedt*, Demokratieprinzip und Kondominialverwaltung, S. 302ff.

Die EfbV stellt die Anforderungen auf, die die Zertifizierungskandidaten erfüllen müssen, und auf diese Vorgaben erstreckt sich auch die Überwachungstätigkeit der technischen Überwachungsorganisationen und Entsorgergemeinschaften. Ihre Prüfung schließt die Merkmale ein, die für die Aufnahme der grundsätzlich genehmigungspflichtigen Tätigkeit vorliegen müssen.

Das Zustimmungs- und das Anerkennungserfordernis sind generell geeignet, die fehlende personelle Legitimation der technischen Überwachungsorganisationen und Entsorgergemeinschaften zu kompensieren. Die Erteilung der Zustimmung und Anerkennung bedeutet, daß die Privaten nur dann staatsersetzend tätig werden dürfen, wenn die Behörden im Vorfeld die Ordnungsgemäßheit ihrer beabsichtigten Vorgehensweise geprüft und ihr zugestimmt haben. Darüber hinaus wird die Aufsicht auch nach erfolgter Zertifizierung ausgeübt. Die Zulässigkeit und die Reichweite des staatsersetzenden Handelns Privater hängt somit von der behördlichen Genehmigung und den Ergebnissen ihrer Begleitkontrolle ab. Die staatliche Letztverantwortlichkeit ist in jedem Fall gewahrt.

(2) Bedeutsamkeit der Eigenüberwachung

Auch die Bedeutsamkeit der Eigenüberwachung für die Zertifizierung und ihr dadurch gegebener Einfluß auf die behördliche Überwachung begegnet keinen Bedenken. Zum einen ist die Eigenüberwachung den Vorgaben der EfbV unterworfen. Außerdem haben die zuständigen Überwachungsbehörden ein Letztentscheidungsrecht über das Fortbestehen der Genehmigungsfreistellungen, und es unterliegt ihrer Beurteilung, ob die Freistellungsvoraussetzungen gegeben sind. Mithin bleibt auch die Verfahrensherrschaft bei ihr. Die Verfahrensherrschaft besteht darüber hinaus bei der Beurteilung über das Vorliegen der Zertifizierungsvoraussetzungen. Stellt die lokale Überwachungsbehörde fest, daß die abfallwirtschaftliche Tätigkeit im Entsorgungsfachbetrieb nicht ordnungsgemäß wahrgenommen wird, kann sie dies der Zustimmungs- und Anerkennungsbehörde mitteilen, die die technischen Überwachungsorganisationen und Entsorgergemeinschaften daraufhin zum Entzug des Überwachungszertifikates verpflichten können.

Die Kompensierung des personellen Legitimationsdefizites der privaten Überwacher setzt allerdings nicht nur die formelle Aufrechterhaltung der staatlichen Verfahrensherrschaft und Letztverantwortungsbefugnis voraus. Vielmehr ist eine effektive behördliche Überwachung erforderlich. Dies erfordert zum einen, daß die lokalen Überwachungsbehörden ihre Überwachungstätigkeit infolge der Zertifizierung nicht vollständig aussetzen, zum anderen muß eine funktionierende Zusammenarbeit zwischen den örtlichen Überwachungsbehörden und den häufig in einem anderen Bundesland ansässigen Zustimmungs- und Anerkennungsbehörden gewährleistet sein[343].

4. Rechtsstaatsprinzip

Das in Art. 20 Abs. 2 S. 2, Abs. 3 und in Art. 28 Abs. 1 GG verankerte Rechtsstaatsprinzip gewährleistet die Bindung staatlicher Macht an die Vorgaben der Verfassung und der auf ihrer Grundlage ergangenen formell und materiell verfassungsmäßigen Gesetze[344]. Sein Ziel ist die Gewährleistung der bürgerlichen Freiheit gegenüber ungerechtfertigten staatlichen Eingriffen[345]. Es findet seinen Ausdruck in verschiedenen Verfassungsgrundsätzen wie dem Gewaltenteilungsprinzip, der Bindung der Gesetzgebung an die verfassungsmäßige Ordnung, dem Grundsatz der Rechtssicherheit und des Vertrauensschutzes, dem Grundsatz der Gesetzmäßigkeit der Verwaltung, der Bindung der Rechtsprechung an Gesetz und Recht und dem Schutz der Rechte und Freiheiten des Einzelnen[346].

Das Rechtsstaatsprinzip erlangt bei der Überwachungs- und Zertifizierungstätigkeit der technischen Überwachungsorganisationen und Entsorgergemeinschaften an Bedeutung, da die Zertifizierung sich nicht nur auf Rechtswirkungen im privaten Bereich beschränkt, sondern im Einzelfall zu einer Einschränkung der behördlichen Überwachungstätigkeit führen kann und behördliche Genehmigungspflichten ersetzt. Durch die Verschachtelung von behördlicher Aufsichtstätigkeit mit Ergebnissen privater Überwachung werden Fragen des rechtsstaatlichen Effektivitätsgebotes, des Gesetzesvorbehaltes und der Rechtsschutzgarantie des Art. 19 Abs. 4 GG angesprochen.

---

343 Vgl. auch *Schmidt-Preuß*, VVDStRL 56 (1997), S. 160/181 in bezug auf die behördliche Verfahrensherrschaft im Verfahren zur Umweltverträglichkeitsprüfung, bei der den privaten Antragsteller die Pflicht zur Beibringung des umweltrelevanten Sachverhaltes trifft: „Die aus der Verwaltungsherrschaft abgeleitete Verfahrensherrschaft berechtigt und verpflichtet sie aber bei Anhaltspunkten *unzureichender oder einseitiger* privater Sachverhaltsermittlung zur *Vollprüfung*, wenn nötig unter Einschaltung externer Sachverständiger“ (Hervorhebung im Original).

344 *Stern*, Staatsrecht I, § 20 III 1, S. 781.

345 *Bracher*, Gefahrenabwehr durch Private, S. 108.

346 *Badura*, Staatsrecht, D 46, S. 266.

a. Das rechtsstaatliche Effektivitätsgebot

aa. Bedeutung

Rechtsstaatlichkeit bedeutet größtmögliche Rationalität von Verwaltungsorganisation und -verfahren im Interesse einer möglichst effektiven Erfüllung der gesetzlichen Verwaltungsaufgaben[347]. Positivrechtlich läßt sich dies aus dem in Art. 20 Abs. 2 GG verankerten Grundsatz der Gewaltenteilung herleiten, der eine Aussage zur Funktionengliederung nicht nur im Interesse der Begrenzung staatlicher Macht durch gegenseitige Hemmung und Kontrolle[348] macht, sondern auch eine sachangemessene Aufgabenverteilung und -erledigung ermöglichen soll[349]. Aus dem Rechtsstaatsprinzip lassen sich nur hinsichtlich dieses Ziels Vorgaben ableiten, zu den dabei einzusetzenden Mitteln äußert es sich jedoch nicht. Deshalb steht es der Einbeziehung privater Beiträge und der Steuerung des Verwaltungshandelns durch private Beiträge nicht entgegen, wenn dadurch eine verbesserte effektive und rationale Erfüllung von Verwaltungsaufgaben sichergestellt wird[350]. Das Effektivitätsgebot hat sich dabei in erster Linie an den gesetzlichen Zielvorstellungen auszurichten[351].

Die Einbeziehung privaten Sachverstandes in das Verwaltungsverfahren kann geboten sein, wenn die Verwaltung die ihr obliegende Aufgabe ansonsten nicht sachgerecht erfüllen könnte[352]. So liegt es beispielsweise, wenn ein komplexer außerjuristischer Sachverhalt zu beurteilen ist, der nur unter Zuhilfenahme spezifischen Sachverstandes erfaßt werden kann[353].

---

347 *Stern*, Staatsrecht I, § 20 IV 4, S. 824; *Krebs*, in: Isensee/Kirchhof, HdBStR III, § 69 Rn. 77; *Di Fabio*, VerwArch 81 (1990), S. 193/210; *Trute*, DVBl 1996, S. 950/956.

348 Vgl. dazu *Badura*, Staatsrecht, D 48, S. 269.

349 *Krebs*, in: Isensee/Kirchhof, HdBStR III, § 69 Rn. 77; BVerfGE 68, 1/86: „Die dort als Grundsatz normierte organisatorische und funktionelle Unterscheidung und Trennung der Gewalten dient zumal der Verteilung von politischer Macht und Verantwortung sowie der Kontrolle der Machtträger; sie zielt auch darauf ab, daß staatliche Entscheidungen möglichst richtig, das heißt von den Organen getroffen werden, die dafür nach ihrer Organisation, Zusammensetzung, Funktion und Verfahrensweise über die besten Voraussetzungen verfügen, und sie will auf eine Mäßigung der Staatsgewalt insgesamt hinwirken". Zur Herleitung des Effizienz- und Rationalitätsgebotes aus Art. 1 und Art. 20 GG vgl. auch *Degenhart*, DVBl 1982, S. 872ff.

350 *Trute*, DVBl 1996, S. 950/956.

351 *Burmeister*, UTR 5 (1988), S. 121/156; *Di Fabio*, VerwArch 81 (1990), S. 193/211.

352 *Trute*, DVBl 1996, S. 950/956.

353 *Di Fabio*, VerwArch 81 (1990), S. 193/200 am Beispiel der Sachverständigenbeteiligung im arzneimittelrechtlichen Zulassungsverfahren nach §§ 24, 25 Abs. 5, 7a AMG; vgl. auch *Schulze-Fielitz*, DVBl 1994, S. 657/658.

Die Überwachung und Zertifizierung von Entsorgungsfachbetrieben wird zwar nicht primär mit der besonderen Fachkunde der technischen Überwachungsorganisationen und Entsorgergemeinschaften bzw. den die Überprüfung konkret vornehmenden Sachverständigen begründet. Zweck ihres Einsatzes ist vielmehr, hohe Qualitätsstandards in der Abfallwirtschaft zu schaffen, mit der die Verantwortung der privaten Entsorger gestärkt und gleichzeitig der behördliche Vollzug vereinfacht werden soll[354].

Den Aufsichtsbehörden ist es grundsätzlich in gleicher Weise wie den privaten Überwachern möglich, die Voraussetzungen einer ordnungsgemäßen Abfallentsorgung zu kontrollieren. Die Überprüfung dieser Anforderungen im Rahmen des Genehmigungsvorbehaltes ist in der Vergangenheit behördlich vorgenommen worden und wird auch weiterhin - bei den nicht zertifizierten Entsorgungsbetrieben - wahrgenommen.

Allerdings sind die Zertifizierungsanforderungen sehr hoch und gehen über die „normalen" gesetzlichen Anforderungen einer ordnungsgemäßen Entsorgungstätigkeit hinaus. Aus diesem Grund ist auch eine über die „normale" Überwachung hinausgehende umfangreiche Kontrolltätigkeit erforderlich, zu der die meisten Überwachungsbehörden personell und finanziell nicht in der Lage wären.

Da die Erfüllung hoher Qualitätsstandards in der Abfallwirtschaft eine große Bedeutung für den Gesundheits- und Umweltschutz hat, ihre Verwirklichung aber auf den Einsatz privater Akteure angewiesen ist, steht das rechtsstaatliche Effektivitätsgebot ihrer Tätigkeit nicht entgegen. Erfüllt ein Betrieb die Zertifizierungsanforderungen, ist er über das erforderliche gesetzliche Maß hinaus seinen privaten Verpflichtungen nachgekommen, eine möglichst umweltgerechte Abfallentsorgung vorzunehmen. Damit ist er in besonderem Maße den Zielrichtungen des § 1 KrW-/AbfG, Förderung der Kreislaufwirtschaft zur Schonung der natürlichen Ressourcen und Sicherung der umweltverträglichen Beseitigung von Abfällen, nachgekommen. Wenn sich aufgrund der grundsätzlichen Freiwilligkeit der Erfüllung der Zertifizierungsvoraussetzungen auch keine Verpflichtung zum Einsatz technischer Überwachungsorganisationen und Entsorgergemeinschaften ergibt, so fördert ihre Tätigkeit die Verwirklichung einer möglichst umwelt- und gesundheitsschonenden Abfallwirtschaft.

---

[354] Begründung des Antrags der SPD-Fraktion zu § 48 des Entwurfs eines Gesetzes zur Vermeidung von Rückständen, Verwertung von Sekundärrohstoffen und Entsorgung von Abfällen (jetziger § 52 KrW-/AbfG), BT-Drs. 12/7284, S. 55.

bb. Gefahr interessengeleiteten Handelns

Das Effektivitätsgebot setzt der Einbeziehung privater Beiträge allerdings dort Grenzen, wo die gesetzliche Zielverwirklichung und die Rechtspositionen der Zertifizierungskandidaten aufgrund der Gefahr interessengeleiteten Handelns beeinträchtigt werden[355]. Inwieweit diese Gefahren bei der Zertifizierung nach § 52 KrW-/AbfG bestehen, wird im folgenden bei der Eigenüberwachung (1) und bei der Fremdüberwachung (2) untersucht.

(1) ...bei der Eigenüberwachung

Die Gefahr der gesetzlichen Zielverfehlung besteht insbesondere bei der für die Zertifizierung bedeutsamen Eigenüberwachung. Der Inhaber eines Entsorgungsbetriebes hat ein erhebliches Eigeninteresse an der Zertifizierung, da er seine Chancen im „Entsorgungswettbewerb" verbessert[356]. Im Hinblick darauf ist die Gefahr, daß die Ergebnisse der Eigenüberwachung, wie zum Beispiel die Eintragungen in das Betriebstagebuch über die Ergebnisse von anlagen- und stoffbezogenen Eigenkontrolluntersuchungen und -funktionskontrollen[357], gefälscht werden, nicht von der Hand zu weisen. Überspitzt ausgedrückt läßt sich dies dahin zusammenfassen, daß die auf die gesetzliche Zweckverwirklichung ausgerichtete behördliche Kontrolle durch die von wirtschaftlichen Motiven beeinflußte Eigenüberwachung ersetzt wird.

Um dieser Gefahr gegenzusteuern, sind Sicherungsmechanismen erforderlich. So sollte ein dauernder Kontakt zwischen den privaten Fremdüberwachern und der zuständigen Aufsichtsbehörde bestehen[358].

Das Benehmensverfahren im Vorfeld der Auditierung dient der Inkenntnissetzung der privaten Überwacher durch die Behörde über besondere Schwachpunkte und in der Vergangenheit aufgetauchte Probleme, so daß das Augenmerk bei der privaten Überwachung insbesondere hierauf gerichtet wird. Die privaten Überwacher sollten der

---

355 *Trute*, DVBl 1996, S. 950/956; *Ossenbühl*, VVDStRL 29 (1971), S. 137/165; *Schulze-Fielitz*, DVBl 1994, S. 657/660 in bezug auf die Gefährdung subjektiv-öffentlicher Rechte Dritter; *Gromoll*, Rechtliche Grenzen der Privatisierung öffentlicher Aufgaben, S. 171ff.; vgl. auch *Grabbe*, Verfassungsrechtliche Grenzen der Privatisierung kommunaler Aufgaben, S. 52.

356 Das gilt zumindest in den ersten Jahren nach Einführung der Zertifizierungsmöglichkeit. Das durch die Zertifizierung verbesserte Ansehen wird wohl umso stärker relativiert werden, je mehr Entsorgungsbetriebe sich zertifizieren lassen.

357 Vgl. § 5 Abs. 1 Nr. 5 EfbV.

358 Vgl. auch *Buhck*, Überwachungsgemeinschaften im Umweltrecht, S. 118.

Aufsichtsbehörde das Ergebnis ihrer Überwachung mitteilen, damit letztere dieses bei ihrer bestehend bleibenden Überwachung heranziehen und über den Umfang der eigenen Überwachungsmaßnahmen entscheiden kann. Die im Rahmen der behördlichen Überwachung nach der Zertifizierung festgestellten Vorkommnisse oder sonstigen Besonderheiten sollte die Aufsichtsbehörde wiederum den Überwachern mitteilen, da dies ihrer Überprüfungstätigkeit zum Zweck der Aufrechterhaltung der Zertifizierung dienlich sein kann.

(2) ...bei den Fremdüberwachern, insbesondere bei der Entsorgergemeinschaft

Auch bei der privaten Fremdüberwachung besteht die Gefahr, daß sie interessengeleitet erfolgen und die Zweckverwirklichung des § 1 KrW-/AbfG damit aus dem Blickwinkel geraten könnte. Allerdings ist zwischen der Überwachung durch die technische Überwachungsorganisation und der Überwachung durch die Entsorgergemeinschaft zu unterscheiden. Bei der ersten stellt sich das Problem weniger, weil die technische Überwachungsorganisation - im Gegensatz zu der Entsorgergemeinschaft - nicht selbst von in der Abfallwirtschaft tätigen Betrieben konstituiert ist, sondern eine „neutrale" Organisation ist, die auf verschiedenen Gebieten sicherheitstechnische Überprüfungen vornimmt. Ihr zumindest vornehmliches Ziel besteht darin, gegenüber dem Entsorgungsbetrieb als ihrem Vertragspartner eine korrekte Dienstleistung zu erbringen; ein abfallwirtschaftliches Eigeninteresse verfolgt sie dagegen nicht.

Bei der Überwachung durch die Entsorgergemeinschaft ist das Problem des Eigeninteresses dagegen von größerem Gewicht. Dadurch, daß es sich bei ihr um eine Vereinigung von abfallwirtschaftlichen Betrieben handelt und der über die Zertifizierung entscheidende Überwachungsausschuß aus Inhabern oder Leitern von Entsorgungsfachbetrieben besteht, wird die Objektivität ihrer Zertifizierungsentscheidung in Frage gestellt. Zwar trifft der Überwachungsausschuß seine Entscheidung auf der Grundlage von Gutachten von Sachverständigen, die häufig bei einer drittbeauftragten neutralen technischen Überwachungsorganisation angestellt sind. Ihr Urteil bindet ihn jedoch nicht. Ungeachtet dessen, ob der Sachverständige die Zertifizierung empfiehlt oder von ihr abrät, kann er zu einem gegenteiligen Ergebnis gelangen. Ist der Prüfbericht des Sachverständigen nicht anonymisiert, ist die Gefahr noch größer, daß die Entscheidung über die Zertifizierung nicht interessenneutral ergeht. Zwar ist die Anerkennung der Entsorgergemeinschaft nach § 10 Abs. 4 EgRL davon abhängig, daß die Mitglieder des Überwachungsausschusses weisungsfrei und bei Besorgnis der Befangenheit von der Entscheidung auszuschließen sind. Damit wird die Unabhängigkeit und Unvoreingenommenheit aber nur theoretisch sichergestellt. Eine mögliche Subjektivität der Zertifizierungsentscheidung läßt sich allein aufgrund der Tatsache, daß die Entsorgungsunternehmen, in denen die Mitglieder des Überwachungsausschusses tätig sind, und der Zertifizierungskandidat grundsätzlich Konkurrenten sind und im Wettbewerb gegeneinander antreten, nicht vollständig ausschließen.

Die rechtsstaatlichen Bedenken ergeben sich hieraus in zweifacher Hinsicht. Zum einen kann der Überwachungsausschuß die Zertifizierung eines Mitgliedsbetriebes beschließen, obwohl die Zertifizierungsvoraussetzungen nicht vorgelegen haben, was zur Folge hat, daß die örtlich zuständige Überwachungsbehörde ihre Überwachungstätigkeit einschränkt, etwa weil sie überlastet ist und sich auf die Überwachung nicht zertifizierter Betriebe konzentrieren will. In diesem Fall treten Partikularinteressen an die Stelle des behördlichen Überwachungsziels, durch eine ordnungsgemäße, dem Grundrechtsschutz verpflichtete Überwachungstätigkeit eine geordnete Abfallentsorgung zu gewährleisten.

Außerdem können sich rechtsstaatliche Bedenken im Hinblick auf die Rechtspositionen des Mitgliedsbetriebes ergeben, dessen Zertifizierung abgelehnt worden ist, obwohl die Zertifizierungsvoraussetzungen vorgelegen haben. Zwar spielt sich der gesamte Vorgang im privatrechtlichen Bereich ab, und zudem hätte der Zertizierungskandidat auch die Möglichkeit, einen Überwachungsvertrag mit einer technischen Überwachungsorganisation abzuschließen. Allerdings kann die Bindung von Gesetzgeber und Verwaltung an das Rechtsstaatsprinzip nicht mit dem Argument verneint werden, daß der Beitritt zu einer Entsorgergemeinschaft und die Zertifizierung allgemein freiwillig sind. Entscheidend ist, daß der Gesetzgeber die Zertifizierung zum Entsorgungsfachbetrieb und die mit ihr verbundenen verfahrensrechtlichen Privilegien aufgrund der Mitgliedschaft in einer Entsorgergemeinschaft vorgesehen hat.

Wenn das den rechtsstaatlichen Grundsätzen verpflichtete, zu der Genehmigungserteilung führende Verwaltungsverfahren durch das Zertifizierungsverfahren im privaten Bereich ersetzt wird, muß sichergestellt sein, daß dem Betroffenen auch bei der Entscheidung über die Zertifizierung ein objektives Verfahren gesichert wird. Aus dem Rechtsstaatsprinzip folgt die staatliche Pflicht, Vorkehrungen zur Wahrung der Objektivität der im privaten Bereich getroffenen Entscheidung zu treffen, wenn diese Entscheidung von Gesetzes wegen Auswirkungen auf die öffentlich-rechtliche Pflichtenstellung des von der privaten Entscheidung betroffenen Rechtsträgers hat. Andernfalls könnte der Staat sich seiner Bindung an das Rechtsstaatsprinzip dadurch entledigen, daß Privaten die Entscheidungsbefugnis über Angelegenheiten übertragen wird, die auch in seine Wahrnehmungszuständigkeit fallen. Gerade die bestehend bleibende Wahrnehmungskompetenz des Staates erfordert aber, daß er Maßnahmen ergreift, die ein faires und objektives Entscheidungsverfahren gewährleisten, wenn an seine Stelle Private im zivilrechtlichen Bereich entscheiden.

Für die Tätigkeit des Überwachungsausschusses bedeutet dies, daß ihm der Prüfbericht der Sachverständigen in anonymisierter Form vorgelegt werden muß.

b. Der rechtsstaatliche Gesetzesvorbehalt

Der rechtsstaatliche Gesetzesvorbehalt betrifft die Frage, ob die Anforderungen, die an die privaten Fremd- und Eigenüberwacher gestellt werden, einer wirksamen formalgesetzlichen Grundlage bedürfen, oder ob eine Rechtfertigung sich nicht bereits aus der grundrechtlichen Schutzpflicht aus Art. 2 Abs. 2 S. 1 ergibt, zu deren Erfüllung das Überwachungs- und Zertifizierungssystem eingeführt worden ist. Diese Frage spielt vor allem bei der Tätigkeit der Entsorgergemeinschaften eine Rolle, da die an sie gestellten Anforderungen nur in der EgRL festgelegt sind.

Der rechtsstaatliche Gesetzesvorbehalt konkretisiert den in Art. 20 Abs. 3 GG verankerten Grundsatz der Gesetzmäßigkeit der Verwaltung[359]. Er besagt, daß bestimmte staatliche Entscheidungen dem Gesetzgeber vorbehalten werden und einer Regelung entweder durch förmliches Gesetz bedürfen (Parlamentsvorbehalt) oder von der Verwaltung nur aufgrund gesetzlicher Ermächtigung getroffen werden dürfen[360]. Welche Bereiche dem Gesetzesvorbehalt unterliegen, bestimmt sich nach der vom BVerfG entwickelten *Wesentlichkeitstheorie*, nach der die Entscheidung aller für das Gemeinwesen wesentlichen normativen Fragen durch ein parlamentarisches Gesetz erfolgen muß[361]. Die „Wesentlichkeit“ einer Frage hat sich dabei an den jeweils betroffenen Lebensbereichen und der Eigenart der Regelungsgegenstände insgesamt zu orientieren[362].

---

359 Vgl. BVerfGE 40, 237/248f.

360 *Erbguth*, UPR 1995, S. 369/376.

361 BVerfGE 34, 154/192f.; 40, 237/248f.; 45, 400/417; 47, 46/78f.; 48, 210/221; 49, 89/126f.; 58, 257/268f.

362 BVerfG DÖV 1976, S. 50; BVerfGE 40, S. 237/249; 49, 89/127; *Umbach*, FS Faller, S. 111/121.

In der Lehre ist die Wesentlichkeitstheorie wegen ihrer Unbestimmtheit kritisiert worden[363]. Einigkeit herrscht allerdings darüber, daß Maßnahmen von Grundrechtsrelevanz den Gesetzesvorbehalt auslösen[364], denn zum Kern des Rechtsstaatsprinzips gehört der Schutz der grundrechtlich gesicherten Freiheit des Einzelnen vor staatlicher Willkür und staatlichem Übermaß[365].

Diese Grundsätze gelten auch bei staatlichen Maßnahmen, die zur Erfüllung der grundrechtlichen Schutzpflicht getroffen werden. Ein unmittelbarer, d.h. nicht durch zwischengeschaltetes Gesetz erfolgender Grundrechtseingriff ist unzulässig[366]. Eine andere Folgerung wäre nur möglich, wenn die durch die Schutzpflichten verkörperte objektivrechtliche Dimension der Grundrechte[367] in gleicher Weise wirkte wie die subjektiv-abwehrrechtliche Dimension, welche im Fall der Beeinträchtigung einen unmittelbaren Abwehranspruch begründet. Denn in diesem Fall stünden sich der grundrechtliche Abwehranspruch und der Schutzanspruch unmittelbar gegenüber mit der Folge, daß ein Grundrecht vor dem anderen „weichen" müßte[368]. Daß dem nicht so ist, zeigt der Umstand, daß das Grundrecht als Abwehrrecht einen Anspruch auf das Unterlassen eines konkreten staatlichen Eingriffsaktes begründet, wohingegen die grundrechtliche

---

363 *Kisker*, NJW 1977, S. 1313/1317f.; *Kloepfer*, JZ 1984, S. 685/692f.; *Ossenbühl*, in: Isensee/Kirchhof, HdBStR III, § 62 Rn. 44ff.

364 BVerfGE 49, 89/126ff. - *Kalkar* -.

365 Vgl. zur Geschichte des Rechtsstaatsgedankens *Schmidt-Aßmann*, in: Isensee/Kirchhof, HdBStR I, § 24 Rn. 10ff.

366 *Wahl/Masing*, JZ 1990, S. 553/557f.; *H.H. Klein*, DVBl 1994, S. 489/491; *Unruh*, Zur Dogmatik der grundrechtlichen Schutzpflichten, S. 23; a.A. VGH Kassel NJW 1990, S. 336 mit Anm. *Deutsch*. Der VGH hielt die Errichtung und den Betrieb gentechnischer Anlagen mangels ausdrücklicher gesetzlicher Grundlage für unzulässig und stellte im vorläufigen Rechtsschutzverfahren die aufschiebende Wirkung eines Nachbarwiderspruchs gegen die Anlagengenehmigung wieder her. Er argumentierte, daß die Nutzung der Gentechnologie wegen ihrer weitreichenden Auswirkungen auf die Menschen einer besonderen Zulassung durch den Gesetzgeber bedürfe. In der Sache bestimmte der VGH mithin, daß die für Art. 2 Abs. 2 S. 1 GG bestehende Schutzpflicht bei Fehlen eines Schutzgesetzes die unmittelbare Einschränkung der Grundrechte der „Schädiger" rechtfertige. Die Entscheidung hat einhellig Kritik erfahren, vgl. nur *Sendler*, NVwZ 1990, S. 231ff.; *Fluck*, UPR 1990, S. 81ff.; *Rose*, DVBl 1990, S. 279ff., *Graf Vitzhum*, VBlBW 1990, S. 48ff.; *Wahl/Masing*, JZ 1990, S. 553ff.

367 Vgl. dazu unten die in diesem Teil unter B. 1. a. bb. gemachten Ausführungen.

368 So der VGH Kassel JZ 1990, S. 87/89, der in dem genannten Beschluß darauf verwies, daß bei der Konkurrenz von Art. 5 Abs. 2, 12 und 14 GG mit Art. 2 Abs. 2 S. 1 GG „sich deshalb das Verhältnis von prinzipieller Forschungs-, Berufs- und Gewerbefreiheit und damit einhergehender besonders begründungsbedürftiger Beschränkung angesichts der überragenden Bedeutung des Rechts auf Leben und körperliche Unversehrtheit (...)" umkehre „mit der Folge, daß die Nutzung einer Technologie wegen ihrer weitreichenden Auswirkungen auf die Menschen einer besonderen Zulassung durch den Gesetzgeber bedarf".

Schutzpflicht der Ausgestaltung und Konkretisierung bedarf[369]. Die Konkretisierung muß dabei unter Beachtung aller dem staatlichen Handeln verfassungsmäßig auferlegten Grenzen erfolgen, denn die Schutzpflicht begründet „keine neuen Kompetenzen oder Befugnisse, sondern setzt diese voraus und bindet [ihre Erfüllung] für jede der drei Gewalten an die ihnen von der Verfassung eingeräumten Befugnisse“[370].

Ob und inwieweit diesen Grundsätzen bei der Ausgestaltung des Überwachungs- und Zertifizierungssystems genügt worden ist, wird bei der Behandlung der staatlichen Schutzpflicht geklärt[371]. Festzuhalten ist jedoch schon, daß die Einbeziehung Privater in die abfallwirtschaftliche Überwachung zur Durchsetzung besonders hoher Qualitätsstandards, die wiederum zur Erfüllung der grundrechtlichen Schutzpflicht geschaffen worden sind, auf eine formal-gesetzliche Grundlage zurückgeführt werden muß, wenn der den Privaten übertragene Pflichtenkreis sich grundrechtsrelevant auswirkt.

c. Der Justizgewährungsanspruch aus Art. 19 Abs. 4 GG

Aus dem Rechtsstaatsprinzip folgt die Pflicht des Staates zu der Gewährung eines umfassenden Rechtsschutzes gegen Akte der öffentlichen Gewalt. Diesem Gebot wird durch Art. 19 Abs. 4 GG Rechnung getragen, wonach demjenigen, der durch die öffentliche Gewalt in seinen Rechten verletzt wird, der Rechtsweg offen steht.

Ob und inwieweit Rechtsschutzmöglichkeiten Dritter aufgrund des Wegfalls der Nachweisbestätigungs- und Transportgenehmigungspflicht in einer gegen Art. 19 Abs. 4 GG verstoßenden Weise verkürzt werden, ist Gegenstand der nachfolgenden Untersuchung.

aa. Abbau von behördlicher Präventivkontrolle und Drittschutz

Art. 19 Abs. 4 GG könnte tangiert sein, wenn die Nachweisbestätigung und die Transportgenehmigung, vergleichbar der in den Landesbauordnungen zum Teil abgeschafften Baugenehmigung[372], drittschützende Wirkung entfalten würden. Aufgrund des Wegfalls der Genehmigungspflichten würden Dritte im einstweiligen Rechtsschutzverfahren auf das Verfahren nach § 123 VwGO anstelle des Verfahrens nach § 80 VwGO

---

369 *Wahl/Masing*, JZ 1990, S. 553/558.

370 *Wahl/Masing*, JZ 1990, S. 553/559.

371 Vgl. diesen Teil bei B. 1. a.

372 Vgl. hierzu *Sacksofsky*, DÖV 1999, S. 946ff.

verwiesen, wenn sie sich durch die freigestellten Tätigkeiten in ihren Rechten verletzt sähen und die Behörden gerichtlich zum Einschreiten zwingen wollten.

Fraglich ist, ob mit diesem Wechsel der Rechtsbehelfsmöglichkeiten ein Eingriff in den grundrechtlich gesicherten Anspruch auf wirksamen Individualrechtsschutz liegt. Diese Frage wird jedoch erst beantwortet werden können, wenn geklärt ist, daß die Entsorgungsnachweisbestätigung nach § 5 Abs. 2 NachwV und die Transportgenehmigung nach § 49 KrW-/AbfG überhaupt drittschützende Wirkung entfalten.

Im folgenden wird daher, nachdem die Voraussetzungen des Drittschutzes abstrakt dargestellt worden sind (1), die drittschützende Wirkung der Entsorgungsnachweisbestätigung (2) und der Transportgenehmigung (3) untersucht.

(1) Begründung des Drittschutzes

Die drittschützende Wirkung einer Norm bestimmt sich nach der Schutznormtheorie. Danach kommt es darauf an, ob die betreffende Norm ausschließlich objektivrechtlichen Charakter hat oder zumindest auch dem Schutz von Individualinteressen zu dienen bestimmt ist und der sich auf die Norm Berufende zu dem von der Allgemeinheit deutlich abgrenzbaren Personenkreis gehört, der von Norm geschützt werden soll[373].

Der Drittschutz ist durch Auslegung unter Heranziehung von Wortlaut, Wille des Normgebers, Systematik und Sinn und Zweck der Norm zu ermitteln[374]. Grundrechte des Dritten sind bei der Interpretation der Norm ergänzend und verdeutlichend heranzuziehen[375]. Bei Fehlen einer einfachgesetzlichen Schutznorm kann eine Rechtsbeeinträchtigung des Klägers ausnahmsweise unmittelbar aus Grundrechten hergeleitet werden[376], wenn das betreffende Verwaltungshandeln den Kläger in seiner grundrechtlich geschützten Position berührt und ihn dadurch schwer und unerträglich belastet[377].

---

373 BVerwG DVBl 1996, S. 563; DÖV 1987, S. 296/297.

374 *Schmitt Glaeser/Horn*, Verwaltungsprozeßrecht, S. 111 Rn. 164.

375 *Schmitt Glaeser/Horn*, Verwaltungsprozeßrecht, S. 110 Rn. 163.

376 Ein unmittelbarer Zugriff auf Grundrechte ist dagegen unzulässig, weil die einfachgesetzliche Regelung - widerstreitende - grundrechtlich geschützte Positionen koordiniert und ausformt und ein direkter Rückgriff auf die Grundrechte die gesetzgeberische Entscheidung unterlaufen würde, vgl. *Schmidt-Aßmann*, in: Maunz/Dürig, GG, Art. 19 Abs. 4 Rn. 121ff.

377 BVerwGE 32, 173/178ff.; 50, 282/287ff.

(2) Drittschützende Wirkung der Entsorgungsnachweisbestätigung

Das in der NachwV[378] geregelte Entsorgungsnachweisverfahren unterwirft die Zulässigkeit des vorgesehenen Entsorgungswegs von Abfällen einer behördlichen Vorabkontrolle. Um welche Abfälle es sich dabei handelt (a), wie das Entsorgungsnachweisverfahren konkret abläuft (b.) und welche Änderungen sich bei der Beteiligung des Entsorgungsfachbetriebs ergeben (c.), wird im folgenden kurz aufgezeigt, bevor die drittschützende Wirkung konkret untersucht wird (d).

(a) Nachweispflichtige Abfälle

Die Nachweispflicht ist nach §§ 43, 46 KrW-/AbfG zwingend für die Verwertung und Beseitigung besonders überwachungsbedürftiger Abfälle[379]. Für überwachungsbedürftige und nicht überwachungsbedürftige Abfälle besteht nach §§ 42 Abs. 1, 2, 45 Abs. 1, 2 KrW-/AbfG i.V.m. § 26 NachwV dagegen eine fakultative, d.h. aufgrund behördlicher Anordnung bestehende Nachweispflicht. Bei den nicht überwachungsbedürftigen Abfällen zur Verwertung steht die behördliche Befugnis zur Anordnung einer Nachweispflicht in § 45 Abs. 2 S. 1 KrW-/AbfG zudem unter dem Regelvorbehalt, daß das Allgemeinwohl die Anordnung erfordert. Ordnet die zuständige Behörde die Nachweisführung an, finden gemäß § 26 Abs. 1 NachwV die für das obligatorische Nachweisverfahren anzuwendenden Bestimmungen entsprechende Anwendung.

Das KrW-/AbfG sieht einige Ausnahmen und Freistellungen vom obligatorischen Nachweisverfahren vor. Eine gesetzliche Ausnahme vom obligatorischen Nachweisverfahren gilt nach §§ 44 Abs. 1, 47 Abs. 1 KrW-/AbfG zugunsten des Abfallerzeugers oder -besitzers, der die Abfälle in eigenen, in einem engen räumlichen und betrieblichen Zusammenhang stehenden Anlagen beseitigt oder verwertet, denn in diesem Fall werden die Nachweise durch Abfallwirtschaftskonzepte und -bilanzen, zu deren Erstellung eine Verpflichtung ab dem Anfall von 2000 kg besonders überwachungsbedürftiger Abfälle pro Jahr besteht, ersetzt. Wird die Eigenbeseitigung oder -verwertung in

---

378 Verordnung über Verwertungs- und Beseitigungsnachweise (Nachweisverordnung - NachwV) vom 10. September 1996 (BGBl. I S. 1382). Die Verordnung ist auf der Grundlage des § 48 KrW-/AbfG erlassen worden und baut auf die §§ 42ff. KrW-/AbfG auf, die die Verpflichtung zur Nachweisführung differenziert regeln. Das BMU arbeitet an einer Änderung der NachwV (Stand: Januar 2001). Die Änderungen betreffen allerdings nicht die hier diskutierten Bestimmungen.

379 Welche Abfälle als besonders überwachungsbedürftig gelten, regelt die aufgrund des § 41 Abs. 1 S. 2, Abs. 3 Nr. 1 KrW-/AbfG erlassene Verordnung zur Bestimmung von besonders überwachungsbedürftigen Abfällen (Bestimmungsverordnung besonders überwachungsbedürftige Abfälle - BestbüAbfV) vom 10. September 1996 (BGBl. I S. 1366).

anderen Anlagen durchgeführt, soll die Behörde von der Nachweisbestätigungspflicht absehen, wenn die Gemeinwohlverträglichkeit der Beseitigung bzw. die Ordnungsgemäßheit und Schadlosigkeit der Verwertung durch Abfallwirtschaftskonzepte und Abfallbilanzen nachgewiesen werden kann[380]. Von der obligatorischen Nachweispflicht kann nach §§ 42 Abs. 3, 46 Abs. 3 KrW-/AbfG auf Antrag ganz oder für einzelne Abfallarten unter Widerrufsvorbehalt eine behördliche Freistellung gewährt werden, soweit dadurch eine Beeinträchtigung der Wohles der Allgemeinheit nicht zu befürchten ist. Schließlich sieht § 25 Abs. 2 S. 2 KrW-/AbfG einen Regelbefreiungstatbestand vor: Danach soll die zuständige Behörde die Hersteller und Vertreiber, die Abfälle zur Beseitigung und überwachungs- oder besonders überwachungsbedürftige Abfälle zur Verwertung freiwillig zurücknehmen, von der Nachweispflicht nach §§ 43, 46 KrW-/AbfG befreien, soweit durch die freiwillige Rücknahme die Ziele der Kreislaufwirtschaft nach den §§ 4 und 5 gefördert werden und die ordnungsgemäße Verwertung und Beseitigung der zurückgenommenen Abfälle in anderer geeigneter Weise nachgewiesen wird.

Von der obligatorischen Nachweispflicht sind nach § 2 Abs. 2 S. 1 NachwV auch die Abfallerzeuger ausgenommen, bei denen nicht mehr als insgesamt 2000 kg besonders überwachungsbedürftiger Abfälle (Kleinmengen) jährlich anfallen.

Die Erzeuger von Abfällen aus privaten Haushaltungen unterliegen gemäß § 1 Abs. 2 NachwV nicht der Nachweisführungspflicht nach der NachwV. Auch die landwirtschaftliche Verwertung von Klärschlamm gemäß der Klärschlammverordnung[381] und die grenzüberschreitende Verbringung von Abfällen sind nach § 1 Abs. 3, 4 NachwV vom Anwendungsbereich der Verordnung ausgenommen.

(b) Ablauf des Nachweisverfahrens

Der Entsorgungsnachweis wird geführt durch die Vorlage der sog. Verantwortlichen Erklärung (VE) des Abfallerzeugers und der sog. Annahmeerklärung des Abfallentsor-

---

380 Die Ersetzungsfunktion der Abfallwirtschaftskonzepte und -bilanzen griff aber erst ab dem 31. 12. 1999, da Abfallwirtschaftskonzepte erstmalig erst bis zu diesem Datum erstellt sein mußten. Entschied sich der Pflichtige allerdings schon vorher für ihre Erstellung, galten die §§ 44, 47 KrW-/AbfG entsprechend früher. Dasselbe galt bei den Abfallbilanzen, die erstmalig bis zum 01. 04. 1998 erstellt werden mußten.

381 Klärschlammverordnung (AbfKlärV) vom 15. April 1992 (BGBl. I S. 912), geänd. durch Erste ÄndVO v. 6. 3. 1997 (BGBl. I S. 446).

gers (AE) bei der für den Entsorger zuständigen Behörde[382]. Diese bestätigt bei Vorliegen der gesetzlichen Voraussetzungen die Zulässigkeit der beabsichtigten Entsorgung.

Das Verfahren läuft im einzelnen wie folgt ab:

Der Abfallerzeuger füllt das zu dem Entsorgungsnachweis gehörende Formblatt „VE" aus, in dem er Angaben zur Herkunft des Abfalls macht, eine Abfallbeschreibung liefert (Abfallschlüssel und -bezeichnung nach EAK-Verordnung[383], Geruch und Konsistenz) und eine sog. Deklarationsanalyse (DA) abgibt, die Angaben zu den Inhaltsstoffen und zu chemischen und physikalischen Eigenschaften des Abfalls enthält[384].

Die VE wird dem Abfallentsorger zugeleitet, der den zweiten Teil des Entsorgungsnachweises, den Teil „Annahmeerklärung" (AE) ausfüllt[385]. Die Annahmeerklärung enthält Angaben zur Entsorgungsanlage (u.a. Angabe des Entsorgungsverfahrens nach Anhang IIA und IIB KrW-/AbfG[386]) und die Versicherung, daß die Anlage für die Entsorgung des von dem Abfallerzeuger in der VE deklarierten Abfalls zugelassen ist. Nach Fertigung und Zusendung einer Kopie der Nachweiserklärungen an den Abfallerzeuger übersendet der Entsorger das Original an die für die Entsorgungsanlage zuständige Behörde.

Die Behörde bestätigt die Zulässigkeit der vorgesehenen Entsorgung gemäß § 5 Abs. 2 S. 1 NachwV, wenn

1. die Abfälle in der vorgesehenen Entsorgungsanlage behandelt, stofflich oder energetisch verwertet oder abgelagert und nicht ausschließlich gelagert werden und

---

382 Der Abfallerzeuger und der -entsorger sind nicht die einzigen Nachweispflichtigen. Hierzu gehören nach § 2 NachwV auch der Abfallbesitzer sowie der Einsammler und Beförderer von Abfällen. So gibt beispielsweise bei der Sammelentsorgung nach § 8 NachwV nicht der Abfallerzeuger, sondern der Einsammler die Verantwortliche Erklärung ab. Vorliegend wird aber der „Grundfall" der Abgabe der VE durch den Abfallerzeuger zugrunde gelegt.

383 Verordnung zur Einführung des Europäischen Abfallkatalogs (EAK-Verordnung - EAKV) vom 13. September 1993 BGBl I S. 1428.

384 *Kaminski/Konzak*, Das untergesetzliche Regelwerk zum KrW-/AbfG, § 3 NachwV Rn. 9.

385 Sind Abfallerzeuger und -entsorger personengleich, hat die betreffende Person neben der VE auch die AE auszufüllen und der zuständigen Behörde zu senden, vgl. *Fink/Fluck*, in: Fluck, Kreislaufwirtschafts- und Abfallrecht, § 4 NachwV Rn. 25.

386 Die Anhänge IIA und IIB zum KrW-/AbfG führen in der Praxis angewandte Beseitigungs- und Verwertungsverfahren auf. Sie entsprechen den in den Anhängen IIA und IIB der Abfallrechtsrahmenrichtlinie 75/442/EWG genannten Beseitigungs- und Verwertungsverfahren.

2. für die in Nummer 1 genannten Entsorgungsmaßnahmen die Ordnungsgemäßheit und Schadlosigkeit der Verwertung oder die Gemeinwohlverträglichkeit der Beseitigung gewährleistet ist.

Gemäß § 6 NachwV übersendet die Behörde das Original des bestätigten Entsorgungsnachweises dem Abfallerzeuger und eine Ablichtung dem Abfallentsorger[387].

(c) Entsorgung durch einen Entsorgungsfachbetrieb

Erfolgt die Entsorgung durch einen Entsorgungsfachbetrieb, entfällt die Verpflichtung zur Bestätigung des Entsorgungsnachweises. Im Rahmen des sog. privilegierten Verfahrens entfällt die Verpflichtung des Abfallerzeugers zur Einholung einer Nachweisbestätigung, wenn die Entsorgung durch einen Abfallentsorger erfolgt, der nach § 13 NachwV freigestellt ist und der Abfallerzeuger dies vor Beginn der Entsorgung nach § 11 der für ihn zuständigen Behörde anzeigt. Entsorgungsfachbetriebe sind gemäß § 13 Abs. 5 NachwV gesetzlich freigestellt.

Das privilegierte Verfahren läuft wie folgt ab: Der Abfallerzeuger zeigt der für ihn zuständigen Behörde einen geplanten Entsorgungsvorgang an. Die Anzeige erfolgt durch das Ausfüllen von Formblättern, in denen u.a. die für die Abfälle vorgesehenen Entsorgungsverfahren aufgeführt sind. Außerdem versichert der Abfallerzeuger, daß die Abfälle ausschließlich in nach § 13 NachwV freigestellten Anlagen entsorgt werden.

Der Entsorgungsfachbetrieb darf die Abfälle annehmen, ohne die behördliche Bestätigung des beabsichtigten Entsorgungsvorgangs abzuwarten. Ihn trifft gemäß § 13 Abs. 5 S. 2 NachwV i.V.m. §§ 43 Abs. 2, 46 Abs. 2 KrW-/AbfG nur eine Anzeigepflicht gegenüber der für ihn zuständigen Behörde, die er durch die Vorlage des Überwachungszertifikates erfüllt.

(d) Drittschutz

Zweck des Nachweisverfahrens ist es zu verhindern, daß sich die gesteigerte Gefährlichkeit besonders überwachungsbedürftiger Abfälle bei der vorgesehenen Entsorgung nachteilig auf das Gemeinwohl oder die Umwelt auswirkt[388].

---

387 Vgl. zur Rechtsstellung des Abfallentsorgers im Entsorgungsnachweisverfahren VGH Baden-Württemberg, Urt. vom. 16. 12. 1997 (nicht rechtskräftig), UPR 1998, S. 197f. (Ablehnung der Entsorgungsnachweisbestätigung berechtigt den Abfallentsorger nicht zur Einlegung von Rechtsmitteln, da Adressat nur der Abfallerzeuger sei und Betroffenheit des Abfallentsorgers in eigenen Rechten nicht vorliege); a.A. OVG Münster NuR 2000, S. 110ff; vgl. auch *Beckmann/Spieß*, UPR 1998, S. 366ff.

Drittschützende Wirkung kann sich nur aus § 5 Abs. 2 Nr. 2 NachwV ergeben. Mit der in der Nr. 1 getroffenen Regelung soll verhindert werden, daß Entsorgungsnachweise für reine Zwischenlager bestätigt werden[389], da in ihnen Abfälle nur weiterverteilt werden und insoweit die Ordnungsgemäßheit und Schadlosigkeit einer Verwertung bzw. die Gemeinwohlverträglichkeit einer Beseitigung nicht geprüft werden können[390].

Die in der Nr. 2 genannten Voraussetzungen entsprechen den in § 5 Abs. 3 und § 11 Abs. 1 KrW-/AbfG geregelten Zulässigkeitsvoraussetzungen der Verwertung bzw. der Beseitigung von Abfällen, beziehen sich allerdings auf den in der Entsorgungsanlage durchzuführenden Teilabschnitt der Entsorgung[391]. Die Prüfung beschränkt sich auf die Frage, ob die gewählte Entsorgungsanlage rechtlich und technisch in der Lage ist, die Verwertung der Abfälle ordnungsgemäß und schadlos oder die Beseitigung gemeinwohlverträglich durchzuführen[392].

Fraglich ist, ob § 5 Abs. 2 S. 1 Nr. 2 NachwV drittschützende Wirkung entfaltet. Dagegen könnte der Wortlaut der Vorschrift sprechen. Der auf die §§ 5 Abs. 3, 11 Abs. 1 i.V.m. 10 Abs. 4 KrW-/AbfG verweisende Wortlaut der Bestimmung spricht grundsätzlich gegen eine drittschützende Ausrichtung, da hier nur von der „Ordnungsgemäßheit und Schadlosigkeit der Verwertung" und der „Gemeinwohlverträglichkeit der Beseitigung" die Rede ist. Ein Vergleich mit der abfallrechtlichen Genehmigungsvorschrift für die Errichtung, den Betrieb oder für die wesentliche Änderung von Deponien bestätigt diesen Eindruck. Der hierfür erforderliche Planfeststellungsbeschluß bzw. die erforderliche Plangenehmigung dürfen nach § 32 Abs. 1 Nr. 3 KrW-/AbfG nur erteilt werden, wenn nicht nur sichergestellt ist, daß das Wohl der Allgemeinheit nicht beeinträchtigt wird, sondern auch keine nachteiligen Wirkungen auf das Recht eines anderen zu erwarten sind[393].

---

388 BR-Drs. 356/96, S. 71, 72.

389 *Kaminski/Konzak*, Das untergesetzliche Regelwerk zum Kreislaufwirtschafts- und Abfallgesetz, § 5 NachwV Rn. 9.

390 Begründung des Verordnungsgebers zum gleichlautenden § 13 Abs. 1 Nr. 1 NachwV, in BR-Drs. 356/96, S. 81.

391 BR-Drs. 356/96, S. 70, 71.

392 BR-Drs. 356/96, S. 71. Das Nachweisverfahren führt allerdings nicht zu einer Anlagenüberwachung, sondern es wird lediglich überprüft, ob der Abfall in die genannte Anlage verbracht werden darf, vgl. *Fink/Fluck*, in: Fluck, Kreislaufwirtschafts- und Abfallrecht, § 3 NachwV Rn. 40.

393 Vgl. zum alten Recht nach § 8 Abs. 3 Nr. 3 AbfG a.F. (drittschützende Wirkung bejahend) BVerwG DÖV 1980, S. 133/135.

Gegen einen Drittschutz könnte ferner sprechen, daß auf Normen verwiesen wird, die selbst keine drittschützende Wirkung entfalten. Nach § 5 Abs. 3 S. 2 KrW-/AbfG erfolgt die Verwertung ordnungsgemäß, wenn sie im Einklang mit den Vorschriften des KrW-/AbfG und anderen öffentlich-rechtlichen Vorschriften steht. Der Pflicht zur ordnungsgemäßen Verwertung, wodurch alle beim konkreten Verwertungsvorgang zu beachtenden Pflichten in das Abfallrecht transformiert werden[394], kommt keine drittschützende Wirkung zu. Der - als eine der Grundpflichten der Kreislaufwirtschaft aufgestellten - abstrakten Pflicht, die bei der Verwertung relevanten rechtlichen Bestimmungen zu beachten, läßt sich kein Schutz eines hinreichend deutlich abgegrenzten Personenkreises entnehmen.

Auch das Gebot der Schadlosigkeit entfaltet keinen Drittschutz. Der fehlende Drittschutz ergibt sich schon aus der Bedeutung des Schadlosigkeitsbegriffs. Nach § 5 Abs. 3 S. 3 KrW-/AbfG erfolgt die Verwertung schadlos, wenn nach der Beschaffenheit der Abfälle, dem Ausmaß der Verunreinigungen und der Art der Verwertung Beeinträchtigungen des Wohls der Allgemeinheit nicht zu erwarten sind, insbesondere keine Schadstoffanreicherung im Wertstoffkreislauf erfolgt. Anders als die Formulierung nahelegen könnte, ist die Schadlosigkeit der Verwertung nicht an die Gemeinwohlklausel für die Abfallbeseitigung nach § 10 Abs. 4 KrW-/AbfG anzulehnen[395]. Denn der Primärzweck des Merkmals der Schadlosigkeit liegt in der Sicherstellung der Entsorgbarkeit des Verwertungsproduktes[396]. Aus der Gesetzesbegründung zum Verständnis der Schadlosigkeit geht außerdem hervor, daß stoff- und qualitätsbezogene Anforderungen aus anderen Rechtsvorschriften den Vorrang bei der Beurteilung der Schadlosigkeit haben[397]. Sind diese Anforderungen eingehalten, ist ein Rückgriff auf das Merkmal der Schadlosigkeit nicht mehr möglich[398].

---

394 *Spoerr*, in: Brandt/Ruchay/Weidemann, KrW-/AbfG, B 100 § 5 Rn. 86.

395 So aber *Bender/Sparwasser/Engel*, Umweltrecht, Kapitel 12 Rn. 155.

396 *Spoerr*, in: Brandt/Ruchay/Weidemann, KrW-/AbfG, B 100 § 5 Rn. 90, 102.

397 Vgl. die Gesetzesbegründung zu § 4 Abs. 3 Reg-E (= der jetzige § 5 Abs. 3 KrW-/AbfG) in BT-Drs. 12/5672, S. 42: „Die Kriterien ‘ordnungsgemäß’ und ‘schadlos’ sind dem § 5 Abs. 1 Nr. 3 BImSchG entnommen (...) Die Schadlosigkeit ist letztlich aus Sicht der Abfallentsorgung zu beurteilen, um - u.a. wegen der fließenden Übergänge von problematisch zu verwertenden Rückständen bis zu Sonderabfällen - über dieses Kriterium das „Ausschleusen“ von Abfällen in den Wirtschaftskreislauf zu unterbinden. (...) Soweit bereits andere Rechtsvorschriften stoff- bzw. qualitätsbezogene Anforderungen stellen, gehen diese vor, z.B. Bauproduktengesetz oder das Dünge- oder Futtermittelrecht“.

398 *Spoerr*, in: Brandt/Ruchay/Weidemann, KrW-/AbfG, B 100 § 5 Rn. 91; *Jörgensen*, Das Reststoffvermeidungs- und Verwertungsgebot, S. 50.

Fehlen sonderrechtliche Bestimmungen, bedeutet Schadlosigkeit die Vermeidung abfallspezifischer Gefährdungen[399], wie zum Beispiel der in § 5 Abs. 3 S. 3 KrW-/AbfG genannten Schadstoffanreicherung im Wertstoffkreislauf. Das bedeutet, daß, wenn Schadensrisiken durch das Produkt, die Verwertungsanlage oder das Verwertungsverfahren auf Schadstoffbelastungen des Abfalls zurückzuführen und auch durch die Prozeßführung des Verwertungsverfahrens nicht abzuwenden sind, die Pflicht zur schadlosen Verwertung die Verhinderung von Schäden verlangt[400]. Schadlosigkeit der Verwertung ist also im Sinne von „Kreislaufwirtschaftsverträglichkeit" zu verstehen[401]. Der Schutz von Individualinteressen ist ihr dagegen nicht zu entnehmen.

Auch das in § 11 Abs. 1 KrW-/AbfG bestimmte und in § 10 Abs. 4 KrW-/AbfG konkretisierte Gebot der Gemeinwohlverträglichkeit der Beseitigung ist nicht drittschützend. Auch hier werden lediglich die abstrakt bei jedem Beseitigungsvorgang zu beachtenden Anforderungen bestimmt. Selbst der Umstand, daß § 10 Abs. 4 S. 2 Nr. 1 KrW-/AbfG die Gesundheit der Menschen oder die - individuelle Rechtsgüter einschließende - öffentliche Sicherheit und Ordnung als einen Allgemeinwohlbelang herausstellt, läßt nicht auf eine drittschützende Wirkung „per se" schließen. Wie bei der Ordnungsgemäßheit der Verwertung kommt es darauf an, ob die auf einen Beseitigungsvorgang oder auf einen sonstigen Sachverhalt anzuwendende Norm, die die Beachtung des Allgemeinwohls fordert, zumindest auch den Schutz eines hinreichend individualisierten Kreises Dritter bezweckt. Aber auch da ist wieder das „Wie" der Beseitigung betroffen, das von dem in § 11 Abs. 1 KrW-/AbfG bestimmten „Ob" zu unterscheiden ist.

Auf der anderen Seite bleibt das Gebot der ordnungsgemäßen und schadlosen Verwertung bzw. der Gemeinwohlverträglichkeit der Beseitigung bei der Prüfung des Entsorgungsnachweises kein abstraktes Postulat. Die zuständige Behörde ist verpflichtet zu prüfen, ob der beantragte Entsorgungsvorgang möglicherweise gegen auf ihn anzuwendende Bestimmungen verstoßen wird. Im Einzelfall kann deshalb auch der mögliche Verstoß gegen drittschützende Normen, wie zum Beispiel von § 5 Abs. 1 Nr. 3 BImSchG, im Raum stehen. Die Prüfung des Entsorgungsnachweises bezieht sich auf die beantragte Art und Weise, also das „Wie" der Entsorgung. Da bei ihr die Verletzung außerhalb des Abfallrechts stehender drittschützender Normen möglich ist, ihre

---

399 *Spoerr*, in: Brandt/Ruchay/Weidemann, KrW-/AbfG, B 100 § 5 Rn. 102.

400 *Spoerr*, in: Brandt/Ruchay/Weidemann, KrW-/AbfG, B 100 § 5 Rn. 102.

401 *Spoerr*, in: Brandt/Ruchay/Weidemann, KrW-/AbfG, B 100 § 5 Rn. 104.

Beachtung aber - durch das Merkmal der „Ordnungsgemäßheit" bei der Verwertung und der „Gefährdung der öffentlichen Sicherheit und Ordnung" bei der Beseitigung - von der Nachweisbestätigungsbehörde geprüft werden muß, kann die Entsorgungsnachweisbestätigung in diesen Fällen drittschützend sein.

Der Zweck der Nachweisbestätigung steht diesem Ergebnis nicht entgegen. Zwar soll mit dem Nachweisverfahren kein zusätzliches Instrument der Anlagenüberwachung eingeführt, sondern „lediglich beschränkt formal anhand von Zulassungen usw." geprüft werden, „ob ein Abfall in diese Anlage verbracht werden darf"[402]. Anlagerechtliche Aspekte, wie zum Beispiel § 5 Abs. 1 Nr. 1 BImSchG, sind aber vom Prüfungsumfang des § 5 Abs. 2 S. 1 Nr. 2 NachwV umfaßt, was sich schon daran zeigt, daß nach § 5 Abs. 2 S. 2 NachwV bei der Entscheidung über die Bestätigung andere anlagebezogene behördliche Entscheidungen verbindlich heranzuziehen sind[403]. Die Entsorgungsnachweisbestätigung ist deshalb auch als „Vorabkontrolle" für die Zulässigkeit einer angemeldeten Anlagennutzung zu verstehen.

Festzuhalten ist somit, daß die Entsorgungsnachweisbestätigung in den Fällen, in denen die Bestätigungsbehörde die Einhaltung von auf den Entsorgungsvorgang anzuwendenden drittschützenden Normen zu prüfen verpflichtet ist, ein drittschützender Verwaltungsakt ist.

Da der Entsorgungsfachbetrieb nach § 13 Abs. 5 NachwV in dem Umfang, in dem die von ihm betriebene Entsorgungsanlage und die dort durchzuführende Behandlung zertifiziert ist, nicht mehr verpflichtet ist, Abfälle nur nach vorhergehender Bestätigung des Entsorgungsnachweises anzunehmen, sondern vermutet wird, daß die Entsorgung ordnungsgemäß erfolgen wird, ist er - je nach Sachverhalt und der hierauf anzuwendenden Bestimmungen- von einer auch dem Schutze Dritter dienenden Pflicht befreit. Die Zertifizierung bewirkt hier also den Abbau einer behördlichen Genehmigungskontrolle, die auch dem Schutze Dritter dienen kann.

---

402 *Fink/Fluck*, in: Fluck, Kreislaufwirtschafts- und Abfallrecht, § 3 NachwV Rn. 40. In der Praxis läuft die Prüfung auch dergestalt ab, daß die zuständige Behörde überprüft, ob die Anlagengenehmigung die Entsorgung der betreffenden Abfälle abdeckt, ob für die Abfälle keine Andienungs- und Überlassungspflicht besteht und Sonderabfallpläne der Bestätigung nicht entgegenstehen (lt. informell erteilter Auskunft des für die Entsorgungsnachweisbestätigung zuständigen Sachbearbeiters im Saarländischen Landesamt für Umweltschutz).

403 Vgl. OVG Münster NuR 2000, S. 110/112.

(3) Drittschützende Wirkung der Transportgenehmigung

Die Transportgenehmigung nach § 49 KrW-/AbfG ergänzt das Überwachungssystem nach den §§ 40ff. KrW-/AbfG, indem es die Sammlung und Beförderung von Abfällen einem eigenständigen Genehmigungsverfahren unterstellt[404]. Dieses ist im Hinblick auf die besonderen Gefahren, die bei einem unsachgemäßen Transport entstehen können, auch notwendig[405]. Insbesondere bei Abfällen zur Beseitigung, die angesichts ihrer fehlenden sinnvollen Weiternutzung einen viel geringeren Marktwert haben als Abfälle zur Verwertung, besteht die Gefahr, daß man sich ihrer möglichst einfach und kostengünstig entledigen möchte und sie, anstelle sie einer ordnungsgemäßen und teureren Beseitigung zuzuführen, illegal entsorgt. Daher besteht insbesondere bei diesen Abfällen ein großes Interesse der Allgemeinheit, ihren Verbleib ab dem Zeitpunkt ihrer Entstehung bis zu ihrer Entsorgung nachzuvollziehen und überwachen zu können (*cradle to grave* - Prinzip)[406].

(a) Genehmigungspflichtige Tatbestände

§ 49 Abs. 1 S. 1 KrW-/AbfG trägt dem Interesse der Allgemeinheit am ordnungsgemäßen Abfalltransport Rechnung, indem es die gewerbsmäßige Einsammlung und Beförderung von Abfällen zur Beseitigung der behördlichen Genehmigungspflicht unterwirft. Die auf der Grundlage der §§ 49 Abs. 3 und 50 Abs. 2 Nr. 1 KrW-/AbfG ergangene Transportgenehmigungsverordnung[407] (TgV) sieht darüber hinaus in § 1 Abs. 1 vor, daß auch die Einsammlung und Beförderung besonders überwachungsbedürftiger Abfälle zur Verwertung der Genehmigungspflicht unterliegt. Der Verordnungsgeber begründete dies mit dem hohen Gefährdungspotential, das von diesen Abfällen ausgehe[408].

Das Einsammeln oder die Beförderung werden der Genehmigungspflicht unterstellt. Einsammeln bedeutet das Abholen und Entgegennehmen der von den Besitzern bereitgestellten Abfälle sowie das Auflesen weggeworfener Sachen in der Landschaft und

---

404 *Hellmann-Sieg*, in: Brandt/Ruchay/Weidemann, KrW-/AbfG, B 100 § 49 Rn. 1.

405 *Versteyl*, in: Kunig/Schwermer/Versteyl, AbfG, § 12 Rn. 1 spricht sogar davon, daß „alle im Zusammenhang mit dem Transport der Abfälle stehenden Probleme (...) einen Kernbereich des Abfallrechts dar[stellen]".

406 *Hellmann-Sieg*, in: Brandt/Ruchay/Weidemann, KrW-/AbfG, B 100 § 49 Rn. 1.

407 Verordnung zur Transportgenehmigung vom 10. September 1996 (Transportgenehmigungsverordnung - TgV; BGBl. I S. 1411, ber. BGBl 1997 I S. 2861).

408 BR-Drs. 354/96, S. 21.

auf Straßen[409]. Befördern ist das Bewegen der Abfälle auf öffentlichen Verkehrswegen[410].

Der Genehmigungspflicht unterliegt des weiteren nur, wer das Einsammeln und Befördern gewerbsmäßig vornimmt, d.h. es muß sich um eine selbständige, planmäßige und auf gewisse Dauer angelegte Tätigkeit handeln, die in der Absicht der Gewinnerzielung vorgenommen wird[411].

Von der Genehmigungspflicht sieht § 49 Abs. 1 S. 2 Nrn. 1-3 KrW-/AbfG Ausnahmen vor. So benötigen nach der Nr. 1 die Entsorgungsträger im Sinne der §§ 15, 17 und 18 sowie die von ihnen beauftragten Dritten nach § 16 keine Transportgenehmigung. Handelt es sich bei den der Genehmigungspflicht unterfallenden Abfällen um Erdaushub, Straßenaufbruch und Bauschutt, besteht für diese ebenfalls eine Ausnahme nach Nr. 2, wenn und soweit sie nicht durch Schadstoffe verunreinigt sind. Eine weitere, antragsgebundene Ausnahme besteht nach Nr. 3 für die Einsammlung und die Beförderung geringfügiger Abfallmengen im Rahmen wirtschaftlicher Unternehmen. Diese Bestimmung geht aber ins Leere, denn wenn die Transportgenehmigungspflicht an das gewerbsmäßige Einsammeln und Befördern gebunden ist, ist diese Tätigkeit im Rahmen wirtschaftlicher Unternehmen ohnehin schon freigestellt[412].

Eine weitere Freistellung ist in § 25 Abs. 2 KrW-/AbfG vorgesehen. Danach soll die zuständige Behörde die Hersteller und Vertreiber, die Abfälle zur Beseitigung und überwachungs- oder besonders überwachungsbedürftige Abfälle zur Verwertung freiwillig zurücknehmen, von der Transportgenehmigungspflicht befreien, wenn durch die freiwillige Rücknahme die Ziele der Kreislaufwirtschaft nach den §§ 4 und 5 gefördert werden und die ordnungsgemäße Verwertung und Beseitigung der zurückgenommenen Abfälle in anderer geeigneter Weise, zum Beispiel durch Abfallwirtschaftskonzepte und -bilanzen nach §§ 19, 20 KrW-/AbfG[413] nachgewiesen wird. Entsorgungsfachbetriebe sind gemäß § 51 Abs. 1 KrW-/AbfG von der Genehmigungspflicht ausgenom-

---

409 Vgl. *Fluck*, in: Fluck, Kreislaufwirtschafts- und Abfallrecht, § 4 KrW-/AbfG Rn. 209ff.

410 *Fluck*, in: Fluck, Kreislaufwirtschafts- und Abfallrecht, § 4 KrW-/AbfG Rn. 217.

411 *Hellmann-Sieg*, in: Brandt/Ruchay/Weidemann, KrW-/AbfG, B 100 § 49 Rn. 36; *Martens*, in: Fluck, Kreislaufwirtschafts- und Abfallrecht, § 49 KrW-/AbfG Rn. 100.

412 *Hellmann-Sieg*, in: Brandt/Ruchay/Weidemann, KrW-/AbfG, B 100 § 49 Rn. 58; vgl. auch die Begründung zur TgV, in: BR-Drs. 354/96, S. 19.

413 *Locher*, DVBl 1997, S. 145/148.

men, wenn sich die Zertifizierung auf das Einsammeln und Transportieren von Abfällen bezieht[414].

(b) Drittschutz

Die Gewichtung der Voraussetzungen der Genehmigungserteilung hat sich im Vergleich zu der des alten Abfallrechts (§ 12 Abs. 1 S. 3 AbfG a.F.) geändert[415].

Nach § 12 Abs. 1 S. 3 AbfG bestand ein Rechtsanspruch auf die Genehmigungserteilung, wenn gewährleistet war, daß eine Beeinträchtigung des Wohls der Allgemeinheit nicht zu besorgen war, insbesondere keine Tatsachen bekannt waren, aus denen sich Bedenken gegen die Zuverlässigkeit des Antragstellers oder der für die Leitung und Beaufsichtigung des Betriebes verantwortlichen Personen ergaben und die geordnete Entsorgung im übrigen sichergestellt war. Die personenbezogenen Voraussetzungen stellten einen gewichtigen Allgemeinwohlbelang dar. Waren sie nicht erfüllt, durfte die Genehmigung nicht oder zumindest nicht unbedingt erteilt werden. Aber auch andere Allgemeinwohlbelange konnten der Genehmigungserteilung entgegenstehen, zum Beispiel konnte sich aus dem Transport eine Allgemeinwohlgefährdung ergeben, weil keine geeignete Entsorgungsanlage zur Verfügung stand[416].

Bei der Genehmigung nach § 49 KrW-/AbfG steht dagegen die subjektive Eignung des Antragstellers sowie der am Transportvorgang beteiligten Personen im Vordergrund: Nach § 49 Abs. 2 S. 1 KrW-/AbfG ist die Genehmigung zu erteilen, wenn keine Tatsachen bekannt sind, aus denen sich Bedenken gegen die Zuverlässigkeit des Antragstellers oder der für die Leitung und Beaufsichtigung des Betriebes verantwortlichen Personen ergeben und der Einsammler, Beförderer und die von ihnen beauftragten Dritten die notwendige Sach- und Fachkunde besitzen. Gegenstand der Transportgenehmigung ist damit nicht der einzelne Transportvorgang, sondern die Eignung des Antragstellers, sich im Transportgewerbe überhaupt zu betätigen[417]. Zwar bestand auch die Bedeutung der Transportgenehmigung nach § 12 AbfG a.F. (1986) darin, die Personen und Betriebe auf ihre fachlichen, technischen und persönlichen Voraussetzungen

---

414 *Locher*, DVBl 1997, S. 145/148.

415 Dagegen ist eine „grundlegende inhaltliche Änderung der Vorschrift [...] nicht erfolgt“, vgl. *Hellmann-Sieg*, in: Brandt/Ruchay/Weidemann, KrW-/AbfG, B 100, § 49 Rn. 18.

416 Vgl. VGH Kassel NJW 1987, S. 393.

417 *Locher*, DVBl 1997, S. 145/149, der zu Recht darauf hinweist, daß die Überschrift „Transportgenehmigung“ insoweit mißverständlich sein kann. Vgl. auch *Petersen/Stöhr/Kracht*, DVBl 1996, S. 1161/1166.

zu überprüfen, Abfälle einzusammeln und zu befördern. Bei der Prüfung wurde aber - aufgrund des Erfordernisses der Sicherstellung der geordneten Entsorgung im übrigen - der beabsichtigte Entsorgungsvorgang selbst auch einbezogen. So konnte die Genehmigung wegen nicht sichergestellter geordneter Entsorgung versagt werden, wenn der Entsorgungsnachweis fehlte[418]. Dieser Nachweis muß nach der neuen Regelung nicht mehr erbracht werden, denn „der Nachweis, daß die geordnete Abfallentsorgung sichergestellt ist, wird bereits im Rahmen der allgemeinen Überwachung gefordert, so daß bei Antragstellung diesbezüglich kein spezieller Nachweis erforderlich ist“[419].

Zweifelhaft ist deshalb, ob die Transportgenehmigungspflicht nach § 49 KrW-/AbfG drittschützend ist. Der Wortlaut des § 49 Abs. 2 S. 1 KrW-/AbfG läßt jeden drittschützenden Ansatz vermissen. Der Begriff der Zuverlässigkeit beinhaltet kein drittschützendes Element. Unzuverlässig ist, wer nach dem Gesamteindruck seines Verhaltens nicht die Gewähr dafür bietet, daß er sein Unternehmen in Zukunft ordnungsgemäß, d.h. insbesondere im Einklang mit den einschlägigen öffentlich-rechtlichen Anforderungen betreiben wird[420]. Die Frage, ob der Antragsteller oder das Leitungspersonal zuverlässig sind, wird „abstrakt“ anhand von Unterlagen, wie zum Beispiel einer Auskunft aus dem Gewerbezentralregister, bestimmt. Die in den §§ 3 bis 6 TgV konkretisierten Sach- und Fachkundeanforderungen bedeuten, daß die mit dem Transport befaßten Personen mit besonderer Kenntnis hinsichtlich der Durchführung der Tätigkeit ausgestattet sein müssen. Sie haben mithin auch keinen drittschützenden Ansatz.

Auch über das Allgemeinwohl läßt sich kein Drittschutz begründen. Das Allgemeinwohl kann zwar einen bei der Erteilung der Transportgenehmigung zu beachtenden Belang darstellen. Das ergibt sich daraus, daß die Transportgenehmigung nach § 49 Abs. 2 S. 2 KrW-/AbfG bzw. § 8 Abs. 2 S. 1 TgV mit Auflagen versehen werden kann, soweit dies zur Wahrung des Wohls der Allgemeinheit erforderlich ist[421]. Das Allge-

---

418 Vgl. *Hösel/v. Lersner*, Recht der Abfallbeseitigung des Bundes, der Länder und der Europäischen Union, Kz. 1220, § 12 AbfG Rn. 27. Nach § 5 Abs. 2 AbfRestÜberwV wurde die Einsammlungs- und Beförderungsgenehmigung bei Fehlen des Entsorgungsnachweises nur unter der aufschiebenden Bedingung der Nachweisführung erteilt.

419 Begründung zum Regierungsentwurf, in: BT-Drs. 12/5672, S. 51.

420 *Hellmann-Sieg*, in: Brandt/Ruchay/Weidemann, KrW-/AbfG, B 100 § 49 Rn. 68; vgl. auch *Versteyl*, in: Kunig/Paetow/Versteyl, Krw-/AbfG, § 49 Rn. 37, der verschiedene Normen aufzählt, bei deren Verstoß Bedenken gegen die Zuverlässigkeit vorlägen.

421 Vgl. i.ü. auch § 10 Abs. 2 S. 1 KrW-/AbfG, wonach die Abfallbeseitigung, die nach § 11 KrW-/AbfG gemeinwohlverträglich erfolgen muß, das Einsammeln und Befördern von Abfällen zur Beseitigung umfaßt.

meinwohl, zu dessen Konkretisierung die in § 10 Abs. 4 KrW-/AbfG enthaltenen Regelbeispiele herangezogen werden können, ist im Rahmen der Erteilung der Transportgenehmigung aber nur eine objektivrechtliche Vorgabe. Das ergibt sich schon aus dem personenbezogenen Charakter der Transportgenehmigung, die nur Auskunft darüber gibt, ob der Antragsteller oder das Leitungspersonal zuverlässig sind und das mit der Sammlung und Beförderung betraute Personal die erforderliche Sach- und Fachkunde besitzt; dagegen wird über die Zulässigkeit eines konkreten Transport- oder Entsorgungsvorgangs nichts mehr ausgesagt. Die Transportgenehmigung berechtigt vielmehr dazu, Abfälle im gesamten Bundesgebiet zu befördern. Liegt also die Bedeutung der Transportgenehmigung allein darin, die Eignung des Antragstellers und der sonstigen relevanten Personen, Einsammlungs- und Beförderungstätigkeiten überhaupt wahrzunehmen, festzustellen, kann der Schutz rechtlicher Interessen eines hinreichend individualisierten Kreises Dritter auch nicht durch das Merkmal des Allgemeinwohls begründet werden.

Im Ergebnis ist somit festzuhalten, daß sich eine mögliche Verkürzung der Rechtsweggarantie aus Art. 19 Abs. 4 GG für Dritte nur aus der Freistellung von der im Einzelfall drittschützenden Pflicht, Abfälle nur nach vorhergehender Bestätigung des Entsorgungsnachweises anzunehmen, ergeben kann.

bb. Vereinbarkeit mit der Garantie effektiven Rechtsschutzes

Das Gebot effektiven Rechtsschutzes bedeutet, daß die in Art. 19 Abs. 4 GG verankerte Rechtsweggarantie nur sinnvoll ist, wenn sie dem in seinem Recht Verletzten auch tatsächlich Schutz bieten kann[422]. Für die Ausgestaltung gerichtlicher Verfahren bedeutet es, daß der Zugang zu einem Gericht nicht in unzumutbarer, aus Sachgründen nicht mehr zu rechtfertigender Weise erschwert werden darf[423]. Vorläufiger Rechtsschutz darf nicht nur bei Anfechtungs-, sondern muß auch bei Vornahmesachen gewährt werden, wenn ohne ihn schwere und unzumutbare, anders nicht abwendbare Nachteile entstünden, zu deren nachträglicher Beseitigung die Entscheidung in der Hauptsache nicht mehr in der Lage wäre[424].

---

422 *Krebs*, in: von Münch/Kunig, GG, Art. 19 Rn. 62.

423 St. Rspr. des BVerfG; vgl. zum Beispiel BVerfGE 10, 264/268; 37, 93/96; 40, 237/256; 40, 272/275; 42, 128/130; 44, 302/305.

424 BVerfGE 46, 166/179; 79, 69/74.

Das Problem der Rechtsschutzverkürzung durch Wegfall der Nachweisbestätigungspflicht soll durch ein einfaches Beispiel illustriert werden: In einem für die Verwertung bestimmter Abfälle zertifizierten Entsorgungsbetrieb erfolgt die Abfallverwertung in einer immissionsschutzrechtlich genehmigungsbedürftigen Verwertungsanlage. Zu den Anforderungen einer ordnungsgemäßen Verwertung gehört die Beachtung der drittschützenden Grundpflicht aus § 5 Abs. 1 Nr. 1 BImSchG. Wäre der Betrieb nicht zertifiziert, ginge der Entsorgung die behördliche Prüfung, ob die konkret beantragte Verwertung ordnungsgemäß, d.h. auch unter Einhaltung des § 5 Abs. 1 Nr. 1 BImSchG, erfolgt, voraus. Infolge der Zertifizierung entfällt diese Prüfung. Die von § 5 Abs. 1 Nr. 1 BImSchG geschützten Nachbarn, die der Auffassung sind, daß der Entsorgungsbetrieb bei der Verwertung der vom Abfallerzeuger angezeigten Abfälle die Grundpflicht aus § 5 Abs. 1 Nr. 1 BImSchG, zum Beispiel durch die Emission von gesundheitsschädlichen Stoffen, verletzt, können gegen die Nachweisbestätigung nicht mehr im Verfahren nach § 80 VwGO bzw. mit der Anfechtungsklage vorgehen. Sie müßten nunmehr eine Bescheidungsklage auf Erlaß einer Anordnung nach § 14 Abs. 2 Nr. 1 1. Alt. NachwV des Inhalts erheben, daß der Entsorgungsfachbetrieb Abfälle nur nach vorheriger Bestätigung des Entsorgungsnachweises nach § 5 NachwV annehmen kann. Dies käme der Aufhebung der gesetzlichen Freistellung von einer auch drittschützenden Pflicht gleich. Die Inanspruchnahme vorläufigen Rechtsschutzes wäre problematisch, da die Nachbarn eine Leistung begehren würden, die grundsätzlich in das Ermessen der Behörde gestellt ist. Eine mögliche Anordnungspflicht der Behörde bestünde zudem erst dann, wenn der Entsorger eine behördlich gesetzte Frist zur Nachbesserung hat verstreichen lassen[425].

Trotz dieser erschwerten Rechtsschutzmöglichkeiten der Nachbarn ist aber zweifelhaft, ob das Gebot der Gewährung effektiven Rechtsschutzes berührt ist. Die Überwachungspflicht der jeweils zuständigen Anlagenüberwachungsbehörden über die Einhaltung drittschützender Pflichten bleibt von dem Wegfall der Nachweisbestätigungspflicht unberührt, und auch die Rechtsschutzmöglichkeiten der Dritten bleiben bei ihrer Verletzung erhalten[426].

---

425 Vgl. § 14 Abs. 2 NachwV.

426 Aus diesem Grund wäre auch das Vorliegen des Rechtsschutzbedürfnisses bei Erhebung einer Verpflichtungs- (Bescheidungs-)klage auf Erlaß einer Anordnung mit Inhalt des § 14 Abs. 2 Nr. 1 1. Alt. NachwV zweifelhaft.

Wird etwa im eingangs genannten Beispiel die nachbarschützende Grundpflicht des § 5 Abs. 1 Nr. 1 BImSchG während der Entsorgung verletzt, hat der Nachbar aus dem gleichfalls nachbarschützenden § 17 BImSchG[427] gegebenenfalls einen Anspruch auf behördliches Einschreiten. Nach § 17 Abs. 1 S. 1 BImSchG soll eine behördliche Anordnung ergehen, wenn der Anlagenbetreiber eine drittschützende immissionsschutzrechtliche Pflicht verletzt bzw. die Verletzung einer solchen Rechtspflicht droht[428]. Im Regelfall hat der Dritte einen Rechtsanspruch auf Erlaß der Anordnung, da die „Soll"-Vorschrift in § 17 Abs. 1 S. 2 BImSchG eine Verpflichtung der Behörde begründet[429]. Nur bei atypischen Umständen liegt die Entscheidung im behördlichen Ermessen. Atypische Umstände liegen etwa vor, wenn die Nachbarn in die Beeinträchtigung eingewilligt haben oder die Anlage in Kürze stillgelegt werden soll[430]. In den Fällen, in denen der Nachbar nach § 17 Abs. 1 S. 2 BImSchG einen Anspruch auf Einschreiten der immissionsschutzrechtlichen Behörde hat, stellt sich auch nicht das - umstrittene - Problem, ob ein Anordnungsanspruch besteht, wenn eine Leistung begehrt wird, die grundsätzlich im behördlichen Ermessen steht[431].

Aber auch wenn der Anlagenüberwachungsbehörde ein Ermessen bei der Frage des Einschreitens zusteht, ist der Nachbar, der wegen des Untätigbleibens der Behörde vorläufigen Rechtsschutz in Anspruch nehmen will, nicht in einer gegen Art. 19 Abs. 4 GG verstoßenden Weise schutzlos gestellt. Der Wegfall der Nachweisbestätigungspflicht kann nämlich auf die Ermessenserwägungen bei der Frage des möglichen Einschreitens Einfluß nehmen. Ein behördliches Einschreiten kann nach der Überzeugung des Verwaltungsgerichts etwa geboten sein, wenn infolge eines schon länger dauernden gesetzeswidrigen Zustandes die Rechtsgüter des Dritten, die von der betreffenden Schutznorm geschützt werden sollten, in erheblichem Maß bedroht sind und die Beeinträchtigung sich nicht so schwer ausgewirkt hätte, wenn der gesetzeswidrige Zustand früher aufgedeckt worden wäre. Werden der Wegfall der Nachweisbestätigungspflicht und seine damit verbundenen Konsequenzen für die betroffenen Rechts-

---

427 *Jarass*, BImSchG, § 17 Rn. 51.

428 *Jarass*, BImSchG, § 17 Rn. 10. Aus der Formulierung „daß die Allgemeinheit oder Nachbarschaft nicht ausreichend vor schädlichen Umwelteinwirkungen oder sonstigen Gefahren (...) geschützt ist" wird geschlossen, daß eine konkrete Gefahr für Dritte drohen muß, vgl. *Sellner*, Immissionsschutzrecht und Industrieanlagen, Rn. 426.

429 *Jarass*, BImSchG, § 17 Rn. 38.

430 *Jarass*, BImSchG, § 17 Rn. 38.

431 Vgl. zu dem Streitstand *Kopp/Schenke*, VwGO, § 123 Rn. 12 mit Fn. 32.

güter Dritter von dem Verwaltungsgericht bei der Beurteilung des Vorliegens des Anordnungsanspruchs berücksichtigt, wird dem Gebot des effektiven Rechtsschutzes in hinreichendem Maße genügt[432]. Bedenken gegen Art. 19 Abs. 4 GG liegen dann nicht vor.

B. Staatliche Überwachungsverantwortung: Anforderungen aus der grundrechtlichen Schutzpflicht und dem Staatsziel Umweltschutz

Im folgenden wird geklärt, ob das Überwachungs- und Zertifizierungskonzept auch den Anforderungen an die staatliche Überwachungsverantwortung standhält, die zum Schutz der Bürger und der Umwelt vor den Gefahren unsachgemäßer privater Überwachungstätigkeit, die eine nicht ordnungsgemäße abfallwirtschaftliche Betätigung zur Folge haben kann, fortbesteht.

Die Notwendigkeit, die staatliche Verantwortung für die Ordnungsgemäßheit privater Prüftätigkeit aufrechtzuerhalten, ergibt sich aus zwei verfassungsrechtlichen Vorgaben.

Zum einen verpflichtet die grundrechtliche Schutzpflicht den Staat, Vorkehrungen zu treffen, damit Gefahrenlagen, die durch privat durchgeführte umweltgefährdende Tätigkeiten geschaffen werden, nicht zu Schädigungen von grundrechtlich geschützten Gütern anderer Privater führen. Bei der privaten Überwachung abfallwirtschaftlicher Tätigkeiten ist nicht auszuschließen, daß die Prüftätigkeit entweder nicht ordnungsgemäß mangels fachlicher Qualifikation oder nicht neutral und am Überwachungsziel orientiert ausgeführt wird. Die Folge könnte sein, daß ein abfallwirtschaftliches Unternehmen zertifiziert würde, was zu einer Einschränkung der behördlichen Überwachung führte, obwohl eine ordnungsgemäße abfallwirtschaftliche Tätigkeit nicht gewährleistet wäre. Aus der grundrechtlichen Schutzpflicht trifft den Staat deshalb die sog. Gewährleistungsverantwortung[433], aufgrund der er verpflichtet ist, Maßnahmen zu ergreifen, die die Realisierung dieser Gefahren verhindern.

Bei der zweiten verfassungsrechtlichen Vorgabe handelt es sich um das in Art. 20a GG verankerte Staatsziel Umweltschutz, das den Staat zum Schutz der natürlichen Lebensgrundlagen verpflichtet. Der Staat kann sich dieser Verpflichtung nicht entäußern, da

---

[432] Zum Nachbarschutz im Bauanzeigeverfahren vgl. *Kopp/Schenke*, VwGO, § 123 Rn. 12 m.w.N.

[433] *Schmidt-Preuß*, VVDStRL 56 (1997), S. 160/172; allgemein zur Gewährleistungsverantwortung *Hoffmann-Riem*, DVBl 1996, S. 225/230; vgl. auch *Schneider*, VerwArch 87 (1996), S. 38/49.

Staatszielbestimmungen per definitionem staatsgerichtet sind[434]. Das bedeutet, daß Aufgaben zum Schutz der Umwelt nach Art. 20a GG nicht vollständig auf Private übertragen werden dürfen. Werden Private mit Maßnahmen zum Schutz der natürlichen Lebensgrundlagen betraut[435], muß vielmehr gewährleistet bleiben, daß der Staat „die Kontrolle über die Staatszielverwirklichung behält und bei Versagen oder Defiziten der gesellschaftlichen Zielverwirklichungsformen in die Wahrnehmung der Verantwortung wieder eintritt"[436].

Welche Vorgaben sich konkret aus der grundrechtlichen Schutzpflicht und dem Staatsziel Umweltschutz an das Überwachungs- und Zertifizierungskonzept des § 52 KrW-/AbfG ergeben, soll im folgenden untersucht werden. Zunächst werden die Grundlagen und die allgemeinen Anforderungen der grundrechtlichen Schutzpflicht und des Art. 20a GG dargestellt (1.). Im Anschluß daran wird das Überwachungs- und Zertifizierungskonzept nach § 52 KrW-/AbfG an diesen Vorgaben gemessen (2.).

1. Grundlagen

a. Staatliche Schutzpflicht

aa. Zielrichtung

Grundrechte sind in erster Linie Abwehrrechte gegen ungerechtfertigte staatliche Eingriffe[437]. Ihre Existenz wird nicht als erst vom Staat gewährt, sondern als ihm schon vorgegeben betrachtet. Der staatliche Eingriff in die Grundrechte bedarf daher einer an bestimmten Voraussetzungen geknüpften Rechtfertigung. So bestimmt Art. 2 Abs. 2 GG, daß in das Grundrecht auf Leben und körperliche Unversehrtheit nur auf Grund eines Gesetzes eingegriffen werden darf. Diese Freiheit des Einzelnen vom Staat durch die Abwehrfunktion der Grundrechte wird nach *G. Jellinek*[438] auch als „status negativus" bezeichnet.

---

434 *Sommermann*, Staatsziele und Staatszielbestimmungen, S. 464.

435 Was im Rahmen des Art. 20a GG unzweifelhaft möglich ist, da der in erster Linie angesprochene Gesetzgeber einen weiten Gestaltungsspielraum hat (vgl. B. 1. b. dd. (1) (b)) und Umweltschutz auch durch die Begründung umweltbezogener Pflichten Privater leisten kann, vgl. auch *Kloepfer*, DVBl 1996, S. 73/74.

436 *Sommermann*, Staatsziele und Staatszielbestimmungen, S. 464; *Kloepfer*, DVBl 1996, S. 73/74 zu Art. 20a GG.

437 BVerfGE 7, 198/204; 21, 362/369; 50, 290/336ff.; 61, 82/101; 68, 193/205.

438 *G. Jellinek*, System der subjektiven öffentlichen Rechte, S. 87/94ff.

Daneben drohen aber auch Eingriffe in grundrechtlich geschützte Positionen, wie zum Beispiel in das Leben und in die körperliche Unversehrtheit, durch private Dritte. In diesem Fall ist der Staat verpflichtet, Vorkehrungen zum Schutz der Grundrechte zu treffen[439]. Die Funktion der Grundrechte besteht hier nicht in der Bewahrung des Individuums in seiner Freiheit vom Staat („negative Funktion"), sondern in der Begründung einer an den Staat adressierten Handlungspflicht („status positivus")[440]. Dieser Verpflichtung des Staates korrespondiert ein subjektives Recht auf Schutz, das auch gerichtlich durchgesetzt werden kann[441].

bb. Dogmatische Herleitung

(1) Wortlaut

Schon aus dem Wortlaut einzelner grundrechtlicher Bestimmungen geht hervor, daß der Verfassungsgeber von der Existenz staatlicher Schutzpflichten ausgegangen ist. So bestimmt Art. 1 Abs. 1 S. 2 GG die Verpflichtung der staatlichen Gewalt, die Menschenwürde nicht nur zu achten, sondern auch zu schützen. Das Bestehen staatlicher Schutzpflichten ergibt sich auch aus den Grundrechtsschranken. Die Schranken der Meinungsfreiheit in Art. 5 Abs. 2 GG, der Freizügigkeit in Art. 11 Abs. 2 GG und der Unverletzlichkeit der Wohnung in Art. 13 Abs. 3 GG werden u.a. durch den Schutz der Jugend legitimiert.

Am deutlichsten wird die staatliche Schutzpflicht in Art. 6 GG angesprochen. Gemäß Art. 6 Abs. 1 GG stehen die Ehe und Familie unter dem besonderen Schutz der staatlichen Ordnung. Nach Art. 6 Abs. 2 S. 2 GG wacht die staatliche Gemeinschaft über die Pflege und Erziehung der Kinder durch ihre Eltern, denen diese Aufgabe als Recht zusteht, aber auch als erstrangige Pflicht obliegt[442]. Art. 6 Abs. 4 bestimmt schließlich, daß jede Mutter auf den Schutz und die Fürsorge der Gemeinschaft einen Anspruch hat.

---

439 Die grundrechtliche Schutzpflicht erweist sich insofern auch als Korrelat zum staatlichen Gewaltmonopol. Ist es dem einzelnen Bürger grundsätzlich verwehrt, sich gegen Angriffe Dritter mit Gewalt zu wehren, muß der Staat zu seinem Schutz tätig werden, vgl. *Isensee*, in: Isensee/Kirchhof, HdBStR V, § 111 Rn. 83ff.; *Murswiek*, Die staatliche Verantwortung für die Risiken der Technik, S. 102ff.

440 Ausführlich zu den grundrechtlichen Schutzpflichten *Unruh*, Zur Dogmatik der grundrechtlichen Schutzpflichten, 1996.

441 BVerfGE 53, 30ff. - *Mülheim-Kärlich* -; E 56, 54ff. - *Fluglärm* -; E 77, 170/215 - *C-Waffen* -.

442 Vgl. dazu *Coester-Waltjen*, in: von Münch/Kunig, GG, Art. 6 Rn. 83ff.

(2) Rechtsprechung des BVerfG

Entscheidend für die Begründung der staatlichen Schutzpflicht ist jedoch die vom Bundesverfassungsgericht entwickelte Schutzpflichtenlehre. Schon vor dem als „bahnbrechend“[443] bezeichneten *ersten Fristenregelungsurteil* aus dem Jahr 1975[444] hat es eine Verpflichtung des Staates ausgesprochen, „Schutz gegen Angriffe auf die Menschenwürde durch andere“[445] zu bieten bzw. „für die Idee einer freien Wissenschaft“ einzustehen und „schützend und fördernd einer Aushöhlung dieser Freiheitsgarantie vorzubeugen“[446].

Im *ersten Fristenregelungsurteil* hat es dann unmißverständlich ausgeführt, daß die Schutzpflicht nicht nur unmittelbare staatliche Eingriffe in das sich entwickelnde Leben verbiete, sondern dem Staat auch gebiete, sich schützend und fördernd vor dieses Leben zu stellen, was vor allem hieße, es auch vor rechtswidrigen Eingriffen anderer zu bewahren[447].

Das BVerfG begründet das Bestehen staatlicher Schutzpflichten mit der den Grundrechten zugrundeliegenden objektiven Wertordnung und mit der Menschenwürdegarantie[448]. Schon im *Lüth*-Urteil aus dem Jahr 1958, in dem es um eine Verfassungsbeschwerde gegen ein zivilrechtliches Urteil ging[449], entwickelte es die Theorie von der „Ausstrahlungswirkung“ der Grundrechte auf alle Teile der Rechtsordnung, die darauf beruhe, daß das Grundgesetz „in seinem Grundrechtsabschnitt auch eine objektive Wertordnung aufgerichtet hat und daß gerade hierin eine prinzipielle Verstärkung der Geltungskraft der Grundrechte zum Ausdruck kommt“[450].

443 Vgl. *Isensee*, in: Isensee/Kirchhof, HdBStR V, § 111 Rn. 78.

444 BVerfGE 39, 1ff.

445 BVerfGE 1, 97/104.

446 BVerfGE 35, 79/114.

447 BVerfGE 39, 1/42.

448 BVerfGE 39, 1/41; 77, 170/214 - *C-Waffen* -; 88, 203/251ff - *Fristenregelung II* -.

449 Im Jahr 1950 hatte Erich Lüth, damals Vorsitzender des Hamburger Presseclubs, zum Boykott des Films „Unsterbliche Geliebte“ von Veit Harlan, der im Dritten Reich den antisemitischen Film „Jud Süß“ gedreht hatte, aufgerufen. Daraufhin erhob die Produktions- und Verleihfirma von „Unsterbliche Geliebte“ gegen Lüth Klage auf Unterlassung des Boykottaufrufs aus § 826 BGB.

450 BVerfGE 7, 198/205.

Die Menschenwürdegarantie ist Ausdruck der den Grundrechten zugrundeliegenden Wertordnung[451]. Das geht auch aus der im *Lüth*-Urteil gegebenen Begründung hervor, wonach dieses „Wertesystem, das seinen Mittelpunkt in der (...) sich frei entfaltenden menschlichen Persönlichkeit und ihrer Würde findet, (...) als verfassungsrechtliche Grundentscheidung für alle Bereiche des Rechts gelten [muß]“[452].

(3) Begründungsansätze in der Literatur

Die Literatur, in der sich nur einzelne die Schutzpflicht-Doktrin ablehnende Stimmen finden[453], stützt sich auf verschiedene Ansätze zur dogmatischen Fundierung der grundrechtlichen Schutzpflichten.

Teilweise wird auf die den Staat legitimierende Friedenspflicht[454] zurückgegriffen, die durch die objektiv-rechtliche Dimension der Grundrechte zu einer grundrechtlichen Schutzpflicht konkretisiert werde[455]. Dieser Begründungsansatz unterscheidet sich von dem des BVerfG letztlich aber nicht, denn die Vertreter dieser Auffassung stellen die objektiv-rechtliche Funktion der Grundrechte auch nicht in Frage[456]. Auch wenn die staatliche Schutzpflicht sich letztlich auf das moderne Verständnis staatlicher Legitimation zurückführen läßt, kann das Gewaltmonopol zur dogmatischen Begründung grundrechtlicher Schutzpflichten jedenfalls nicht allein ausschlaggebend sein, wenn die Grundrechte selbst Anhaltspunkte für die Existenz von Schutzpflichten liefern[457].

Nach einer anderen, restriktiven Auffassung befindet sich die Grundlage der grundrechtlichen Schutzpflichten allein im Schutz der Menschenwürde nach Art. 1 Abs. 1 S. 2 GG, weil nur an dieser Stelle das Grundgesetz ausdrücklich von „schützen“ spreche. Bei den übrigen Grundrechten bestünde ebenfalls ein nur auf einen „Würdeschutz im engeren Sinne“ beschränkter Schutz[458]. Die Bestimmung, was diesem Bereich zu-

---

451 *Unruh*, Zur Dogmatik der grundrechtlichen Schutzpflichten, S. 34ff.

452 BVerfGE 7, 158/205. Vgl. auch das *Hochschul*-Urteil des BVerfG (E 35, 79/114).

453 Vgl. zum Beispiel *Goerlich*, NJW 1981, S. 2616; vgl. auch schon das Sondervotum der Richter *Rupp - v. Brünneck* und *Simon* im *ersten Fristenregelungsurteil*, BVerfGE 39, 1/73.

454 Vgl. dazu die in diesem Teil unter I. A. 1. gemachten Ausführungen.

455 *E. Klein*, Grundrechtliche Schutzpflichten des Staates, NJW 1989, S. 1633/1636; *Murswiek*, Die staatliche Verantwortung für die Risiken der Technik, S. 102ff.; *Isensee*, in: Isensee/Kirchhof, HdBStR V, § 111 Rn. 83ff.

456 *Unruh*, Zur Dogmatik der grundrechtlichen Schutzpflichten, S. 40.

457 So zutreffend *Bleckmann*, DVBl 1988, S. 938/941, 942.

458 *Starck*, Praxis der Verfassungsauslegung, S. 70f.

zuordnen sei, obliege dem BVerfG, das auch bei Verfassungsänderungen mit Grundrechtsberührung prüfen müsse, ob diese mit den Grundsätzen des Art. 1 GG vereinbar seien[459].

Diese Theorie muß sich entgegenhalten lassen, daß sie keine Kriterien für die Bestimmung des Menschenwürdekerns vorgibt[460]. Ferner ist die Einordnung eines „Würdeschutzes im engeren Sinne" in die Gesamtkonzeption der Grundrechte schwierig. Sie bereitet insbesondere im Hinblick darauf Schwierigkeiten, daß die einzelnen Grundrechte sich als Ausformung des Menschwürdegehaltes darstellen und daß ihr Schutz deshalb nicht auf einen „Würdekerngehalt" reduziert werden kann[461].

Ein anderer Ansatz in der Literatur hält die Begründung eines status positivus der Grundrechte zum Schutz vor schädigenden Handlungen privater Dritter für überflüssig und löst die Problematik über die Abwehrfunktion der Grundrechte. Ihr Ausgangspunkt ist die staatliche Friedenssicherungspflicht. Treffe der Staat keine Schutzmaßnahmen vor Eingriffen Dritter und werde der Bürger in seiner grundrechtlich geschützten Position verletzt, liege ein staatlicher Eingriff durch Unterlassen vor[462]. Diese Auffassung hätte zur Folge, daß das Verhalten des schädigenden Grundrechtsträgers unter dem Vorbehalt steht, daß der Staat es nicht verbietet. Die grundrechtliche Freiheit des Schädigers wäre dem Staat nicht vorgegeben, vielmehr würde sie auf einer Delegation des Staates beruhen, der über die Reichweite dieser Freiheit entscheiden würde[463]. Damit würde aber der in den Grundrechten verankerte „status negativus" in ihr Gegenteil verkehrt. Der abwehrrechtliche Ansatz ist daher abzulehnen.

Im Ergebnis ist festzuhalten, daß die Begründungsversuche der Literatur insgesamt nicht geeignet sind, die Auffassung des BVerfG über die dogmatische Fundierung der grundrechtlichen Schutzpflichten in Frage zu stellen. An ihr ist deshalb festzuhalten.

---

459 *Starck*, Praxis der Verfassungsauslegung, S. 70f.

460 *Unruh*, Zur Dogmatik der grundrechtlichen Schutzpflichten, S. 43.

461 *Unruh*, Zur Dogmatik der grundrechtlichen Schutzpflichten, S. 44.

462 *Murswiek*, Die staatliche Verantwortung für die Risiken der Technik, S. 66, 107.

463 Vgl. *Isensee*, in: Isensee/Kirchhof, HdBStR V, § 111 Rn. 119.

cc. Auslösung der Schutzpflicht

(1) Grundrechte als Angriffsobjekt

Angriffsobjekt ist jedes von einem Grundrecht geschützte Rechtsgut, wie das Leben, die körperliche Unversehrtheit, Freiheit oder Eigentum[464]. Insbesondere bei den von einer unsachgemäßen abfallwirtschaftlichen Tätigkeit betroffenen Schutzgütern „Leben" und „körperliche Unversehrtheit" spielt die grundrechtliche Schutzpflicht aufgrund des hohen Ranges dieser Grundrechtsgüter eine bedeutende Rolle[465].

(2) Gefahrenschwelle

Die staatliche Schutzpflicht für das Leben und die körperliche Unversehrtheit setzt nicht erst bei einer schon eingetretenen Rechtsverletzung ein; vielmehr genügt die potentielle Gefahr der Grundrechtsbeeinträchtigung[466].

Zum Teil wird auf den polizeirechtlichen Gefahrenbegriff zurückgegriffen, um die Auslösung der grundrechtlichen Schutzpflicht zu bestimmen[467]. Diese Bezugnahme erweist sich jedoch als unzureichend, wenn es um den Schutz des hochrangigen Rechtsgutes der körperlichen Unversehrtheit geht.

Das BVerfG hat im Zusammenhang mit den Gefahren der Kernenergie[468] und mit den gesundheitsgefährdenden Auswirkungen von Fluglärm festgestellt, daß sich aus den verfassungsrechtlichen Schutzpflichten das Gebot ergeben könne, rechtliche Regelungen so auszugestalten, daß auch die Gefahr von Grundrechtsverletzungen eingedämmt

---

[464] Die staatliche Schutzpflicht erstreckt sich unterschiedslos auf Freiheits- und Gleichheitsgrundrechte. Eine Beschränkung auf Freiheitsgrundrechte ist ungerechtfertigt, denn auch der in Art. 3 GG verankerte Gleichheitssatz enthält eine schützenswerte Wertentscheidung, vgl. *Unruh*, Zur Dogmatik der grundrechtlichen Schutzpflichten, S. 75. Dagegen *Isensee*, in: Isensee/Kirchhof, HdBStR V, § 111 Rn. 96. Noch einschränkender *Scholz*, in: Maunz/Dürig, GG, Art. 20a Rn. 9: „(...) Schutzpflichten (...), die sich vor allem auf die Grundrechte aus Art. 1 Abs. 1, Art. 2 Abs. 2 S. 1 und Art. 14 GG gründen".

[465] Vgl. BVerfGE 39, 1/41 - *Fristenregelung I* -; 46, 160/164 - *Schleyer* -; 49, 89/141ff. - *Kalkar* -; 53, 30/57 - *Mülheim-Kärlich* -. Die Wertigkeit von Leben und körperlicher Unversehrtheit zeigt sich etwa daran, daß diese Grundrechte sofort „erkannt" werden und, anders als zum Beispiel die Vereinigungsfreiheit (vgl. dazu BVerfGE 50, 290/354 - *Mitbestimmung -)* keiner gesetzlichen Ausgestaltung bedürfen, damit Inhalt und Reichweite der grundrechtlichen Gewährleistung bestimmbar werden (vgl. *Jarass*, AöR 120 (1995), S. 345/367; *Dietlein*, Die Lehre von den grundrechtlichen Schutzpflichten, S. 71).

[466] Vgl. *Unruh*, Zur Dogmatik der grundrechtlichen Schutzpflichten, S. 76ff.

[467] *Hermes*, Das Grundrecht auf Schutz von Leben und Gesundheit, S. 236; *Murswiek*, Die staatliche Verantwortung für die Risiken der Technik, S. 80ff., 127ff., 149ff.

[468] BVerfGE 49, 89/142ff. - *Kalkar* -; 56, 54/78ff. - *Fluglärm* -.

bleibe; ob, wann und mit welchem Inhalt eine solche Ausgestaltung von Verfassungs wegen geboten sei, hänge von der Art, der Nähe und dem Ausmaß möglicher Gefahren, der Art und dem Rang des verfassungsrechtlich geschützten Rechtsguts sowie von den schon vorhandenen Regelungen ab[469].

Dem in erster Linie von einer unsachgemäßen abfallwirtschaftlichen Tätigkeit betroffenen Rechtsgut der körperlichen Unversehrtheit mißt das BVerfG einen „besonders hohe[n] Rang"[470] zu. Liegt die Gewißheit vor, daß die gefährdende Tätigkeit im Schadensfall zu einer Beeinträchtigung des zu schützenden Rechtsgutes führen wird, muß deshalb auch die nur entfernte Wahrscheinlichkeit eines Schadenseintritts für die Auslösung der grundrechtlichen Schutzpflicht genügen[471].

Im Bereich der Abfallwirtschaft ist die Gefahrenschwelle zur Auslösung der staatlichen Schutzpflicht unzweifelhaft „überschritten". Die unsachgemäße Entsorgungstätigkeit ist, je nach der chemischen Zusammensetzung des Abfalls und der „Art und Weise" der nicht ordnungsgemäßen Entsorgung mit zum Teil erheblichen Gefahren für die körperliche Unversehrtheit verbunden. Aus diesem Grund ist die staatliche Verpflichtung, Schutzmaßnahmen zu treffen, damit diesen Gefahren vorgebeugt werden kann, unproblematisch gegeben.

(3) Gefahrenverursacher

Die grundrechtliche Schutzpflicht lebt nur bei einem privaten Gefahrenverursacher auf. Beeinträchtigt der Staat selbst Grundrechtspositionen, entfalten die Grundrechte direkte Abwehrwirkung.

dd. Adressaten der Schutzpflicht

Die grundrechtliche Schutzpflicht betrifft gemäß Art. 1 Abs. 3 GG alle drei Gewalten. Gesetzgebung, Verwaltung und Rechtsprechung sind in ihrem jeweiligen Funktionsbereich verpflichtet, geeignete und ausreichende Maßnahmen zur Erfüllung der Schutzpflicht zu ergreifen.

Primärer Adressat der grundrechtlichen Schutzpflicht ist jedoch der Gesetzgeber. Er entscheidet über den Erlaß und die Ausgestaltung der Schutznormen, die sowohl im

---

469 BVerfGE 49, 89/142 - *Kalkar* -; 56, 54/78 - *Fluglärm* -.

470 BVerfGE 49, 24/53 - *Kontaktsperre* -.

471 BVerfGE 49, 89/142 - *Kalkar* - in bezug auf die Gefahren der friedlichen Nutzung der Kernenergie.

Privatrecht als auch im öffentlichen Recht angesiedelt sein können. Die Rechtsordnung ist präventiv so auszugestalten, daß das Risiko der Realisierung von privat geschaffenen Gefahrenlagen gemindert oder sogar vollständig beseitigt wird[472].

Die Verwaltung hat, entsprechend ihrer Bindung an Recht und Gesetz nach Art. 20 Abs. 3 GG, ihr Schutzhandeln an den gesetzlichen Vorgaben auszurichten. Insbesondere im Verwaltungsverfahren ist die effektive Durchsetzung der schutzpflichtrelevanten Normen zu gewährleisten[473]. Die grundrechtlichen Schutzpflichten wirken sich darüber hinaus bei der Norminterpretation und bei der Ermessensbetätigung aus[474].

Die Rechtsprechung gewährleistet den Grundrechtsschutz, indem sie über das Schutzhandeln der anderen staatlichen Gewalten eine Rechtmäßigkeitskontrolle ausübt[475].

ee. *Erfüllung der Schutzpflicht*

(1) Gestaltungsfreiheit

Die Erfüllung der grundrechtlichen Schutzpflicht unterliegt im Rahmen der verfassungsmäßigen Vorgaben der Gestaltungsfreiheit der staatlichen Organe. Im Gegensatz zur Grundrechtsbetroffenheit durch einen staatlichen Eingriff, die nur durch die Unterbindung des Eingriffs abgestellt werden kann, kann der Schutz eines Grundrechts gegen beeinträchtigendes Verhalten Dritter auf grundsätzlich verschiedene Weisen realisiert werden.

Das BVerfG gesteht den staatlichen Organen einen weiten Einschätzungs-, Wertungs- und Gestaltungsspielraum zu, der auch Raum für die Berücksichtigung konkurrierender öffentlicher und privater Interessen läßt[476]. Eine Verletzung kann nur dann festgestellt werden, wenn die öffentliche Gewalt gänzlich untätig geblieben ist oder die ge-

---

472 *Dietlein*, Die Lehre von den grundrechtlichen Schutzpflichten, S. 70, 71.

473 *Dietlein*, Die Lehre von den grundrechtlichen Schutzpflichten, S. 71.

474 *Dietlein*, Die Lehre von den grundrechtlichen Schutzpflichten, S. 72.

475 *Dietlein*, Die Lehre von den grundrechtlichen Schutzpflichten, S. 72.

476 Vgl. zur Schutzpflicht des Gesetzgebers BVerfGE 56, 54/80 - *Fluglärm* -; 77, 170/214 - *C-Waffen* -; 77, 381/405 - *Zwischenlager Gorleben* -. Zur Schutzpflicht der Exekutive vgl. BVerfGE 46, 160/164ff. - *Schleyer* -.

troffenen Maßnahmen völlig ungeeignet oder unzureichend sind, um das gebotene Schutzziel zu erreichen[477].

Der Gestaltungsspielraum wird allerdings um so stärker eingeschränkt, je hochrangiger das in Frage stehende Schutzgut und je weniger ein eintretender Schaden reversibel ist. Im Extremfall kann das Gestaltungsermessen so weit verengt werden, daß nur noch eine bestimmte Maßnahme in Betracht kommt, um die grundrechtliche Schutzpflicht zu erfüllen. So hat das BVerfG im *ersten Fristenregelungsurteil* den staatlichen Gestaltungsspielraum mit Blick auf das Schutzgut Leben auch deutlich eingeschränkt: Im Hinblick auf den Wert des ungeborenen Lebens und dem Maß der Sozialschädlichkeit seiner Zerstörung auf der einen Seite und im Hinblick auf die traditionellen rechtlichen Regelungen dieses Lebensbereiches sowie der gesellschaftlichen Vorstellungen über die Rolle des Strafrechts und seiner abschreckenden Wirkung andererseits sei der Staat verpflichtet, das ungeborene Leben durch den Einsatz der Mittel des Strafrechts zu schützen[478]. Auch in der *Schleyer*-Entscheidung beurteilte es den Handlungsspielraum der Exekutive grundsätzlich als auf eine Maßnahme reduziert. Zwar erkannte es den staatlichen Entscheidungsorganen die eigenverantwortliche Entscheidungsbefugnis zu, welche Schutzmaßnahmen zum Schutz des Lebens des Entführten zweckdienlich und geboten seien. Infolgedessen lehnte es auch ab, eine bestimmte zu ergreifende Maßnahme[479] aus der grundrechtlichen Schutzpflicht für das bedrohte Leben Schleyers abzuleiten[480]. Das BVerfG sah sich zur Verpflichtung der Exekutive, der Forderung der RAF-Terroristen nachzukommen und RAF-Inhaftierte im Tausch gegen Hanns-Martin Schleyer freizulassen, allerdings nicht vor dem Hintergrund des der Exekutive grundsätzlich zustehenden Gestaltungsspielraums gehindert, sondern weil das Eingehen auf die Forderung der Terroristen erhebliche Rückwirkungen auf das Allgemeinwohl hätte haben können, die in der Abwägung nicht hinter dem individuellen Leben zurückste-

---

477 BVerfGE 77, 170/215 - *C-Waffen* -; 77, 381/405; 79, 174/202; 85, 191/212f.; 92, 26/46; BVerfG NJW 1996, 651 - *Ozon* -; BVerfG NJW 1997, 2509 = JZ 1997, 897 - *Elektrosmog* -; BVerfG Beschluß vom 9. Februar 1998 - 1 BvR 2234/97 -, S. 3, 4 - *Nichtraucherschutz* -; vgl. auch BVerwG NuR 1999, S. 41/42.

478 BVerfGE 39, 1/45. Beachte dagegen die Kritik im Sondervotum.

479 Die Familie Schleyer hatte das Bundesverfassungsgericht angerufen, um die Bundesregierung aus ihrer grundrechtlichen Schutzpflicht für das Leben des Entführungsopfers zu verpflichten, der Forderung der Entführer nachzukommen und in Stuttgart-Stammheim inhaftierte RAF-Terroristen freizulassen.

480 BVerfGE 46, 160/164f. - *Schleyer* -.

hen mußten[481]. Das staatliche Gestaltungsermessen war hier grundsätzlich in dem Moment, in dem eine Entscheidung getroffen werden mußte, auf diese eine Maßnahme verengt. Es stieß aber auf entgegenstehende Belange, die in der vorzunehmenden Abwägung nicht hinter dem Leben des Entführten zurücktraten.

Bei potentiell drohenden Eingriffen in Grundrechtsgüter sind die zuständigen staatlichen Organe zur Verhinderung der Gefahrenrealisierung verpflichtet. Da die Gefahr nicht notwendigerweise eintreten muß, sondern dies nur möglich ist, haben die staatlichen Organe, in erster Linie der Gesetzgeber, „die Risikosphären festzulegen und einen Ausgleich zwischen der Freiheit des einen und der Freiheit des anderen (die seine Sicherheit ist) zu suchen“[482]. Konkret bedeutet das, daß eine Abwägung zu treffen ist zwischen Art und Ausmaß der potentiell drohenden Gefahr sowie der Wertigkeit der betroffenen Grundrechtsgüter und der Intensität der Grundrechtsbeschränkungen, die dem Störer zugemutet werden kann. Je empfindlicher sich die Grundrechtsbeschränkung beim Risikoverursacher darstellt, desto stärker muß das Interesse des zu Schützenden an der Verhinderung der Gefahrenrealisierung sein[483].

Die Gestaltungsfreiheit hat sich schließlich immer an der Zielvorgabe, daß das Grundrecht effektiv geschützt werden muß, zu orientieren[484], d.h. es dürfen nur solche Maßnahmen ergriffen werden, die geeignet sind, Angriffe Dritter abzuwehren[485]. Dem Effektivitätsgebot wird aber nicht schon durch den Erlaß einer Schutznorm genügt. Vielmehr muß der Staat auch für ihre praktische Umsetzung und ihre reale Akzeptanz Sorge tragen[486].

(2) Untermaßverbot

Im *zweiten Fristenregelungsurteil* hat das BVerfG die Verpflichtung des Gesetzgebers, sein Gestaltungsermessen an der Zielvorgabe des effektiven Grundrechtsschutzes zu

---

481 BVerfGE 46, 160/165 - *Schleyer* -.

482 *E. Klein*, NJW 1989, S. 1636/1637.

483 *Murswiek*, Die staatliche Verantwortung für die Risiken der Technik, S. 243.

484 *E. Klein*, NJW 1989, S. 1636/1637; BVerfGE 39,1/41 - *Fristenregelung I* -; 46, 160/164 - *Schleyer* -.

485 *Murswiek*, Die staatliche Verantwortung für die Risiken der Technik, S. 111.

486 *Isensee*, in: Isensee/Kirchhof, HdBStR V, § 111 Rn. 166.

orientieren, an dem sog. Untermaßverbot festgemacht[487]. Die Vorkehrungen, die der Gesetzgeber treffe, müßten - unter Berücksichtigung entgegenstehender Rechtsgüter - für einen angemessenen und wirksamen Schutz ausreichend sein und zudem auf sorgfältigen Tatsachenermittlungen und vertretbaren Einschätzungen beruhen[488]. Insofern unterliege er der verfassungsgerichtlichen Kontrolle[489].

(3) Optimierungsgebot

Aus der den Grundrechten zugrundeliegenden objektiven Wertordnung folgt, daß die staatlichen Organe verpflichtet sind, die ihnen zur Verfügung stehenden Mittel im Rahmen des rechtlich und tatsächlich Möglichen so effektiv wie möglich einzusetzen, um einen bestmöglichen Schutz zu gewährleisten. Dieses Optimierungsgebot ist allerdings nicht im Sinne einer „Erfolgspflicht" mißzuverstehen mit der Folge, daß bei Nichterreichung des Optimums die grundrechtliche Schutzpflicht verletzt ist. Ein absoluter Grundrechtsschutz ist - schon mangels Beherrschbarkeit aller Lebensrisiken - nicht möglich und kann zudem mit entgegenstehenden Grundrechten in nicht zu ver-

---

[487] BVerfGE 88, 203/254ff. unter Berufung auf *Isensee*, in: Isensee/Kirchhof, HdBStR V, § 111 Rn. 165; dieser wiederum auf *Canaris*, Grundrechte und Privatrecht, AcP 184 (1984), S. 201/228 und *Götz*, in: Isensee/Kirchhof, HdBStR III, § 79 Rn. 30ff. verweisend.

[488] BVerfGE 88, 203/254ff. In der Literatur ist die Konstruktion des Untermaßverbots umstritten. Gegen das Untermaßverbot sprechen sich zum Beispiel *Unruh*, Zur Dogmatik der grundrechtlichen Schutzpflichten, S. 86f. und *Hain*, DVBl 1993, S. 982/983f. aus. Die Autoren sind der Auffassung, daß jedenfalls in den Dreiecksfällen das Untermaßverbot überflüssig sei, da die anzustellenden Erwägungen auch bei der Prüfung der Verhältnismäßigkeit des Eingriffs in die Grundrechte des Störers, nämlich im Rahmen der Erforderlichkeit, vorzunehmen seien. Zu den Befürwortern des Untermaßverbots zählen *Canaris*, Grundrechte und Privatrecht, AcP 184 (1984), 201/228 und *Isensee*, in: Isensee/Kirchhof, HdBStR V, § 111 Rn. 165.

Die das Untermaßverbot ablehnende Auffassung verkennt, daß das Gebot der Erforderlichkeit beim Eingriff in Grundrechte des Störers nicht verletzt wird, wenn unzureichende Maßnahmen zur Erfüllung der staatlichen Schutzpflicht getroffen werden. Wenn der Staat eine schärfere Maßnahme ergreifen müßte, um seiner staatlichen Schutzpflicht zu genügen, kann die unzureichende Maßnahme im Einzelfall zwar grundrechtswidrig sein (vgl. dazu die Ausführungen zur Nachbesserungspflicht des Gesetzgebers unten bei ee. (4)). Sie muß es aber nicht, etwa dann, wenn die Maßnahme zwar grundsätzlich Schutz vermittelt, dies aber nicht im erforderlichen Maß und den Gesetzgeber keine Nachbesserungspflicht aus der grundrechtlichen Schutzpflicht trifft, vgl. den Hinweis von *Szczekalla* bei der Rezension der Dissertation von *Unruh*, in: DVBl 1997, S. 1077, unter Verweis auf BVerfGE 71, 206/217. Die Konstruktion des Untermaßverbotes hat daher durchaus ihre Berechtigung.

[489] BVerfGE 88, 203/254.

einbarender Weise kollidieren. Das Optimierungsgebot stellt vielmehr ein Leitprinzip dar, an dem die staatlichen Organe ihr Handeln auszurichten haben[490].

(4) Nachbesserungspflicht

Eine weitere Ausprägung der grundrechtlichen Schutzpflicht ist die Nachbesserungspflicht von Gesetzen durch das Parlament oder durch den Verordnungsgeber[491], wenn bestehende Regelungen hinter den Anforderungen an einen wirksamen Grundrechtsschutz zurückbleiben[492]. Die Nachbesserungspflicht ist „gleichsam der Preis für die von der Rechtsprechung respektierte Gestaltungsfreiheit“[493].

Die Reichweite der gerichtlichen Überprüfbarkeit des Beurteilungs- und Prognosespielraums richtet sich in erster Linie nach der Betroffenheit grundrechtlich geschützter Rechtspositionen, aber auch nach der Eigenart des in Rede stehenden Sachbereichs und der Möglichkeit, sich ein hinreichend sicheres Urteil zu bilden[494]. Stellt sich später heraus, daß sich die gesetzgeberische Prognose über die regelungserheblichen Tatsachen oder über die Auswirkungen des Gesetzes als falsch erwiesen hat oder haben sich die für Art und Ausmaß des Grundrechtseingriffs erheblichen Umstände geändert, ist der Gesetz- bzw. Verordnungsgeber verpflichtet, die Rechtslage diesen Verhältnissen entsprechend entweder durch Aufhebung oder Änderung der Regelungen „nachzubessern“[495]. Unterbleibt die Nachbesserung, ist ein Verstoß gegen die grundrechtliche

---

490 *Isensee*, in: Isensee/Kirchhof, HdBStR V § 111 Rn. 138; zweifelnd *Ossenbühl*, NuR 1996, S. 53/57 zur Ableitbarkeit eines Gebotes zur optimalen Gefahrenminimierung aus dem Untermaßverbot.

491 *Badura*, FS Eichenberger, S. 481/483.

492 Die Nachbesserungspflicht ist nicht ausschließlich in den freiheitssichernden grundrechtlichen Schutzpflichten zu verorten; das ist nur der Fall, wenn gesetzliche Bestimmungen den Anforderungen an die Schutzpflichten nicht mehr genügen. Nachbesserungspflichten können sich auch aus anderen verfassungsrechtlichen Anforderungen ergeben, zum Beispiel aus der Pflicht zur Verhinderung gleichheitswidriger Situationen, vgl. dazu BVerfGE 16, 130/142 - *Einteilung der Wahlkreise* - sowie BVerfGE 54, 11/34ff. - *Rentenbezüge* -. Darauf weist *Stettner*, DVBl 1982, S. 1123/1126 zu Recht hin.

493 *Di Fabio*, NVwZ 1995, S. 1/7.

494 BVerfGE 50, 290/332ff. - *Mitbestimmung* - unter Verweis auf seine Rechtsprechung , in der es eine Evidenzkontrolle (BVerfGE 36, 17 - *Grundstücksverkauf* -; 37, 1/20 - *Stabilisierungsfonds*-; 40, 196/233 - *Güterkraftverkehrsgesetz* -), eine Vertretbarkeitskontrolle (BVerfGE 25, 1/12ff., 17 – *Mühlengesetz* -; 30, 250/263 - *Absicherungsgesetz* -; 39, 210/225 - *Mühlenstrukturgesetz* -) und eine intensive inhaltliche Kontrolle (BVerfGE 7, 377/415 - *Apotheken* -; 11, 30/45 - *Kassenärzte* -; 17, 269/276ff. - *Arzneimittelgesetz* -; 39, 1/46, 51ff. - *Fristenregelung I* -; 45, 187/238 - *Lebenslange Freiheitsstrafe* -) durchgeführt hat.

495 *Badura*, FS Eichenberger, S. 481/485.

Schutzpflicht aber erst dann gegeben, „wenn evident ist, daß eine ursprünglich rechtmäßige Regelung wegen zwischenzeitlicher Änderung der Verhältnisse verfassungsrechtlich untragbar geworden ist und wenn der Gesetzgeber gleichwohl weiterhin untätig geblieben ist, oder offensichtlich fehlsame Nachbesserungsmaßnahmen getroffen hat"[496]. Seinen Grund hat die eingeschränkte gerichtliche Kontrolle darin, daß in erster Linie dem Gesetzgeber die Entscheidung obliegt, in welcher Weise einer Beurteilung des Sachverhaltes Rechnung getragen werden soll[497]. Eine Verletzung der grundrechtlichen Schutzpflicht durch unterlassene Nachbesserung kann deshalb nur angenommen werden, „wenn der Vorwurf eines untragbaren Rechtsverstoßes, der Sachwidrigkeit oder der Willkür erhoben werden kann"[498].

(5) Grenzen

Jeglicher Eingriff in Grundrechte bedarf der verfassungsrechtlichen Rechtfertigung. Aus der Perspektive des Störers hat der Staat die grundrechtlichen Schranken, somit auch das Verhältnismäßigkeitsprinzip, zu beachten. Die grundrechtsbeeinträchtigende Maßnahme muß zur Erreichung ihres gesetzten Ziels, hier der Erfüllung der staatlichen Schutzpflicht, geeignet, erforderlich und verhältnismäßig i.e.S. sein.

Ferner unterliegt der Grundrechtseingriff dem Vorbehalt des Gesetzes[499]. Ein Eingriff in die Grundrechte des Störers kann nicht schon durch die zu schützenden Grundrechtspositionen des Opfers legitimiert werden[500]. Könnte der Staat die Erfüllung seiner staatlichen Schutzpflicht direkt auf die Grundrechte des Opfers stützen, würde die Vermutung, daß das erlaubt ist, was nicht aufgrund gesetzlicher Regelung verboten ist, aufgegeben. Das würde bedeuten, daß die Grundrechte nicht mehr als dem Staat vorgegeben, sondern als von ihm auf den Grundrechtsträger delegiert zu betrachten wä-

---

496 BVerfGE 56, 54/81 - *Fluglärm* -.

497 BVerfGE 56, 54/81 - *Fluglärm* -.

498 *Badura*, FS Eichenberger, S. 481/488.

499 *Faber*, DVBl 1998, S. 745/752; *Wahl/Masing*, JZ 1990, S. 553/559.

500 So aber VGH Kassel, NJW 1990, S. 336/337; vgl. zum Sachverhalt Fn. 366. Die Entscheidung ist, wie in Fn. 366 schon angemerkt, in der Literatur stark kritisiert worden, vgl. neben der in der genannten Fn. aufgeführten Literatur auch *Hirsch*, NJW 1990, S. 1445ff.; *Dietlein*, Die Lehre von den grundrechtlichen Schutzpflichten, S. 45 Anm. 131; *Enders*, AöR 115 (1990), S. 610/628ff.

ren[501]. Diese Konzeption ist jedoch mit der freiheitssichernden Funktion der Grundrechte unvereinbar.

ff. Justitiabilität

Der Judikatur des BVerfG läßt sich die Anerkennung eines subjektiven Rechts auf die Erfüllung von grundrechtlichen Schutzpflichten entnehmen, indem es Verfassungsbeschwerden, die sich auf die Verletzung von staatlichen Schutzpflichten stützten, zugelassen hat[502].

Entsprechend der nur begrenzten Nachprüfbarkeit der Verletzung der staatlichen Schutzpflicht erfordert die Zulässigkeit einer darauf gestützten Verfassungsbeschwerde, daß der Beschwerdeführer schlüssig dartut, „daß die öffentliche Gewalt Schutzvorkehrungen überhaupt nicht getroffen hat oder daß offensichtlich die getroffenen Regelungen und Maßnahmen gänzlich ungeeignet oder völlig unzureichend sind, das Schutzziel zu erreichen"[503].

Teilweise ist die Befürchtung geäußert worden, daß die Einklagbarkeit der staatlichen Schutzpflichten die Gefahr berge, daß das BVerfG dem Parlament Vorgaben hinsichtlich der Art und Weise der Erfüllung der staatlichen Schutzpflicht machen könne und der gesetzgeberische Gestaltungsspielraum aufgehoben werde[504]. Diese Befürchtung ist jedoch angesichts der konstanten Haltung des BVerfG zum Einschätzungs- und Gestaltungsspielraum der staatlichen Organe, der sich nur in dem Fall, in dem irreversible Rechtsgüter von höchstem Rang auf dem Spiel stehen, auf den Einsatz eines bestimmten oder mehrerer bestimmter Mittel beschränken kann, unbegründet[505]. Im übrigen besteht der Zweck der Grundrechte gerade darin, dem Einzelnen ihre Inanspruchnahme zu sichern. Im Fall der Gefährdung grundrechtlich geschützter Positionen muß dem Grundrechtsträger ein durchsetzbarer Anspruch auf Abstellen dieser Gefährdung zu-

---

501 *Wahl/Masing*, JZ 1990, S. 553/556; vgl. auch die Kritik am „abwehrrechtlichen" Ansatz *Murswieks* zur dogmatischen Begründung der grundrechtlichen Schutzpflichten (oben bei bb. (3)).

502 BVerfGE 53, 30ff., insbesondere, S. 57ff. - *Mülheim-Kärlich* -; 56, 54/70 - *Fluglärm* -.

503 BVerfGE 77, 170/215 - *C-Waffen* -.

504 *Steinberg*, NJW 1984, S. 457/461; *Wahl/Masing*, JZ 1990, S. 553/557; vgl. auch das Sondervotum zum *ersten Fristenregelungsurteil* der Richter *Rupp - v. Brünneck* und *Simon*, BVerfGE 39, 1/68ff.

505 In seinem Beschluß zum *Elektrosmog* (BVerfG NJW 1997, S. 2509) hat das BVerfG seine Haltung bestätigt; vgl. dazu auch *Determann*, NJW 1997, S. 2501/2503: „(...) auffällig großzügige Gewährung verfassungsgerichtlicher Kontrolle entzogener Beurteilungsspielräume".

stehen. Es kann nicht darauf ankommen, ob die Gefährdung von einem aktiven staatlichen Eingriff oder von einem bloßen Untätigbleiben bei - drohenden - Beeinträchtigungen durch Dritte herrührt.

b. Staatsziel Umweltschutz, Art. 20a GG

aa. Bedeutung

Der durch Art. 1 Nr. 2 des Änderungsgesetzes vom 27. Oktober 1994[506] in das Grundgesetz eingefügte Art. 20a GG nimmt den Schutz der natürlichen Lebensgrundlagen in das Grundgesetz auf. Er bestimmt, daß der Staat auch in Verantwortung für die künftigen Generationen die natürlichen Lebensgrundlagen im Rahmen der verfassungsmäßigen Ordnung durch die Gesetzgebung und nach Maßgabe von Gesetz und Recht durch die vollziehende Gewalt und Rechtsprechung schützt. Diese Aufgabe ist der staatlichen Gewalt als Staatszielbestimmung aufgegeben. d.h. sie verpflichtet den Staat zur Verfolgung des in Art. 20a GG bestimmten Ziels, ohne die Mittel zu dessen Verwirklichung vorzugeben[507].

Die Staatszielbestimmung geht weiter als ein bloßer Programmsatz, der nur eine unverbindliche Gestaltungsmöglichkeit und Zielperspektive vorgibt[508]; auf der anderen Seite reicht sie nicht so weit wie ein Gesetzgebungsauftrag, bei dem dem Gesetzgeber die Regelung einzelner Vorhaben in einer ganz bestimmten Weise aufgegeben wird[509].

Umweltschutz als Staatszielbestimmung bedeutet einerseits seine unmittelbare normative Verbindlichkeit für alle staatlichen Organe, hat auf der anderen Seite aber auch eine Ausfüllungsbedürftigkeit angesichts der „situativen Offenheit und entwicklungsbedingten Dynamik ökologischer Bedarfslagen wie ökologischer Ordnungsaufga-

---

506 BGBl. I S. 3146.

507 Vgl. *Sommermann*, Staatsziele und Staatszielbestimmungen, S. 377; *Wolf*, KritVj 1997, S. 280/284 bezugnehmend auf BVerfGE 59, 231/263 zum Sozialstaatsprinzip.

508 *Kloepfer*, in: Bonner Kommentar, GG, Art. 20a Rn. 10.

509 *Bernsdorff*, NuR 1997, S. 328/329; *Jaag*, FS Häfelin, S. 275/276; ablehnend *Sommermann*, Staatsziele und Staatszielbestimmungen, S. 363, 364 und S. 382, nach dessen Auffassung sich die Staatszielbestimmung vom Gesetzgebungsauftrag allein durch den Adressatenkreis unterscheidet. Auch eine Staatszielbestimmung könne genaue Vorgaben an die Zielverwirklichung machen, wie dies zum Beispiel bei Art. 51 Abs. 1 der spanischen Verfassung (den Verbraucherschutz betreffend) der Fall sei. Der Gesetzgebungsauftrag dagegen sei nur an den Gesetzgeber gerichtet, während die Staatszielbestimmung alle drei Gewalten verpflichte.

ben“[510]. Dem Sozialstaatsprinzip vergleichbar ist das Staatsziel Umweltschutz als „permanenter Konkretisierungsauftrag“ zu verstehen, „der vor allem über die Gesetzgebung immer wieder neu anhand der wechselnden, konkreten Situationen oder Bedarfslagen in der gesellschaftlichen Realität zu aktualisieren ist“[511].

Anders als die grundrechtliche Schutzpflicht vermittelt die Staatszielbestimmung keine subjektiv-öffentlichen Rechte, sondern entfaltet nur eine an die staatlichen Organe gerichtete objektiv-rechtliche Wirkung[512]. Dies folgt aus der Entstehungsgeschichte, aus der deutlich wird, daß der Verfassungsgeber auf keinen Fall ein „Umweltgrundrecht“ beschließen wollte[513], ergibt sich aber auch aus der systematischen Stellung der Vorschrift außerhalb des Grundrechtskatalogs der Art. 1 - 19 GG[514]. Außerdem steht sie in direkter Nachbarschaft zu den anderen Staatsziel- und Staatsstrukturbestimmungen[515].

Die Verankerung direkt hinter Art. 20 GG macht zugleich deutlich, daß der Schutz der natürlichen Lebensgrundlagen eine Staatsaufgabe von grundlegender und hervorragender Bedeutung ist, die den in Art. 20 GG genannten Prinzipien im wesentlichen gleichkommt[516].

bb. Inhalt

Art. 20a GG verpflichtet den Staat „auch in Verantwortung für die künftigen Generationen“ zum Schutz der „natürlichen Lebensgrundlagen“. Der Schutz ist durch aktives Handeln, die die hoheitliche Abwehr von Schädigungen durch Dritte einschließt und

---

510 *Scholz*, in: Maunz/Dürig, GG, Art. 20a Rn. 35.

511 *Scholz*, in: Maunz/Dürig, GG, Art. 20a Rn. 35; vgl. auch *Sommermann*, Staatsziele und Staatszielbestimmungen, S. 381.

512 *Bernsdorff*, NuR 1997, S. 328/330; *Kloepfer*, in: Bonner Kommentar, GG, Art. 20a Rn. 12; *Scholz*, in: Maunz/Dürig, GG, Art. 20a Rn. 33. Der Einzelne kann einen vermeintlichen Anspruch auf ein bestimmtes staatliches Handeln zum Schutz der Umwelt mithin nicht auf Art. 20a GG stützen; vgl. auch BVerwG NJW 1995, S. 2648/2649. Vgl. zur Justitiabilität des Art. 20a GG aber B. 1. b. ee (in diesem Teil).

513 Vgl. die Nachweise bei *Scholz*, in: Maunz/Dürig, GG, Art. 20a Rn. 20 mit Fn. 40ff.

514 *Kloepfer*, in: Bonner Kommentar, Art. 20a Rn. 12; *Scholz*, in: Maunz/Dürig, GG, Art. 20a Rn. 32.

515 *Kloepfer*, DVBl 1996, S. 73/74.

516 *Scholz*, in: Maunz/Dürig, GG, Art. 20a Rn. 28; *Murswiek*, in: Sachs, GG, Art. 20a Rn. 15.

durch die Unterlassung von auf hoheitliches Verhalten zurückzuführende Schädigungen zu gewährleisten[517].

(1) Natürliche Lebensgrundlagen

Der Begriff „natürliche Lebensgrundlagen“ kann mit dem der „Umwelt“, wie er im Zusammenhang mit dem geläufigen Verständnis von Umweltschutz gebraucht wird, gleichgesetzt werden[518]. Die psycho-soziale Umwelt wird von Art. 20a GG nicht umfaßt[519]. Auf der anderen Seite macht die Generalität des Begriffs „natürliche Lebensgrundlagen“ deutlich, daß nicht nur die Grundlagen, die für das menschliche Leben notwendig sind, sondern auch die Grundlagen tierischen und pflanzlichen Lebens geschützt werden sollen[520].

Der Begriff „Umwelt“ kann unter Zuhilfenahme einfachgesetzlicher Begriffe und Begriffsbestimmungen, wie zum Beispiel aus § 2 Abs. 1 S. 2 Nr. 1 UVPG oder aus § 1 Abs. 1 BNatSchG, konkretisiert werden[521]. Zur Umwelt zählen danach „Menschen, Tiere und Pflanzen, Boden, Wasser, Luft, Klima und Landschaft, einschließlich der jeweiligen Wechselwirkungen“ (§ 2 Abs. 1 S. 2 Nr. 1 UVPG) bzw. „die Leistungsfähigkeit des Naturhaushalts, die Nutzungsfähigkeit der Naturgüter, die Pflanzen -und Tierwelt sowie die Vielfalt, Eigenart und Schönheit von Natur und Landschaft“, die § 1 Abs. 1 BNatSchG als Lebensgrundlagen des Menschen und als Voraussetzung für seine Erholung in Natur und Landschaft benennt. Letztlich bleibt es aber dem Gesetzgeber überlassen, bei der konkreten Umsetzung des Umweltschutzstaatsziels die von Art. 20a GG umfaßten Schutzgüter zu bestimmen[522]. Dabei wird er zu beachten haben,

---

517 *Murswiek*, in: Sachs, GG, Art. 20a Rn. 33; *Kloepfer*, in: Bonner Kommentar, GG, Art. 20a Rn. 55.

518 *Scholz*, in: Maunz/Dürig, GG, Art. 20a Rn. 36; *Murswiek*, in: Sachs, GG, Art. 20a Rn. 27.

519 *Murswiek*, in: Sachs, GG, Art. 20a Rn. 27.

520 *Murswiek*, in: Sachs, GG, Art. 20a Rn . 22. Auf den Streit, ob Art. 20a GG eine anthropozentrische oder ökozentrische Konzeption zugrundeliegt, soll hier nicht eingegangen werden. Erwähnenswert ist allerdings, daß - um nur je einen Vertreter der divergierenden Auffassungen zu nennen - *Murswiek* aaO Rn. 23, der der ökozentrischen Perspektive zugeneigt ist, und *Kloepfer*, in: Bonner Kommentar, Art. 20a Rn. 54, der sich für die anthropozentrische Konzeption ausspricht, zu demselben Ergebnis gelangen, nämlich daß der Schutz der Lebensgrundlagen des Menschen in den Mittelpunkt gestellt wird.

521 *Scholz*, in: Maunz/Dürig, GG, Art. 20a Rn. 36; *Kloepfer*, in: Bonner Kommentar, GG, Art. 20a Rn. 50. Die einfachgesetzlichen Begriffsbestimmungen dienen nur als Konkretisierungshilfe. Ein verbindlicher Rückgriff auf einfaches Gesetz verstieße gegen den Verfassungsvorrang.

522 *Scholz*, in: Maunz/Dürig, GG, Art. 20a Rn. 36; *Kloepfer*, in: Bonner Kommentar, GG, Art. 20a Rn. 51. Zu den bisherigen und künftigen „wesentliche[n] Feldern gesetzgeberischer Umwelt-

daß der Schutz der natürlichen Lebensgrundlagen über die Sicherung eines ökologischen Existenzminimums hinausgeht. Denn dem Schutz des Art. 20a GG unterfallen alle Umweltgüter, die Grundlage menschlichen, tierischen und pflanzlichen Lebens sind[523].

(2) Nachweltschutz

Art. 20a GG bestimmt die staatliche Umweltschutzverpflichtung „auch in Verantwortung für die künftigen Generationen". Aus dieser Zukunftsverantwortung folgt, daß der Staat nicht nur Maßnahmen zur Schadensverhütung und -beseitigung im Rahmen der Gefahrenabwehr, sondern auch weit vor der unmittelbaren Gefährdung liegende Vorsorgemaßnahmen treffen muß[524]. Daraus ergeben sich insbesondere die folgenden rechtlichen Konsequenzen: Zum einen hat der Staat dafür zu sorgen, daß Umweltgüter durch ihre wirtschaftliche Nutzung nicht einer weiteren künftigen Neuerung entzogen werden[525]; für erneuerbare Ressourcen gilt das Nachhaltigkeitsprinzip, d.h. bei der Bewirtschaftung muß sichergestellt werden, daß die geernteten Rohstoffe im Prinzip in gleicher Menge wieder nachwachsen[526]; für nicht erneuerbare Ressourcen gilt das Sparsamkeitsprinzip, d.h. es muß sichergestellt werden, daß künftige Generationen die nur begrenzt vorhandenen Umweltgüter noch nutzen können[527]. Ferner ist bei der rechtlichen Bewertung der Belastung von Umweltgütern mit Schadstoffen nicht nur auf die aktuellen Auswirkungen, sondern auf die langfristigen Folgen der Schadstoffbelastung abzustellen[528]. Schließlich ist bei der Bewertung von Risiken zu berücksichtigen, daß die schädlichen Auswirkungen von aktuellen Umwelteingriffen möglicherweise erst nach vielen Jahren erkennbar werden[529].

---

schutzaktivitäten" zählt *Scholz* die Natur- und Landschaftspflege, den Immissionsschutz, den Gewässerschutz, den Strahlenschutz, die Abfallvermeidung und -entsorgung, den Klima-, Boden- und Ressourcenschutz sowie die Kontrolle von chemischen Stoffen.

523 *Murswiek*, in: Sachs, GG, Art. 20a Rn. 27.

524 *Bernsdorff*, NuR 1997, S. 328/330; *Kloepfer*, DVBl 1996, S. 73/77.

525 *Murswiek*, in: Sachs, GG, Art. 20a Rn. 32.

526 *Murswiek*, in: Sachs, GG, Art. 20a Rn. 37.

527 *Murswiek*, in: Sachs, GG, Art. 20a Rn. 38.

528 *Murswiek*, in: Sachs, GG, Art. 20a Rn. 32; *Schink*, DÖV 1997, S. 221/225, der als Beispiele die Endlagerung von Atommüll oder die Deponierung von Abfällen aufführt.

529 *Murswiek*, in: Sachs, GG, Art. 20a Rn. 32; *Schink*, DÖV 1997, S. 221/225.

(3) Adressaten der Staatszielbestimmung

Durch die Formulierung, daß „[d]er Staat" die natürlichen Lebensgrundlagen zu schützen verpflichtet ist, wird deutlich, daß die Staatszielbestimmung Umweltschutz für alle Staatsorgane verbindlich ist. Verpflichtet sind der Bund, die Länder, die Gemeinden und alle sonstigen Träger deutscher Hoheitsgewalt, sämtliche juristischen Personen des öffentlichen Rechts sowie juristische Personen des Privatrechts, wenn der Staat in Privatrechtsform handelt[530]. Dagegen entfaltet Art. 20a GG keine Drittwirkung[531]. Umweltschutz durch Private gewinnt mittels Art. 20a GG nur dadurch an Bedeutung, daß der Gesetzgeber Regelungen erlassen kann, mit denen umweltbezogene Pflichten durch Private begründet werden.

dd. Erfüllung der Umweltschutzverpflichtung

(1) Erfüllung durch den Gesetzgeber

Da aus Art. 20a GG keine konkrete Handlungsanweisung abgeleitet werden kann, bedarf die Verwirklichung der Umweltschutzpflicht zuvörderst ihrer gesetzlichen Konkretisierung[532]. Der Gesetzgeber ist daher primärer Adressat des Staatsziels Umweltschutz[533]. Bei der Beurteilung, wie dieses Ziel am besten verwirklicht werden kann, verfügt er eine Einschätzungsprärogative[534]. Dabei gelten die folgenden, unter (a) bis (e) gemachten Vorgaben.

(a) Dynamik der Umweltschutzpflicht

Der Schutz der natürlichen Lebensgrundlagen ist eine dynamische Aufgabe in dem Sinne, als der Gesetzgeber neuartigen Gefahrenlagen für die Umwelt entgegentreten und darauf angepaßte Schutzvorkehrungen treffen muß[535]. Das heißt allerdings nicht, daß der Gesetzgeber immer wieder neue Gesetze schaffen muß. Umweltgefahren kann

530 *Kloepfer*, in: Bonner Kommentar, GG, Art. 20a Rn. 20.

531 *Scholz*, in: Maunz/Dürig, GG, Art. 20a Rn. 45.

532 *Kloepfer*, DVBl 1996, S. 73/75.

533 *Kloepfer*, in: Bonner Kommentar, GG, Art. 20a Rn. 26.

534 *Sommermann*, Staatsziele und Staatszielbestimmungen, S. 428ff.; vgl. auch *Tsai*, Die verfassungsrechtliche Umweltschutzpflicht des Staates, S. 122.

535 *Tsai*, Die verfassungsrechtliche Umweltschutzpflicht des Staates, S. 127; vgl. auch *Sommermann*, Staatsziele und Staatszielbestimmungen, S. 380, 381, der das Umweltschutzstaatsziel zu den sog. permanenten Staatszielen zählt, bei denen sich aufgrund immer wieder wandelnder Umstände die Frage der Zielverwirklichung immer wieder neu stelle.

auch hinreichend durch schon bestehende Gesetze Rechnung getragen werden, wobei nicht nur „Umweltgesetze" i.e.S., sondern auch Normen des Privatrechts, des Strafrechts und des Polizei- und Ordnungsrechts zu berücksichtigen sind[536]. Erst wenn sich, etwa durch neue wissenschaftliche Erkenntnisse, neue Umweltgefahren herauskristallisieren, die die bestehenden Normen nicht oder nur unzureichend bewältigen können, läßt sich aus Art. 20a GG ein Gebot zum Erlaß von Schutznormen herleiten. Die vom BVerfG zur grundrechtlichen Schutzpflicht entwickelten Nachbesserungskriterien lassen sich auf die dynamische Umweltschutzpflicht übertragen, denn sowohl die grundrechtliche als auch die umweltschutzrechtliche Situation verpflichten den Gesetzgeber zum Erlaß verbesserter Schutznormen, wenn sich herausstellt, daß bestehende Regelungen den von Verfassung wegen geforderten Schutz nicht ausreichend zu gewährleisten in der Lage sind[537].

Aus der Nachbesserungspflicht kann sich für den Gesetzgeber auch die Konsequenz ergeben, Bestimmungen für die Exekutive zu schaffen, die ihrer Unsicherheit über umweltrelevante Auswirkungen eines genehmigten Vorganges Rechnung tragen, zum Beispiel durch Regelung der stärkeren Verwendung von Geltungsfristen, der Erteilung von Probegenehmigungen oder der Ausweitung der Möglichkeit nachträglicher Anordnungen[538].

(b) Gestaltungsfreiheit

Die Erfüllung des Staatsziels Umweltschutz unterliegt wie die grundrechtliche Schutzpflicht dem legislativen Gestaltungsspielraum. Art. 20a GG gibt nur vor, daß die natürlichen Lebensgrundlagen zu schützen sind und läßt im übrigen die Erreichung dieses Ziels und das gebotene Schutzniveau offen[539].

---

536 *Tsai*, Die verfassungsrechtliche Umweltschutzpflicht des Staates, S. 127.

537 *Tsai*, Die verfassungsrechtliche Umweltschutzpflicht des Staates, S. 131.

538 *Bernsdorff*, NuR 1997, S. 328/333.

539 *Murswiek*, in: Sachs, GG, Art. 20a Rn. 39.

(c) Schutzniveau

Dem Wortlaut des Art. 20a GG lassen sich keine Vorgaben zu einem gebotenen Mindestschutzniveau entnehmen[540].

Der Zweck des Art. 20a GG erfordert jedoch, daß der Schutz der Umwelt effektiv betrieben werden muß, wobei die Effektivität immer anhand der konkreten ökologischen Erfordernisse beurteilt wird[541].

Sollen Umweltgüter als Lebensgrundlagen erhalten bleiben, ergibt sich daraus „als Minimalanforderung, daß alle Güter, die auf die Dauer Voraussetzung für menschliches Leben sind, erhalten bleiben müssen, und zwar in einem solchen Umfang, daß nicht nur eine geringe Zahl, sondern zumindest die der heutigen Bevölkerung entsprechende Zahl von Menschen überleben kann“[542].

Art. 20a GG enthält dementsprechend auch ein allgemeines Verschlechterungsverbot. Für die Beurteilung, ob die Umweltsituation sich, etwa durch unzureichende gesetzgeberische Maßnahmen verschlechtert hat, ist als Vergleichssituation auf den Zeitpunkt der Aufnahme des Art. 20a in das Grundgesetz, also auf das Jahr 1994, abzustellen[543].

(d) Optimierungsgebot

Angesichts der „Gleichwertigkeit“ des Umweltschutzes mit den anderen verfassungsrechtlichen geschützten Gütern[544] kann ein maximaler Umweltschutz zwar nicht gewährleistet werden; allerdings folgt aus Art. 20a GG die Verpflichtung, die natürlichen Lebensgrundlagen so gut zu schützen, wie dies rechtlich und faktisch möglich ist[545].

---

540 Das Fehlen eines verbindlich festgelegten Mindestschutzniveaus wird kritisiert als Wirksamkeitshemmnis des Art. 20a GG, vgl. *Schink*, DÖV 1997, S. 221/226; *Murswiek*, in: Sachs, GG, Art. 20a Rn. 39.

541 *Schink*, DÖV 1997, S. 221/226; *Wolf*, KritVJ 1997, S. 280/303.

542 *Murswiek*, in: Sachs, GG, Art. 20a Rn. 41.

543 *Murswiek*, in: Sachs, GG, Art. 20a Rn. 44; vgl. auch VG Frankfurt a.M., NVwZ-RR 1997, S. 92/95: „Wenn sich dieser Bestimmung [Art. 20a GG, Anm. der Verf.] auch nicht die Pflicht zu bestimmten konkreten Maßnahmen des Umweltschutzes entnehmen läßt, so aber doch jedenfalls, daß das zum Zeitpunkt der Verfassungsänderung vorhandene Niveau des Umweltschutzes nicht verschlechtert werden darf“.

544 Vgl. die nachfolgend bei (e) gemachten Ausführungen zu den Grenzen des Staatsziels Umweltschutz.

545 Nach *Sommermann*, Staatsziele und Staatszielbestimmungen, S. 412, „ist eine optimale Zielverwirklichung dann anzunehmen, wenn keine weitere Annäherung an das Ziel möglich ist, ohne daß die Verwirklichung anderer Ziele zurückgenommen werden muß“.

Art. 20a GG enthält, wie auch die grundrechtliche Schutzpflicht, ein *Optimierungsgebot*[546].

(e) Grenzen

Die Verwirklichung des Staatsziels Umweltschutz muß im Einklang mit den übrigen Bestimmungen der Verfassung erfolgen[547].

Der Umweltschutz kann keinen Vorrang vor anderen Verfassungsrechtsgütern und Verfassungsprinzipien beanspruchen, sondern ist ihnen gleichgeordnet[548].

Das bedeutet, daß Art. 20a GG umweltbeeinträchtigende Aktivitäten, mit denen der Staat andere Verfassungsprinzipien erfüllt, nicht unterbindet (zum Beispiel Wohnungs- und Straßenbau oder die Errichtung einer kommunalen Abfallentsorgungsanlage zur Daseinsvorsorge als Folge des Sozialstaatsprinzips). Der Schutz der natürlichen Lebensgrundlagen ist vielmehr mit den anderen Verfassungsgütern in Einklang zu bringen[549]. Der Gesetzgeber hat eine einzelfallsbezogene Güterabwägung vorzunehmen und die kollidierenden Interessen nach dem Prinzip des schonenden Ausgleichs zu bewältigen[550].

Maßnahmen zur Verwirklichung des Umweltschutzstaatsziels müssen sich auch an entgegenstehenden Grundrechten messen lassen[551]. Art. 20a GG bestimmt keinen Umweltschutzvorbehalt für die Grundrechte in der Weise, daß umweltbelastende Aktivitäten von vornherein nicht dem Grundrechtsschutz unterfallen[552]. Allerdings gewin-

---

546 *Wolf*, KritVJ 1997, S. 280/303; *Murswiek*, in: Sachs, GG, Art. 20a Rn. 53.

547 Art. 20a GG bestimmt ausdrücklich, daß die natürlichen Lebensgrundlagen *im Rahmen der verfassungsmäßigen Ordnung* zu schützen sind (Hervorhebung durch Verf.). Dieser Passus ist jedoch rein deklaratorisch, da sich die verfassungsmäßige Bindung der drei Gewalten schon aus Art. 20 Abs. 3 GG ergibt, vgl. *Kloepfer*, DVBl 1996, S. 73/75.

548 *Scholz*, in: Maunz/Dürig, GG, Art. 20a Rn. 41.

549 Vgl. *Wolf*, KritVJ 1997, S. 280/303.

550 *Kloepfer*, DVBl 1996, S. 73/76; *Wolf*, KritVJ 1997, S. 280/303; zum Prinzip des schonenden Ausgleichs vgl. *Lerche*, Übermaß und Verfassungsrecht, S. 153.

551 *Scholz*, in: Maunz/Dürig, GG, Art. 20a Rn. 42; vgl. auch BVerfGE 59, 231/263, das zum Sozialstaatsprinzip festgestellt hat, daß es nicht geeignet sei, „Grundrechte ohne nähere Konkretisierung durch den Gesetzgeber, also unmittelbar, zu beschränken“.

552 *Tsai*, Die verfassungsrechtliche Umweltschutzpflicht des Staates, S. 137.

nen umweltbezogene Grundrechtseinschränkungen zu Lasten des Umweltbelasters durch Art. 20a GG ein stärkeres Gewicht als bisher[553].

Die Verhältnismäßigkeit des Eingriffs in ein Grundrecht mit einem einfachen oder qualifizierten Gesetzesvorbehalt[554] wird bei Berufung auf ein Staatsziel leichter zu begründen sein als bei einem sonstigen Gemeinwohlbelang, dem kein Verfassungsrang zukommt[555]. So hat das BVerfG die Bedeutsamkeit des Sozialstaatsprinzips „für die Auslegung von Grundrechten sowie für die Auslegung und verfassungsrechtliche Beurteilung von - nach Maßgabe eines Gesetzesvorbehaltes - grundrechtseinschränkenden Gesetzen" betont[556].

Bei vorbehaltslos gewährten Grundrechten, wie zum Beispiel der allgemeinen Vereinigungsfreiheit nach Art. 9 GG[557], wirkt sich Art. 20a GG ebenfalls nicht unmittelbar grundrechtsbegrenzend aus. Zwar können sich verfassungsimmanente Schranken vorbehaltslos gewährter Grundrechte neben kollidierenden Grundrechten Dritter auch aus „mit Verfassungsrang ausgestattete[n] Rechtswerten"[558] ergeben, wozu das Staatsziel Umweltschutz unzweifelhaft zählt. Das hätte aber zur Folge, daß der Schutz der vorbehaltslos gewährten Grundrechte schwächer wäre als der mit Gesetzesvorbehalt versehenen Grundrechte. Bei den zuerst genannten Grundrechten könnte die Beschränkung unmittelbar auf Art. 20a GG gestützt werden, während bei den Grundrechten mit Gesetzesvorbehalt das Staatsziel Umweltschutz zunächst einfachgesetzlich konkretisiert werden müßte. Ein solches Ergebnis wäre aber mit der den vorbehaltslosen Grundrechten zugrundeliegenden Konzeption ihrer prinzipiellen Uneinschränkbarkeit nicht vereinbar[559]. Deshalb fordert der rechtsstaatlich-grundrechtliche Vorbehalt des

---

553 *Kloepfer*, DVBl 1996, S. 73/78; *Henneke*, NuR 1995, S. 325/332; vgl. auch BVerwG NJW 1995, S. 2648 zu der Wechselwirkung zwischen Art. 5 Abs. 3 GG und Art. 20a GG.

554 Zu der Heranziehung von Staatszielbestimmungen bei Eingriffen in vorbehaltslos gewährte Grundrechte vgl. *Sommermann*, Staatsziele und Staatszielbestimmungen, S. 423ff.

555 *Sommermann*, Staatsziele und Staatszielbestimmungen, S. 423; *Kloepfer*, DVBl 1996, S. 73/78; *Henneke*, NuR 1995, S. 325/332; vgl. auch schon *Reinhardt*, AöR 118 (1993), S. 617/651.

556 BVerfGE 59, 231/262f.

557 Das Grundrecht aus Art. 9 GG spielt bei den Entsorgergemeinschaften eine Rolle, vgl. B. 2. c. aa. (2) (b).

558 BVerfGE 28, 243/261; vgl. auch BVerfGE 81, 278/292ff.

559 *Sommermann*, Staatsziele und Staatszielbestimmungen, S. 424; vgl. auch *Pieroth/Schlink*, Staatsrecht II, § 6 V 1 Rn. 314ff., 332; unzutreffend deshalb *Schink*, DÖV 1997, S. 221/229: „[Grundrechtsbegrenzende] Wirkungen können vor allem dort eintreten, wo Grundrechte schrankenlos gewährleistet werden. Hier kann Art. 20a GG als immanente Grundrechtsschranke dienen".

Gesetzes auch hier, daß Kollisionslagen zwischen dem vorbehaltslosen Grundrecht und anderen Verfassungswerten vom Gesetzgeber gelöst werden[560].

(2) Erfüllung durch die vollziehende Gewalt

Die Verpflichtung zur Realisierung des Staatsziels Umweltschutz obliegt der Verwaltung in erster Linie im Rahmen des Gesetzesvollzugs. Nur wenn ihr von Gesetzes wegen eigene Entscheidungskompetenzen eingeräumt werden, gewinnt Art. 20a GG an eigenständiger Bedeutung[561]. So liegt es bei der Auslegung von Generalklauseln und unbestimmten Rechtsbegriffen, bei Ermessensentscheidungen, bei der Ausführung planerischer Gestaltungsspielräume und im Bereich der gesetzesfreien Verwaltung[562].

Bei der Abwägung zwischen den in Frage stehenden Umweltbelangen und den damit widerstreitenden Interessen hat sie die besondere Schutzfunktion des Art. 20a GG in besonderem Maße zu berücksichtigen, ohne den Umweltbelangen allerdings einen grundsätzlichen Vorrang einzuräumen[563]. Vielmehr hat sie die Gewichtigkeit der widerstreitenden Interessen nach sachlichen Gesichtspunkten abzuwägen, wobei den Umweltbelangen durch Art. 20a GG jedoch ein stärkeres Gewicht verliehen worden ist.

Die Verwaltung darf sich zu gesetzgeberischen Entscheidungen nicht in Widerspruch setzen; zum Beispiel ist Art. 20a GG keine Grundlage zur einfachgesetzlich nicht vorgesehenen Inpflichtnahme Privater[564].

(3) Erfüllung durch die Judikative

Die Bindung der Rechtsprechung an Art. 20a GG wird bei interpretationsbedürftigen Bestimmungen oder bei Gesetzeslücken relevant, bei deren Ausfüllung das Umweltschutzstaatsziel mit zu berücksichtigen sein wird[565]. Im übrigen beschränkt sich ihre Funktion darauf, die Legislative und die Exekutive zu korrigieren, wenn sie ihre Pflichten aus Art. 20a GG verletzen.

---

560 *Sommermann*, Staatsziele und Staatszielbestimmungen, S. 424.

561 *Scholz*, in: Maunz/Dürig, GG, Art. 20a Rn. 57.

562 *Kloepfer*, DVBl 1996, S. 73/75; *Wolf*, KritVJ 1997, S. 280/283; *Schink*, DÖV 1997, S. 221/228; *Sommermann*, Staatsziele und Staatszielbestimmungen, S. 385, 386.

563 *Schink*, DÖV 1997, S. 221/228.

564 *Scholz*, in: Maunz/Dürig, GG, Art. 20a Rn. 57.

565 *Sommermann*, Staatsziele und Staatszielbestimmungen, S. 386; *Kloepfer*, in: Bonner Kommentar, GG, Art. 20a Rn. 46.

ee. Justitiabilität des Staatsziels Umweltschutz

Damit stellt sich die Frage, ob eine Verletzung des Art. 20a GG gerichtlich gerügt werden kann.

Zuerst ist noch einmal daran zu erinnern, daß Art. 20a GG kein subjektives Recht gewährt. Der Einzelne, aber auch Umweltschutzverbände können aus Art. 20a GG keine einklagbaren Rechtsansprüche herleiten[566]. Art. 20a GG begründet weder eine verwaltungsprozessuale Klagebefugnis nach § 42 Abs. 2 VwGO noch eine verfassungsprozessuale Beschwerdebefugnis nach Art. 93 GG i.V.m. § 90 Abs. 1 BVerfGG[567].

Die fehlende subjektive Anspruchsberechtigung hat darüber hinaus zur Folge, daß Art. 20a GG auch keine Erweiterung des verwaltungsgerichtlichen Rechtsschutzes dahingehend bewirkt, daß Bestimmungen, die nicht drittschützend sind, Drittschutz entfalten könnten, weil sie den verfassungsrechtlichen Schutzauftrag einfachgesetzlich konkretisieren[568].

Allerdings kann Art. 20a GG mittelbar zu einer Stärkung der Rechtsstellung des Bürgers führen, der sich bei Umweltbelastungen auf die grundrechtliche Schutzpflicht beruft.

Die Verletzung des Art. 20a GG wird von der Verfassungsgerichtsbarkeit in Normenkontrollverfahren und in Bund-Länder-Streitigkeiten überprüft werden[569]. Da die Erfüllung der Einschätzungsprärogative des Gesetzgebers unterliegt, ist ein rügbarer Verstoß gegen Art. 20a GG allerdings erst gegeben, wenn der Gesetzgeber die natürlichen Lebensgrundlagen als Ganzes offenkundig mißachtet hat[570]. Die Ermittlung der „offenkundigen Mißachtung“ hat sich dabei an den aus Art. 20a GG hervorgehenden

---

566 *Scholz*, in: Maunz/Dürig, GG, Art. 20a Rn. 33; *Schink*, DÖV 1997, S. 221/229; *Kloepfer*, DVBl 1996, S. 73/74; *Murswiek*, NVwZ 1996, S. 222/230; *Becker*, DVBl 1995, S. 713/717; *Uhle*, JuS 1996, S. 96/97; *Henneke*, NuR 1995, S. 325/334; *Tsai*, Die verfassungsrechtliche Umweltschutzpflicht des Staates, S. 72, 73.

567 *Kloepfer*, DVBl 1996, S. 73/74.

568 *Scholz*, in: Maunz/Dürig, GG, Art. 20a Rn. 34. Eine Berufung auf Art. 20a GG kann die drittschützende Wirkung der Transportgenehmigung nach § 49 KrW-/AbfG deshalb nicht begründen.

569 *Kloepfer*, DVBl 1996, S. 73/76.

570 *Kloepfer*, in: Bonner Kommentar, GG, Art. 20a Rn. 28; allgemein *Sommermann*, Staatsziele und Staatszielbestimmungen, S. 441: „Es ist nicht Aufgabe der Verfassungsgerichtsbarkeit, anstelle des Gesetzgebers politisch gestaltend und normsetzend tätig zu werden. Nur wenn der Gesetzgeber seine Handlungspflichten offensichtlich verkennt, darf das Verfassungsgericht im Rahmen seiner rechtlichen Kontrolle äußerste Leitgesichtspunkte für die Erfüllung der Handlungspflichten entwickeln“.

Mindestvorgaben (allgemeines Verschlechterungsverbot, Unzulässigkeit der Förderung von ausschließlich umweltbelastendem Verhalten) zu orientieren.

In verwaltungsgerichtlichen Verfahren wird Art. 20a GG bei der Beurteilung von Beurteilungs- und Ermessensgrenzen zum Tragen kommen.

Die nur eingeschränkte richterliche Kontrolle bedeutet aber nicht, daß die Gesetzgebung und die Exekutive an die Staatszielbestimmung auch nur „eingeschränkt" gebunden sind, etwa in dem Sinne, daß sie lediglich dafür zu sorgen haben, daß kein offenkundiger Verstoß gegen Art. 20a GG begangen wird. Vielmehr bleiben sie auch außerhalb des rechtlich überprüfbaren Bereichs zur Beachtung des Staatsziels verpflichtet[571].

c. Verhältnis des Staatsziels Umweltschutz zur grundrechtlichen Schutzpflicht

Die Aufnahme der Umweltschutzpflicht in die Verfassung bedeutet nicht, daß die bisherigen sich aus den Grundrechten ergebenden Umweltschutzpflichten modifiziert werden und nur noch an Art. 20a GG zu messen sind[572]. Dadurch würde die Pflicht des Staates, die körperliche Unversehrtheit vor schädlichen Umwelteinwirkungen, wie zum Beispiel Fluglärm, zu schützen, gemindert und die Position des Grundrechtsträgers geschwächt, da die grundrechtliche Schutzpflicht aus Art. 2 Abs. 2 GG präziser gefaßt ist und einen subjektiven Anspruch gewährt. Eine solche Deutung stünde in klarem Widerspruch zu dem Willen des verfassungsändernden Gesetzgebers, durch Art. 20a GG den verfassungsrechtlichen Umweltschutz zu verbessern[573]. Die sich aus den grundrechtlichen Schutzpflichten ergebende Umweltschutzpflicht der staatlichen Gewalten bleibt unverändert neben dem Staatsziel Umweltschutz bestehen und wird durch dessen Unbestimmtheit nicht eingeschränkt[574].

Die Aufnahme von Art. 20a in das Grundgesetz liefert vielmehr eine zusätzliche dogmatische Begründung für die sich aus Umweltaspekten (Fluglärm, Grundwasser- und Bodenverseuchung etc.) ergebenden staatlichen Schutzpflichten[575], die die umweltbe-

---

571 *Bernsdorff*, NuR 1997, S. 328/330; *Sommermann*, Staatsziele und Staatszielbestimmungen, S. 442 in bezug auf den Gesetzgeber.

572 *Murswiek*, in: Sachs, GG, Art. 20a Rn. 21.

573 Vgl. den Bericht der GemVerfKom, BT-Drs. 12/6000, S. 65.

574 *Murswiek*, in: Sachs, GG, Art. 20a Rn. 21.

575 *Sommermann*, Staatsziele und Staatszielbestimmungen, S. 395; *v. Mutius*, WiVerw 1987, S. 51/60.

zogenen Gewährleistungen der einzelnen Grundrechte (insbesondere aus Art. 2 Abs. 2 GG) verstärken kann[576]. Insofern kann sogar von einer „subjektiven Wirkung"[577] des Art. 20a GG gesprochen werden.

2. Bewertung

Bei einer kritischen Bewertung des Überwachungs- und Zertifizierungskonzeptes sind vor dem Hintergrund der grundrechtlichen Schutzpflichten und des Staatsziels Umweltschutz die folgenden Punkte zu untersuchen. Zunächst muß geklärt werden, ob die Schutzpflichten einer Privatisierung der behördlichen Umweltaufsicht entgegenstehen (a), anschließend ist zu beleuchten, welche grundsätzlichen Anforderungen sich an die staatliche Gewährleistungsverantwortung über die private Überwachungstätigkeit ergeben (b.) und ob das Überwachungs- und Zertifizierungskonzept nach § 52 KrW-/ AbfG ihnen standhält (c.).

a. Privatisierung und Schutzpflichten

Einzelne Stimmen in der Literatur beurteilen die Privatisierung umweltbehördlicher Überwachungsaufgaben im Hinblick auf die grundrechtliche Schutzpflicht und das Staatsziel Umweltschutz skeptisch[578].

Es wird darauf verwiesen, daß die Erfüllung der Schutzpflichten nicht nur Schutzmaßnahmen auf der Ebene der Rechtsetzung erfordere, sondern auch ihre tatsächliche Durchsetzung sichergestellt werden müsse, da ein effizienter und in der Realität spürbarer Schutz ansonsten nicht gewährleistet sei[579]. Vor diesem Hintergrund wird die Zulässigkeit der Überwachungsprivatisierung im Umweltbereich bezweifelt. Zur Begründung wird angeführt, daß eine am Überwachungsziel ausgerichtete Überwachungstätigkeit - Schutz von umweltbezogenen Grundrechtsgütern und der Umwelt -

---

576 Vgl. *Sommermann*, Staatsziele und Staatszielbestimmungen, S. 415, 416, bezugnehmend auf das *Numerus-clausus*-Urteil des BVerfG (E 33, 303ff.), welches zeige, daß die Auslegung von Grundrechten im Lichte von Staatszielbestimmungen (hier das Sozialstaatsprinzip) zu einer Erweiterung der grundrechtlichen Rechtsposition führen könne.

577 *Bernsdorff*, NuR 1997, S. 328/330.

578 Vgl. *Koch/Laskowski*, ZUR 1997, S. 182/187f., die allerdings im Hinblick auf die in dieser Untersuchung im 4. Teil bei I. beschriebenen verfassungsrechtlichen Vorgaben zu dem Ergebnis gelangen, daß die funktionelle Privatisierung von Umweltschutzaufgaben im Grundsatz verfassungsrechtlich zulässig sei; *Moormann*, ZUR 1997, S. 188f. bezogen auf „Vorhaben mit potentiell beträchtlichen umweltschädigenden Auswirkungen".

579 *Moormann*, ZUR 1997, S. 188f.

aufgrund der privaten, in erster Linie finanziellen Interessen nicht in gleicher Weise gewährleistet sei wie bei der behördlichen Überwachung[580].

Diese Einschätzung eines Qualitätsgefälles zwischen staatlicher und privater Überwachungstätigkeit ist aber nicht zwingend. Es ist schon zu bezweifeln, ob für diese These empirische Nachweise vorliegen. Entscheidend gegen diese Auffassung spricht allerdings der Gesichtspunkt der Einschätzungsprärogative des Gesetzgebers.

Die grundrechtliche Schutzpflicht und Art. 20a GG verpflichten den Gesetzgeber zwar, Maßnahmen zu ergreifen, um die Grundrechtsgüter Privater und die natürlichen Lebensgrundlagen vor einer unsachgemäßen abfallwirtschaftlichen Tätigkeit zu schützen. Die Erfüllung dieser Verpflichtung unterliegt jedoch dem gesetzgeberischen Gestaltungsspielraum. Das Gestaltungsermessen hat sich daran auszurichten, wie die potentiell bedrohten Grundrechtsgüter und die Umwelt am wirksamsten geschützt werden können[581]. Stellt sich heraus, daß die herkömmlichen behördlichen Kontrollmechanismen nicht ausreichen, um den Schutz des hochrangigen Rechtsgutes der körperlichen Unversehrtheit und der Umwelt zu gewährleisten, ist der Gesetzgeber verpflichtet, neue Wege für eine wirksame Kontrolle zu erarbeiten[582].

Das Festhalten an den „traditionellen" behördlichen Überwachungsstrukturen könnte sogar gegen das aus der grundrechtlichen Schutzpflicht folgende Untermaßverbot verstoßen, wenn es für einen wirksamen Schutz vor unsachgemäßer abfallwirtschaftlicher Tätigkeit erwiesenermaßen unzureichend wäre. Ist die Ausdehnung der behördlichen Überwachungstätigkeit praktisch aber nicht möglich, darf sich der Gesetzgeber der privaten Kontrolltätigkeit als Alternative zu der behördlichen Überwachung nicht verschließen. Für die Beurteilung des effektiven Schutzes kommt es nämlich nicht darauf an, durch wen dieser Schutz gewährt wird, sondern ob das gewählte Schutzinstrument

---

580 Vgl. *Moormann*, ZUR 1997, S. 188f.

581 Vgl. in bezug auf die grundrechtliche Schutzpflicht *Hermes*, Das Grundrecht auf Schutz von Leben und Gesundheit, S. 261: „Ausschließlicher Maßstab für das „Wie" ist also, ob die von den zuständigen staatlichen Organen gewählten Maßnahmen und Regelungen diesen Erfolg *effektiv* erreichen" (Hervorhebung im Original); *Steiner*, DVBl 1987, S. 1133/1135; *Koenig*, NVwZ 1994, S. 937/939.

582 Ähnlich *Koenig*, NVwZ 1994, S. 937/940: „Erweist sich eine ausschließlich auf hoheitliche Verfahren beschränkte Risikovorsorge zur Bewältigung technisch bedingter Ungewißheit allein als unzureichend, mit unverhältnismäßigen Grundrechtseingriffen oder Kosten verbunden, so muß über die anreizökonomische Entwicklung eines selbstgesteuerten, unternehmerischen Risikomanagements nachgedacht werden, welches das hoheitliche Verfahren bei der Erreichung der Sicherheitsziele unterstützt"; vgl. auch *Lübbe-Wolff*, Modernisierung des Umweltordnungsrechts, S. 40.

den Schutz der in Frage stehenden Schutzgüter am besten gewährleisten kann. Deshalb ist es nicht zu beanstanden, wenn der Gesetzgeber ein privates Überwachungssystem aufstellt, mit dem das Risiko grundrechts- und umweltgefährdender abfallwirtschaftlicher Tätigkeiten tatsächlich verringert wird oder daß es diese umweltschützenden Effekte haben wird.

Für eine positive Umweltprognose spricht auch, daß das Überwachungs- und Zertifizierungskonzept des § 52 KrW-/AbfG private Überwachungstätigkeit mit wettbewerblichen Leistungsanreizen verbindet. Abfallwirtschaftlich tätige Unternehmen werden veranlaßt, sich angesichts der mit der Zertifizierung verbundenen Wettbewerbsvorteile und auch der behördlichen Verfahrensprivilegien freiwillig den weitreichenden Zertifizierungsanforderungen und der Aufsicht der technischen Überwachungsorganisationen und Entsorgergemeinschaften zu unterwerfen. Damit wird für die praktische Akzeptanz des Überwachungs- und Zertifizierungssystems gesorgt.

Die grundrechtliche Schutzpflicht steht der Freistellung von den behördlichen Genehmigungspflichten bei der freiwilligen Unterwerfung[583] unter das private Überwachungssystem nicht entgegen. Das BVerfG hat im *Mülheim-Kärlich* - Beschluß zwar festgestellt, daß behördliche Genehmigungsvorbehalte zur Erfüllung der staatlichen Schutzpflicht *geeignet* seien[584]. Allerdings hat es nicht ausgesprochen, daß Genehmigungsregelungen zur Erfüllung der grundrechtlichen Schutzpflicht auch *geboten* seien[585]. Diese Zurückhaltung erklärt sich vor dem Hintergrund, daß es die Entscheidung über die Art und Weise der Erfüllung der grundrechtlichen Schutzpflicht der Einschätzung des Gesetzgebers überläßt[586].

Der mit der Zertifizierung verbundene Wegfall der behördlichen Genehmigungspflichten begegnet keinen Bedenken, weil die Entsorgungsfachbetriebe den materiellrechtlichen Anforderungen, die an die Genehmigungserteilung geknüpft sind, auch weiterhin unterworfen bleiben. Sie werden lediglich in einem anderen Verfahren, dem

---

583 Ob ein sich grundrechtsrelevant auswirkender faktischer Zwang zur Zertifizierung besteht, wird unten bei B. II (in diesem Teil) untersucht.

584 Vgl. BVerfGE 53, 30/57: „Dieser Schutzpflicht ist der Staat in der Weise nachgekommen, daß er die wirtschaftliche Nutzung der Atomenergie von einer vorherigen staatlichen Genehmigung und die Erteilung solcher Genehmigungen von näher geregelten materiell-rechtlichen und verfahrensrechtlichen Voraussetzungen abhängig gemacht hat. Diese Genehmigungsregelung ist (...) durchaus ein geeignetes Mittel zum Schutz gefährdeter Dritter".

585 So zutreffend *Rombach*, Der Faktor Zeit in umweltrechtlichen Genehmigungsverfahren, S. 172.

586 Vgl. zum Beispiel BVerfGE 49, 89/142 - *Kalkar* -; 56, 54/81 - *Fluglärm* -.

Zertifizierungsverfahren, durch die technischen Überwachungsorganisationen und Entsorgergemeinschaften geprüft und sind eine Voraussetzung für die Zertifizierung.

Ist der mit einer Entlastung der behördlichen Überwacher verbundene Einsatz privater Kontrolleure zulässig und sind hinreichende Vorkehrungen zur Wahrung der staatlichen Gewährleistungsverantwortung getroffen worden[587], kann die Freistellung von den Genehmigungspflichten im Hinblick auf das Verhältnismäßigkeitsprinzip sogar geboten sein. Bei der Entsorgungsnachweisbestätigung und der Transportgenehmigung handelt es sich um präventive Verbote mit Genehmigungsvorbehalt, die die Berufsfreiheit gewerblich tätiger oder die allgemeine Handlungsfreiheit sonstiger privater Abfallentsorger einschränken. Die Zulässigkeit der Einschränkung von Grundrechten aufgrund eines Genehmigungsvorbehaltes hängt von der Geeignetheit, Erforderlichkeit und Angemessenheit dieses behördlichen Kontrollinstrumentes ab[588]. Die Erforderlichkeit und die Angemessenheit der Genehmigungsvorbehalte sind aber zweifelhaft, wenn die Ordnungsgemäßheit der sich auf die Genehmigungsvoraussetzungen beziehenden privaten Überwachungstätigkeit durch staatliche Maßnahmen gesichert ist und behördliche Korrekturmöglichkeiten im Fall der nicht ordnungsgemäßen privaten Überwachung bestehen bleiben. Der mit den Genehmigungsvorbehalten verfolgte Zweck - Sicherstellung des Vorliegens der für die genehmigungspflichtige Tätigkeit erforderlichen Voraussetzungen - wird nämlich schon mit der Zertifizierung und den verbleibenden behördlichen Eingriffsmöglichkeiten erreicht und eine erneute Präventivkontrolle würde die Betroffenen über Gebühr belasten.

Die grundrechtliche Schutzpflicht und Art. 20a GG stehen der Betrauung Privater mit der Überwachung abfallwirtschaftlicher Tätigkeiten, wie sie in § 52 KrW-/AbfG vorgesehen ist, nicht entgegen.

b. Anforderungen an die staatliche Gewährleistungsverantwortung

Die grundrechtliche Schutzpflicht und Art. 20a GG stehen der funktionellen Privatisierung der behördlichen Umweltaufsicht nicht entgegen, erfordern aber, daß der Staat in Wahrnehmung seiner ihm verbleibenden Gewährleistungsverantwortung Maßnahmen trifft, die eine Schädigung von Grundrechtsgütern und die Beeinträchtigung der natür-

---

[587] Vgl. dazu unten B. 2. b. (in diesem Teil)

[588] Vgl. dazu allgemein *Steinbeiß-Winkelmann*, DVBl 1998, S. 809/811.

lichen Lebensgrundlagen infolge einer unsachgemäßen privaten Überwachungstätigkeit möglichst verhindern.

Die staatliche Verantwortung kann durch eine wirksame „Kontrolle der Kontrolleure"[589] im Vorfeld und während der privaten Prüftätigkeit sichergestellt werden[590]. Allerdings müssen sowohl bei der Fremdüberwachung (aa.) als auch bei der für die Zertifizierung zum Entsorgungsfachbetrieb bedeutsamen Eigenüberwachung (bb.) bestimmte Anforderungen erfüllt sein. Diese werden im folgenden dargestellt.

aa. Staatliche Gewährleistungsverantwortung für die private Fremdüberwachung

Im Vorfeld der Prüftätigkeit der Privaten kontrolliert der Staat die privaten Kontrolleure, indem er verbindlich die Voraussetzungen für die Wahrnehmung der Prüftätigkeit, wie zum Beispiel persönliche und fachliche Qualifikationsanforderungen, festsetzt[591]. Eine Verpflichtung, diese Voraussetzungen aufzustellen, ergibt sich aus der grundrechtlichen Schutzpflicht und dem Staatsziel Umweltschutz. Bei der Bestimmung des Umfangs der Schutzpflichten bei der privaten Überwachung im Rahmen des Überwachungs- und Zertifizierungskonzeptes nach § 52 KrW-/AbfG ist zu beachten, daß die private Überwachung zu einer Entlastung der allgemeinen behördlichen Umweltaufsicht nach § 40 KrW-/AbfG und zu der gesetzlichen Freistellung von drei Genehmigungspflichten führt. Wenn sichergestellt ist, daß die privaten Prüfer dieselbe Eignung zur Durchführung dieser Aufgabe aufweisen wie die Angehörigen des zuständigen Verwaltungsträgers bzw. die von ihm beauftragten behördenexternen Privatpersonen[592], hat der Staat seine Verpflichtungen erfüllt.

Die Ordnungsgemäßheit der Prüftätigkeit selbst wird durch verbindliche Vorgaben an das Prüfverfahren und an die materiellen Prüfstandards sichergestellt[593]. Die Vorgaben sind notwendig, um eine an Prüfungstiefe und -umfang nicht hinter der behördlichen Umweltaufsicht zurückbleibende private Überwachungstätigkeit zu gewährleisten. Be-

---

589 *Steinbeiß-Winkelmann*, DVBl 1998, S. 809/817.

590 Vgl. *Schmidt-Preuß*, VVDStRL 56 (1997), S. 160/173 mit Fn. 38.

591 *Hoffmann-Riem*, DVBl 1996, S. 225/230ff.; *Koch/Laskowski*, ZUR 1997, S. 182/187; *Buhck*, Überwachungsgemeinschaften im Umweltrecht, S. 169ff.

592 Zur Beauftragung Privater mit der Durchführung von Überwachungsaufgaben nach § 40 KrW-/AbfG vgl. *Donner/Röckeisen*, in: Brandt/Ruchay/Weidemann, KrW-/AbfG, B 100 § 40 Rn. 104ff.

593 *Hoffmann-Riem*, DVBl 1996, S. 225/231.

rühren die Anforderungen Grundrechte der Fremdüberwacher, müssen sie zur Wahrung des rechtsstaatlichen Gesetzesvorbehaltes gesetzlich festgelegt werden. Andernfalls wären sie wegen dieses Mangels ohnehin nicht verbindlich[594].

Da die Erfüllung der gesetzlich festgelegten Anforderungen im Vorfeld der Überwachung keine Gewährleistung für die Ordnungsgemäßheit der konkret durchgeführten Prüftätigkeit bietet, hat der Staat auch Vorkehrungen zum Schutz von Grundrechtsgütern und der Umwelt zu treffen, wenn die Aufgabenerfüllung selbst nicht entsprechend den gesetzlichen Anforderungen erfolgt[595]. Die staatliche Gewährleistungsverantwortung nimmt in diesem Fall die Form einer Auffangverantwortung[596] an. Der Staat kommt seiner Verantwortung nach, indem er die private Prüftätigkeit „begleitet"[597] und nötigenfalls korrigierend eingreift[598], etwa indem er die Ergebnisse der privaten Überwachung einschließlich der daran anknüpfenden Rechtsfolgen modifiziert[599].

Diese Verpflichtung geht allerdings nicht so weit, daß jeder Prüfungsschritt der privaten Kontrolleure behördlich überwacht werden müßte. Die Privatisierung der umweltbehördlichen Aufsicht erfolgt gerade deshalb, weil die behördliche Überwachung allein nicht ausreicht, um eine ordnungsgemäße Tätigkeit der abfallwirtschaftlichen Unternehmen sicherzustellen. Würde die private Überwachungstätigkeit einer umfassenden, nicht auf eine „nachvollziehende Plausibilitätskontrolle" beschränkten behördlichen Kontrolle unterworfen, wäre die Privatisierung schon aus praktischen Gründen angesichts des zusätzlich entstehenden behördlichen Aufwandes nicht möglich.

---

594 Der Gesetzesvorbehalt wird zum Beispiel betroffen sein, wenn die „Fremdüberwacher" ihre Prüftätigkeit gewerblich ausüben. Die Vorgaben an das Prüfverfahren und an die Prüfstandards betreffen sie in ihrer Berufsausübungsfreiheit aus Art. 12 GG und bedürfen deshalb einer formalgesetzlichen Grundlage.

595 Zu den durch die grundrechtliche Schutzpflicht geforderten Eingriffsbefugnissen der Behörde nach Erteilung einer Genehmigung für die atomare Endlagerung vgl. *Menzer*, DVBl 1998, S. 820/823.

596 Vgl. dazu *Hoffmann-Riem*, DVBl 1996, S. 225/232.

597 Nach *Koch/Laskowski*, ZUR 1997, S. 182/186 sind behördliche Beobachtungsmaßnahmen, verbunden mit Plausibilitätskontrollen, im Rahmen der privaten Anlagenüberwachung die an erster Stelle stehenden staatlichen Sicherheitsvorkehrungen.

598 *Schmidt-Preuß*, VVDStRL 56 (1997), S. 160/174: „Zugriffsoption"; *Di Fabio*, VVDStRL 56 (1997), S. 235/262.

599 Ein Beispiel beim Entsorgungsfachbetrieb ist die Verpflichtung der technischen Überwachungsorganisation nach § 14 Abs. 4 Nr. 2 EfbV, das Überwachungszertifikat und das Überwachungszeichen zu entziehen, wenn sie hierzu durch einen Verwaltungsakt der zuständigen Behörde verpflichtet worden ist.

Eine umfassende Begleitkontrolle ist aber auch aus rechtlichen Gründen nicht erforderlich. Den Schutzpflichten wird hinreichend Rechnung getragen, wenn die Standards der privaten Prüftätigkeit verbindlich vorgegeben werden[600]. Es genügt daher, wenn im Weg der „nachvollziehenden Amtsermittlung" die Richtigkeit der privaten Prüfentscheidung kontrolliert wird[601].

bb. Staatliche Gewährleistungsverantwortung für die private Eigenüberwachung

Auch bei der privaten Eigenüberwachung wird die staatliche Gewährleistungsverantwortung durch verbindliche Vorgaben an die Art und Weise der in Eigenregie erfolgenden Aufgabenerfüllung wahrgenommen[602].

Es fragt sich allerdings, ob die staatliche Gewährleistungsverantwortung unter Mißachtung der Schutzpflichten nicht aufgeweicht wird, wenn die Ergebnisse der privaten Eigenüberwachung nicht der unmittelbaren nachvollziehenden Amtsermittlung durch die Überwachungsbehörde[603], sondern zunächst der Plausibilitätskontrolle privater Fremdüberwacher unterliegen und erst deren Prüfentscheidung der behördlichen Aufsicht unterworfen ist[604]. Bei dieser „mittelbaren Amtsermittl ıng" könnte die Gefahr bestehen, daß die Überwachungsbehörde die Ordnungsgemäßheit der privaten Eigenüberwachung nicht unvoreingenommen und allein nach Maßgabe der gesetzlichen Vorgaben beurteilt, sondern auf der Grundlage der Bewertung der privaten Fremdüberwacher entscheidet, bei denen grundsätzlich die Gefahr besteht, daß sie ihr Handeln nicht unbedingt streng an den gesetzlichen Vorgaben ausrichten.

Eine Aufweichung der behördlichen Gewährleistungsverantwortung kann aber nicht pauschal angenommen werden. Es kommt vielmehr darauf an, ob die verbleibenden

---

600 Vgl. *Hoffmann-Riem*, AöR 119 (1994), S. 590/609f.

601 *Hoffmann-Riem*, DVBl 1996, S. 225/232; vgl. auch *Buhck*, Überwachungsgemeinschaften im Umweltrecht, S. 178ff.

602 *Hoffmann-Riem*, DVBl 1996, S. 225/232.

603 So zum Beispiel bei der Informationsermittlung im Rahmen der Umweltverträglichkeitsprüfung nach § 6 UVPG. Der unmittelbare Kontakt zwischen dem privaten Eigenüberwacher und der Überwachungsbehörde läßt sich auch als ein zweistufiges Verantwortungssystem charakterisieren. Auf der ersten Stufe befindet sich der private Überwacher, der seine Überwachungs- oder Ermittlungsergebnisse der sich auf der zweiten Stufe befindlichen Überwachungsbehörde mitteilt. Diese beurteilt, ob die privaten Überwachungsergebnisse übernommen werden können oder ob noch eigene Ermittlungen anzustellen sind.

604 Insofern kann von einem dreistufigen Kooperationssystem zwischen Behörden und Privaten gesprochen werden.

staatlichen Eingriffs- und Kontrollinstrumente geeignet sind, auch im Fall der behördlichen Übernahme eines privaten Fremdüberwachungsergebnisses, das unter Umständen mit den gesetzlichen Vorgaben in Widerspruch steht, die fehlerhaften Ergebnisse privater Überwachung zu korrigieren.

c. Erfüllung der staatlichen Gewährleistungsverantwortung bei dem Überwachungs- und Zertifizierungskonzept des § 52 KrW-/AbfG?

Im folgenden soll geklärt werden, ob das Überwachungs- und Zertifizierungskonzept nach § 52 KrW-/AbfG den oben beschriebenen Anforderungen an die staatliche Gewährleistungsverantwortung standhält. Gegenstand der Untersuchung ist zunächst die Ausgestaltung der Fremdüberwachung (aa.), bevor auf die Eigenüberwachung (bb.) eingegangen wird.

aa. Ausgestaltung der Fremdüberwachung

Die Fremdüberwachung des Zertifizierungskandidaten erfolgt entweder durch eine technische Überwachungsorganisation, mit der das zertifizierungswillige Unternehmen einen Überwachungsvertrag abgeschlossen hat oder durch eine Entsorgergemeinschaft, der das abfallwirtschaftliche Unternehmen beigetreten ist. Das Verfahren der Überwachung und Zertifizierung durch die technischen Überwachungsorganisationen ist in den §§ 12 bis 15 EfbV und für die Entsorgergemeinschaften in der EgRL geregelt[605].

Die Ausgestaltung der Überwachungstätigkeit wird zunächst für die technische Überwachungsorganisation (1) und anschließend für die Entsorgergemeinschaft (2) untersucht.

(1) Technische Überwachungsorganisation

(a) Ausgestaltung der Überwachung und Zertifizierung

Bei der technischen Überwachungsorganisation wird die Ordnungsgemäßheit der Überwachung und Zertifizierung durch die Vorgaben an den Inhalt des Überwachungsvertrages in § 12 EfbV und an die Überwachungs- und Zertifizierungstätigkeit in den §§ 13 bis 15 EfbV sichergestellt.

---

605 Vgl. § 2 EgRL, wonach Entsorgergemeinschaft im Sinne der EgRL eine Vereinigung von abfallwirtschaftlich tätigen Betrieben im Sinne des § 2 Abs. 1 EfbV oder Unternehmen mit Betriebsteilen im Sinne des § 2 Abs. 2 EfbV ist.

Es ist klärungsbedürftig, ob die tatsächliche Ausgestaltung der Überwachung und Zertifizierung in den §§ 12 bis 15 EfbV den Anforderungen an die Schutzpflichten gerecht wird (aa), ob diese Regelungen auch rechtliche Wirksamkeit entfalten (bb) und, sofern dies nicht der Fall sein sollte, welche Konsequenzen sich für die staatliche Gewährleistungsverantwortung ergeben (cc).

(aa) Vorgaben in den §§ 12 bis 15 EfbV

Nach den in den §§ 12 bis 15 EfbV niedergelegten Anforderungen erfüllt der Staat seine Gewährleistungsverantwortung.

Im Vorfeld der Zertifizierung wird durch das in § 15 EfbV näher geregelte behördliche Zustimmungsverfahren gesichert, daß die technische Überwachungsorganisation ihre Überwachungs- und Zertifizierungstätigkeit ordnungsgemäß durchführen wird. Nach § 15 Abs. 1 S. 3 EfbV wird die Zustimmung erteilt, wenn der Überwachungsvertrag die in den §§ 12 bis 14 EfbV genannten Überwachungs- und Zertifizierungsanforderungen erfüllt und die von der technischen Überwachungsorganisation mit der Durchführung des Überwachungsauftrages beauftragten Sachverständigen die hierfür erforderliche Zuverlässigkeit, Unabhängigkeit und Fachkunde besitzen.

Damit wird sichergestellt, daß die in den §§ 13 und 14 EfbV näher geregelten Vorgaben an die Überwachung[606] und Zertifizierung[607] von der technischen Überwachungs-

---

606 § 13 Abs. 1 EfbV bestimmt, daß die technische Überwachungsorganisation verpflichtet ist, die in der EfbV niedergelegten Anforderungen an den Zertifizierungskandidaten vor der erstmaligen Zertifizierung, nach wesentlichen Änderungen des Betriebes und im übrigen jährlich zu überprüfen, den Prüfungsverlauf und das Prüfungsergebnis gegenüber dem Betrieb schriftlich zu dokumentieren, festgestellte Mängel konkret zu bezeichnen und alle ihr vorliegenden betriebsbezogenen Informationen vertraulich zu behandeln, wobei öffentlich-rechtliche Mitteilungspflichten gegenüber Behörden allerdings unberührt bleiben, vgl. auch die im 2. Teil unter I. A. 1. a. gemachten Ausführungen.

§ 13 Abs. 3 und Abs. 4 EfbV regeln die Verpflichtung der technischen Überwachungsorganisation, bei der Prüfung auch die Verwaltungsvorschriften des Bundes und der Länder sowie Prüfergebnisse, die im Rahmen des Öko-Audits oder eines Qualitätsmanagementsystems nach DIN EN ISO 9001ff. gewonnen wurden, zu berücksichtigen.

§ 13 Abs. 2 EfbV betrifft dagegen die Pflichten des Zertifizierungskandidaten gegenüber der technischen Überwachungsorganisation und spielt hier keine Rolle.

607 Nach § 14 Abs. 1 EfbV ist die technische Überwachungsorganisation verpflichtet, dem Betrieb ein Überwachungszertifikat mit den in § 14 Abs. 1 Nrn. 1 - 3 EfbV näher genannten Angaben auszustellen, wenn aufgrund der Prüfung nach § 13 EfbV festgestellt ist, daß die Anforderungen der EfbV erfüllt sind und die zuständige Behörde dem Überwachungsvertrag zugestimmt hat.

Nach § 14 Abs. 2 ist das Überwachungszertifikat zu befristen, und die Gültigkeitsdauer darf einen Zeitraum von 18 Monaten nicht überschreiten.

organisation zugrundegelegt werden und kompetente Prüfer die Auditierung vornehmen.

Die behördliche Auffangverantwortung wird bei fehlerhafter Zertifizierung ebenfalls gewahrt. § 14 Abs. 4 Nr. 2 EfbV bestimmt, daß die technische Überwachungsorganisation zum Entzug des Überwachungszertifikates und der Berechtigung zur Führung des Überwachungszeichens verpflichtet ist, wenn sie hierzu durch einen Verwaltungsakt der Zustimmungsbehörde verpflichtet wird. Außerdem kann die Zustimmung zum Überwachungsvertrag nach § 15 Abs. 4 EfbV widerrufen werden, wenn von der technischen Überwachungsorganisation oder dem zertifizierungswilligen Unternehmen eine mit der Zustimmung verbundene Auflage nicht oder nicht rechtzeitig erfüllt worden ist, wenn die Zustimmungsbehörde auf Grund nachträglich eingetretener Tatsachen berechtigt wäre, die Zustimmung nicht zu erteilen, schwere Nachteile für das Allgemeinwohl zu verhindern oder zu beseitigen sind oder die technische Überwachungsorganisation ihre Überwachungs- und Zertifizierungspflichten nach §§ 13, 14 EfbV nicht ordnungsgemäß wahrnimmt.

(bb) Rechtswirksamkeit der §§ 12 - 15 EfbV

Die staatliche Gewährleistungsverantwortung ist allerdings nur dann gewahrt, wenn die §§ 12 bis 15 EfbV rechtswirksam sind.

Die §§ 12 bis 15 EfbV schränken die Berufsausübungsfreiheit der technischen Überwachungsorganisation ein[608]. Sie müssen deshalb verfassungsrechtlich gerechtfertigt sein, was im folgenden untersucht wird.

---

§ 14 Abs. 4 EfbV bestimmt die Fälle, in denen die technische Überwachungsorganisation verpflichtet ist, das Überwachungszertifikat zu entziehen, vgl. i.e. im 2. Teil bei I. A. 5. gemachten Angaben.

608 Handelt es sich bei der technischen Überwachungsorganisation um einen nach Art. 9 GG geschützten Verein, ist ihre Überwachungs- und Zertifizierungstätigkeit nur durch Art. 12 GG geschützt. Aus Art. 9 Abs. 1 GG läßt sich kein uneingeschränktes Betätigungsgrundrecht herleiten. Denn wenn jegliche Erwerbszwecken dienende Vereinsaktivität dem Schutz des Art. 9 GG unterfiele, wäre der Verein besser gestellt als der Einzelne, (vgl. BVerfGE 30, 227/243), da ersterer nur den Beschränkungen des Art. 9 Abs. 2 GG, der einzelne Erwerbstätige dagegen denen des Art. 12 Abs. 1 S. 2 GG unterläge. Es ist daher zu differenzieren: für die allgemeine Vereinsbetätigung, zu der auch die Pflege von Mitgliederkontakten und Mitgliederwerbung gehört, besteht der Schutz des Art. 9 Abs. 1 GG. Dagegen kann der Verein für die besondere, der Verwirklichung des Vereinszweckes nach außen getragene Tätigkeit nicht besser stehen als der einzelne, der dasselbe Ziel individuell erreichen kann. Daher steht beispielsweise die erwerbliche Tätigkeit einer Erwerbsgesellschaft nur unter dem Schutz des Art. 12 GG; vgl. zu dem Ganzen *Merten*, in: Isensee/Kirchhof, HdBStR VI, § 144 Rn. 50.

Die §§ 12 bis 15 EfbV sind auf der Grundlage der Verordnungsermächtigung in § 52 Abs. 2 KrW-/AbfG erlassen worden.

Gegen die Verfassungsgemäßheit des § 52 Abs. 2 KrW-/AbfG bestehen keine Bedenken. Die Gesetzgebungskompetenz des Bundes, in der Verordnungsermächtigung die Regelung der Überwachung und Zertifizierung vorzusehen, folgt aus Art. 74 Nr. 11 GG[609]. Die Prüftätigkeit der technischen Überwachungsorganisation ist eine dem „Recht der Wirtschaft" unterfallende Dienstleistung. Die Ermächtigung zur Regelung der Prüftätigkeit genügt auch dem Bestimmtheitserfordernis des Art. 80 Abs. 1 S. 2 GG, wonach Inhalt, Zweck und Ausmaß der erteilten Ermächtigung im Gesetz bestimmt werden müssen. § 52 Abs. 2 S. 3 KrW-/AbfG sieht ausdrücklich vor, daß die Verordnung das Verfahren und die Voraussetzungen für die Anerkennung[610], ihren Widerruf, ihre Rücknahme und ihr Erlöschen sowie für Prüfungen, die Bestellungen und Zusammensetzung der Prüforgane und des Prüfverfahrens regeln kann.

Die Überwachungs- und Zertifizierungsbestimmungen in den §§ 12 - 14 EfbV werden von der Verordnungsermächtigung gedeckt. Bei § 15 EfbV, das die behördliche Zustimmung zum Überwachungsvertrag regelt, ist dagegen fraglich, inwieweit die dort enthaltenen Bestimmungen von der Verordnungsermächtigung gedeckt werden.

§ 12 EfbV, der die Anforderungen an den Überwachungsvertrag regelt[611], und § 13 Abs. 1, 3 und 4 EfbV, die die Verpflichtungen der technischen Überwachungsorganisation bei der Betriebsprüfung regeln, betreffen das in § 52 Abs. 2 KrW-/AbfG erwähnte Prüfverfahren und die Voraussetzungen für die Anerkennung.

Die in § 14 EfbV festgelegten Zertifizierungsvoraussetzungen sowie die Bestimmungen über die Dauer und den Entzug des Zertifikates werden durch die Ermächtigungsregelung in § 52 Abs. 2 S. 3 KrW-/AbfG gedeckt, wonach die Verordnung die Voraussetzungen für die Anerkennung, ihren Widerruf, ihre Rücknahme und ihr Erlöschen regeln kann.

---

609 Vgl. auch in diesem Teil II. A. 2. b. cc. (1).

610 Mit der die Zertifizierung gemeint ist.

611 Nach § 12 Abs. 1 EfbV muß der schriftlich abzuschließende Überwachungsvertrag die Überwachung und Zertifizierung des Betriebes als Entsorgungsfachbetrieb nach den Anforderungen der §§ 13 und 14 EfbV regeln. § 12 Abs. 2 EfbV bestimmt, daß die Vertragsparteien weitergehende Vereinbarungen treffen können, soweit diese den Anforderungen der EfbV nicht widersprechen.

Bei den in § 15 EfbV geregelten Einzelheiten für die behördliche Zustimmung ist zu differenzieren. Soweit das Zustimmungsverfahren[612] und die in § 15 Abs. 1 S. 3 Nr. 1 EfbV geregelte Zustimmungsvoraussetzung, daß der Überwachungsvertrag die in §§ 12 bis 14 EfbV genannten Anforderungen erfüllt, betroffen sind, werden sie von der Verordnungsermächtigung erfaßt.

Zwar ist die Ermächtigung zur Regelung der Voraussetzungen für die Zustimmung und des Zustimmungsverfahrens in § 52 Abs. 2 KrW-/AbfG nicht ausdrücklich vorgesehen[613]. Sie ergibt sich aber aus einer Zusammenschau von § 52 Abs. 1 S. 2 KrW-/AbfG, wonach Überwachungsverträge zustimmungsbedürftig sind, und § 52 Abs. 2 S. 3 KrW-/AbfG, wonach die Voraussetzungen der Anerkennung der Entsorgungsfachbetriebe geregelt werden können[614].

Die Zertifizierung zum Entsorgungsfachbetrieb ist nach § 52 Abs. 1 KrW-/AbfG an die behördliche Zustimmung zum Überwachungsvertrag geknüpft. Da die Zustimmung somit eine Anerkennungsvoraussetzung ist, zählen auch das Zustimmungsverfahren und die Voraussetzungen der Zustimmungserteilung zu den Anerkennungsvoraussetzungen, sofern die Zustimmung - wie in § 15 Abs. 1 S. 3 Nr. 1 EfbV geschehen - davon abhängig gemacht wird, daß die technische Überwachungsorganisation die in der EfbV genannten Prüf- und Zertifizierungsanforderungen erfüllt. Das Zustimmungserfordernis soll ja gerade eine behördliche Vorabkontrolle der privaten Prüftätigkeit ermöglichen. Sind die Anforderungen an die private Prüftätigkeit rechtmäßig in der EfbV festgelegt, kann die Zustimmungserteilung unproblematisch an die Erfüllung dieser Maßstäbe geknüpft werden. Dementsprechend werden auch die in § 15 Abs. 3

---

612 § 15 Abs. 1 S. 1 und 2 EfbV regelt die zuständige Zustimmungsbehörde und das Benehmensverfahren, vgl. hierzu die Beschreibung im 2. Teil bei I. A. 3.

613 Aus diesem Grund enthielt der erste Entwurf der EfbV keine Regelungen zum Zustimmungsverfahren. Der Verordnungsgeber ging davon aus, daß eine Regelung der Voraussetzungen für die Zustimmung und des Zustimmungsverfahrens durch Rechtsverordnung in § 52 Abs. 2 KrW-/AbfG nicht vorgesehen sei, vgl. BR-Drs. 353/96, S. 53. Der Bundesrat war allerdings der Auffassung, daß die Zustimmung der zuständigen Behörde zum Überwachungsvertrag ebenso Voraussetzung für die Zertifizierung des Entsorgungsfachbetriebes sei. Die Zustimmung gehöre daher zum Verfahren der Anerkennung und sei von der Bundesregierung zu regeln, vgl. BR-Drs. 353/1/96, S. 9, 10.

614 Nach dem BVerfG genügt es, „wenn Inhalt, Zweck und Ausmaß einer Ermächtigungsvorschrift nach allgemeinen Auslegungsgrundsätzen aus ihrem Sinnzusammenhang mit anderen Vorschriften des Gesetzes und aus dem von der gesetzlichen Regelung insgesamt verfolgten Ziel unter Heranziehung der Entstehungsgeschichte des Gesetzes ermittelt werden können“, vgl. BVerfGE 26, 16/27; vgl. auch BVerfGE 29, 198/210; 55, 207/226; 58, 257/277; 62, 203/209; 68, 319/332.

und 4 EfbV vorgesehenen Möglichkeiten, die Zustimmung mit Bedingungen oder Auflagen zu versehen bzw. die Zustimmung zu widerrufen, von der Verordnungsermächtigung gedeckt, soweit sie an die in § 15 Abs. 1 S. 3 Nr. 1 EfbV genannte Zustimmungsvoraussetzung anknüpfen.

Bezüglich der in § 15 Abs. 1 S. 3 Nr. 2 EfbV geregelten zweiten Zustimmungsvoraussetzung - Vorliegen von Zuverlässigkeit, Unabhängigkeit und Fachkunde der mit der Durchführung des Überwachungsauftrages beauftragten Sachverständigen der technischen Überwachungsorganisation - und der an sie anknüpfenden „Eignungsfiktion" der Sachverständigen in § 15 Abs. 2 EfbV[615] ist dagegen zweifelhaft, ob sie von der Verordnungsermächtigung gedeckt ist[616].

Die Verordnungsermächtigung in § 52 Abs. 2 S. 3 KrW-/AbfG bezieht sich nur auf die Bestellung und Zusammensetzung der Prüforgane und des Prüfverfahrens, nicht jedoch auf die Qualifikation der Prüfer. Die Rechtmäßigkeit der Aufstellung von Qualifikationsanforderungen läßt sich auch nicht damit begründen, daß es sich um eine Zustimmungsvoraussetzung zum Überwachungsvertrag handele. Die Zulässigkeit, die Voraussetzungen der behördlichen Zustimmung in der EfbV zu regeln, ist auf die Erfüllung der Anforderungen, die die EfbV an die Prüfung und Zertifizierung stellt, begrenzt. Eine weitergehende Verordnungsermächtigung läßt sich aus § 52 Abs. 2 i.V.m. Abs. 1 KrW-/AbfG nicht entnehmen[617].

Etwas anderes könnte nur gelten, wenn die Sachverständigeneigenschaft notwendigerweise die Zuverlässigkeit, Unabhängigkeit und Fachkunde voraussetzt, weil nur unter diesen Bedingungen der Bewertung des Sachverständigen das notwendige Vertrauen geschenkt werden könne, und § 15 Abs. 1 S. 3 Nr. 2 EfbV nur deklaratorische Bedeutung zukäme.

Auf der anderen Seite ist zu bedenken, daß es bisher keine einheitliche Definition für den Beruf des Sachverständigen gibt. Die Bezeichnung „Sachverständiger" ist gesetz-

---

615 Nach § 15 Abs. 2 KrW-/AbfG gelten die in § 15 Abs. 1 S. 3 Nr. 2 EfbV genannten Anforderungen an die Zuverlässigkeit, Unabhängigkeit und Fachkunde als erfüllt, wenn der Sachverständige eine Zulassung als Umweltgutachter nach § 9 UAG oder die technische Überwachungsorganisation eine Zulassung als Umweltgutachterorganisation nach § 10 UAG für den Unternehmensbereich Recycling, Behandlung, Vernichtung oder Endlagerung von festen oder flüssigen Abfällen im Sinne des Art. 2i) der Öko-Audit-Verordnung (a.F.) hat.

616 So auch *Kaminski/Konzak*, Das untergesetzliche Regelwerk zum KrW-/AbfG, § 15 EfbV Rn. 9.

617 Insoweit zutreffend *Kaminski/Konzak*, Das untergesetzliche Regelwerk zum KrW-/AbfG, § 15 EfbV Rn. 12.

lich nicht geschützt[618]. Die Auffassungen, durch welche Eigenschaften ein Sachverständiger sich auszeichnet, könnten divergieren. So könnte zum Beispiel kontrovers sein, ob die Sachverständigeneigenschaft notwendigerweise auch die Zuverlässigkeit voraussetzt oder ob die Sachkunde[619] allein nicht bereits ausreicht, um von einem „Sachverständigen" zu sprechen[620]. Aus diesem Grund müssen Qualifikationsanforderungen, die an Sachverständige gestellt werden, ausdrücklich und über die bloße Nennung von Sachverständigen hinaus gesetzlich festgelegt werden und dürfen nicht dem Ermessen der Verwaltung überlassen werden[621]. Die Erfüllung dieser Anforderungen entscheidet nämlich über die Berechtigung des Sachverständigen, die in Frage stehende Tätigkeit auszuüben - hier die Überprüfung der abfallwirtschaftlichen Unternehmen zum Zweck der Zertifizierung - und berührt sie in seiner Berufsausübungsfreiheit aus Art. 12 GG. Die Eignungsanforderungen an die Sachverständigen müssen deshalb vom parlamentarischen Gesetzgeber festgelegt werden. Bei der Festlegung im Verordnungsweg muß eine den Anforderungen des Art. 80 GG genügende Verordnungsermächtigung vorliegen. An dieser fehlt es vorliegend.

Die übrigen an die technische Überwachungsorganisation gerichteten Anforderungen der §§ 12 bis 15 EfbV sind dagegen verfassungsrechtlich nicht zu beanstanden. Sie halten auch den materiellen Anforderungen an eine Berufsausübungsregelung stand. Sie sind durch vernünftige Gründe des Gemeinwohls gerechtfertigt und sind geeignet, erforderlich und zumutbar[622]. Angesichts der großen Bedeutung der geordneten abfallwirtschaftlichen Tätigkeit für die grundrechtlich geschützten Güter aus Art. 2 Abs. 2 GG und für die Umwelt ist es gerechtfertigt, für das Verfahren der privaten Überwachungs- und Zertifizierungstätigkeit einheitliche gesetzliche Vorgaben und behördliche Kontroll- und Eingriffsmöglichkeiten vor und nach der Zertifizierung vorzusehen.

---

618 BVerfGE 86, 28/31.

619 Zum Begriff der „Sachkunde" vgl. *Tettinger/Pielow*, GewArch 1992, S. 1/5f.

620 Nach *Creifelds*, Rechtswörterbuch, ist der Sachverständige „eine Person mit besonderer Sachkunde".

621 BVerfGE 86, 28/40 in bezug auf die Qualitätsanforderungen „Sachkunde" und „Eignung" bei dem nach § 36 Abs. 1 GewO a.F. öffentlich bestellten Sachverständigen; *Stober*, FS Friauf, S. 545/556.

622 So die Anforderungen des BVerfG in BVerfGE 7, 377/405ff. - *Apothekenurteil* -.

(cc) Folgerungen

Da die in § 15 Abs. 1 S. 3 Nr. 2 EfbV genannten Anforderungen an die Sachverständigen mangels Rechtswirksamkeit keine Voraussetzung für die Zustimmung zum Überwachungsvertrag sind, fehlen jegliche qualifikationsbezogene Anforderungen an die privaten Prüfer.

Sollen private Prüfentscheidungen zu einer Reduzierung der behördlichen Überwachung und zu einer Ersetzung behördlicher Genehmigungsvorbehalte führen, muß aber sichergestellt sein, daß die Prüfer wie auch die Organisationen, bei denen sie beschäftigt sind, ihre Aufgabe ordnungsgemäß und wirksam erfüllen. Bezüglich der Prüfer muß gewährleistet sein, daß sie dieselbe Eignung zur Durchführung dieser Aufgabe aufweisen wie die Angehörigen der zuständigen Überwachungsbehörde bzw. der von ihnen beauftragten behördenexternen Privatpersonen[623]. Von den Prüforganisationen ist zu fordern, daß sie die für die ordnungsgemäße Prüfung notwendige sachliche und persönliche Ausstattung vorhalten und mit den potentiellen Auftraggebern nicht in einer Weise - zum Beispiel wirtschaftlich - verflochten sind, wodurch die Unparteilichkeit ihrer Tätigkeit in Frage gestellt werden könnte[624].

Zwar macht die Vollzugshilfe detaillierte Vorgaben an die Unabhängigkeit und an die personelle und sachliche Ausstattung der technischen Überwachungsorganisationen. Sie kann aber, wie auch bei den Sachverständigen, für die sie die unbestimmten Rechtsbegriffe der „Zuverlässigkeit, Unabhängigkeit und Fachkunde" konkretisiert, das gesetzliche Defizit nicht ausgleichen. Die Anforderungen in der Vollzugshilfe dürfen nicht zur Voraussetzung für die Überwachungs- und Zertifizierungstätigkeit der technischen Überwachungsorganisationen gemacht werden, weil sie die technische Überwachungsorganisation in ihrer Berufsausübungsfreiheit aus Art. 12 GG beeinträchtigen würden, ohne daß hierfür die erforderliche gesetzliche Grundlage besteht.

Das Fehlen gesetzlich festgelegter Anforderungen im Hinblick auf die technischen Überwachungsorganisationen und die bei ihnen beschäftigten Sachverständigen bedeutet allerdings nicht automatisch, daß der Staat seine Schutzpflichten aus den Grundrechten und aus Art. 20a GG verletzt hat. Eine Verletzung der grundrechtlichen

---

623 Vgl. die in diesem Teil unter I. B. 2. b. aa. gemachten Ausführungen.

624 Diesem Zweck dienen auch die Bestimmungen der Länder-Organisationsverordnungen zu § 11 GSG, die Anforderungen an die Sachverständigen und an die technischen Überwachungsorganisationen festlegen, vgl., allerdings bezogen auf die alte Rechtslage, die sich von der neuen jedoch nicht unterscheidet, *Meyer*, in: Landmann-Rohmer, GewO, § 24c Rn. 8, 14a.

Schutzpflicht läge nur vor, wenn die Überwachung und Zertifizierung durch die technischen Überwachungsorganisationen völlig unzureichend wäre, um einen wirksamen Grundrechtsschutz zu gewährleisten. Dies ist vorliegend noch nicht der Fall. Entscheidend ist, daß die private Prüftätigkeit die Behörden nicht abschließend bindet. Fehlerhafte Überwachungen und Zertifizierungen, die zum Beispiel auf die fehlende Fachkunde der Sachverständigen zurückgehen, können behördlich rückgängig gemacht werden. Die Zustimmungsbehörde kann die technische Überwachungsorganisation nach § 14 Abs. 4 Nr. 2 EfbV verpflichten, dem betreffenden Betrieb das Überwachungszertifikat und die Berechtigung zur Führung des Überwachungszeichens zu entziehen, wenn sie von der zuständigen Überwachungsbehörde vor Ort von dem Nichtvorliegen der Zertifizierungsvoraussetzungen in Kenntnis gesetzt worden ist[625]. Ausserdem bleibt die Überwachungszuständigkeit der örtlich zuständigen Überwachungsbehörde nach § 40 KrW-/AbfG bestehen, und auch die Freistellungen von den behördlichen Genehmigungspflichten können nach § 51 Abs. 2 KrW-/AbfG, § 14 Abs. 2 NachwV auf behördliche Anordnung wieder rückgängig gemacht werden.

Die staatliche Gewährleistungsverantwortung erfordert allerdings, daß die behördlichen Kontrollbefugnisse tatsächlich ausgeübt werden. Es genügt nicht, daß die behördlichen Kontroll- und Eingriffsmöglichkeiten gesetzlich vorgesehen sind. Hinzukommen muß, daß von diesen Befugnissen auch Gebrauch gemacht wird. Der Umfang der Kontrolle unterliegt allerdings dem behördlichen Ermessensspielraum. Lenkende Faktoren sind der Grad der mit der abfallwirtschaftlichen Tätigkeit verbundenen Gefahr, die sich zum Beispiel nach der chemischen Zusammensetzung des Abfalls und den Entsorgungsverfahren bestimmt oder Zwischenfälle im Unternehmen in der Vergangenheit.

Bezüglich der fehlenden gesetzlichen Anforderungen an die privaten Prüfer und Prüforganisationen folgt, daß, wenn auch keine justitiable Verletzung der Schutzpflichten vorliegt, aus dem der grundrechtlichen Schutzpflicht und Art. 20a GG zugrundeliegenden Optimierungsgebot die Verpflichtung des Gesetzgebers folgt, die Verordnungsermächtigung in § 52 KrW-/AbfG dahin zu erweitern, daß im Verordnungsweg Anforderungen an die Sachverständigen und an die technischen Überwachungsorganisationen geregelt werden können.

---

625 Das setzt allerdings voraus, daß auch tatsächlich ein Kontakt zwischen der örtlich zuständigen Überwachungsbehörde und der Zustimmungsbehörde besteht, vgl. dazu die sogleich unter (b) gemachten Ausführungen.

(b) Behördliche Überwachungsdefizite

Ob die behördliche Überwachung den sich aus den Schutzpflichten ergebenden Anforderungen genügt, ist fraglich, weil die Behörde, die zum Widerruf der Zustimmung bei nicht ordnungsgemäßer Überwachung und Zertifizierung berechtigt ist oder die Fremdüberwacher zum Entzug des Überwachungszertifikates bei einem bestimmten Betrieb verpflichten kann, auf Schwierigkeiten stoßen könnte bei der Ermittlung der unsachgemäßen Tätigkeit der technischen Überwachungsorganisation[626].

Es besteht ein Informationsproblem. Die zuständige Behörde ist die für die Zustimmung zum Überwachungsvertrag zuständige Landesbehörde am Hauptsitz der technischen Überwachungsorganisation bzw. die von ihr bestimmte Behörde. Es fragt sich, wie die Behörde Kenntnis von der nicht ordnungsgemäßen Zertifizierungstätigkeit der technischen Überwachungsorganisation, die bundesweit tätig sein kann, Kenntnis erlangen soll, wenn der zertifizierte Betrieb sich in einem anderen Bundesland befindet.

Diese Schwierigkeit kann allerdings durch die Kooperation der Behörden gelöst werden. Die Vollzugshilfe sieht vor, daß die Benehmensbehörde vor Ort bei der Kenntniserlangung von Tatsachen, die zum Widerruf berechtigen, diese der Zustimmungsbehörde mitteilt und daß damit Gründe vorliegen, die Anerkennung der Entsorgergemeinschaft oder die Zustimmung zum Überwachungsvertrag zu widerrufen. Dasselbe müßte auch gelten, wenn die Benehmensbehörde zu dem Ergebnis gelangt, daß die Fremdüberwacher fälschlicherweise von dem Vorliegen der Zertifizierungsvoraussetzungen ausgegangen sind und das Überwachungszertifikat deshalb entzogen werden müßte[627]. In diesem Fall kann die zuständige Behörde, womit wieder die Zustimmungsbehörde gemeint ist[628], die technische Überwachungsorganisation bzw. Entsorgergemeinschaft zum Entzug des Überwachungszertifikates verpflichten. Auch hier kann sie die notwendige Kenntnis nur von der Benehmensbehörde erlangen.

Der effektive Schutz der Grundrechte derjenigen, die von einer unsachgemäßen abfallwirtschaftlichen Tätigkeit des Entsorgungsfachbetriebs betroffen sein können, und die Bewahrung der natürlichen Lebensgrundlagen erfordern, daß die in der Vollzugshilfe vorgesehene länderübergreifende Abstimmung zwischen den Überwachungsbehörden auch tatsächlich erfolgt. Die staatliche Gewährleistungsverantwortung verlangt nicht

---

626 Vgl. *Versteyl/Wendenburg*, NVwZ 1996, S. 937/948.

627 Dieser Fall ist in der Vollzugshilfe nicht vorgesehen.

628 *Kaminski/Konzak*, Das untergesetzliche Regelwerk zum KrW-/AbfG, § 14 EfbV Rn. 8.

nur die Schaffung gesetzlicher Aufsichtsinstrumente, sondern auch ihre wirksame Anwendung[629].

Die aus den Grundrechten und aus Art. 20a GG folgenden Schutzpflichten wirken sich auch ermessenslenkend bei der Frage aus, ob die Zustimmung zum Überwachungswachungsvertrag mit Berichtsauflagen versehen wird. § 15 Abs. 3 S. 2 EfbV sieht ausdrücklich vor, daß die zuständige Behörde die technische Überwachungsorganisation insbesondere verpflichten kann, ihr im Einzelfall oder in wiederkehrenden Fristen über die Durchführung der Überwachung und Zertifizierung zu berichten. Zur Gewährleistung eines möglichst wirksamen Grundrechts- und Umweltschutzes sollte das „kann" als „soll" gelesen und die Berichtspflicht als Regelauflage vorgesehen werden[630], weil mangelnde Informationen der Behörden eine entscheidende Schwierigkeit bei der Überwachungstätigkeit darstellen, die zur Durchführung einer wirksamen Überwachung überwunden werden müssen[631].

(2) Entsorgergemeinschaften

Das Verfahren der Überwachung und Zertifizierung durch eine Entsorgergemeinschaft ist in der EgRL geregelt.

Auch hier fragt sich, ob die Ausgestaltung der Überwachung und Zertifizierung in der EgRL die Anforderungen an die Schutzpflicht erfüllt (a), ob die Anforderungen für die Entsorgergemeinschaft verbindlich sind (b) und, falls dies verneint wird, welche Folgerungen sich für die staatliche Gewährleistungsverantwortung ergeben (c).

(a) Vorgaben in der EgRL

Nach den Vorgaben in der EgRL, die für die Anerkennungsbehörde bei der Prüfung der Voraussetzungen für die Anerkennung von Entsorgergemeinschaften verbindlich ist, erfüllt der Staat seine Gewährleistungsverantwortung.

---

629 Vgl. *Di Fabio*, VVDStRL 56 (1997), S. 235/262, 263: „Es gilt jedoch zu erkennen, daß in grundrechtssensiblen Bereichen Grenzen für den Teilrückzug des Staates gezogen sind und daß seine Gewährleistungsverantwortung sich in handfesten Aufsichtsbefugnissen und in der Pflicht, diese Aufsicht auch tatsächlich wahrzunehmen, niederschlagen muß, soll nicht der anspruchsvolle Begriff der Gewährleistungsverantwortung zur hohlen Beruhigungsvokabel verkommen".

630 Vgl. auch *Feldhaus*, UPR 1997, S. 341/344 zur Übersendung betriebsinterner Kontrolldaten an die Überwachungsbehörden im Rahmen des Öko-Audits.

631 Vgl. auch *Buhck*, Überwachungsgemeinschaften im Umweltrecht, S. 191ff. zur Pflicht der Überwachungsausschüsse privater Überwachungsgemeinschaften, Informationen über Gesetzeswid-

Die Anerkennungsbehörde muß die Anerkennung gemäß § 6 Abs. 2 EgRL davon abhängig machen, daß die Entsorgergemeinschaft sich für die Überprüfung Sachverständiger bedient, die die für die Durchführung der Überwachung erforderliche Zuverlässigkeit, Unabhängigkeit und Fachkunde besitzen. Das Überwachungs- und Zertifizierungsverfahren muß den Vorgaben in den §§ 6 bis 8 EgRL entsprechen[632].

Die behördliche Auffangverantwortung wird gesichert durch die in § 8 Abs. 1 Nr. 2 EgRL vorgesehene Verpflichtung der Entsorgergemeinschaft, dem Mitgliedsbetrieb das Überwachungszertifikat zu entziehen, wenn sie hierzu durch einen Verwaltungsakt der zuständigen Behörde verpflichtet worden ist. Außerdem kann die Anerkennung nach § 11 Abs. 3 EgRL aus denselben Gründen wie die Zustimmung zum Überwachungsvertrag widerrufen werden[633].

(b) Verbindlichkeit der Vorgaben der EgRL für die Entsorgergemeinschaft?

Es ist zweifelhaft, ob die Vorgaben der EgRL ausreichen, um die ordnungsgemäße private Überwachungstätigkeit zu gewährleisten. Dies wäre nur der Fall, wenn die für die Zertifizierungstätigkeit notwendige Anerkennung der Entsorgergemeinschaft davon abhängig gemacht werden darf, daß die Entsorgergemeinschaft die in der EgRL genannten Anforderungen an ihre Tätigkeit erfüllt. Denn nur dann würde die Entsorgergemeinschaft zur Erfüllung der oben aufgeführten Anforderungen verpflichtet[634].

Nach § 52 KrW-/AbfG können die Anerkennungsvoraussetzungen in der EgRL festgelegt werden. § 52 Abs. 3 S. 3 und 4 KrW-/AbfG bestimmt, daß die Tätigkeit der Entsorgergemeinschaften nach einheitlichen Richtlinien, die vom Bundesministerium für Umwelt, Naturschutz und Reaktorsicherheit mit Zustimmung des Bundesrates erlassen werden, durchzuführen ist und daß in ihnen auch die Voraussetzungen für die Anerkennung und deren Widerruf geregelt werden kann. § 11 Abs. 1 S. 4 EgRL wiederholt diese Vorgaben, indem es bestimmt, daß die Anerkennung zu erteilen ist, wenn die

---

rigkeiten, die bei einem Mitgliedsbetrieb aufgetreten sind, den staatlichen Aufsichtsbehörden weiterzuleiten.

632 Inhaltlich entspricht das Überwachungs- und Zertifizierungsverfahren dem Verfahren, das die technische Überwachungsorganisation nach §§ 13, 14 EfbV anwenden muß.

633 Eine Ausnahme gilt für § 15 Abs. 4 Nr. 4 EfbV (Keine ordnungsgemäße Wahrnehmung der Überwachungs- und Zertifizierungspflichten nach §§ 13, 14 EfbV). Eine entsprechende Regelung fehlt in § 11 Abs. 3 EgRL.

634 Zu beachten ist allerdings, daß der Widerruf der Anerkennung auch unter den Voraussetzungen des § 49 Abs. 2 VwVfG erfolgen kann. Die dort genannten Widerrufstatbestände entsprechen weitgehend denen des § 11 Abs. 4 EgRL.

Entsorgergemeinschaft die in der Richtlinie genannten Anforderungen an ihre Tätigkeit erfüllt und Beschränkungen des Wettbewerbs nicht zu besorgen sind.

In der Praxis wird auch entsprechend verfahren. Die Entsorgergemeinschaften gestalten ihre Tätigkeit an den Vorgaben der EgRL aus, da sie wissen, daß sie ansonsten nicht anerkannt werden.

Es ist aber zweifelhaft, ob die Anerkennungsvoraussetzungen in der Richtlinie festgelegt werden dürfen. Die Bedenken ergeben sich angesichts des rechtsstaatlich-grundrechtlichen Gesetzesvorbehaltes. Er verpflichtet den Gesetzgeber, die Voraussetzungen der Erteilung und der Versagung einer Genehmigung, die Bedingung für die Ausübung grundrechtlicher Befugnisse ist, selbst zu regeln[635].

Die Entsorgergemeinschaft wird in ihrem Grundrecht aus Art. 9 GG beeinträchtigt, wenn sie die Vorgaben der EgRL erfüllen muß, um anerkannt zu werden.

Art. 9 Abs. 1 GG gewährleistet neben dem individuellen Recht jedes Deutschen[636], sich vereinigungsspezifisch zu betätigen, auch den Schutz der Vereinigung selbst[637]. Geschützt wird „jeder Zusammenschluß (...), zu dem sich eine Mehrheit natürlicher oder juristischer Personen bzw. Personenvereinigungen zu einem gemeinsamen Zweck freiwillig zusammenfindet und einer organisatorischen Willensbildung unterwirft“[638]. Die Organisationsform und die Rechtsfähigkeit spielen keine Rolle[639]. Erforderlich ist, um die Vereinigung von einer Versammlung abzugrenzen, daß die Vereinigung ihre Mitglieder mittels ihres Namen erkennen kann und die Mitglieder sich auch als solche der Vereinigung verstehen[640]. Da Art. 9 Abs. 1 GG ein Deutschengrundrecht ist, muß

---

635 BVerfGE 52, 1/41 - *Kleingarten* -.

636 Bei der Vereinigungsfreiheit handelt es sich um ein Deutschengrundrecht, vgl. den Wortlaut des Art. 9 Abs. 1 GG.

637 Das Grundrecht der Vereinigung selbst folgt unmittelbar aus Art. 9 Abs. 1 GG, dagegen nicht erst aus Art. 19 Abs. 3 GG, vgl. aber *Scholz*, in: Maunz/Dürig, GG, Art. 9 Rn. 25. Art. 19 Abs. 3 GG weitet lediglich die Fähigkeit, Grundrechtsträger zu sein, auf inländische juristische Personen des Privatrechts aus, sofern das jeweilige Grundrecht seinem Wesen nach auf die juristische Person anwendbar ist, es sagt aber über den grundrechtlichen Schutz des Ent- und Bestehens dieser juristischen Person nichts aus, vgl. *Merten*, in: Isensee/Kirchhof, HdBStR VI, § 144 Rn. 29. Vgl. auch BVerfGE 4, 96/101 (Eigenschutz der Koalition selbst nach Art. 9 Abs. 3 GG); 38, 281/298; zum Schutz der Vereinigung selbst nach Art. 9 Abs. 1 GG vgl. BVerfGE 13, 174/175; 30, 227/241; 50, 290/354 - *Mitbestimmung* -.

638 *Jarass*, in: Jarass/Pieroth, GG, Art. 9 Rn. 3.

639 Zur Rechtsfähigkeit vgl. *Merten*, in: Isensee/Kirchhof, HdBStR VI, § 144 Rn. 1.

640 *Löwer*, in: von Münch/Kunig, GG, Art. 9 Rn. 32.

die Vereinigung allerdings ihren Sitz in Deutschland haben und von Deutschen beherrscht sein[641].

Die Entsorgergemeinschaft erfüllt nach der Definition in § 2 EgRL den Vereinigungsbegriff des Art. 9 Abs. 1 GG. Bei ihr handelt sich um einen Zusammenschluß von Entsorgungsbetrieben, denen gemeinsam ist, daß sie die in § 2 Abs. 1 und Abs. 2 EfbV genannten abfallwirtschaftlichen Tätigkeiten ausführen und die Zertifizierung zum Entsorgungsfachbetrieb erstreben. Die Entsorgergemeinschaft weist auch eine den Anforderungen des Art. 9 GG genügende organisatorische Willensbildung auf, denn ihre Mitglieder lassen sich namentlich individualisieren, und sie sehen sich selbst der Entsorgergemeinschaft als zugehörig an. Allerdings müssen ihr hauptsächlich deutsche Betriebe angehören[642].

Es fragt sich allerdings, ob die Entsorgergemeinschaft sich auf die Vereinigungsfreiheit berufen kann, wenn ihr auch Entsorgungsbetriebe kommunaler Entsorgungsträger angehören. Mitglieder von Entsorgergemeinschaften können private und öffentliche Entsorgungsunternehmen sein[643]. Insoweit besteht eine vergleichbare Situation wie bei gemischt-wirtschaftlichen Unternehmen, deren Grundrechtsfähigkeit diskutiert wird[644].

---

641 *Merten*, in: Isensee/Kirchhof, HdBStR VI, § 144 Rn. 30. Ein Verein, dessen Mitglieder hauptsächlich Ausländer sind, wird nur durch Art. 2 Abs. 1 GG geschützt.

642 Handelt es sich bei einem Mitglied um eine juristische Person des Privatrechts im Sinne des Art. 19 Abs. 3 GG, ist für die Inländereigenschaft grundsätzlich der Sitz des Unternehmens entscheidend; dabei kommt es nicht auf den satzungsrechtlichen Sitz, sondern auf den tatsächlichen Verwaltungsmittelpunkt an (vgl. *Scholz*, in: Maunz/Dürig, GG, Art. 9 Rn. 55). Daneben darf die juristische Person nicht unter ausländischem Beherrschungseinfluß stehen, was zum Beispiel der Fall wäre, wenn bei Kapitalgesellschaften die Mehrheit der stimmberechtigten Kapitalanteile sich in Ausländerhand befände (*Löwer*, in: von Münch/Kunig, GG, Art. 9 Rn. 11). Handelt es sich bei dem Mitgliedsbetrieb nicht um eine juristische Person im Sinne des Art. 19 Abs. 3 GG, ist auf den Unternehmensträger abzustellen, bei dem es sich um eine natürliche, aber auch juristische Person handeln kann. Im letzteren Fall ist für die Ausländereigenschaft des Mitgliedsbetriebes wiederum auf den Sitz und den Beherrschungsverhältnissen abzustellen.

Eine von ausländischen Betrieben beherrschte Entsorgergemeinschaft genießt nur den grundrechtlichen Schutz aus Art. 2 Abs. 1 GG, vgl. *Merten*, in: Isensee/Kirchhof, HdBStR VI, § 144 Rn. 22ff. Das gilt auch für eine Entsorgergemeinschaft, die hauptsächlich aus Entsorgungsbetrieben aus den anderen EU-Mitgliedstaaten besteht. Für sie gilt der Schutz der Art. 43 Abs. 2, 48 EGV (ex-Art. 52, 58) nur, wenn der Zusammenschluß zum Zwecke gemeinsamer wirtschaftlicher Tätigkeit erfolgt. Einen solchen Zweck verfolgt die Entsorgergemeinschaft aber nicht.

643 Vgl. die Ausführungen im 1. Teil bei II. A. 1.

644 Vgl. dazu ausführlich *Zimmermann*, Der grundrechtliche Schutzanspruch juristischer Personen des öffentlichen Rechts, S. 224ff.

Das BVerfG[645] hat die Grundrechtsfähigkeit eines gemischt-wirtschaftlichen Energieversorgungsunternehmens, das zu 72% von der Freien und Hansestadt Hamburg und zu 28% von privaten Anteilseignern innegehalten wurde, verneint. Dagegen wird in der Literatur zutreffenderweise die Grundrechtsfähigkeit gemischt-wirtschaftlicher Unternehmen bejaht, weil der grundrechtliche Schutz der privaten Anteilseigner ansonsten nicht gewährleistet würde[646]. Wenn natürlichen Personen die Beteiligung an einer juristischen Person, deren Anteile sich auch in öffentlicher Hand befinden, ermöglicht, zum Teil sogar ersucht wird[647], darf ihnen daraus kein Nachteil durch eine Verkürzung des Grundrechtsschutzes erwachsen[648].

Die zu den gemischt-wirtschaftlichen Unternehmen entwickelten Ansätze zur Bejahung der Grundrechtsfähigkeit lassen sich auf „gemischte" Entsorgergemeinschaften übertragen. Die grundrechtliche Schutzbedürftigkeit der privaten Vereinsmitglieder ergibt sich hier vor allem aus dem engen Zusammenhang zwischen individueller und kollektiver Vereinigungsfreiheit. Die Effektivität des Grundrechtsschutzes des einzelnen Vereinsmitglieds ist nämlich nur dann vollständig gewährleistet, wenn auch die Existenz, die Funktionsfähigkeit und die Selbstbestimmung über die das Vereinsleben betreffenden Fragen der Vereinigung selbst von Art. 9 GG garantiert werden[649].

---

645 Kammerbeschluß des Ersten Senats vom 16. 05. 1989, NJW 1990, S. 1783. Das BVerfG hat seine Auffassung wie folgt begründet: Da die Beschwerdeführerin im Bereich der Wasser- und Energieversorgung tätig sei und damit eine typische Aufgabe der Daseinsvorsorge wahrnähme, sei sie nicht grundrechtsfähig. Bei der Inhaberschaft der Anteile von 72% sei davon auszugehen, daß die Freie und Hansestadt Hamburg die Möglichkeit habe, auf die Geschäftsführung entscheidenden Einfluß zu nehmen. Außerdem unterliege das Unternehmen zusätzlich den weitreichenden Grenzen des EnWG, so daß von einer privaten Selbständigkeit in dem von der öffentlichen Hand betriebenen Bereich nahezu nichts übrig bliebe.

646 Mit diesem Argument ist schon vor dem Beschluß des BVerfG die Grundrechtsfähigkeit gemischt-wirtschaftlicher Unternehmen bejaht worden, vgl. nur *Ehlers*, Verwaltung in Privatrechtsform, S. 85; *Stern*, Staatsrecht III/1, § 71 VII 6, S. 1170; zu der Grundrechtsfähigkeit der Deutsche Post AG vor ihrer Einführung am Kapitalmarkt *Wendt*, in: Stern, Postrecht der Bundesrepublik Deutschland, § 14 BAPostG Rn. 16 (Grundrechtsfähigkeit bejahend selbst wenn eine Mehrheitsbeteiligung privater Aktionäre noch nicht vorhanden ist).

647 Zum Beispiel aufgrund privaten Sachverstandes oder privater Finanzkraft.

648 Vgl. auch *Wendt*, in: Stern, Postrecht der Bundesrepublik Deutschland, § 14 BAPostG Rn. 16 in bezug auf die privaten (Minderheits-)Anleger der Deutsche Post AG: „Es ist in der Tat zu berücksichtigen, daß bei gemischt-wirtschaftlichen Unternehmen die in privater Hand befindlichen erwerbswirtschaftlich ausgerichteten Anteile durch Grundrechte geschützt sind. Gerade die ‚Durchgriffstheorie' des Bundesverfassungsgerichts selbst muß dazu führen, daß man Gesellschaften mit einer Minderheitsbeteiligung der öffentlichen Hand den Grundrechtsschutz nicht a limine versagen kann".

649 BVerfGE 13, 174/175; 30, 227/241; 50, 290/353.

Die kollektive Vereinigungsfreiheit schützt neben der Existenz und Funktionsfähigkeit der Vereinigung die „Selbstbestimmung über die eigene Organisation, das Verfahren ihrer Willensbildung und die Führung ihrer Geschäfte“[650]. Die Bestimmungen in der EgRL betreffen die Vereinigungsfreiheit, weil sie die Voraussetzungen der Mitgliedschaft (§ 2 EgRL), die Anforderungen an die Mitgliedsbetriebe (§ 5 EgRL), die interne Organisation (Bildung eines Überwachungsausschusses, § 10 EgRL) und die Ausgestaltung des Vereinszwecks, Überwachung und Zertifizierung zum Entsorgungsfachbetrieb (§§ 6 - 8 EgRL) im einzelnen festlegen und von ihrer Erfüllung die Anerkennung abhängig ist.

Auch wenn es den abfallwirtschaftlichen Unternehmen freisteht, sich zu einer Entsorgergemeinschaft zusammenzuschließen, führt diese Freiwilligkeit nicht zu einer Verneinung der Eingriffsqualität der Vorgaben. Schafft der Gesetzgeber die Möglichkeit der staatlichen Anerkennung einer Entsorgergemeinschaft und damit die Berechtigung zur Zertifizierung nach § 52 KrW-/AbfG, berühren die Voraussetzungen der Anerkennung den Schutzbereich der Vereinigungsfreiheit. Denn im Fall der Verweigerung der Anerkennung würde die Entsorgergemeinschaft an ihrer vereinsmäßigen Tätigkeit, Überwachung und Zertifizierung ihrer Mitglieder nach § 52 KrW-/AbfG, gehindert[651].

Auch der Umstand, daß die Entsorgergemeinschaften „freiwillig“ die Anforderungen der EgRL erfüllen, führt zu keiner Verneinung der Eingriffsqualität. Zwar könnte erwogen werden, ob die Unterwerfung unter die EgRL einen freiwilligen Grundrechtsverzicht darstellt. Das ist aber angesichts des Umstandes, daß bei Nichterfüllung der Anforderungen die Anerkennung nicht erteilt wird, zu verneinen. Die Entsorgergemeinschaften haben, wenn sie ihre Mitgliedsbetriebe zum Entsorgungsfachbetrieb nach § 52 KrW-/AbfG zertifizieren möchten, keine andere Wahl als die Anforderungen der EgRL zu erfüllen.

---

650 BVerfGE 50, 290/354; 80, 244/253.

651 Zu der Eingriffsqualität der Verweigerung der öffentlichen Bestellung von Sachverständigen nach § 36 GewO vgl. BVerfGE 86, 28/37: „Schafft der Gesetzgeber die staatliche Anerkennung einer beruflichen Qualifikation und damit Vorteile im beruflichen Wettbewerb, wirkt sich die Verweigerung dieser Anerkennung als Eingriff in die Berufsfreiheit aus. Als Freiheitsbeschränkung kommen nicht allein Gebote und Verbote in Betracht; es genügt, daß durch staatliche Maßnahmen der Wettbewerb beeinflußt und die Ausübung einer beruflichen Tätigkeit dadurch behindert wird.“

(c) Folgerungen

Mangels Beachtung des rechtsstaatlichen Gesetzesvorbehaltes können die Vorgaben der EgRL nicht zur Voraussetzung für die Anerkennung der Entsorgergemeinschaften gemacht werden. Die Überwachungs- und Zertifizierungstätigkeit der Entsorgergemeinschaften bewegt sich deshalb teilweise in einem rechtlich ungeregelten Raum. Dieser Zustand begründet ein Defizit der staatlichen Gewährleistungsverantwortung, die die verbindliche Festlegung von Qualifikationsanforderungen an die die Auditierung vornehmenden Prüfer und an die Entsorgergemeinschaft selbst sowie die Festlegung der materiellen Prüfstandards und des Prüfverfahrens fordert[652].

Trotz dieser erheblichen Defizite hat der Staat seine Schutzpflichten nicht in justitiabler Weise verletzt. Angesichts der bestehend bleibenden behördlichen Überwachung über die Aktivitäten des Entsorgungsfachbetriebs bleibt das Risiko von Fehlentscheidungen der Entsorgergemeinschaften bei ihrer Überwachungs- und Zertifizierungstätigkeit kontrollierbar. Die Grundrechte Dritter und die Umwelt werden grundsätzlich nicht der Gefahr unkontrollierter privater Überwachungstätigkeit ausgesetzt. Aus dem Optimierungsgebot bleibt der Gesetzgeber aber verpflichtet, die Verordnungsermächtigung in § 52 KrW-/AbfG auf die Tätigkeit der Entsorgergemeinschaften auszuweiten[653].

bb. Ausgestaltung der Eigenüberwachung

(1) Anforderungen an die Eigenüberwachung

Die Anforderungen an den Entsorgungsfachbetrieb nach der EfbV und die verbleibenden behördlichen Eingriffsinstrumente tragen der staatlichen Gewährleistungsverantwortung in vollem Umfang Rechnung.

Die in der EfbV niedergelegten Anforderungen, enthalten weitreichende Anforderungen an die Eigenüberwachung. Zu deren Sicherstellung treffen den Betreiber verschiedene, ebenfalls gesetzlich vorgegebene Dokumentations- und Nachweispflichten[654].

---

652 Vgl. dazu die Ausführungen in diesem Teil bei I. B. 2. b. aa.

653 Vgl. auch § 758 Abs. 4 Nr. 4 und 5 UGB-KomE, wonach das Verfahren und die Anforderungen zur Anerkennung von Entsorgergemeinschaften sowie die Vorgaben für ihre Tätigkeit durch Rechtsverordnung geregelt werden können.

654 Vgl. zum Beispiel die in § 3 Abs. 2 und 3 EfbV genannten Funktionsbeschreibungen, Organisationspläne und Arbeitsanweisungen oder die in § 7 Abs. 1 EfbV genannte Pflicht zur Erbringung

(2) Rechtswirksamkeit

Voraussetzung für die vollständige Erfüllung der Schutzpflichten ist auch hier, daß die Vorgaben an die (zukünftigen) Entsorgungsfachbetriebe rechtswirksam sind. Diese Frage wird im Rahmen der Frage nach dem grundrechtsrelevanten „Zwang zur Zertifizierung" untersucht[655].

(3) Folgerungen

Geht man von der Rechtswirksamkeit der Vorgaben der EfbV aus, ist die Erfüllung der staatlichen Schutzpflicht, was die Ausgestaltung der Eigenüberwachung betrifft, zu bejahen.

Allerdings ist zu berücksichtigen, daß sich die Ergebnisse der Eigenüberwachung, die sich überwiegend als Sachverhaltsaufbereitung darstellt[656], auf die Beurteilung der Zertifizierungsvoraussetzungen und auf den Umfang der verbleibenden behördlichen Überwachung im Fall der Zertifizierung auswirken.

Die staatliche Gewährleistungsverantwortung erfordert, daß die zuständigen Behörden ihre Überwachungstätigkeit im Vertrauen auf die Ordnungsgemäßheit der privaten Eigen- und Fremdüberwachung nicht vollständig aussetzen. Vielmehr müssen sie die Überwachung über den Entsorgungsfachbetrieb aufrechterhalten. Die Überwachung muß grundsätzlich zwar nicht denselben Umfang aufweisen wie bei einem nicht zertifizierten Unternehmen, und sie kann auch in ihrer Häufigkeit hinter der Überwachung eines nicht zertifizierten Unternehmens zurückbleiben. Eine regelmäßige, wenn auch weniger häufige Kontrolle ist jedoch erforderlich, um die Berechtigung der Einschränkung der eigenen Überwachung aus behördlicher Sicht beurteilen zu können. Würde die Kontrolle nicht mehr erfolgen, würde sich die Überwachungsbehörde vollständig auf das Urteil der privaten Überwachungsorgane, die sich in nicht unbeträchtlicher Weise auf die in Eigenüberwachung erfolgte Sachverhaltsaufbereitung des Entsorgungsfachbetriebs stützen würde, verlassen. Die staatliche Gewährleistungsverant-

---

des Nachweises, daß alle für die Tätigkeit des Entsorgungsfachbetriebes erforderlichen behördlichen Entscheidungen vorliegen und alle Auflagen und Anordnungen erfüllt werden.

655 Vgl. unten bei II. (in diesem Teil).

656 Einige Beispiele: Die in § 3 EfbV genannten Aufzeichnungspflichten sollen die Erfüllung der Anforderungen an die Betriebsorganisation dokumentieren. Der in § 4 Abs. 2 EfbV genannte Einsatzplan soll den Nachweis der ausreichenden Personalstärke erbringen. Das in § 5 EfbV geforderte Betriebstagebuch soll den Nachweis einer sach- und fachgerechten Durchführung der abfallwirtschaftlichen Tätigkeiten erbringen.

wortung verlangt jedoch, daß die Überwachungsbehörde sich ein eigenes Urteil über die Zulässigkeit der Einschränkung ihrer eigenen Überwachungstätigkeit bildet.

II. Grundrechtliche Bewertung eines „Zwangs zur Zertifizierung"

Die folgende Untersuchung geht der Frage nach, ob ein aufgrund der Marktnachfrage entstehender faktischer Zwang zur Zertifizierung zum Entsorgungsfachbetrieb sich grundrechtsbeeinträchtigend für gewerblich tätige abfallwirtschaftliche Unternehmen auswirkt.

Gegen eine grundrechtsbeeinträchtigende Wirkung könnte sprechen, daß die Zertifizierung zum Entsorgungsfachbetrieb keine Voraussetzung für die Betätigung in der Abfallwirtschaft ist, sondern den Entsorgern freigestellt wird[657]. Auf der anderen Seite besteht die Gefahr, daß die Betreiber von Entsorgungsbetrieben, die sich gegen eine solche entscheiden, Nachteile erleiden, weil sie im abfallwirtschaftlichen Wettbewerb schlechtere Chancen haben und mit einem Rückgang an Aufträgen von Kunden aus der Abfallwirtschaft rechnen müssen. Die auf staatliche Veranlassung zurückgehende Notwendigkeit, sich zertifizieren zu lassen, kann sich insbesondere für kleine Familienunternehmen, für die sich die Kosten der Zertifizierung nicht auszahlen und die sich gegen eine Zertifizierung entscheiden, so weit auswirken, daß sie mangels unzureichender Auftragszahlen mit einem erheblichen Auftragsrückgang rechnen müssen.

Da der Entsorgungsbetrieb, entscheidet er sich gegen eine Zertifizierung, mit diesen Nachteilen rechnen muß, ist eine Untersuchung der Frage geboten, ob das Zertifizierungssystem trotz Freiwilligkeit die Grundrechte der Entsorgungsbetriebe beein-

---

657 Aus diesem Grund wird von dem Verordnungsgeber der EfbV die Grundrechtsrelevanz der Zertifizierung zum Entsorgungsfachbetrieb verneint, vgl. BR-Drs. 353/96, S. 28: „Während im Wasserrecht die Fachbetriebseigenschaft Voraussetzung für den Bau oder die Instandhaltung etc. von Anlagen zum Umgang mit wassergefährdenden Stoffen nach § 19g WHG darstellt und insoweit die Freiheit der Berufsausübung nach Art. 12 GG einschränkt, genießen die Entsorgungsfachbetriebe nach dem Kreislaufwirtschafts- und Abfallgesetz ausschließlich verfahrensrechtliche Privilegien (...)". Dem Verordnungsgeber folgend *Cosson*, in: Brandt/Ruchay/Weidemann, KrW-/AbfG, B 100 § 52 Rn. 6; a.A. *Kaminski/Konzak*, Das untergesetzliche Regelwerk zum KrW-/AbfG, Vorbemerkung - EfbV Rn. 40.

Vgl. zur Grundrechtsrelevanz der Vergabe des Umweltzeichens „Blauer Engel", die ebenfalls auf der autonomen Entscheidung des Herstellers beruht, *Janiszewski*, Das Umweltzeichen, S. 108ff.; *Berendes*, GewArch 1998, S. 14/18; *Wimmer*, BB 1989, S. 565/568.

trächtigt. Denkbar ist ein Eingriff in die Berufsfreiheit (A.) und in die Eigentumsfreiheit (B.).

A. Die Zertifizierung als Eingriff in die Berufsfreiheit (Art. 12 GG)

Zunächst ist klärungsbedürftig, ob gewerblich tätige Entsorgungsunternehmen geeignete Grundrechtsträger der Berufsfreiheit sein können (1.). Anschließend wird untersucht, ob der faktische Zwang zur Zertifizierung einen Eingriff in die Berufsfreiheit darstellt (2.).

1. Gewerblich tätige Entsorgungsunternehmen als Träger des Grundrechts aus Art. 12 GG

Die Berufsfreiheit schützt die Freiheit, eine Erwerbszwecken dienende Tätigkeit zu ergreifen und wahrzunehmen. Sie ist nicht auf natürliche Personen begrenzt, sondern nach Art. 19 Abs. 3 GG auch insoweit auf juristische inländische[658] Personen des Privatrechts[659] anwendbar, als eine bestimmte Erwerbstätigkeit ihrem Wesen nach in gleicher Weise von einer juristischen wie von einer natürlichen Person ausgeübt werden kann[660]. Gewerbliche Unternehmen der Abfallwirtschaft, die in Form einer juristischen Person des Privatrechts betrieben werden oder teilrechtsfähig[661] sind, sind ebenfalls Träger des Grundrechts auf Berufsfreiheit, weil die Tätigkeit - Betrieb eines abfallwirtschaftlichen Unternehmens zu Erwerbszwecken - gleichermaßen von natürlichen wie von juristischen Personen wahrgenommen werden kann[662].

---

658 Vgl. zu Art. 12 GG als „Deutschengrundrecht" BVerfGE 78, 179/196; OVG Berlin NVwZ 1987, S. 720; VGH BW NVwZ 1989, S. 386/387; OVG NW DVBl 1995, S. 433; *Scholz*, in: Maunz/Dürig, GG, Art. 12 Rn. 95.

659 Juristische Personen des Privatrechts im Sinne des Art. 19 Abs. 3 GG sind der rechtsfähige Verein, die Gesellschaft mit beschränkter Haftung, die Aktiengesellschaft, die Kommanditgesellschaft auf Aktien, die Genossenschaft, aber auch die OHG und die KG, da es für Art. 19 Abs. 3 GG genügt, daß eine Personenmehrheit oder Organisation nur Teilrechtsfähigkeit besitzt; vgl. zum letzten Aspekt BVerfGE 4, 7/12; BVerwG GewArch 1995, S. 24/25; *Scholz*, in: Maunz/Dürig, Art. 12 Rn. 98.

660 BVerfGE 21, 261/266; 22, 380/383; 30, 292/312; 50, 290/363; 65, 196/209f.; 74, 129/148; BVerwGE 75, 109/114; BVerwG GewArch 1995, S. 63/66.

661 Vgl. dazu *Dürig*, in: Maunz/Dürig, GG, Art. 19 Abs. 3 Rn. 29; *von Mutius*, in: Bonner Kommentar, GG, Art. 19 Abs. 3 Rn. 43.

662 Juristische Personen des öffentlichen Rechts können sich nicht auf Art. 12 GG berufen, da sie nicht in Ausübung von Freiheitsrechten, sondern in Wahrnehmung von ihnen eingeräumten hoheitlichen Kompetenzen tätig werden. Das gilt auch bei der Wahrnehmung von Verwaltungsaufgaben in Privatrechtsform, also wenn sich die entsorgungspflichtige Körperschaft zur Erfüllung

In Deutschland tätige ausländische Betriebe[663], die zertifiziert werden wollen, werden grundsätzlich nur über Art. 2 Abs. 1 GG geschützt[664]. Allerdings sind abfallwirtschaftliche Unternehmen, die von EG-Ausländern betrieben werden, nicht auf den Schutz des Art. 2 Abs. 1 GG beschränkt. Die Berufsfreiheit ist, angesichts ihrer verfassungsrechtlichen Gewährleistung in den verschiedenen Mitgliedstaaten und als Folge der im Primärrecht verankerten Grundfreiheiten der Freizügigkeit (Art. 39ff. EGV (ex-Art. 48ff.)) sowie der Niederlassungs- (Art. 43 EGV (ex-Art. 52)) und Dienstleistungsfreiheit (Art. 49ff. EGV (ex-Art. 59ff.)), ein allgemeiner Grundsatz des Gemeinschaftsrechts[665] und verhilft den Bürgern aus den Mitgliedstaaten auch ohne formell verfassungskräftige Gleichstellung zu einer verbesserten Position[666].

2. Faktischer Zwang zur Zertifizierung als Eingriff in die Berufsfreiheit?

a. Betroffener Schutzbereich

Ein Eingriff in die Berufsfreiheit kommt bei den Unternehmen in Betracht, die die abfallwirtschaftliche Tätigkeit gewerbsmäßig im Auftrag Dritter wahrnehmen. Der von Art. 12 GG geschützte Beruf ist jede auf eine gewisse Dauer angelegte, der Schaffung und Erhaltung einer Lebensgrundlage dienende Tätigkeit[667]. Zu diesem Berufsbegriff ist die gewerbsmäßige abfallwirtschaftliche Tätigkeit unproblematisch zu zählen.

Die Erfüllung der Zertifizierungsanforderungen betrifft den Schutzbereich der Berufsausübungsfreiheit. Die Berufsausübungsfreiheit „umfaßt die gesamte Tätigkeit, in der ein gewählter Beruf seinen Niederschlag findet", worunter zum Beispiel „die Bestimmung des Umfangs und des Inhalts des konkreten Arbeits- und Produktionsfeldes innerhalb eines bestimmten Berufs, entsprechende Angebote und Leistungen, die Orga-

---

der ihr obliegenden Aufgaben der privaten Rechtsform durch Gründung einer AG oder GmbH bedient, welche die konkrete Entsorgungsaufgabe dann wahrnimmt.

663 Bei der Frage nach der In- oder Ausländereigenschaft einer juristischen Person des Privatrechts ist auf ihren Sitz abzustellen, wobei es nicht auf ihren satzungsmäßigen, sondern auf den tatsächlichen Sitz ankommt (vgl. *Krebs*, in: von Münch/Kunig, GG, Art. 19 Rn. 32 m.w.N.).

664 *Stober*, Allgemeines Wirtschaftsverwaltungsrecht, § 19 II 1.

665 EuGH Rs. 44/79, Slg. 1979, 3727/3750 - *Hauer* -; Rs. 265/87, Slg. 1989, 2237/2268 - *Schräder* -; EuZW 1995, S. 109ff. - *Méthode Champagnoise* -.

666 *Tettinger*, in: Sachs, GG, Art. 12 Rn. 19; vgl. auch *Stadler*, Die Berufsfreiheit in der Europäischen Gemeinschaft, S. 42ff.; *Rengeling*, Grundrechtsschutz in der Europäischen Gemeinschaft, S. 22ff.; *Lenz*, EuGrZ 1993, S. 585/587f.

667 Vgl. BVerfGE 7, 377/397; 50, 290/362; 54, 301/313; BVerwGE 1, 92/93; 22, 286/287; BVerwG DVBl 1994, S. 1359/1360; DVBl 1995, S. 47/48; *Scholz*, in: Maunz/Dürig, GG, Art. 12 Rn. 18.

nisation der Arbeitsabläufe sowie - bei selbständiger Tätigkeit - die Betriebsorganisation, die Beschäftigung anderer Personen, die Auswahl, Gestaltung und Verwendung von Anlagen und Geräten, die Material- und Kapitalbeschaffung, die Werbung sowie die Markt- und Absatzpflege"[668] zählen.

Die Freiheit der Berufswahl bleibt dagegen grundsätzlich unberührt, weil sich ein Entsorgungsfachbetrieb von einem nicht zertifizierten abfallwirtschaftlichen Unternehmen nicht durch die Zugehörigkeit zu einem eigenständigen Beruf, sondern durch die besondere betriebliche Organisation, das besonders geschulte Personal und durch die sachverständige Feststellung der besonderen Eignung zur Wahrnehmung der Entsorgungstätigkeit unterscheidet. Das Bild der beruflichen Tätigkeit des Entsorgungsfachbetriebs weicht dagegen von dem des nicht zertifizierten Betriebes nicht ab.

Die Abgrenzung der Berufsausübungs- von der Berufswahlfreiheit kann sich allerdings in den Fällen schwierig gestalten, in denen eine als Berufsausübungsregelung gedachte Bestimmung so einschneidend ist, daß sie in ihrer wirtschaftlichen Auswirkung einer Berufswahlregelung nahekommt[669]. Maßgeblich ist die erzeugte Regelwirkung, nicht dagegen die Auswirkung im Einzelfall[670]. Ein Eingriff in die Freiheit der Berufswahl käme nur dann in Betracht, wenn aufgrund des Wettbewerbs die Zertifizierung unabdingbar für den Erhalt von Entsorgungsaufträgen wäre. Wäre die gewerbliche abfallwirtschaftliche Tätigkeit regelmäßig von der Zertifizierung abhängig, könnte sie sich als Berufswahlregelung darstellen[671].

b. Bestimmung des Grundrechtseingriffs

Es stellt sich nun die Frage, ob in dem faktischen Zwang zur Zertifizierung ein Grundrechtseingriff liegt.

Der Gesetz- und Verordnungsgeber bezwecken mit dem Zertifizierungssystem nach § 52 KrW-/AbfG, daß die Nachfrage der Kunden möglichst viele Entsorgungsunternehmen dazu bewegt, sich zertifizieren lassen. Mit dem Instrument der Marktnachfrage

---

668 *Breuer*, in: Isensee/Kirchhof, HdBStR VI, § 147 Rn. 56.

669 BVerfGE 11, 30/42; 30, 292/313ff.; 61, 291/311; 82, 209/229.

670 BVerfGE 30, 292/313f.; 68, 155/170; BVerwGE 79, 192/199.

671 Vgl. auch *Frenz*, KrW-/AbfG, § 52 Rn. 3: „Die Zertifikatslösung des § 52 Abs. 1 KrW-/AbfG stellt eine subjektive Berufszulassungsbeschränkung dar, sofern die Qualifikation des Entsorgungsfachbetriebes praktisch zur Eintrittskarte in das Transport- und Vermittlungsgewerbe im Abfallbereich wird".

soll somit eine möglichst verbreitete abfallwirtschaftliche Tätigkeit entsprechend der Vorgaben der EfbV erreicht werden.

Ein klassischer Grundrechtseingriff, der sich dadurch auszeichnet, daß der Staat unmittelbar gegenüber dem betroffenen Grundrechtsträger in imperativer Form, d.h. mittels eines Gebotes oder Verbotes tätig wird[672], scheidet hier aus. Die Erfüllung der Zertifizierungsanforderungen ist nicht verbindlich vorgegeben, sondern steht den abfallwirtschaftlichen Unternehmen frei. Außerdem wirkt der Staat nicht selbst, sondern über Dritte, den potentiellen Kunden der Entsorgungsunternehmen, auf die Berufsausübungsfreiheit der Entsorgungsunternehmen ein[673].

Ein Grundrechtseingriff kann sich deshalb nur aus einer der staatlichen Gewalt zurechenbaren „Kettenverursachung"[674] ergeben, bei der der Staat das sich unmittelbar auf die Grundrechte auswirkende Verhalten eines Dritten erst auslöst und er durch diesen die Grundrechte beeinträchtigt[675].

Es fragt sich, wie das auf staatliche Veranlassung zurückgehende Verhalten des Dritten dem Staat als eigene grundrechtsbeeinträchtigende Maßnahme zugerechnet werden kann.

Da der Staat mit der Zertifizierung die Absicht verfolgt, daß sich wegen der Marktnachfrage möglichst viele abfallwirtschaftliche Unternehmen zum Entsorgungsfachbetrieb zertifizieren lassen, ist zunächst das Kriterium der Finalität für die Zurechnung naheliegend[676].

---

672 Vgl. *Pieroth/Schlink*, Staatsrecht II - Grundrechte, Rn. 238; *Sachs*, in: Stern, Staatsrecht III/2, § 78 II 3, S. 104ff.; *Weber-Dürler*, VVDStRL 57 (1998), S. 57/60ff.

673 Es liegt ein sog. tripolares Verhältnis vor, bei dem der Staat über zwischengeschaltete Personen auf die grundrechtlichen Schutzgüter einwirkt, vgl. *Weber-Dürler*, VVDStRL 57 (1998), S. 57/71; *Sachs*, in: Stern, Staatsrecht III/2, § 78 III 2, S. 171; *Kirchhof*, Verwalten durch mittelbares Einwirken, S. 46f.

674 *Sachs*, in: Stern, Staatsrecht III/2, § 78 III 2, S. 169, 187ff.

675 *Sachs*, in: Stern, Staatsrecht III/2, § 78 III 2, S. 169

676 Bei Bejahung der Finalität ist auf das Problem der Bestimmung und der dogmatischen Begründung der Schwere des Eingriffs als Eingriffsvoraussetzung nicht mehr einzugehen. Das BVerwG hat in seiner Rechtsprechung zum staatlichen Informationshandeln zwei Begründungsansätze zur Bejahung des Grundrechtseingriffs entwickelt. Ein Grundrechtseingriff liegt entweder vor, wenn das staatliche Informationshandeln auf einen beim betroffenen Hersteller eintretenden nachteiligen Grundrechtseffekt abzielte (BVerwGE 71, 183/189 - *Transparenzlisten* -) oder wenn das staatliche Informationshandeln zwar keine Grundrechtsbeeinträchtigung bezweckte, aber als eine voraussehbare und in Kauf genommene Nebenfolge eine schwerwiegende Grundrechtsbeeinträchtigung bewirkte (BVerwGE 87, 37/41f. - *Glykol* -). In einem jüngeren Urteil hat das

Die Finalität allein ist aber nicht ausreichend, da andernfalls der Kreis der dem Staat zurechenbaren Auswirkungen ins Uferlose reichen könnte[677]. Erforderlich ist auch, daß sich das vom Staat veranlaßte und von ihm bezweckte Verhalten der Dritten tatsächlich grundrechtsbeeinträchtigend oder grundrechtsspezifisch auswirkt.

Die Bestimmung der grundrechtsspezifischen Auswirkung ist gleichzeitig eine Frage der Reichweite des Schutzbereichs des betroffenen Grundrechts[678]. Gerade in den Fällen, in denen sich für den Grundrechtsträger das staatlich beeinflußte Verhalten Dritter in derselben Weise auswirkt wie ein unmittelbarer staatlicher Eingriff, ist der Schutzbereich der Grundrechte nicht nur daran zu bestimmen, welche Verhaltensweisen sie dem Grundrechtsträger abstrakt garantieren; vielmehr ist das räumliche oder soziale Umfeld der Grundrechtsausübung ebenfalls zu berücksichtigen[679].

Die Untersuchung der grundrechtsspezifischen Auswirkung erfordert deshalb die Klärung, welcher Aspekt der Berufsausübungsfreiheit der abfallwirtschaftlichen Unternehmen konkret berührt wird und ob er durch das Zertifizierungssystem beeinträchtigt wird.

Im folgenden werden somit das Kriterium der Finalität (aa.) und das der grundrechtsspezifischen Auswirkung (bb.) näher untersucht.

BVerwG an dem Intensitätskriterium festgehalten (vgl. BVerwG NJW 1996, S. 3161 – *Warentest* -).

Gegen das „Schwerekriterium" spricht, daß die Bedeutung des grundrechtlichen Schutzbereichs für die Eingriffsbestimmung reduziert würde. Die Bejahung des Grundrechtseingriffs wäre nicht von der Frage abhängig, ob das Grundrecht gegen das betreffende staatliche Handeln überhaupt Schutz bietet, sondern davon, wie sich das staatliche Handeln quantitativ ausgewirkt hat. So würde beim staatlichen Informationshandeln der Grundrechtsschutz davon abhängen, daß der betroffene Hersteller tatsächlich erhebliche Umsatzverluste hinnehmen muß, vgl. die zutreffende Kritik bei *Weber-Dürler*, VVDStRL 57 (1998), S. 57/87; *Albers*, DVBl 1996, S. 233/236.

Darüber hinaus ist die Abgrenzung des BVerwG zwischen dem Schwere- und dem Finalitätskriterium schwierig zu ziehen, denn der Übergang zwischen den finalen und voraussehbaren Folgen kann fließend sein, vgl. *Weber-Dürler*, VVDStRL 57 (1998), S. 57/90. Zu dem hier zugrundegelegten Verständnis von Finalität vgl. die sogleich erfolgenden Ausführungen unter aa.

677 *Trute*, DVBl 1996, S. 950/958.

678 Ausführlich *Albers*, DVBl 1996, S. 233ff., insbes. S. 237f.

679 Vgl. *Weber-Dürler*, VVDStRL 57 (1998), S. 57/83: „Während staatliche Verbote oder Gebote *Verhaltensmöglichkeiten* unterbinden, stehen diese bei den Drittbeeinträchtigungen theoretisch nach wie vor offen, doch können sie *weniger genutzt* werden, weil das auf der Gegenseite erforderliche Interesse wegfällt" (Hervorhebung im Original); vgl. auch *Albers*, DVBl 1996, S. 233/237.

aa. Finalität

Es fragt sich, welche Bedeutung der Begriff der Finalität bei nicht unmittelbar erfolgenden Grundrechtseingriffen hat.

Finalität könnte bedeuten, daß allein auf den Hauptzweck einer staatlichen Maßnahme abgestellt wird[680]. In diesem Fall müßte die Finalität bei dem Zertifizierungssystem abgelehnt werden. Der Gesetz- und Verordnungsgeber bezwecken primär nämlich nicht, alle nicht zertifizierten Unternehmen von dem Entsorgungsmarkt zu verdrängen. Hauptzweck ist vielmehr, eine geordnete abfallwirtschaftliche Tätigkeit auf hohem Qualitätsniveau herbeizuführen.

Eine derart enges Begriffsverständnis von Finalität ist aber abzulehnen. Beim Abstellen ausschließlich auf das „Hauptzweckkriterium" würde nur die subjektive Absicht des Staates für die Bestimmung der Finalität ausschlaggebend sein[681]. Er würde also selbst darüber entscheiden, ob sein Handeln grundrechtsrelevant ist oder nicht. Damit würde die Reichweite des Schutzes der Grundrechte demjenigen zur Entscheidung überlassen, der als Beeinträchtiger der Grundrechte in Betracht kommt. Gleichzeitig würde die Abwehrfunktion der Grundrechte in ihr Gegenteil verkehrt, da nunmehr der Staat entscheiden würde, ob er mit seiner Hauptzwecksetzung Grundrechte beeinträchtigte oder nicht.

Außerdem ist die Beurteilung, was zum Hauptzweck zu zählen ist und was sich nur als dessen voraussehbare Folge darstellt, schwierig und kann im Einzelfall auch willkürlich sein[682]. Die Gefahr der willkürlichen Unterscheidung zwischen Hauptzweck und vorhersehbarer Folge läßt sich am Beispiel des staatlichen Verbraucherinformationshandelns illustrieren: Wenn der Staat Informationsbroschüren oder -listen veröffentlicht und verteilt, dient die Aktion zwar in erster Linie der Informierung der Adressaten. Die Adressaten sollen aber anhand der Informationen zu einem bestimmten Han-

---

680 So das VG Berlin in einem Beschluß vom 5. 12. 1986 - 1 A 244/86, das die Finalität bei der Veröffentlichung von Informationen des Umweltbundesamtes über die Umweltschädlichkeit von WC-Reinigern verneint hat, da das Umweltbundesamt ausschließlich den Verbraucher auf die Umweltfolgen bei der Verwendung von WC-Reinigern habe aufmerksam machen wollen; vgl. die Besprechung des Beschlusses bei *Lübbe-Wolff*, NJW 1987, S. 2705/2710 und bei *A. Roth*, Verwaltungshandeln mit Drittbetroffenheit und Gesetzesvorbehalt, S. 214.

681 *Kirchhof*, Verwalten durch mittelbares Einwirken, S. 51 und 95ff.

682 Vgl. auch *Di Fabio*, JZ 1993, S. 689/695: „Finalität sollte zumindest dann bejaht werden, wenn die Grundrechtsauswirkung das planvoll eingesetzte Mittel ist, um einen öffentlichen Zweck zu erreichen"; *Dürler-Weber*, VVDStRL 57 (1998), S. 57/90 m.w.N.

deln veranlaßt werden, das sich für die Erwerbschancen der von der Information betroffenen Hersteller nachteilhaft auswirken kann. Da der Staat mit seinem Informationshandeln in erster Linie sicherlich nicht die Beeinträchtigung der Gewinnchancen der Hersteller, sondern die Aufklärung der Verbraucher bezweckte, müßte die Finalität der Grundrechtsbeeinträchtigung verneint werden. Da die Einschränkung der Erwerbschancen aber eindeutig voraussehbar war, die Hersteller durch ein verändertes, da aufgeklärtes Verbraucherverhalten, auch zu der Umstellung ihres Produktionsprozesses im Sinne der staatlichen Intention gebracht werden sollten, würde sich die Beschränkung auf den Hauptzweck ohne Berücksichtigung der vorhersehbaren Folgen des Informationshandelns als willkürlich darstellen[683].

Für die Bejahung der Finalität ist deshalb nicht nur auf den Hauptzweck, sondern auch auf die mit ihm verbundenen voraussehbaren Folgen abzustellen[684].

Der Zweck, der vom Gesetz- und Verordnungsgeber mit dem Zertifizierungssystem verfolgt wird, ähnelt in seinen gewünschten Auswirkungen denen des staatlichen Informationshandelns. In beiden Fällen wird der Staat in rechtlich unverbindlicher Weise tätig, hofft aber, daß die von ihm gewünschten Auswirkungen durch das Verhalten Privater eintreten werden. Im Gesetzgebungsverfahren zum KrW-/AbfG hat der Bundesrat bei der Diskussion um die Einführung des Entsorgungsfachbetriebs die Hoffnung geäußert, „daß mittelfristig nur noch zuverlässige Fachbetriebe im Entsorgungsbereich tätig werden könnten“[685]. Der Verordnungsgeber hat sich ähnlich geäußert, indem er die Notwendigkeit der EfbV damit begründet hat, daß - neben der gewünschten Deregulierungseffekte - Anreize für ein hohes Qualifikationsniveau der Entsorgungswirtschaft gesetzt werden sollten, das nicht zuletzt unter dem Aspekt der zivil- und strafrechtlichen Haftung des Abfallerzeugers von erheblicher Bedeutung sei[686]. Die mit der für die nicht zertifizierten Unternehmen voraussehbare Gefahr der

683 Vgl. auch *Lübbe-Wolff*, NJW 1987, S. 2705/2710; *A. Roth*, Verwaltungshandeln mit Drittbetroffenheit und Gesetzesvorbehalt, S. 215, die allerdings auf die zwangsläufigen Folgen des staatlichen Handelns abstellen.

684 *A. Roth*, Verwaltungshandeln mit Drittbetroffenheit und Gesetzesvorbehalt, S. 215; *Weber-Dürler*, VVDStRL 57 (1998), S. 57/90.

685 BR-Drs. 335/94, S. 6 = BT-Drs. 12/7672, S. 3 (Beschluß des Bundesrates, in dem die Zustimmung zum KrW-/AbfG, das die Fachbetriebsregelung - wegen der ablehnenden Haltung der Bundesregierung - in dem zur Zustimmung vorgelegten Entwurf nicht enthielt, nach Art. 84 Abs. 1 GG versagt wird).

686 BR-Drs. 353/96, S. 29.

Erwerbsbeeinträchtigungen ist deshalb von der staatlichen Zielsetzung bei der Schaffung des Zertifizierungssystems umfaßt. Die Finalität ist gegeben.

bb. Grundrechtsbeeinträchtigende Auswirkung

Für die Klärung der grundrechtsbeeinträchtigenden Auswirkung des Zertifizierungssystems ist erforderlich, daß der konkret betroffene Gehalt der Berufsausübungsfreiheit der abfallwirtschaftlichen Unternehmen bestimmt wird. Da der Gesetz- und der Verordnungsgeber bezwecken, den zertifizierten Betrieben eine verbesserte Marktposition zu verschaffen, ist die Wettbewerbsfreiheit betroffen[687], deren Inhalt und Reichweite im folgenden zunächst bestimmt werden (1). Anschließend wird geklärt, unter welchen Voraussetzungen das Zertifizierungssystem die Wettbewerbsfreiheit der abfallwirtschaftlichen Unternehmen beeinträchtigt (2).

(1) Inhalt und Reichweite der Wettbewerbsfreiheit

Eines der Grundprinzipien der Wirtschaftsverfassung nach dem Grundgesetz ist der grundsätzlich freie Wettbewerb zwischen den als Anbieter und Nachfrager auf dem Markt auftretenden Unternehmen[688]. Das Verhalten des Unternehmers im wirtschaftlichen Wettbewerb ist, soweit es sich in erlaubten Formen bewegt, Bestandteil der von Art. 12 GG geschützten freien unternehmerischen Betätigung[689]. Da die Berufsausübungsfreiheit die gewerbsmäßige Betätigung zur Sicherung des Lebensunterhaltes schützt, erfaßt sie auch das Handeln und die Rolle des Grundrechtsträgers im Wettbewerb[690].

Konkret bedeutet Wettbewerbsfreiheit die Freiheit des Unternehmers, durch eigene Leistung, die sich in Qualität und/oder Preis von der seiner Konkurrenten abhebt bzw. abheben soll, nach Vertragsabschlüssen mit Nachfragern zu streben. Geschützt sind dabei grundsätzlich alle zur Erreichung dieses Ziels erforderlichen Handlungen, wie zum Beispiel die Festsetzung des Preises, die Entscheidung über die Qualität der anzubietenden Leistung oder Werbemaßnahmen.

---

687 Vgl. zu der Zuordnung der Wettbewerbsfreiheit zur Berufsausübungsfreiheit *Albers*, DVBl 1996, S. 233/239.

688 BVerfGE 32, 311/317.

689 BVerfGE 32, 311/317; 46, 120/137ff.; BVerwGE 71, 183/189; 87, 37/39; vgl. auch BVerfG NJW 1996, S. 3161. Zum Teil ist die unternehmerische Handlungsfreiheit dem Schutzbereich des Art. 2 Abs. 1 GG zugeordnet worden, vgl. BVerfGE 4, 7/15ff.; 14, 263/282ff.; 29, 260/266ff.; BVerwGE 17, 306/309; 30, 191/198; 60, 154/159; 65, 167/174.

Das Recht auf Erhaltung eines bestimmten Geschäftsumfanges und auf Sicherung weiterer Erwerbsmöglichkeiten ist dagegen nicht geschützt[691]. Da die Wettbewerbsfreiheit zu den Grundprinzipien der Wirtschaftsverfassung gehört, hat die Berufsfreiheit nach Art. 12 Abs. 1 GG wettbewerbsfördernde Wirkung und schützt zum Beispiel nicht vor der Zulassung von Konkurrenz. Daher können zum Beispiel wettbewerbsverschärfende staatliche Maßnahmen, wie etwa die staatliche Konzessionierung eines neuen Unternehmers[692] oder das Auftreten des Staates selbst als neuer Konkurrent[693], durch die bei einem Unternehmer nachteilige wirtschaftliche Veränderungen eintreten, keine Grundrechtsbeeinträchtigungen darstellen.

Des weiteren wird im Hinblick darauf, daß funktionsfähiger Wettbewerb Transparenz und damit „die Verfügbarkeit der für das individuelle Marktverhalten entscheidungserheblichen Preis- und Qualitätsinformationen“[694] erfordere, vertreten, daß staatliche Produktinformationen und staatliche Produktkennzeichnung keinen Eingriff in die Wettbewerbsfreiheit darstellen könnten. Die Informierung der Öffentlichkeit störe den Wettbewerb nicht, sondern verbessere die Voraussetzungen seiner Funktionsfähigkeit und entspreche damit gerade dem Schutzzweck der Wettbewerbsfreiheit. Aus diesem Grund wird ein Eingriff in die Wettbewerbsfreiheit der Hersteller, deren Produkte nicht mit dem „Blauen Engel“ ausgezeichnet sind, abgelehnt[695].

(2) Einschränkung durch das System der Zertifizierung?

Der zum „Blauen Engel“ angestellte Gedanke könnte auch für die Zertifizierung zum Entsorgungsfachbetrieb fruchtbar gemacht werden. Es könnte argumentiert werden, daß das den Entsorgungsfachbetrieben erteilte Überwachungszeichen die Öffentlichkeit lediglich darüber informiere, daß das abfallwirtschaftliche Unternehmen die Anforderungen der EfbV erfüllt und für die Wahrnehmung der zertifizierten Tätigkeiten besonders qualifiziert ist.

---

690 *Albers*, DVBl 1996, S. 233/239; *Pieroth/Schlink*, Grundrechte - Staatsrecht II, Rn. 814.

691 *Jarass/Pieroth*, GG, Art. 12 Rn. 15.

692 BVerwGE 10, 122/123; BVerfGE 34, 252/256.

693 BVerwGE 39, 329/336.

694 *Berendes*, GewArch 1998, S. 14/17; *Lübbe-Wolff*, NJW 1987, S. 2705/2711, beide unter Berufung auf BGHZ 65, 325/332.

695 *Berendes*, GewArch 1998, S. 14/17; a.A. *Janiszewski*, Das Umweltzeichen, S. 129.

Auf der anderen Seite soll die Zertifizierung, wie auch die Produktkennzeichnung, nicht nur Informationszwecken dienen, sondern das Marktverhalten der Kunden dahingehend beeinflussen, vornehmlich zertifizierte Betriebe mit abfallwirtschaftlichen Tätigkeiten zu beauftragen. Angesichts dieser Zweckrichtung stellt sich die Zertifizierung zum Entsorgungsfachbetrieb als eine staatlich veranlaßte wirtschaftslenkende Maßnahme dar.

Unter Maßnahmen der Wirtschaftslenkung sind „ohne Rücksicht auf ihre Rechtsform alle staatlichen Maßnahmen zu verstehen, durch die auf den wirtschaftlichen Prozeß eingewirkt werden soll, um einen wirtschafts-, sozial- oder gesellschaftspolitisch erwünschten Zustand oder Ablauf des Wirtschaftslebens herzustellen oder zu erhalten“[696]. Sie beeinträchtigen die Wettbewerbsfreiheit, wenn sie dem grundrechtlichen Ordnungsziel, die Wettbewerbsfreiheit zu gewährleisten, zuwiderlaufen[697]. Ein Beispiel sind staatliche Maßnahmen, die sich wettbewerbsverzerrend auswirken[698], wie etwa die Gewährung von Subventionen an bestimmte Empfänger mit der Folge, daß die nicht begünstigten Unternehmer desselben Sektors, die sich bisher in einer stabilen wettbewerblichen Ausgangslage befunden haben, nunmehr einem ruinösen Wettbewerb ausgesetzt sind[699].

Von den grundrechtsspezifischen wirtschaftslenkenden Maßnahmen sind allerdings die Maßnahmen zu unterscheiden, mit denen der Staat lediglich die wettbewerblichen Rahmenbedingungen verändert, ohne in den Wettbewerb selbst einzugreifen[700].

---

696 BVerwGE 71, 183/190

697 *Lübbe-Wolff*, NJW 1987, S. 2705/2711.

698 Vgl. *Ossenbühl*, AöR 115 (1990), S. 1/23

699 BVerwGE 30, 191/197ff.; 60, 154/161; 65, 167/174; 71, 183/191; *Breuer*, in: Isensee/Kirchhof, HdBStR VI, § 148 Rn. 77; *Ossenbühl*, AöR 115 (1990), S. 1/23.

700 In diesem Fall wäre ein Grundrechtseingriff abzulehnen, vgl. - allerdings im Rahmen des von Art. 14 GG geschützten eingerichteten und ausgeübten Gewerbebetriebes - BGHZ 45, 83/87f.: Senkung des Außenzollsatzes, die sich wettbewerbsbeeinträchtigend auf dem Inlandsmarkt auswirkt, ist keine Grundrechtsbeeinträchtigung; BGH NJW 1964, S. 769: Kinoverbot für Kinder unter sechs Jahren ist kein Eingriff in den Gewerbebetrieb des Märchenfilmvorführers; BGH NJW 1968: Änderung der Blinkleuchten durch die StVZO ist kein Eingriff in den Gewerbebetrieb des Blinkleuchtenherstellers, der sein Produktionsprogramm umstellen muß; vgl. auch BVerwGE 71, S. 183/193 - *Transparenzlisten* -: richtig sei, „daß ein Unternehmer stets die Dynamik der seine Erwerbstätigkeit maßgeblich beeinflussenden gesellschaftlichen Rahmenbedingungen in Rechnung stellen muß. Angesichts der Tatsache, daß sich die für das wirtschaftliche Schicksal eines jeden Unternehmens bestimmenden sozialen Verhältnisse ständig im Fluß befinden und steter Veränderung unterworfen sind, kann auch das Grundrecht der unternehmerischen Betätigungsfreiheit nicht statisch eine zu einem bestimmten Zeitpunkt bestehende Rahmenkon-

Es fragt sich, ob in der Schaffung des Zertifizierungssystems eine wirtschaftslenkende, der Wettbewerbsfreiheit nicht entsprechende Maßnahme liegt. Auf der einen Seite schafft der Staat lediglich ein besonderes Qualitätssystem, dessen Annahme den betroffenen abfallwirtschaftlichen Unternehmen freisteht und das wegen des damit verbundenen Qualifikationsgewinns den Wettbewerb unter den Entsorgungsbetrieben sogar fördert. Auf der anderen Seite kann das Zertifizierungssystem sich dahin auswirken, daß die Entsorgungsunternehmen keine Wahl haben, sondern sich zertifizieren lassen müssen, um im Wettbewerb weiter zu bestehen. Die Beeinträchtigung in ihrer Wettbewerbsfreiheit besteht in diesem Fall darin, daß sie in ihrer Entscheidung über die Qualität der anzubietenden Leistung, wie zum Beispiel die Nachweisführung über die Seriosität des Unternehmens, nicht mehr frei sind[701], sondern auf das Zertifizierungssystem zurückgreifen müssen, da der Kunde staatlich festgelegten[702] Qualitätsanforderungen regelmäßig mehr Vertrauen schenkt und, gerade im Hinblick auf die Erfüllung seiner zivil- und strafrechtlichen Sorgfaltspflichten, nur noch Entsorgungsfachbetriebe mit der Entsorgung beauftragt.

Da aber nicht jedes Marktverhalten der im Grundsatz autonom entscheidenden Kunden dem Staat als Wettbewerbsverzerrung angelastet werden kann, muß auch die Entscheidungsfreiheit der Kunden in einem solchen Maß beeinflußt sein, daß ihr Verhalten auf die staatliche Maßnahme zurückgeführt werden kann[703]. Abzustellen ist darauf, „ob

stellation schützen. Deshalb können staatliche Maßnahmen, mit denen für einen Unternehmer nachteilige Veränderungen wirtschaftlicher Verhältnisse einhergehen, nicht schon allein deshalb als Grundrechtsbeeinträchtigung verstanden werden".

701 Die Erfüllung der Zertifizierungsvoraussetzungen ist keine „conditio sine qua non" für eine ordnungsgemäße und umweltgerechte abfallwirtschaftliche Tätigkeit.

702 Die Bedeutung des amtlichen Charakters staatlichen Handelns wird auch bei *Murswiek*, DVBl 1997, S. 1021/1027 hervorgehoben und als konstituierend für die Annahme eines Grundrechtseingriffs bei staatlichem Informationshandeln, das über den bloßen Informationszweck hinausgeht, angesehen. Im *Transparenzlisten*-Urteil klingt die Bedeutsamkeit des amtlichen Charakters der Transparenzlisten zur Begründung des Grundrechtseingriffs ebenfalls an, vgl. BVerwGE 71, S. 183/195.

703 Vgl. auch *Trute*, DVBl 1996, S. 950/958 in bezug auf die Gefahr der Uferlosigkeit des Finalitätskriteriums als Zurechnungsgrund: „Eine Zurechnung dürfte jedoch dann gerechtfertigt sein, wenn es der Staatsgewalt gelingt, trotz fortbestehender Entscheidungsfreiheit Privater deren Verhalten zum Nachteil grundrechtlich geschützter Interessen zu steuern. An einer Ereignisbeherrschung und einer daran anschließenden Verantwortung fehlt es aber dann, wenn die Beeinträchtigung grundrechtlich geschützter Interessen aufgrund der autonomen Entscheidungsbildung eines unabhängigen Privaten erfolgt".

sich ein vernünftiger Durchschnittsbürger zu einem entsprechenden Verhalten als Reaktion auf das staatliche Handeln veranlaßt fühlen durfte“[704].

Diese Voraussetzung ist im Hinblick darauf zu bejahen, daß die Abfallkunden, die gleichzeitig Abfallbesitzer und die deshalb zivil- und strafrechtlich für die ordnungsgemäße Entsorgung verantwortlich sind, ihre Sorgfaltspflichten für eine ordnungsgemäße Entsorgung regelmäßig erfüllen werden, wenn sie einen Entsorgungsfachbetrieb mit der Entsorgung beauftragen. Vor diesem Hintergrund wird sich ein nach objektiven Maßstäben vernünftiger Abfallbesitzer veranlaßt fühlen, der staatlichen Intention nachzukommen und bevorzugt auf Entsorgungsfachbetriebe zurückzugreifen.

cc. Verfassungsrechtliche Rechtfertigung

Der Eingriff in die Berufsausübungsfreiheit der Entsorgungsunternehmen muß gemäß Art. 12 Abs. 1 S. 2 GG durch Gesetz oder aufgrund Gesetzes erfolgen. Der Eingriff durch Rechtsverordnung setzt eine hierzu ermächtigende Norm voraus, die auch den übrigen an sie zu stellenden verfassungsrechtlichen Anforderungen genügt[705]. Daneben muß auch die untergesetzliche Norm verfassungsrechtlichen Vorgaben standhalten.

Der Eingriff in die Berufsausübungsfreiheit wirkt sich für die abfallwirtschaftlichen Unternehmen konkret dahin aus, daß sie die Vorgaben der EfbV erfüllen müssen, um im abfallwirtschaftlichen Wettbewerb mitzuhalten. Im folgenden werden deshalb die Verfassungsmäßigkeit des § 52 KrW-/AbfG (1) und der EfbV (2) näher untersucht.

(1) Verfassungsmäßigkeit des § 52 KrW-/AbfG

In formeller Hinsicht stellt sich lediglich die Frage nach der Gesetzgebungskompetenz des Bundes. Die Befugnis des Bundesgesetzgebers, die Zertifizierung zum Entsorgungsfachbetrieb vorzusehen, ergibt sich aus Art. 74 Abs. 1 Nr. 11 und aus Art. 74 Abs. 1 Nr. 24 GG.

Art. 74 Abs. 1 Nr. 11 bestimmt die konkurrierende Gesetzgebungszuständigkeit des Bundes für das „Recht der Wirtschaft“. Das „Recht der Wirtschaft“ hat einen weitgesteckten Anwendungsbereich. Ihm unterfallen alle das wirtschaftliche Leben und die wirtschaftliche Betätigung als solche regelnden Normen, „die sich in irgendeiner Form auf die Erzeugung, Herstellung und Verteilung von Gütern des wirtschaftlichen Be-

---

[704] *A. Roth*, Verwaltungshandeln mit Drittbetroffenheit und Gesetzesvorbehalt, S. 226.

[705] BVerfG NJW 1998, S. 2341; NJW 1998, S. 2346/2347.

darfs beziehen"[706]. Für die gewerbliche abfallwirtschaftliche Tätigkeit läßt sich die in § 52 KrW-/AbfG vorgesehene Zertifizierung zum Entsorgungsfachbetrieb unter Art. 74 Nr. 11 GG subsumieren. Die gewerbliche Entsorgung sowie die gewerbliche Transport- und Vermittlungstätigkeit sind Dienstleistungen bzw. gehören, soweit es um die Verwertung von Abfällen geht, zum produzierenden Gewerbe und sind zu der „Wirtschaft" im Sinne des Art. 74 Nr. 11 GG zu zählen[707].

Daneben ergibt sich die Gesetzgebungszuständigkeit des Bundes aus Art. 74 Abs. 1 Nr. 24 GG, das dem Bundesgesetzgeber eine Zuständigkeit zur umfassenden Regelung des Rechts der Abfallwirtschaft eingeräumt hat. Die Gesetzgebungskompetenz schließt die Verwirklichung der Ziele der Abfallwirtschaft durch Zertifizierungssysteme ein, mittels derer eine gesundheits- und umweltgerechte abfallwirtschaftliche Tätigkeit der Entsorgungsunternehmen gewährleistet wird[708].

In materieller Hinsicht muß § 52 KrW-/AbfG dem Bestimmtheitsgebot des Art. 80 Abs. 1 S. 2 GG entsprechen. Inhalt, Zweck und Ausmaß der erteilten Ermächtigung müssen in der Norm niedergelegt sein. § 52 KrW-/AbfG wird dem gerecht, indem es neben der grundsätzlichen Ermächtigung, Anforderungen an die Entsorgungsfachbetriebe durch Rechtsverordnung festzulegen, vorsieht, daß dabei insbesondere Mindestanforderungen an die Fachkenntnisse, der Nachweis der persönlichen Zuverlässigkeit und einer ausreichenden Haftpflichtversicherung gefordert und Anforderungen an Geräte und Ausrüstungen bestimmt werden können.

(2) Verfassungsmäßigkeit der EfbV

In formeller Hinsicht bestehen keine Anhaltspunkte für eine mögliche Verfassungswidrigkeit der EfbV. Deshalb wird unmittelbar die materielle Verfassungsmäßigkeit untersucht.

---

706 BVerfG NJW 1981, S. 329/332 m.w.N.

707 *Bogler*, DB 1996, S. 1505/1506.

708 Vgl. BVerfG NJW 1998, S. 2341/2342 in bezug auf die kommunale Verpackungssteuer: „Die Zuständigkeit des Bundes für die Regelung der Abfallvermeidung und -verwertung ergibt sich aus Art. 74 Abs. 1 Nr. 24 GG. Der Bundesgesetzgeber hat von dieser Kompetenz dadurch Gebrauch gemacht, daß er bestimmte Ziele der Abfallwirtschaft vor allem in Formen kooperativen Verhaltens verfolgt"; vgl. auch BVerfG NJW 1998, S. 2346/2347: „Der Bundesgesetzgeber ist zur Regelung der Abfallwirtschaft zuständig (...). Er hat von dieser Kompetenz in der Weise Gebrauch gemacht, daß im Rahmen der gemeinsamen Umweltverantwortung von Staat, Wirtschaft und Gesellschaft der Ausgleich zwischen individueller Freiheit und gesellschaftlichen Bedürfnissen jeweils unter Mitwirkung der Betroffenen gefunden wird (...)".

Die verfassungsrechtlichen Anforderungen an den Eingriff in die Berufsfreiheit richten sich nach der Eingriffsintensität. Nach der vom BVerfG im *Apothekerurteil*[709] entwickelten Drei-Stufen-Theorie ist zwischen den nach Eingriffsintensität zunehmenden Stufen der Regelung der Berufsausübung, der subjektiven Zulassungsvoraussetzungen und der objektiven Zulassungsvoraussetzungen zu unterscheiden. Je intensiver der Eingriff in die Berufsfreiheit ist, desto höher sind die an ihn zu stellenden Rechtfertigungsanforderungen.

Das Zertifizierungssystem stellt sich als Berufsausübungsregelung dar, wenn sich die Nachfrage auf dem Entsorgungsmarkt dahin entwickelt, daß überwiegend nur noch Entsorgungsfachbetriebe mit der Entsorgung beauftragt werden und nicht zertifizierte Unternehmen empfindliche Umsatzeinbußen hinnehmen müssen.

Für alle drei Stufen gilt, daß der Eingriff in die Berufsfreiheit geeignet (a) und erforderlich (b) sein muß. Außerdem muß er verhältnismäßig im engeren Sinne sein (c), d.h. je intensiver der Eingriff ist, desto wertvoller muß der Zweck sein, dem der Eingriff dient[710]. An dem zuletzt genannten Merkmal werden die Rechtfertigungsanforderungen nach der Intensität des Eingriffs bestimmt.

(a) Geeignetheit

Die in der EfbV an die Unternehmen gestellten Anforderungen sind zur Erreichung des gesetzgeberischen Zwecks geeignet. Mit der Zertifizierung soll ein hohes Qualitätsniveau erreicht werden, das die Einhaltung von besonders hohen Standards voraussetzt, die über die „grundsätzlich“ für alle abfallwirtschaftlichen Unternehmen geltenden gesetzlichen Anforderungen hinausgehen. Die an die Entsorgungsfachbetriebe gestellten Anforderungen weisen deshalb auch Parallelen zu anderen anerkannten Qualitätssystemen, nämlich dem Öko-Audit und der Zertifizierung eines Qualitätsmanagementsystems nach DIN EN ISO 9001ff., auf.

(b) Erforderlichkeit

Die Anforderungen in den §§ 3 bis 11 EfbV sind auch erforderlich. Wenn die Behörde zugunsten der privaten Fremdüberwachung, die zudem auf eine ordnungsgemäße Eigenüberwachung des Entsorgungsunternehmens angewiesen ist, auf die präventive Überwachung in Form der Genehmigungskontrolle verzichtet und auch sonst die all-

---

709 BVerfGE 7, 377ff.

710 *Pieroth/Schlink*, Staatsrecht II - Grundrechte, Rn. 855.

gemeine Überwachungstätigkeit nach § 40 KrW-/AbfG im Rahmen des behördlichen Ermessens eingeschränkt wird, ist es erforderlich, eine ordnungsgemäße abfallwirtschaftliche Tätigkeit durch organisatorische und personelle Vorkehrungen im Unternehmen sicherzustellen.

Deshalb ist es nicht zu beanstanden, wenn von Entsorgungsfachbetrieben gefordert wird, die Betriebsorganisation im Sinne des § 3 EfbV so auszugestalten, daß die erforderliche Überwachung und Kontrolle der vom Betrieb durchgeführten abfallwirtschaftlichen Tätigkeiten sichergestellt ist. Der Sicherstellung einer funktionierenden Eigenüberwachung - und der Vermeidung von „Überwachungslücken" aufgrund ungeklärter innerbetrieblicher Zuständigkeiten - dient die Festlegung der Verantwortung sowie der Entscheidungs- und Mitwirkungsbefugnisse der in § 3 Abs. 2 EfbV genannten Personen und ihre Aufzeichnung in Funktionsbeschreibungen und Organisationsplänen. Die Verpflichtung zur Aufstellung von Arbeitsabläufen für die abfallwirtschaftlichen Tätigkeiten durch Arbeitsanweisungen werden in § 3 Abs. 3 EfbV nur für den Bedarfsfall vorgesehen und verstoßen daher nicht gegen den Verhältnismäßigkeitsgrundsatz im weiteren Sinne.

Die in § 4 Abs. 1 EfbV bestimmte Verpflichtung, für jeden Standort mindestens eine für die Leitung und Beaufsichtigung des Betriebes verantwortliche Person zu bestellen, ist ebenfalls im Hinblick auf die Bedeutsamkeit der Eigenüberwachung notwendig. Denn Aufgabe des verantwortlichen Leiters ist nach § 2 Abs. 5 EfbV die Leitung, Überwachung und Kontrolle der vom Betrieb durchgeführten abfallwirtschaftlichen Tätigkeiten im Hinblick auf die Beachtung der hierfür geltenden Vorschriften und Anordnungen. Daß diesbezüglich keine zu weitgehenden Anforderungen gestellt werden, zeigt sich an der flexiblen Bestimmung des § 4 Abs. 1 S. 2 EfbV, wonach bei mehreren Standorten bzw. bei mehreren Entsorgungsfachbetrieben als Teil des gleichen Unternehmens für diese eine gemeinsame verantwortliche Person bestellt werden kann, wenn hierdurch eine sachgemäße Leitung und Aufsicht nicht gefährdet wird.

Die in § 4 Abs. 2 S. 1, 2 EfbV aufgestellte Anforderung, daß der Entsorgungsfachbetrieb über ausreichend sonstiges Personal verfügen muß, was der Fall ist, wenn mit dem vorhandenen Personal ein sach- und fachgerechter Betriebsablauf sichergestellt werden kann, ist ebenfalls notwendig, denn eine ordnungsgemäße Entsorgungstätigkeit ist grundsätzlich nur dann gewährleistet, wenn ein ordnungsgemäßer Betriebsablauf in personeller Hinsicht gewährleistet ist.

Daß der Nachweis der ausreichenden Personalstärke nach § 4 Abs. 2 S. 3, 4 EfbV auf der Grundlage eines Einsatzplanes erfolgt, bei dem die üblichen Ausfälle durch Urlaub, Krankheit und Fortbildungsmaßnahmen zu berücksichtigen sind, könnte als übertriebene Vorsichtsmaßnahme empfunden werden. Auf der anderen Seite ist eine Planung für einen ordnungsgemäßen Betriebsablauf, bei dem personelle Engpässe berücksichtigt werden, insbesondere bei einer - je nach der Zusammensetzung des Abfalls und nach der Art der Entsorgung - die Grundrechte aus Art. 2 Abs. 2 GG und die Umwelt potentiell gefährdenden Tätigkeit notwendig. Die korrekte Planung wird durch die Aufstellung eines Einsatzplanes gewährleistet und ist daher gerechtfertigt.

Die in § 5 EfbV bestimmte Verpflichtung zur Führung eines Betriebstagebuches ist insbesondere im Hinblick auf dessen herausragender Bedeutung für die Wissenserlangung des Sachverständigen bei der Begehung des Entsorgungsbetriebes notwendig. Das Betriebstagebuch ist, vorausgesetzt, daß die Aufzeichnungen der Wahrheit entsprechen, eine wertvolle Erkenntnisquelle für die Beurteilung der ordnungsgemäßen Arbeitsweise des Unternehmens und seiner Qualifizierung zum Entsorgungsfachbetrieb, für die Gewährleistung einer ordnungsgemäßen privaten Überwachung also unerläßlich.

Die in § 6 EfbV bestimmte Verpflichtung, für die vom Entsorgungsfachbetrieb betriebenen abfallwirtschaftlichen Tätigkeiten über einen ausreichenden Versicherungsschutz durch den Abschluß einer Umwelt-, Betriebs- und Kraftfahrzeughaftpflichtversicherung zu verfügen, ist gleichfalls notwendig, da im Haftungsfall eine ausreichende Liquidität des Unternehmens sichergestellt sein muß. „Versicherungslösungen" gehören im übrigen zu den Instrumenten der indirekten Verhaltenssteuerung. Die Verringerung administrativer Kontrolle wird kompensiert, indem demjenigen, der hieraus einen Nutzen zieht, die ökologischen Risiken des betreffenden von der behördlichen Kontrolle in geringerem Umfang erfaßten Vorganges auferlegt werden[711]. Um die finanziellen Risiken dieser Haftung tragen zu können, muß der Begünstigte Versicherungen abschließen. Der Versicherungsschutz besteht regelmäßig aber nur, soweit der Begünstigte bei dem versicherten Vorgang alle ihm obliegenden Sorgfaltspflichten einhält, weshalb ein Eigeninteresse des Betreffenden an der Einhaltung der gesetzlichen Vorschriften besteht.

---

[711] Vgl. dazu ausführlich *Bohne*, DVBl 1994, S. 195ff.

Die in § 7 Abs. 1 EfbV bestimmte Verpflichtung zur Beachtung der für die abfallwirtschaftliche Tätigkeit geltenden öffentlich-rechtlichen Vorschriften stellt als solches zwar eine Selbstverständlichkeit dar; die Bestimmung geht aber darüber hinaus und fordert von jedem im Entsorgungsfachbetrieb Tätigen, die öffentlich-rechtlichen Vorschriften aktiv und bewußt zu beachten[712]. Angesichts der erheblichen Bedeutung der Eigenüberwachung für das Zertifizierungssystem ist diese Anforderung auch erforderlich.

Auch die in den §§ 8 bis 11 EfbV bestimmten personenbezogenen Anforderungen an den Betriebsinhaber, an die für die Leitung und Beaufsichtigung des Betriebes verantwortlichen Personen und an das sonstige Personal sind notwendig insbesondere im Hinblick darauf, daß der Entsorgungsfachbetrieb von der Transportgenehmigungspflicht, die als subjektiver Eignungsnachweis ausgestaltet worden ist, freigestellt ist. Die Zuverlässigkeit des Betriebsinhabers in § 8 EfbV ist notwendig, da gerade die „schwarzen Schafe" der Entsorgungswirtschaft von der Zertifizierung nicht profitieren sollen[713]. Aus demselben Grund ergibt sich die Notwendigkeit der Zuverlässigkeit der für die Leitung und Beaufsichtigung des Betriebes verantwortlichen Personen nach § 9 Abs. 1 EfbV. Die in § 9 Abs. 2 - 5 EfbV näher konkretisierten Anforderungen an die Fachkunde des Leitungspersonals sind zur Sicherstellung einer fachlichen Leitung der abfallwirtschaftlichen Tätigkeiten im Entsorgungsbetrieb erforderlich. Aus diesem Grund kann auch die Notwendigkeit der übrigen Aufzeichnungs- und Dokumentationspflichten bejaht werden.

Der fachlichen personellen Sicherung bei der Wahrnehmung der Entsorgungsaufgaben dient auch § 10 EfbV, der bestimmt, daß das sonstige Personal zuverlässig und sachkundig sein muß, wobei die Sachkunde die betriebliche Einarbeitung auf der Grundlage eines Einarbeitungsplanes erfordert. Die Notwendigkeit eines Einarbeitungsplanes könnte in Frage gestellt werden; sie ergibt sich aber daraus, daß die schriftliche Dokumentation zum einen die betriebliche Eigenüberwachung erleichtert, sie zum anderen aber auch kontrollierbarer durch die technischen Überwachungsorganisationen und Entsorgergemeinschaften macht. Die Notwendigkeit einer möglichst weitgehenden Nachvollziehbarkeit der privaten Eigenüberwachung ergibt sich vor dem Hintergrund, daß die Sachverständigen bei der Auditierung des Entsorgungsbetriebes, die die

---

712 *Cosson*, in: Brandt/Ruchay/Weidemann, KrW-/AbfG, B 100 § 52 Rn. 72.

713 Vgl. *Petersen/Stöhr/Kracht*, DVBl 1996, S. 1161/1167 zur allgemeinen Zielsetzung der EfbV.

Grundlage für die Zertifizierungsentscheidung ist, in hohem Maße auf die Informationen, die der Betrieb ihnen zur Verfügung stellt, angewiesen sind.

Der Sicherstellung der Sach- und Fachkunde des Leitungs- und des sonstigen Personals dient die Fortbildungsverantwortung des Betriebsinhabers in § 11 EfbV, deren Notwendigkeit sich aus den sich wandelnden Erkenntnissen über abfallwirtschaftliche Vorgänge insbesondere im naturwissenschaftlichen und technischen Bereich ergeben.

(c) Verhältnismäßigkeit im engeren Sinne

Bei Berufsausübungsregelungen erfordert die Verhältnismäßigkeit im engeren Sinne, daß die grundrechtsbeeinträchtigenden Maßnahmen mit sachgerechten und vernünftigen Erwägungen des Allgemeinwohls begründet werden können[714]. Die an die Entsorgungsunternehmen in der EfbV gestellten Anforderungen halten diesen Anforderungen stand. Es ist zu berücksichtigen, daß trotz einer abgeschwächten behördlichen Präventivkontrolle eine den gesetzlichen Anforderungen entsprechende abfallwirtschaftliche Tätigkeit gewährleistet bleiben muß. Die Sicherung der geordneten Abfallentsorgung ist im Hinblick auf den Schutz von Leben und Gesundheit und den Schutz der Umwelt von besonderer Bedeutung. Sie rechtfertigt die Unterwerfung der Tätigkeit von Entsorgungsunternehmen unter bestimmte sachliche und persönliche Voraussetzungen, wenn die behördliche Aufsichtstätigkeit reduziert wird.

Zusammenfassend kann somit festgestellt werden, daß die in den §§ 3 bis 11 EfbV gestellten Anforderungen an Entsorgungsfachbetriebe den verfassungsrechtlichen Anforderungen, die an den Eingriff in die Berufsausübung gestellt werden, standhalten[715].

---

714 Vgl. *Gubelt*, in: von Münch/Kunig, GG, Art. 12 Rn. 49.

715 Ergänzend ist anzumerken, daß die den (zukünftigen) Entsorgungsfachbetrieb treffenden Auskunfts-, Gestattungs- und Anzeigepflichten nach § 13 Abs. 2 EfbV sich ebenfalls als Grundrechtsbeschränkungen darstellen. Betroffen sind die Grundrechte aus Art. 14 Abs. 1 GG und aus Art. 2 Abs. 1 i.V.m. Art. 1 Abs. 1 GG. Ihre Beeinträchtigung ist grundsätzlich aber verfassungsrechtlich gerechtfertigt. Insofern können die zu behördlichen Informations-, Betretungs- und Nachschaurechten angewandten Grundsätze entsprechend herangezogen werden; vgl. zum Schutz von Betriebs- und Geschäftsgeheimnissen *Breuer*, NVwZ 1986, S. 171ff.; zu behördlichen Betretungs- und Nachschaurechten vgl. *Voßkuhle*, DVBl 1994, S. 611ff.

B. Die Eigentumsfreiheit (Art. 14 GG)

Daneben stellt sich die Frage, ob mit dem Zwang zur Zertifizierung auch ein Eingriff in die Eigentumsfreiheit vorliegt.

1. Grundrechtsberechtigte

Träger des Grundrechts auf Eigentumsfreiheit sind alle natürlichen und inländischen juristischen Personen des Privatrechts. Auch nicht rechtsfähige Personengesellschaften und Vereine können sich auf Art. 14 GG berufen, sofern sie in dem ihnen zugeordneten Eigentum beeinträchtigt sind[716]. Ausländische juristische Personen können sich dagegen generell nicht auf die Grundrechte, somit auch nicht auf Art. 14 GG berufen[717].

2. Eingriff in die Eigentumsfreiheit

Die Eigentumsgarantie kann - entgegen der vom BVerfG aufgestellten Abgrenzungsformel „Die Berufsfreiheit schützt den Erwerb, die Eigentumsfreiheit schützt das Erworbene in seinem Bestand"[718] - zu tatbestandlichen Überschneidungen mit der Berufsfreiheit führen. Art 14 GG schützt nämlich nicht nur den Bestand von vermögenswerten Rechten und Sachen, sondern auch den Umgang mit ihm, „d.h. die Nutzung der als Eigentum geschützten Gegenstände und die Verfügung über sie"[719]. Die eher persönlichkeitsbezogene[720] - weil das Grundrecht auf freie Entfaltung der Persönlichkeit zum Zweck der Existenzsicherung gewährleistende - Berufsfreiheit und die dagegen eher objektbezogene - weil den durch die eigene Leistung erworbenen Bestand an vermögenswerten Gütern sichernde - Eigentumsgarantie können daher in „Idealkonkurrenz"[721] zueinander treten.

---

716 BVerfGE 4, 7/17.

717 Vgl. *Krebs*, in: von Münch/Kunig, GG, Art. 19 Rn. 33. Die Anteilseigner genießen allerdings als natürliche Person den Schutz des Art. 14 GG. Außerdem sind nach der Sitztheorie auch ausländisch beherrschte juristische Personen, die einen Sitz in Deutschland haben, inländische juristische Personen im Sinne des Art. 19 Abs. 3 GG, vgl. *Bryde*, in: von Münch/Kunig, GG, Art. 14 Rn. 7 und *Krebs*, in: von Münch/Kunig, GG, Art. 19 Rn. 32.

718 BVerfGE 30, 292/334, 335.

719 *Ossenbühl*, AöR 115 (1990), S. 1/25.

720 Vgl. BVerfGE 30, 292/334ff.

721 *Ossenbühl*, AöR 115 (1990), S. 1/25.

Wenn jedes Entsorgungsunternehmen gezwungen wird, seine Unternehmensstruktur den Vorgaben der EfbV anzupassen, da ihm ansonsten seine Erwerbschancen genommen werden, könnte in der dadurch eingetretenen Entwertung der bisherigen Unternehmensorganisation und -führung ein Eingriff in den von Art. 14 GG geschützten eingerichteten und ausgeübten Gewerbebetrieb vorliegen[722]. Der Eingriff bestünde konkret darin, daß der Unternehmer mangels ausreichender Auftragserteilung daran gehindert ist, „von der in dem Unternehmen verkörperten Organisation sachlicher und persönlicher Mittel bestimmungsgemäßen Gebrauch zu machen“[723].

Unter dem eingerichteten und ausgeübten Gewerbebetrieb versteht die herrschende Meinung alles das, „was in seiner Gesamtheit den wirtschaftlichen Wert des konkreten Betriebes ausmacht“[724]. Das BVerfG beurteilt die Einbeziehung des Rechts am eingerichteten und ausgeübten Gewerbebetriebes in den Eigentumsbegriff zwar skeptisch[725], hat sie bisher aber noch nicht abgelehnt, sondern die Grenzen seiner Einbeziehung benannt, wonach der Schutz des Gewerbebetriebes nicht weiter reichen kann als der seiner Grundlagen[726]. Diese Grenzziehung kommt der Auffassung der herrschenden Meinung entgegen, wonach die weite Definition des Rechts am eingerichteten und ausgeübten Gewerbebetrieb nicht bedeutet, daß alles, was den wirtschaftlichen Wert des Betriebes ausmacht, auch unter rechtlichen Schutz gestellt ist. Vielmehr sind nur die Vorteile, auf deren Fortbestand der Betriebsinhaber vertrauen durfte, rechtlich geschützt[727]. Zu diesen Vorteilen zählt nur ein bereits vorhandener Bestand an Sachen, Rechten und vermögenswerten Gegenständen, dagegen keine Umsatz- oder Gewinnchancen, Erwartungen oder tatsächlichen Gegebenheiten[728]. Zu den tatsächlichen Gegebenheiten gehören u.a. „die bestehenden Geschäftsverbindungen, der erworbene

722 Vgl. *Scholz/Aulehner*, BB 1993, S. 2250/2260 in bezug auf die Beteiligung an der DSD-GmbH.

723 *Ossenbühl*, AöR 115 (1990), S. 1/28.

724 BVerfGE 23, 157/163; 45, 83/87; 55, 261/263.

725 BVerfGE 51, 193/221; 74, 129/148: „Es ist die Frage, ob der Gewerbebetrieb als solcher die konstituierenden Merkmale des verfassungsrechtlichen Eigentumsbegriffs aufweist. Eigentumsrechtlich gesehen ist das Unternehmen die tatsächliche - nicht aber rechtliche - Zusammenfassung der zu einem Vermögen gehörenden Sachen und Rechte, die an sich schon vor verfassungswidrigen Eingriffen geschützt sind“.

726 BVerfGE 58, 300/353.

727 BGHZ 23, 157/164ff.

728 *Ossenbühl*, AöR 115 (1990), S. 1/28.

Kundenstamm oder die Marktstellung"[729]. Auf die Beibehaltung der Gesetzeslage kann sich der Betriebsinhaber dagegen nicht verlassen[730].

Daraus folgt, daß Marktchancen, die aufgrund einer günstigen Gesetzeslage, die bisher an die Organisation und die Führung von abfallwirtschaftlichen Betrieben keine besonderen Anforderungen gestellt hat, günstig waren und die durch das gesetzliche Zertifizierungskonzept nunmehr in Frage gestellt worden sind, grundsätzlich keinen Eigentumsschutz genießen[731]. Der Inhaber eines Entsorgungsunternehmens kann nicht darauf vertrauen, daß seine bisherige Unternehmensorganisation mit ihrer sachlichen und persönlichen Ausstattung, mit der er wirbt, ihm auch zukünftig eine günstige Marktstellung verschaffen und sichern wird. Das Recht am eingerichteten und ausgeübten Gewerbebetrieb schützt ihn nicht vor der Intervention des Gesetzgebers, der Mindeststandards für die sachliche und personelle Führung von abfallwirtschaftlichen Betrieben aufstellt.

---

729 BVerfGE 77, 84/118.

730 Vgl. das von *Ossenbühl,* AöR 115 (1990), S. 1/28 Fn. 193 gegebene Beispiel: „Deshalb kein Schutz gegen (...) Verschärfungen von Vorschriften des technischen Sicherheitsrechts, die zu Produktionsumstellungen zwingen".

731 *Di Fabio,* NVwZ 1995, S. 1/6 in bezug auf die Verpackungsverordnung.

5. Teil

Gemeinschaftsrechtliche Bewertung

Die auf verfassungsrechtlicher Ebene diskutierten Fragen der Zulässigkeit der Überwachungsprivatisierung (I.) und der Bewertung eines möglichen Zwangs zur Zertifizierung (II.) stellen sich auch auf gemeinschaftsrechtlicher Ebene.

I. Bewertung der privaten Überwachungstätigkeit

Es fragt sich, ob und inwieweit das Gemeinschaftsrecht der Privatisierung der Aufsicht über die Tätigkeit abfallwirtschaftlicher Unternehmen möglicherweise entgegensteht.

Dem EG-Vertrag (EGV) lassen sich zu dieser Frage keine Vorgaben entnehmen[732]. Die im Zusammenhang mit nationalen Privatisierungen relevante Vorschrift des Art. 295 EGV (ex-Art. 222) ist für die Privatisierung von Überwachungsaufgaben nicht einschlägig. Art. 295 EGV (ex-Art. 222) bestimmt zwar, daß der EG-Vertrag die Eigentumsordnung der verschiedenen Mitgliedstaaten unberührt läßt, was bedeutet, daß die Mitgliedstaaten das Recht behalten, über die Durchführung nationaler Privatisierungsmaßnahmen selbst zu entscheiden. Allerdings bezieht sich diese Befugnis auf die „Eigentumsordnung", unter der „die Gesamtheit der Vorschriften zu verstehen" ist, „die in jedem Mitgliedstaat die mit dem Eigentum verbundenen Rechte und Pflichten, die Möglichkeiten zur Beschränkung oder Einziehung von Eigentumsrechten sowie insbesondere auch die Rechte und Pflichten bei der Überführung von privatem Eigentum in Gemeineigentum oder andere Formen der Gemeinwirtschaft regeln"[733]. „Eigentum" im Sinne von Art. 295 (ex-Art. 222) bezieht sich auf das zivilrechtliche Sacheigentum von natürlichen und juristischen Personen an körperlichen Gegenständen, sowie auf andere vermögenswerte subjektive Rechte, wie zum Beispiel beschränkte dingliche Rechte oder Forderungen, gegenüber Dritten oder dem Staat[734]. Aufgaben der abfallwirtschaftlichen Aufsicht werden von dem Eigentumsbegriff in

---

[732] Vgl. allgemein zu der Impulswirkung der Normen des EGV *Badura*, ZGR 1997, S. 291/295ff.

[733] *Hochbaum*, in: von der Groeben/Thiesing/Ehlermann, Kommentar zum EWG-Vertrag, Art. 222 Rn. 3.

[734] *Hochbaum*, in: von der Groeben/Thiesing/Ehlermann, Kommentar zum EWG-Vertrag, Art. 222 Rn. 4.

Art. 295 EGV (ex-Art. 222) dagegen nicht erfaßt, weil diese nicht Gegenstand vermögenswerter subjektiver Rechte sein können.

Die Zulässigkeit der Privatisierung von Überwachungsaufgaben in der Abfallwirtschaft bestimmt sich vielmehr nach den verschiedenen abfallrechtlichen Richtlinien. Diese regeln die Modalitäten der Überwachung abfallwirtschaftlicher Unternehmen. Ihr Inhalt bedarf daher einer näheren inhaltlichen Betrachtung (A), bevor die Anforderungen, die sich daraus an die abfallwirtschaftliche Überwachung ergeben, konkret bewertet werden (B.).

A. Vorgaben in den Richtlinien

Die folgende Darstellung beschreibt zunächst die in den Richtlinien enthaltenen behördlichen Überwachungspflichten und geht auf mögliche, im Zusammenhang mit der Zertifizierung zum Entsorgungsfachbetrieb bedeutsame Melde- und Genehmigungspflichten ein (1.). Anschließend führt sie die Fälle auf, in denen der behördlichen Überwachung eine Nachweispflicht des in der Abfallwirtschaft tätigen Unternehmens gegenübersteht (2.).

1. Behördliche Überwachungspflichten

Behördliche Überwachungspflichten sind in der Abfallrechtsrahmenrichtlinie[735] geregelt, die für alle Abfälle im Sinne des Art. 1a) der Richtlinie[736] gilt. Daneben sind Überwachungspflichten auch in auf bestimmte Abfälle und Entsorgungsverfahren gerichtete Richtlinien geregelt[737].

---

735 Richtlinie 75/442/EWG des Rates über Abfälle vom 15. Juli 1975 (ABlEG L 194, S. 39), geänd. durch Richtlinie 91/156/EWG v. 18. 3. 1991 (ABlEG L 377, S. 48) und Entscheidung 96/350/EG v. 24. 5. 1996 (ABlEG L 135, S. 32)

736 Vgl. hierzu das jüngere Urteil des EuGH Rs. C-129/96 vom 18. 12. 1997, NVwZ 1998, S. 385ff. - *Inter-Environnement Wallonie* - wonach ein Stoff nicht allein deshalb, weil er unmittelbar oder mittelbar in einen industriellen Produktionsprozeß einbezogen sei, vom Abfallbegriff des Art. 1a) ausgenommen werden könne.

737 Auf eine Darstellung der Richtlinie 94/62/EC des Europäischen Parlaments und des Rates vom 20. Dezember 1994 über Verpackungen und Verpackungsabfälle (ABlEG L 365, S. 10), der Richtlinie 91/157/EWG des Rates vom 18. März 1991 über gefährliche Stoffe enthaltende Batterien und Akkumulatoren (ABlEG L 78, S. 38), zuletzt geänd. durch Richtlinie 98/101/EG v. 22. Dezember 1998 (ABlEG L 1, S. 1) wurde hier verzichtet, da diese Richtlinien keine besonderen Bestimmungen zur Überwachung in dem hier interessierenden Zusammenhang enthalten. Gegenstand der Analyse waren des weiteren nicht Richtlinie 86/278/EWG des Rates vom 12. Juni 1986 über den Schutz der Umwelt und insbesondere der Böden bei der Verwendung von Klärschlamm in der Landwirtschaft (ABlEG L 377, S. 48) und die Richtlinie 78/176/EWG des Rates vom 20.

a. Abfallrechtsrahmenrichtlinie

Art. 13 der Abfallrechtsrahmenrichtlinie regelt, vergleichbar dem § 40 KrW-/AbfG, die allgemeine Überwachungstätigkeit und bestimmt, daß die Anlagen oder Unternehmen, die die in den Art. 9 bis 12 genannten Maßnahmen durchführen, von den zuständigen Behörden regelmäßig angemessen überprüft werden[738]. Maßnahmen im Sinne der Art. 9 bis 12 umfassen die Beseitigung und Verwertung von Abfällen nach den im Anhang II A und II B der Richtlinie aufgeführten Verfahren[739], die Sammlung und Beförderung von Abfällen sowie die Vermittlungstätigkeit.

Speziell für die gewerbsmäßige Einsammlung, die Beförderung oder die Vermittlung der Entsorgung von Abfällen sieht Art. 12 der Rahmenrichtlinie vor, daß die Anlagen oder Unternehmen, die diese Tätigkeiten ausführen, bei den zuständigen Behörden gemeldet sein müssen, sofern sie keine Genehmigung benötigen.

b. Richtlinie über gefährliche Abfälle

Die Richtlinie über gefährliche Abfälle[740] übernimmt die Vorgaben der Abfallrechtsrahmenrichtlinie, weitet ihren Anwendungsbereich allerdings zum Teil aus. Nach Art. 4 Abs. 1 der Richtlinie erstreckt sich die in Art. 13 Abfallrechtsrahmenrichtlinie vorgesehene Überwachung auch auf die Erzeuger gefährlicher Abfälle. Darüber hinaus erstrecken sich gemäß Art. 5 Abs. 2 die in Art. 13 Abfallrechtsrahmenrichtlinie vorgesehenen Kontrollen betreffend das Einsammeln und die Beförderung insbesondere auf die Herkunft und die Bestimmung der gefährlichen Abfälle.

Februar 1978 über Abfälle aus der Titandioxid-Produktion (ABlEG L 54, S. 19) geänd. durch Richtlinie 83/29/EWG v. 24. Januar 1983 (ABlEG L 32, S. 28).

738 Die in den Art. 9 bis 14 der Abfallrechtsrahmenrichtlinie vorgesehenen behördlichen Überwachungsinstrumente werden von der Europäischen Kommission als „Kernpunkte“ der Abfallrechtsrahmenrichtlinie qualifiziert, vgl. Mitteilung der Kommission an den Rat und an das Europäische Parlament: Über die Anwendung der Richtlinien 75/439/EWG, 75/442/EWG, 78/319/EWG und 86/278/EWG über die Abfallbewirtschaftung, KOM (97) 23 endg., S. 13.

739 Die in den Anhängen II A und II B der Richtlinie aufgeführten Beseitigungs- und Verwertungsverfahren sind überwiegend auch in den Anhang II A und II B des KrW-/AbfG übernommen worden.

740 Richtlinie 91/689/EWG des Rates vom 12. Dezember 1991 über gefährliche Abfälle (ABlEG L 377, S. 20), geänd. durch Richtlinie 94/31/EWG v. 27. 6. 1994 (ABlEG L 168, S. 28).

c. Altölrichtlinie

Art. 5 Abs. 4 der Altölrichtlinie[741] sieht vor, daß jedes Unternehmen, das Altöle sammelt, bei den zuständigen einzelstaatlichen Stellen registriert und einer entsprechenden Kontrolle, gegebenenfalls einschließlich eines Genehmigungsverfahrens, unterworfen wird, damit die Einhaltung der in Art. 4 der Richtlinie bestimmten Verbote gewährleistet wird. Nach Art. 4 treffen die Mitgliedstaaten die erforderlichen Maßnahmen, damit das Einleiten von Altölen in Oberflächengewässer, Grundwasser, Küstengewässer und Kanalisationen, das Lagern und/oder Ableiten von Altölen, welche schädliche Auswirkungen auf den Boden haben, sowie das unkontrollierte Einleiten von Rückständen aus der Aufarbeitung von Altöl und die Behandlung von Altölen, welche eine über das in den geltenden Vorschriften festgelegte Luftverunreinigungsniveau hinausgeht, verboten werden.

Art. 13 Abs. 1 der Richtlinie bestimmt, daß Unternehmen, die Altöle beseitigen, regelmäßig von dem Mitgliedstaat insbesondere darauf geprüft werden, daß die Genehmigungsbedingungen eingehalten werden.

d. Richtlinie über die Verbrennung gefährlicher Abfälle

Art. 5 Abs. 3 der Richtlinie über die Verbrennung gefährlicher Abfälle[742] sieht ein den Betreiber der Verbrennungsanlage betreffendes Annahmeverfahren vor, das einem internen, d.h. nur zwischen dem Anlieferer der Abfälle und dem Betreiber bestehenden, Nachweisverfahren vergleichbar ist, aber auch dazu dient, die behördliche Kontrolle über die Ordnungsgemäßheit zu erleichtern.

Zu den den Betreiber treffenden Pflichten zählt, sofern dies nicht unangemessen ist, die Entnahme von repräsentativen Proben vor dem Abladen, um durch Kontrollen zu überprüfen, ob die Abfälle für den vorgesehenen Verbrennungsprozeß geeignet sind und welche Gefahrenmerkmale sie aufweisen[743]. Die Entnahme der Probe erfolgt nach

---

[741] Richtlinie 75/439/EWG des Rates vom 16. Juni 1975 über die Altölbeseitigung (ABlEG L 194, S. 31), geänd. durch Richtlinie 87/101/EWG v. 22. 12. 1986 (ABlEG L 42, S. 43) und Richtlinie 91/692/EWG v. 23. 12. 1991 (ABlEG L 377, S. 48).

[742] Richtlinie 94/67/EG des Rates vom 16. Dezember 1994 über die Verbrennung gefährlicher Abfälle (ABlEG L 365, S. 34).

[743] Art. 5 Abs. 3 der Richtlinie bestimmt, daß die Proben zu nehmen sind, „um durch Kontrollen zu überprüfen, ob die Abfälle der Beschreibung nach Absatz 2 entsprechen, damit die zuständigen Behörden die Art der behandelten Abfälle feststellen können". Der Wortlaut des Art. 5 Abs. 2 lautet wie folgt: „Dem Betreiber muß vor Annahme der Abfälle in der Verbrennungsanlage eine Beschreibung der Abfälle mit folgenden Angaben vorliegen:

Art. 5 Abs. 3 3. Spiegelstrich zu dem Zweck, den zuständigen Behörden die Feststellung der Art der behandelten Abfälle zu ermöglichen. Nach der Verbrennung des Abfalls sind die Proben auch mindestens einen Monat lang aufzubewahren.

Daneben treffen den Anlagenbetreiber nach Maßgabe des Art. 11 detailliert gefaßte Meßpflichten. Ergibt sich aus den Messungen, daß die in der Richtlinie festgelegten Emissionsgrenzwerte überschritten werden, wird die zuständige Behörde unverzüglich davon unterrichtet (Artikel 12). Die Anlage darf bei Nichteinhaltung der Emissionsgrenzwerte so lange nicht mit gefährlichen Abfällen beschickt werden, bis die zuständige Behörde die Wiederaufnahme der Beschickung mit diesen Abfällen genehmigt.

e. Richtlinien über die Verhütung bzw. Verringerung der Luftverunreinigung durch neue bzw. bestehende Verbrennungsanlagen für Siedlungsmüll

Die Richtlinien über die Verhütung der Luftverunreinigung durch neue Verbrennungsanlagen für Siedlungsmüll[744] sowie über die Verringerung der Luftverunreinigung durch bestehende Verbrennungsanlagen für Siedlungsmüll[745] enthalten jeweils in Art. 6 detaillierte Meßpflichten, die sich auf den Betrieb der Verbrennungsanlage beziehen. Die Meßergebnisse sind jeweils nach Art. 6 Abs. 3 in einer Form aufzuzeichnen, aufzubereiten und darzustellen, daß sie von den zuständigen Behörden gemäß den von ihnen festgelegten Verfahren auf die Einhaltung der vorgeschriebenen Bedingungen überprüft werden können. Ergibt sich aus den Messungen, daß die in der Richtlinie festgelegten Grenzwerte überschritten werden, ist die zuständige Behörde unverzüglich davon zu unterrichten[746]. Sie trägt dafür Sorge, daß der Betreiber der betreffenden Anlage diese nur unter Einhaltung der Emissionsnormen weiter betreibt und die erforderlichen Schritte zu ihrer Änderung oder Abschaltung unternimmt.

Allgemein bestimmt Art. 11 der Richtlinie über die Verhütung der Luftverunreinigung durch neue Verbrennungsanlagen für Siedlungsmüll, daß die Mitgliedstaaten im Rah-

---

- physikalische und - soweit praktikabel - chemische Zusammensetzung der Abfälle und alle erforderlichen Angaben zur Beurteilung der Eignung für den vorgesehenen Verbrennungsprozeß;
- Gefahrenmerkmale der Abfälle, Stoffe, mit denen sie nicht vermischt werden dürfen und Vorsichtsmaßnahmen beim Umfang mit den Abfällen."

744 Richtlinie 89/369/EWG des Rates vom 8. Juni 1989 über die Verhütung der Luftverunreinigung durch neue Verbrennungsanlagen für Siedlungsmüll (ABlEG L 163, S. 32).

745 Richtlinie 89/429/EWG des Rates vom 21. Juni 1989 über die Verringerung der Luftverunreinigung durch bestehende Verbrennungsanlagen für Siedlungsmüll (ABlEG L 203, S. 50).

746 Vgl. Art. 8 Richtlinie 89/69/EWG bzw. Art. 7 Richtlinie 89/429/EWG.

men der Überwachung nach Art. 11 der Richtlinie zur Bekämpfung der Luftverunreinigung durch Industrieanlagen[747] [748] - zu der auch Abfallbeseitigungsanlagen gehören[749] - sowie im Rahmen der in Art. 4 derselben Richtlinie vorgesehenen Auflagen[750] die erforderlichen Maßnahmen ergreifen, um sicherzustellen, daß die zuständigen Behörden die Einhaltung der Bedingungen, die gemäß der Richtlinie für die neuen Verbrennungsanlagen gelten, überprüfen.

In ähnlicher Weise bestimmt Art. 9 der Richtlinie über die Verringerung der Luftverunreinigung durch bestehende Verbrennungsanlagen für Siedlungsmüll, daß die Mitgliedstaaten die erforderlichen Maßnahmen treffen, um sicherzustellen, daß die zuständigen Behörden die Einhaltung der gemäß der Richtlinie geltenden Bedingungen für die bestehenden Verbrennungsanlagen überprüfen.

f. Richtlinie über die Verbrennung von Abfällen

Im Dezember 2000 trat die Richtlinie über die Verbrennung von Abfällen in Kraft[751]. Fünf Jahre nach Inkrafttreten dieser Richtlinie werden die Richtlinie über die Verbrennung gefährlicher Abfälle sowie die Richtlinien über die Verhütung bzw. Verringerung der Luftverunreinigung durch neue bzw. bestehende Verbrennungsanlagen für Siedlungsmüll aufgehoben. Nach Art. 4 Abs. 7 nehmen die zuständigen Behörden, unbe-

---

747 Nach Art. 11 der Richtlinie 84/360/EWG treffen die Mitgliedstaaten die erforderlichen Maßnahmen, damit die von der Anlage ausgehenden Emissionen zum Zweck einer Überwachung der Verpflichtungen gemäß Art. 4 festgestellt werden. Zum Inhalt des Art. 4 vgl. Fußnote 740.

748 Richtlinie 84/360/EWG des Rates vom 28. Juni 1984 zur Bekämpfung der Luftverunreinigung durch Industrieanlagen (ABlEG L 188, S. 20). Ziel der Richtlinie ist gemäß Art. 1, „(...) Maßnahmen und Verfahren zur Verhütung oder zur Verringerung der Luftverunreinigung durch Industrieanlagen, insbesondere durch diejenigen Anlagen, die zu den in Anhang I aufgeführten Kategorien gehören, in der Gemeinschaft vorzusehen". Zu den in Anhang I der Richtlinie aufgeführten Kategorien von Industrieanlagen gehören gemäß Nr. 5 auch Abfallbeseitigungsanlagen. Es handelt sich nach Nr. 5.1 um „Anlagen, die dazu bestimmt sind, toxischen und gefährlichen Abfall durch Verbrennen zu beseitigen" sowie nach der Nr. 5.2 um „Anlagen zur Aufbereitung anderer fester und flüssiger Abfälle durch Verbrennen".

749 Vgl. Anhang I Nr. 5 der Richtlinie.

750 Nach Art. 4 der Richtlinie darf die Genehmigung für den Betrieb der Anlage nur erteilt werden, wenn sich die zuständige Behörde vergewissert hat, daß alle geeigneten Vorsorgemaßnahmen gegen Luftverunreinigung getroffen worden sind, der Betrieb der Anlage keine signifikante Luftverunreinigung verursachen wird, keiner der geltenden Emissionsgrenzwerte überschritten wird und alle geltenden Luftqualitätsgrenzwerte berücksichtigt werden.

751 Richtlinie 2000/76/EG des Europäischen Parlaments und des Rates vom 4. Dezember 2000 über die Verbrennung von Abfällen (ABlEG L 332, S. 91).

schadet der Richtlinie 96/61[752] regelmäßig eine Überprüfung und bei Bedarf eine Anpassung der Genehmigungsbedingungen vor. Art. 4 Abs. 9 bestimmt, daß, wenn Verbrennungs- oder Mitverbrennungsanlagen die Bedingungen der Genehmigung nicht einhalten, insbesondere bezüglich der Emissionsgrenzwerte für Wasser und Luft, die zuständigen Behörden tätig werden, um die Einhaltung durchzusetzen.

Art. 5 Abs. 4 übernimmt das bereits in Art. 5 Abs. 3 der Richtlinie für die Verbrennung gefährlicher Abfälle vorgesehene Annahmeverfahren. Art. 11 der Richtlinie, sieht, vergleichbar mit Art. 11 der Richtlinie für die Verbrennung gefährlicher Abfälle, den Betreiber treffende umfangreiche Meßpflichten für Emission in Luft und Wasser vor. Nach Art. 11 Abs. 9 müssen alle Meßergebnisse auf geeignete Weise aufgezeichnet, verarbeitet und dargestellt werden, damit es den zuständigen Behörden möglich ist, die Einhaltung der genehmigten Betriebsbedingungen und der in der Richtlinie festgelegten Emissionsgrenzwerte zu überprüfen. Ergeben die Messungen, daß die in der Richtlinie festgelegten Emissionsgrenzwerte für Luft oder Wasser überschritten worden sind, müssen, gemäß Art. 11 Abs. 17, die zuständigen Behörden hiervon unverzüglich unterrichtet werden.

g. Richtlinie über Abfalldeponien

Art. 11 der Richtlinie über Abfalldeponien[753] sieht ein den Besitzer oder den Betreiber einer Deponie treffendes Abfallannahmeverfahren vor. Der Besitzer oder Betreiber muß mit geeigneten Dokumenten belegen können, daß die Abfälle gemäß den in der Genehmigung für die Deponie festgelegten Bedingungen angenommen werden können und die Abfallannahmekriterien, die in Annex II der Richtlinie festgelegt sind, erfüllen. Neben der Prüfung der Abfalldokumente, wie zum Beispiel des von Art. 5 Abs. 3 der Richtlinie für gefährliche Abfälle geforderten Begleitscheins bei der Verbringung von gefährlichen Abfällen, muß der Betreiber unter anderem eine Sichtkontrolle der Abfälle durchführen.

Ist die Entnahme repräsentativer Proben erforderlich, um die Übereinstimmung des Abfalls mit den Zulassungsvoraussetzungen zu bestätigen[754], sind diese Proben min-

---

752 Richtlinie 96/61/EG des Rates vom 24. September 1996 über die integrierte Vermeidung und Verminderung der Umweltverschmutzung (ABlEG L 257, S. 26).

753 Richtlinie 1999/31/EG des Rates vom 26. April 1999 über Abfalldeponien (ABlEG L 182, S. 1).

754 Vgl. Anhang II Nummer 3 Stufe 3 der Richtlinie.

destens einen Monat lang aufzubewahren. Wenn der Betreiber Abfall zurückweist, hat er dies der zuständigen Behörde unverzüglich anzuzeigen.[755]

Nach Art. 12 hat der Deponiebetreiber während des Betriebs der Deponie ein Meß- und Überwachungsprogramm nach Maßgabe von Anhang III der Richtlinie durchzuführen. Der Betreiber hat der zuständigen Behörde alle erheblichen nachteiligen Auswirkungen auf die Umwelt zu melden, die er infolge des Meß- und Überwachungsverfahrens feststellt. Den Abhilfemaßnahmen, die die Behörde anordnet, hat der Betreiber auf eigenen Kosten nachzukommen.

Mindestens einmal jährlich hat der Betreiber der zuständigen Behörde Bericht über alle Meßergebnisse zu erstatten, um nachzuweisen, daß die Nebenbestimmungen der Genehmigung eingehalten worden sind und um die Erkenntnisse über das Verhalten der Abfälle in den Deponien zu verbessern.

Nach endgültiger Stillegung einer Deponie ist der Betreiber gemäß Art. 13 für Wartungsmaßnahmen und Meß- und Überwachungsmaßnahmen während der Nachsorgephase so lange verantwortlich, wie es die zuständige Behörde verlangt. Der Betreiber hat der Behörde alle erheblichen nachteiligen Auswirkungen auf die Umwelt zu melden und muß der behördlichen Anordnung über Art und Zeitpunkt der zu treffenden Abhilfemaßnahmen nachkommen.

Außerdem ist, solange die zuständige Behörde der Auffassung ist, daß eine Deponie die Umwelt gefährden könnte, der Deponiebetreiber nach Maßgabe des Anhangs III verantwortlich für die Messung und Analyse von Deponiegas und Sickerwasser aus der Deponie und das Grundwasserregime im Umfeld der Deponie.

h. Richtlinie über Altfahrzeuge

Art. 6 Abs. 2 Uabs. 2 der Richtlinie über Altfahrzeuge[756] bestimmt, daß Anlagen oder Unternehmen, die Abfall von Altfahrzeugen verwerten, welche nach Anhang I Nr. 3 behandelt wurden, von der in Artikel 11 Abs. 1 lit. b der Abfallrechtsrahmenrichtlinie vorgesehenen Freistellung von der Genehmigungspflicht profitieren können, „wenn die

---

755 Für Erleichterungen beim Annahmeverfahren für Deponien, die von bestimmen Bestimmungen der Richtlinie nach Art. 3 Abs. 4 und 5 ausgenommen werden können, vgl. Art. 11 Abs. 2.

756 Richtlinie 2000/53/EG des Europäischen Parlaments und des Rates vom 18. September 2000 über Altfahrzeuge (ABlEG L 269, S. 34).

zuständigen Behörden vor der Registrierung eine Inspektion durchführen". Die Inspektion muß einmal jährlich stattfinden.

g. Richtlinienvorschlag über Elektro- und Elektronikaltgeräte

Eine dem Art. 6 Abs. 2 Uabs. 2 der Altfahrzeugrichtlinie entsprechende Bestimmung enthält Art. 5 Abs. 2 Uabs. 2 des Richtlinienvorschlags über Elektro- und Elektronikaltgeräte[757] für Anlagen und Betriebe, die Elektro- und Elektronikaltgeräte behandeln.

2. Nachweispflichten

Den behördlichen Überwachungspflichten ist in einigen Fällen eine Nachweispflicht der in der Abfallwirtschaft tätigen Unternehmer gegenübergestellt.

Art. 14 der Abfallrechtsrahmenrichtlinie sieht eine Nachweispflicht vor, nach der die Anlagen oder Unternehmen, die Abfälle beseitigen oder verwerten, ein Register führen, in dem hinsichtlich der in Anhang I der Richtlinie genannten Abfälle sowie der Beseitigungs- und Verwertungsverfahren nach Anhang II A und II B die Menge, die Art, der Ursprung und - gegebenenfalls - die Bestimmung, die Häufigkeit des Einsammelns und das Beförderungsmittel der Abfälle sowie die Art ihrer Behandlung verzeichnet werden. Sie teilen diese Angaben den zuständigen Behörden auf Anfrage mit.

Nach Art. 4 Abs. 2 der Richtlinie für gefährliche Abfälle gilt die in Art. 14 Abfallrechtsrahmenrichtlinie vorgesehene Nachweispflicht nicht nur für Beseitigungs- und Verwertungsunternehmen, sondern auch für die Erzeuger gefährlicher Abfälle sowie für alle Anlagen oder Unternehmen, die gefährliche Abfälle befördern.

Nach Art. 11 der Altölrichtlinie hat jede Betriebsstätte, welche mehr als eine von jedem Mitgliedstaat festzulegende, jedoch 500l pro Jahr nicht überschreitende Menge Altöl erzeugt, sammelt und/oder beseitigt, ein Nachweisbuch zu führen, das Angaben über Menge, Beschaffenheit, Herkunft, Aufbewahrungsort sowie Abgabe und Übernahme enthält, wobei insbesondere das Datum von Abgabe und Übernahme einzutragen ist, und/oder diese Auskünfte der zuständigen Behörde auf Verlangen zu erteilen.

---

757 Vorschlag für eine Richtlinie des Europäischen Parlaments und des Rates über Elektro- und Elektronikaltgeräte, KOM(2000) 347 endg.

Gemäß Art. 4 Abs. 6 der Richtlinie über die Beseitigung von PCB/PCT[758] „führen PCB-Beseitigungsunternehmen über Menge, Herkunft, Art und PCB-Gehalt von angeliefertem PCB-Abfall ein Register. Sie teilen diese Angaben den zuständigen Behörden mit". Nach Art. 4 Abs. 7 sorgen die Mitgliedstaaten dafür, „daß die zuständigen Behörden die mitgeteilten Mengen überwachen".

B. Anforderungen an die behördliche Überwachungstätigkeit

Die folgende Bewertung unterscheidet zwischen den Anforderungen, die sich an die allgemeine behördliche Überwachung ergeben (1.) und den Vorgaben an die Überwachung der infolge der Zertifizierung freigestellten Tätigkeiten (2.).

1. Allgemeine Überwachungspflichten

Die Anforderungen an die allgemeine behördliche Überwachung sind grundsätzlich vage gefaßt. Nur die Richtlinie über Altfahrzeuge und der Richtlinienvorschlag für Elektro- und Elektronikaltgeräte sehen eine jährliche behördliche Inspektion des Betriebs vor, der Altautos verwertet bzw. Elektro- und Elektronikaltgeräte behandelt und der von der Genehmigungspflicht nach Art. 11 Abs. 1b) der Abfallrechtsrahmenrichtlinie freigestellt ist. Ansonsten sehen die Abfallrechtsrahmenrichtlinie und die Richtlinie über gefährliche Abfälle nur vor, daß die Verwertung, Beseitigung sowie die gewerbsmäßige Einsammlung, Beförderung oder Abfallvermittlung von den zuständigen Behörden *regelmäßig angemessen* überprüft werden.

Auch die Altölrichtlinie bestimmt nur, daß die Unternehmen, die Altöle beseitigen, *regelmäßig* insbesondere auf die Einhaltung der Genehmigungsbedingungen von dem Mitgliedstaat überprüft werden. Eine entsprechende Regelung ist auch in der Richtlinie über die Verbrennung von Abfällen enthalten.

Die Richtlinien über die Verbrennung gefährlicher Abfälle und über die Verhütung bzw. Verringerung der Luftverunreinigung durch neue bzw. bestehende Verbrennungsanlagen sagen über die Art und Weise der allgemeinen behördlichen Überwachung zwar nichts aus. Allerdings setzen sie voraus, daß die behördliche Kontrolle über die Ordnungsgemäßheit des Betriebs der Anlage durchgeführt wird. Das ergibt sich bereits

---

758 Richtlinie 96/59/EG des Rates vom 16. September 1996 über die Beseitigung polychlorierter Biphenyle und polychlorierter Terphenyle (PCB/PCT) (ABlEG L 243, S. 31).

aus den Art. 9 bis 14 der allgemein für die Abfallwirtschaft geltenden Abfallrechtsrahmenrichtlinie, die auch auf die Verbrennung von Abfällen im Sinne des Art. 1a) der Richtlinie anwendbar ist[759].

Aus diesen offenen Vorgaben läßt sich der Schluß ziehen, daß die Mitgliedstaaten bei der Art und Weise der Kontrolltätigkeit über einen Ermessensspielraum verfügen[760].

Das Ermessen besteht grundsätzlich zwar auch bei der Frage der Häufigkeit der Überwachungsmaßnahmen. Allerdings wird eine ausschließlich anlaßbezogene Überwachung nicht ausreichen, da die Abfallrechtsrahmenrichtlinie eine *regelmäßige* Überprüfung durch die zuständigen Behörden vorsieht[761].

Die Vornahme regelmäßiger behördlicher Kontrollen dient der Erreichung des hohen Umweltschutzniveaus und einer wirksamen Kontrolle, das von der Abfallrechtsrahmenrichtlinie angestrebt wird[762]. Die Regelmäßigkeit von Überwachungsmaßnahmen gewährleistet am besten in präventiver Weise, daß die Ordnungsgemäßheit der abfallwirtschaftlichen Tätigkeit sichergestellt wird. Abfallwirtschaftlich tätige Unternehmen werden sich angesichts der Tatsache, daß in bestimmten Abständen behördliche Kontrollen durchgeführt werden, um eine ordnungsgemäße Arbeitsweise bemühen. Außerdem dient die Regelmäßigkeit von Überwachungsmaßnahmen auch der Aufdeckung möglicher gesetzeswidriger und umweltgefährdender Umstände zu einem Zeitpunkt, der seit der Entstehung des ordnungswidrigen Zustandes noch nicht zu weit

---

759 Vgl. Anhang II A D 10 und D 11 der Abfallrechtsrahmenrichtlinie, wonach zu den Beseitigungsverfahren die Verbrennung von Abfällen an Land und auf See zählt; bei der Verwendung des Abfalls als Brennstoff (außer bei Direktverbrennung) handelt es sich gemäß Anhang II B R 9 um Abfallverwertung.

760 Vgl. auch *Dieckmann*, Das Abfallrecht der Europäischen Gemeinschaft, S. 420: „Ein qualitativer oder quantitativer Mindeststandard der Überwachung wird jedoch nicht festgelegt. Insgesamt scheint damit eine weitgehende Gestaltungsfreiheit der MS hinsichtlich der Art, Intensität und Häufigkeit von Überwachungsmaßnahmen zu bestehen" (Abkürzung im Original). Eine Ausnahme gilt jedoch, wie dargestellt, bei der Richtlinie über Altfahrzeuge und bei dem Richtlinienvorschlag über Elektro- und Elektronikaltgeräte. Angemerkt sei auch, daß die (unverbindliche) Empfehlung des Europäischen Parlaments und des Rates zur Festlegung von Mindestkriterien für Umweltinspektionen in den Mitgliedstaaten Leitlinien für die Durchführung von Inspektionen aufstellen (vgl. den vom Vermittlungsausschuß nach Art. 251 Abs. 4 EGV (ex-Art. 189b) gebilligten Gemeinsamen Entwurf vom 26. Januar 2001, PE-CONS 3603/01). Die Umweltinspektionen haben die Prüfung der Einhaltung der Vorschriften des gemeinschaftlichen Umweltrechts bzw. des nationalen umsetzenden Rechts zum Gegenstand.

761 Von einer *routinemäßigen* Umweltinspektion geht die Empfehlung des Europäischen Parlaments und des Rates zur Festlegung von Mindestkriterien für Umweltinspektionen in den Mitgliedstaaten aus, vgl. Art. II.3.

762 Vgl. den ersten, den vierten und den zehnten Erwägungsgrund der Abfallrechtsrahmenrichtlinie.

zurückliegt. Je schneller gesetzeswidrige Gegebenheiten seit ihrem Entstehen aufgedeckt und behoben werden, desto besser wird der Schutz der Umwelt gewährleistet.

Vor diesem Hintergrund wäre die Ausübung des behördlichen Ermessens dahin, die Überwachungstätigkeit vollständig auszusetzen und auf rein anlaßbezogene Kontrollen zu beschränken, mit der in Art. 13 der Abfallrechtsrahmenrichtlinie und in den anderen Abfallrichtlinien vorgesehenen Regelmäßigkeit der behördlichen Überwachung unvereinbar.

Auf der anderen Seite stehen die Richtlinien einer Privatisierung der Überwachungstätigkeit nicht entgegen, so lange die behördliche Aufsicht innerhalb der oben aufgeführten Vorgaben ausgeübt wird.

Zwar sehen die Bestimmungen in den Richtlinien vor, daß die Überprüfung durch die „zuständigen Behörden“ vorgenommen wird. Dies bedeutet aber nicht notwendigerweise, daß jegliche Form der Überwachung auch behördlich erfolgen muß. Eine „ausschließliche Überwachungskompetenz“ der zuständigen behördlichen Stellen ist dem Wortlaut der Richtlinien nicht zu entnehmen. Vielmehr bleibt es den Mitgliedstaaten überlassen, in welchem Umfang sie Private in die Durchführung der abfallwirtschaftlichen Aufsicht einbeziehen[763]. Erforderlich ist nur, daß die Vorgaben der Richtlinien nicht beeinträchtigt werden.

2. Überwachung der freigestellten Tätigkeiten

Es fragt sich, inwieweit die Ersetzung der Transportgenehmigungspflicht (a.) und der Nachweisbestätigungspflicht (b.) durch eine Anzeigepflicht mit den Vorgaben der Richtlinien übereinstimmt.

---

763 Vgl. auch EuGH Rs. 372 bis 374/85, Slg. 1987, 2142/2159 - *Traen* - zu Art. 10 der Richtlinie 75/442 a.F., der den folgenden Wortlaut hatte: „Die [abfallwirtschaftlich tätigen] (...) Unternehmen (...) unterliegen der Überwachung durch die in Art. 5 genannte zuständige Behörde“. Nach dem EuGH stellte diese Bestimmung „somit kein besonderes Erfordernis auf, das die Freiheit der Mitgliedstaaten bei der Organisation der Überwachung der in ihr genannten Tätigkeiten einschränken würde. Von dieser Freiheit muß jedoch unter Beachtung der in der dritten Begründungserwägung und in Artikel 4 der Richtlinie genannten Zielsetzung, nämlich des Schutzes der menschlichen Gesundheit und der Umwelt, Gebrauch gemacht werden.“ Auch die Empfehlung des Europäischen Parlaments und des Rates zur Festlegung von Mindestkriterien für Umweltinspektionen in den Mitgliedstaaten erlauben die Durchführung von Umweltinspektionen durch Private anstelle der Behörden. Art. II.4.b) bestimmt, daß die Behörden „in Übereinstimmung mit ihren innerstaatlichen Rechtsvorschriften die in dieser Empfehlung festgelegten Aufgaben unter ihrer Autorität und Aufsicht jeder anderen juristischen Person – des öffentlichen oder privaten Rechts – übertragen [können], sofern diese kein persönliches Interesse am Ergebnis der von ihr durchgeführten Inspektionen hat“.

a. Freistellung von der Transportgenehmigungspflicht

Die Kontrolle des Abfalltransports ist in Art. 12 der Abfallrechtsrahmenrichtlinie geregelt. Nach dieser Bestimmung müssen die Anlagen oder Unternehmen, die gewerbsmäßig Abfälle einsammeln oder befördern oder die für die Beseitigung oder Verwertung von Abfällen für andere sorgen (Händler oder Makler)[764], bei den zuständigen Behörden gemeldet sein, sofern sie keine Genehmigung benötigen.

Gemeinschaftsrechtlich ist somit eine Meldepflicht bei den zuständigen Behörden erforderlich, aber auch ausreichend. Danach bestehen keine Bedenken, bei den Entsorgungsfachbetrieben die Genehmigungspflicht durch eine Anzeigepflicht zu ersetzen[765].

b. Freistellung von der Nachweisbestätigungspflicht

Art. 14 der Abfallrechtsrahmenrichtlinie, der für die Beseitiger und Verwerter von Abfällen gilt und dessen Anwendungsbereich bei gefährlichen Abfällen nach Art. 4 Abs. 2 der Richtlinie für gefährliche Abfälle auf die Erzeuger und Beförderer gefährlicher Abfälle ausgeweitet wird, sowie Art. 11 der Altölrichtlinie, der für Betriebsstätten gilt, die eine bestimmte Menge Altöl produzieren, sammeln und/oder beseitigen, sehen eine Pflicht zur Aufzeichnung der in den Bestimmungen näher spezifizierten abfallrelevanten Tatsachen dar, die den zuständigen Behörde lediglich auf Anfrage vorgelegt werden müssen. Die Richtlinie über die Beseitigung von PCB/PCT verpflichtet PCB-Beseitigungsunternehmen, über Menge, Herkunft, Art und PCB-Gehalt von angeliefertem PCB-Abfall ein Register zu führen und diese Angaben den zuständigen Behörden mitzuteilen.

Die Beauftragung eines Entsorgungsfachbetriebs führt nur dazu, daß die Pflicht des Abfallerzeugers, die Zulässigkeit eines angezeigten Entsorgungsvorganges behördlich bestätigen zu lassen, entfällt und daß der Abfallentsorger berechtigt ist, die Abfälle zu entsorgen, ohne die Entsorgungsnachweisbestätigung abzuwarten. Die Verpflichtungen des Abfallerzeugers und des Abfallentsorgers zur Erstellung und zum Austausch von Nachweiserklärungen unter Verwendung der in der NachwV aufgeführten Form-

---

764 Zu den Anforderungen des Art. 12 Abfallrechtsrahmenrichtlinie an die Überwachung von Abfallmaklern vgl. *Dieckmann*, Das Abfallrecht der Europäischen Gemeinschaft, S. 309.

765 Zu der Frage, ob die in § 49 Abs. 1 S. 2 Nr. 1 KrW-/AbfG vorgesehene gesetzliche Freistellung von privaten Transportunternehmen, die von öffentlich-rechtlichen Entsorgungsträgern mit Abfalltransporten beauftragt worden sind, von der Genehmigungs- und damit auch von der Meldepflicht mit Art. 12 der Abfallrechtsrahmenrichtlinie vereinbar ist, vgl. *Dieckmann*, Das Abfallrecht der Europäischen Gemeinschaften, S. 309.

blätter (Verantwortliche Erklärung des Abfallerzeugers, Annahmeerklärung des Abfallentsorgers) bleiben dagegen unverändert bestehen[766].

Außerdem wird die für den Abfallerzeuger zuständige Behörde vor der Durchführung der Entsorgung[767] vom Abfallerzeuger über die Herkunft, Art und Menge des Abfalls und über die vorgesehenen Entsorgungsverfahren in Kenntnis gesetzt. Der Abfallerzeuger ist bei der Wahl des privilegierten Verfahrens nach §§ 10 Abs. 1 Nr. 2, 11 NachwV verpflichtet, der Behörde die beabsichtigte Entsorgung anzuzeigen. Die Anzeige erfolgt unter Verwendung des Formulars „Verantwortliche Erklärung" (VE), das der Abfallerzeuger auch im normalen Nachweisbestätigungsverfahren verwenden muß[768].

Es fragt sich, ob der Abfallerzeuger nicht auch verpflichtet ist, der Behörde den Bestimmungsort der Abfälle, d.h. die Entsorgungsanlage, mitzuteilen. § 11 NachwV, der den Inhalt der Anzeige regelt, sieht eine entsprechende Pflicht nicht vor. Der Abfallerzeuger hat nach § 11 Abs. 2 Nr. 3 NachwV lediglich zu versichern, daß die Entsorgung in einer nach § 13 NachwV freigestellten Anlage erfolgen wird[769]. Nach Art. 4 der Richtlinie über gefährliche Abfälle i.V.m. Art. 14 der Abfallrechtsrahmenrichtlinie hat der Abfallerzeuger jedoch auch „gegebenenfalls" die Bestimmung der Abfälle zu verzeichnen und den zuständigen Behörden auf Anfrage mitzuteilen.

Diesen Anforderungen wird jedoch schon aufgrund der Bestimmung in § 11 Abs. 4 NachwV genügt, wonach der Abfallerzeuger verpflichtet ist, nach Erhalt der Annahmeerklärung des Entsorgers eine Ablichtung der Nachweiserklärungen an die für ihn zuständige Behörde zu senden. Dadurch wird die Behörde über Art und Örtlichkeit der Anlage, in der die Abfälle entsorgt werden, in Kenntnis gesetzt.

Im übrigen bleiben die in der NachwV geregelten Nachweispflichten unverändert bestehen. Insbesondere das in den §§ 15ff. NachwV geregelte Verbleibverfahren, die

---

766 Vgl. *Kaminski/Konzak*, Das untergesetzliche Regelwerk zum KrW-/AbfG, § 10 Rn. 6.

767 Vgl. *Kaminski/Konzak*, Das untergesetzliche Regelwerk zum KrW-/AbfG, § 11 NachwV Rn. 2.

768 Vgl. die Beschreibung zum Ablauf des Nachweisbestätigungsverfahrens im 4. Teil bei I. A. 4. c. aa. (2) (b).

769 Nach § 13 Abs. 5 NachwV sind Entsorgungsfachbetriebe gesetzlich freigestellt.

Verpflichtung zur Führung eines Nachweisbuches nach Maßgabe der §§ 27ff. NachwV sowie die Verpflichtungen der PCBAbfallV[770] sind unverändert zu befolgen.

II. Gemeinschaftsrechtliche Bewertung eines Zwangs zur Zertifizierung

Ein aufgrund der Marktnachfrage sich ergebender faktischer Zwang zur Zertifizierung ist auch auf gemeinschaftsrechtlicher Ebene von Bedeutung.

Beauftragen Abfallerzeuger und -besitzer regelmäßig nur noch in Deutschland angesiedelte Entsorgungsfachbetriebe mit der Entsorgung, kann dies für abfallwirtschaftliche Unternehmen aus anderen Mitgliedstaaten die folgenden Auswirkungen haben: Zum einen könnte ein Auftragsrückgang bei den Unternehmen eintreten, die in anderen Mitgliedstaaten ansässig sind und dort ihre Entsorgungsanlagen unterhalten oder die, wie zum Beispiel Transportunternehmen, in der Bundesrepublik abfallwirtschaftliche Tätigkeiten durchführen. Daneben wären Angehörige anderer Mitgliedstaaten, die in Deutschland einen abfallwirtschaftlichen Betrieb betreiben wollen, aufgrund der Marktnachfrage gezwungen, sich zum Entsorgungsfachbetrieb zertifizieren zu lassen.

Im folgenden werden die Auswirkungen des faktischen Zwangs zur Zertifizierung auf die grundfreiheitlichen Positionen der abfallwirtschaftlichen Unternehmen aus den anderen Mitgliedstaaten untersucht. Die Untersuchung unterscheidet zwischen den betroffenen Grundfreiheiten von Unternehmen, die in einem anderen Mitgliedstaat ansässig sind und entweder dort oder im Bundesgebiet abfallwirtschaftliche Tätigkeiten durchführen (A.) und Unternehmen aus anderen Mitgliedstaaten, die sich in Deutschland niederlassen wollen (B.).

A. Auswirkungen eines „Zwangs zur Zertifizierung" auf in anderen Mitgliedstaaten ansässigen Unternehmen

Unternehmen, die in einem anderen Mitgliedstaat ansässig sind, aber zum großen Teil von Kunden aus Deutschland mit der Durchführung abfallwirtschaftlicher Tätigkeiten beauftragt werden, werden sich wie die in Deutschland ansässigen Unternehmen die

---

770 Verordnung über die Entsorgung polychlorierter Biphenyle, polychlorierter Terphenyle sowie halogenierter Monomethyldiphenylmethane und zur Änderung chemikalienrechtlicher Vorschriften (PCB/PCT-Abfallverordnung – PCBAbfallV) vom 26. Juni 2000 (BGBl. I S. 932).

Frage stellen, ob die Zertifizierung zum Entsorgungsfachbetrieb für sie notwendig sein wird, um auch weiterhin mit einer hinreichenden Auftragslage rechnen zu können.

Die folgende Untersuchung wird zunächst der Frage nachgehen, ob sich abfallwirtschaftliche Unternehmen in anderen Mitgliedstaaten ebenfalls zum Entsorgungsfachbetrieb zertifizieren lassen können oder ob völkerrechtliche Gründe dem entgegenstehen (1.). Anschließend wird geprüft, wie sich der Zwang zur Zertifizierung auf die grundfreiheitlichen Positionen der betroffenen Unternehmen auswirken (2.).

1. Völkerrechtliche Zulässigkeit der Zertifizierung mitgliedstaatlicher Unternehmen

Die Frage der Anwendbarkeit des § 52 KrW-/AbfG und der EfbV auf einen in einem anderen Mitgliedstaat belegenen abfallwirtschaftlichen Betrieb betrifft die völkerrechtliche Zulässigkeit des Erlasses von Hoheitsakten mit Auslandswirkung.

Völkerrechtlich ist es grundsätzlich nicht zu beanstanden, daß ein Staat Gesetze erläßt, die einen Auslandsbezug aufweisen[771]. Das Völkerrecht begrenzt den räumlichen Geltungsbereich staatlicher Rechtssetzung, nicht dagegen die Sachverhalte, die ihr Gegenstand sind[772].

Das bedeutet allerdings nicht, daß der Staat seine Gesetze nach Belieben auf Auslandssachverhalte erstrecken darf und die räumlich gezogenen Grenzen staatlicher Rechtssetzung damit unterlaufen werden. Die Respektierung der territorialen Souveränität[773] eines anderen Staates und seiner hieraus abgeleiteten Gebietshoheit[774] setzt voraus, daß die Erfassung eines Auslandssachverhaltes eine „echte Verknüpfung" mit dem regelnden Staat aufweist[775]. Es bedarf sachgerechter Anknüpfungsmomente, wie zum Beispiel der Staatsangehörigkeit, der Niederlassung, des Wohnsitzes oder Aufenthaltes im

---

771 Vgl. die grundlegenden Ausführungen des StIGH im *Lotus*-Fall, zitiert bei *Ipsen*, Völkerrecht, § 23, S. 292.

772 *Ipsen*, Völkerrecht, § 23, S. 293.

773 Die territoriale Souveränität ist das Rechts eines Staates, „über das Staatsgebiet oder Teile desselben *endgültig* und ohne Einschaltung anderer Stellen verfügen zu können" (*Seidl-Hohenveldern*, Völkerrecht, Rn. 1112; Hervorhebung im Original).

774 Die Gebietshoheit „ist das Recht, auf dem betreffenden Staatsgebiet gegenüber dessen Bewohnern Akte der Staatsgewalt zu setzen" (*Seidl-Hohenveldern*, Völkerrecht, Rn. 1113).

775 So die Rechtsprechung des IGH, hierzu den *Nottebohm*-Fall, ICJ Rep. 1955, S. 24ff.; *Barcelona Traction*-Fall, ICJ Rep. 1970, S. 1ff.; vgl. zu dem ganzen *Ipsen*, Völkerrecht, § 23, S. 292ff.

Inland oder der Verwirklichung eines bestimmten Verhaltens im Inland[776]. Eine echte Verknüpfung liegt danach unproblematisch in den Fällen vor, in denen die Tätigkeit eines im Ausland lebenden Ausländers deutschen Gesetzen unterworfen wird, wenn diese Tätigkeit im Inland ausgeübt werden soll. So bedarf ein in den Niederlanden ansässiges Transportunternehmen für die Transporttätigkeit innerhalb des Bundesgebietes ebenso der Transportgenehmigung nach § 49 KrW-/AbfG wie ein einheimisches Unternehmen. Ein anderes Beispiel ist die Anwendung des § 191 Abs. 2 WHG auf wasserrechtliche Fachbetriebe, die im Ausland ansässig sind, aber im Bundesgebiet tätig werden.

Es fragt sich, ob diese Verknüpfung auch bei Entsorgungsfachbetrieben besteht. Die Beantwortung dieser Frage unterscheidet zwischen Entsorgungsfachbetrieben, die im Bundesgebiet tätig werden (a.) und solchen, die im Mitgliedstaat die abfallwirtschaftliche Tätigkeit durchführen (b.).

a. Zertifizierung von in Deutschland tätigen Unternehmen

Die Anwendung des § 52 KrW-/AbfG i.V.m. der EfbV auf Unternehmen, die in einem anderen Mitgliedstaat ansässig, aber im Bundesgebiet tätig sind, begegnet keinen Bedenken. Die Erfüllung der Zertifizierungsanforderungen des im Mitgliedstaat belegenen Standortes weist die erforderliche Anknüpfung auf, weil das Unternehmen die abfallwirtschaftliche Tätigkeit im Bundesgebiet ausübt. Insofern liegt eine vergleichbare Situation wie in dem Fall vor, in dem das mitgliedstaatliche Unternehmen als wasserrechtlicher Fachbetrieb im Bundesgebiet auftreten und tätig sein möchte und hierzu die besonderen Anforderungen nach Maßgabe des § 191 WHG erfüllen muß. Der Unterschied zum wasserrechtlichen Fachbetrieb besteht bei dem Entsorgungsfachbetrieb zwar darin, daß die Zertifizierung nach § 52 KrW-/AbfG freiwillig ist. Hierauf kommt es jedoch nicht an. Entscheidend ist, daß sich die Zertifizierung auf eine in Deutschland ausgeübte abfallwirtschaftliche Tätigkeit bezieht. Die erforderliche Anknüpfung ist aus diesem Grund gegeben, und es begegnet deshalb keinen völkerrechtlichen Bedenken, daß die einzelnen Zertifizierungsvoraussetzungen an dem im Mitgliedstaat belegenen Standort erfüllt sein müssen.

---

[776] Vgl. BVerfGE 63, 343/369 zu der Auferlegung von Abgaben gegen einen im Ausland lebenden Ausländer.

b. Zertifizierung von in einem Mitgliedstaat tätigen Unternehmen

Es fragt sich, ob sich auch solche Unternehmen den Zertifizierungsanforderungen unterwerfen können, die nicht nur in dem anderen Mitgliedstaat ansässig sind, sondern dort auch die abfallwirtschaftlichen Tätigkeiten, wie die Beseitigung und Verwertung von Abfällen, durchführen.

Das Völkerrecht verbietet nicht grundsätzlich die normative Erfassung von Sachverhalten, die sich außerhalb des eigenen Bereichs der Gebietshoheit ereignen[777]. Erforderlich ist allerdings, daß zwischen dem erfaßten Auslandssachverhalt und dem normierenden Staat eine sinnvolle Anknüpfung besteht.

Die Notwendigkeit „hinreichender sachgerechter Anknüpfungspunkte" hat das BVerfG im Zusammenhang mit der Auferlegung von Abgaben gegen einen im Ausland lebenden Ausländer wegen eines im Ausland verwirklichten Tatbestandes betont und ausgeführt, daß „die Anknüpfungsmomente und ihre Sachnähe (...) von Völkerrecht wegen einem Mindestmaß an Einsichtigkeit genügen"[778] müßten.

Worin die sinnvolle Anknüpfung besteht, läßt sich nicht allgemein festlegen, sondern ist nach den Besonderheiten des betreffenden Sachbereichs und der Staatenpraxis zu bestimmen[779].

Die normative Erfassung von Auslandssachverhalten spielt besonders im Wirtschaftsverwaltungsrecht eine bedeutende Rolle. Im Kartellrecht, einem für Auslandsberührungen besonders sensiblen Bereich des Wirtschaftsverwaltungsrechts, wird die sinnvolle Anknüpfung durch das Wirkungsprinzip hergestellt[780]. § 130 Abs. 2 GWB bestimmt, daß das GWB auf alle Wettbewerbsbeschränkungen Anwendung findet, „die sich im Geltungsbereich dieses Gesetzes auswirken, auch wenn sie außerhalb des Geltungsbereichs dieses Gesetzes veranlaßt werden".

Für die sinnvolle Anknüpfung genügt beim Wirkungsprinzip allerdings nicht jegliche Auswirkung. Der Schutz der Gebietshoheit des anderen Staates erfordert, daß ein auf

---

777 Vgl. *Meng*, ZaöRV 44 (1984), S. 675/740; vgl. auch *Meng*, Extraterritoriale Jurisdiktion im öffentlichen Wirtschaftsrecht, S. 541ff.

778 BVerfGE 63, 343/369.

779 Geiger, Grundgesetz und Völkerrecht, § 53 II, S. 320.

780 Das Wirkungsprinzip wird im Kartellrecht auch von den USA und der Europäischen Gemeinschaft angewandt, vgl. *Meng*, ZaöRV 44 (1984), S. 675/736; zum Gemeinschaftsrecht vgl. EuGH Rs. 48/69, Slg. 1972, 619/665 - *Imperial Chemical Industries gegen Kommission* -.

seinem Gebiet verwirklichter Tatbestand beträchtliche, unmittelbare und vorhersehbare Auswirkungen auf den normierenden Staat hervorbringt und der Schutz der nationalen Wirtschaftsordnung die normative Erfassung des Auslandssachverhaltes erfordert[781].

Diese Grundsätze sind für die vorliegende Frage der Anwendbarkeit der EfbV und des § 52 KrW-/AbfG von Bedeutung, weil diese Bestimmungen ebenfalls dem Bereich des Wirtschaftsverwaltungsrechts im weiteren Sinne zuzurechnen sind. Zwar unterscheidet sich das Zertifizierungssystem von kartellrechtlichen Bestimmungen oder sonstigen wirtschaftsverwaltungsrechtlichen Ordnungsinstrumenten dadurch, daß die Zertifizierung keinen sanktionierenden Charakter hat. Dieser Unterschied spielt jedoch keine Rolle. Entscheidend ist, daß in beiden Fällen in die Gebietshoheit des betroffenen Staates eingegriffen wird. Während es im Kartellrecht zum Beispiel darum geht, daß das Recht des betroffenen Staates Firmenzusammenschlüsse rechtlich zuläßt, die nach dem deutschen Kartellrecht sanktioniert werden, wird bei der Zertifizierung in die souveräne Entscheidung über die Standards, die an abfallwirtschaftliche Betriebe anzulegen sind, eingegriffen.

Der Schutz der Gebietshoheit anderer Staaten gebietet deshalb auch bei der Anwendbarkeit der EfbV und des § 52 KrW-/AbfG auf im Ausland belegenen Standorten, daß der Schutz der nationalen Wirtschaftsordnung ihre Ausweitung über die deutschen Staatsgrenzen erfordert. Das Vorliegen einer solchen Notwendigkeit ist jedoch schon angesichts der Freiwilligkeit der Zertifizierung zweifelhaft. Da die Zertifizierung selbst in Deutschland ansässigen oder tätigen Entsorgungsunternehmen offensteht, können die von der Zertifizierung erfaßten Belange nicht so dringlich sein, daß sie die Anwendbarkeit der EfbV und des § 52 KrW-/AbfG auf im Ausland belegenen Standorten rechtfertigen.

Festzuhalten ist demnach, daß sich ein „Zwang zur Zertifizierung" nur für die abfallwirtschaftlichen Unternehmen ergeben kann, die in einem anderen Mitgliedstaat ansässig, aber - in bezug auf die zertifiale Tätigkeit - in Deutschland gewerblich tätig sind. Nur auf diese Unternehmen sind die Bestimmungen der EfbV und des § 52 KrW-/AbfG anwendbar. Dagegen können sich Unternehmen, die ihre abfallwirtschaftliche Tätigkeit im Ausland durchführen, nicht zertifizieren lassen.

Klärungsbedürftig ist nun, inwieweit durch den für in Deutschland ansässigen Entsorgungsunternehmen möglicherweise bestehenden Zwang zur Zertifizierung grundfrei-

---

[781] Vgl. *Meng*, ZaöRV 44 (1984), S. 675/752.

heitliche Positionen von Unternehmen beeinträchtigt werden, die in einem anderen Mitgliedstaat ansässig sind. Diese Frage wird im folgenden untersucht.

2. Beschränkung von Grundfreiheiten

Wie bei den Grundrechten ist auch auf der Ebene der Grundfreiheiten zu klären, ob sie durch das Verhalten Privater eingeschränkt werden können (b.). Zuvor ist allerdings zu klären, welche Grundfreiheiten betroffen sein könnten (a.). Abschließend wird untersucht, ob eine mögliche Beschränkung durch Belange des Umweltschutzes gerechtfertigt werden kann (c.).

a. Betroffene Grundfreiheiten

Die Frage nach den betroffenen Grundfreiheiten von in anderen Mitgliedstaaten ansässigen Entsorgungsunternehmen beantwortet sich im Falle der Beauftragung nach den zertifizierungsfähigen abfallwirtschaftlichen Tätigkeiten. Berührt könnten hier die Warenverkehrs- und die Dienstleistungsfreiheit sein.

Im folgenden werden Inhalt und Reichweite dieser möglicherweise betroffenen Grundfreiheiten dargestellt (aa.) und anschließend auf die von der Zertifizierung umfaßten Tätigkeiten angewendet (bb.).

aa. Inhalte und Reichweite

(1) Warenverkehrsfreiheit

Die Warenverkehrsfreiheit wird im EGV gewährleistet, indem die Art. 28, 29 EGV (ex-Art. 30, 34) mengenmäßige Einfuhr- und Ausfuhrbeschränkungen sowie Maßnahmen gleicher Wirkung im innergemeinschaftlichen Verkehr verbieten[782].

Unter mengenmäßigen Beschränkungen sind alle Maßnahmen zu verstehen, die die Einfuhr oder Ausfuhr von Waren nach Menge, Wert oder Zeitraum beschränken oder ganz oder teilweise untersagen[783]. Eine Maßnahme gleicher Wirkung ist nach der *Dassonville*-Formel des EuGH[784] „jede Handelsregelung der Mitgliedstaaten, die geeignet ist, den innergemeinschaftlichen Handel unmittelbar oder mittelbar, tatsächlich oder potentiell zu behindern". Ein handelsfinaler Charakter der Regelung ist ebensowenig

[782] Vgl. *Leible*, in: Grabitz/Hilf, Das Recht der Europäischen Union, vor Art. 28 – 31 EGV Rn. 1.

[783] *Dauses*, in: Dauses, Hdb.EU-WirtschaftsR, C.I Rn. 81.

[784] EuGH Rs. 8/64, Slg. 1974, S. 837/852 - *Dassonville* -.

erforderlich wie der tatsächliche Eintritt von Behinderungen; die Maßnahme muß zur Behinderung des Handels nur geeignet sein[785].

Der Unterschied zwischen mengenmäßigen Beschränkungen und Maßnahmen gleicher Wirkung besteht darin, daß erstere unmittelbar an der Grenze eingreifen und die Ein- oder Ausfuhr verhindern, während Maßnahmen gleicher Wirkung die Ein- oder Ausfuhr grundsätzlich zwar zulassen, sie aber erschweren oder verteuern. Die Abgrenzung ist aber seit Ablauf der in Art. 29 Abs. 2 EGV (ex-Art. 34) bestimmten Übergangszeit[786] bedeutungslos geworden. Der EuGH beschränkt sich in seiner jüngeren Rechtsprechung deshalb auf die Prüfung, ob ein Verstoß gegen Art. 28 (ex-Art. 30) oder Art. 29 EGV (ex-Art. 34) vorliegt, ohne danach zu unterscheiden, ob es sich um eine mengenmäßige Beschränkung oder um eine Maßnahme gleicher Wirkung handelt[787].

In jüngerer Zeit hat der EuGH, wohl in dem Bemühen, ein handhabbares Kriterium zur Bestimmung der Reichweite der Warenverkehrsfreiheit zu liefern[788], eine Unterscheidung zwischen Regelungen getroffen, die einerseits die Verkaufsmodalitäten und andererseits die Eigenschaftsmerkmale von Waren aus anderen Mitgliedstaaten („produktbezogene Vorschriften") betreffen. In bezug auf die Verkaufsmodalitäten hat er entschieden, daß diese nicht geeignet seien, „den Handel zwischen Mitgliedstaaten im Sinne des Urteils *Dassonville* unmittelbar oder mittelbar, tatsächlich oder potentiell zu behindern, sofern diese Bestimmungen für alle betroffenen Wirtschaftsteilnehmer gelten, die ihre Tätigkeit im Inland ausüben, und sofern sie den Absatz der inländischen Erzeugnisse und der Erzeugnisse aus anderen Mitgliedstaaten rechtlich wie tatsächlich in der gleichen Weise berühren"[789]. Zur Begründung führte er an, daß die Anwendung von die Verkaufsmodalitäten regelnden nationalen Bestimmungen auf Waren aus anderen Mitgliedstaaten nicht geeignet sei, „den Marktzugang für diese Erzeugnisse zu versperren oder stärker zu behindern, als sie dies für inländische Erzeugnisse tut"[790]. Die die Verkaufsmodalitäten regelnden Bestimmungen werden mithin aus dem An-

---

785 *Dauses*, in: Dauses, HdB.EU-WirtschaftsR, C.I Rn. 88 mit Verweis auf EuGH Rs. 113/80, Slg. 1981, 1625/1638 - *Kommission gegen Irland* -.

786 Das Ende der ersten Stufe war der 01. 01. 1970.

787 EuGH Verb. Rs. 51-54/71, Slg. 1971, 1107/1116 - *International Fruit Company* -.

788 Vgl. zur Vorgeschichte des nachfolgend zitierten *Keck*-Urteils *Leible*, in: Grabitz/Hilf, Das Recht der Europäischen Union, Art. 28 EGV Rn. 27.

789 EuGH verb. Rs. C-267/91 und 268/91, Slg. 1993, 6097/6131 - *Keck und Mithouard* -.

790 EuGH verb. Rs. C-267/91 und 268/91, Slg. 1993, 6097/6131 - *Keck und Mithouard* -.

wendungsbereich der Art. 28 EGV (ex-Art. 30) ausgeschlossen. Beispiele für die Verkaufsmodalitäten regelnden Bestimmungen sind etwa solche zur Preisgestaltung, zu Verkaufszeiten oder zur Werbung[791].

(2) Dienstleistungsfreiheit

Die Dienstleistungsfreiheit gewährleistet die grenzüberschreitende unternehmerische Tätigkeit, „deren Substanz, im Gegensatz zu Produkten aus dem Warenbereich, unsichtbar bleibt, weil sie in einem ‚know how' besteht"[792]. Nach der (Negativ-)Definition des Art. 50 EGV (ex-Art. 60) handelt es sich um Leistungen, die in der Regel gegen Entgelt erbracht werden, soweit sie nicht den Vorschriften über den freien Waren- und Kapitalverkehr und über die Freizügigkeit der Personen unterliegen. Erforderlich ist auch, daß die Dienstleistung in irgendeiner Form die mitgliedstaatliche Grenze überschreitet. Denkbar sind vier Konstellationen[793]:

1. Der Leistungserbringer überschreitet selbst die Grenze und begibt sich zum Leistungsempfänger in den anderen Mitgliedstaat.

2. Der Leistungsempfänger begibt sich zum Leistungserbringer in den anderen Mitgliedstaat.

3. Sowohl der Leistungserbringer als auch der Leistungsempfänger verbleiben in ihren Mitgliedstaaten, und nur die Leistung überschreitet die Grenze.

4. Leistungserbringer und -empfänger begeben sich gemeinsam in einen anderen Mitgliedstaat, wo die Dienstleistung erbracht wird.

Die Dienstleistungsfreiheit umfaßt nicht nur das in Art. 50 Abs. 2 EGV (ex-Art. 60) bestimmte Prinzip der Inländergleichbehandlung, wonach eine Diskriminierung ausländischer Dienstleistender aufgrund ihrer Staatsangehörigkeit unzulässig ist. Vielmehr enthält die Dienstleistungsfreiheit ein allgemeines Beschränkungsverbot[794]. Das bedeutet, daß sämtliche Maßnahmen, die fremde Staatsangehörige zwar nicht schlechter

---

[791] Vgl. die Nachweise zur Rechtsprechung bei *Leible*, in: Grabitz/Hilf, Das Recht der Europäischen Union, Art. 28 EGV Rn. 28.

[792] *Troberg*, in: von der Groeben/Thiesing/Ehlermann, EU-/EG-Kommentar, Art. 60 Rn. 1.

[793] Vgl. die Aufzählung bei *Randelzhofer*, in: Grabitz/Hilf, Das Recht der Europäischen Union, Art. 60 Rn. 4.

[794] EuGH Rs. C-76/90, Slg. 1991, 4221ff. – *Säger* -

stellen als die eigenen, aber „in anderer Weise geeignet sind, die Tätigkeit des Leistenden zu unterbinden oder zu behindern“[795], Beschränkungen darstellen.

bb. Anwendung auf die zertifialen Tätigkeiten

Die Untersuchung, welche Grundfreiheiten beeinträchtigt werden, unterscheidet danach, ob die zertifialen Tätigkeiten im Bundesgebiet (1) oder in einem Mitgliedstaat (2) durchgeführt werden.

(1) Durchführung der Tätigkeiten im Bundesgebiet

Wird der Unternehmer aus einem anderen Mitgliedstaat im Bundesgebiet tätig, indem er beispielsweise mit der Sammlung und Beförderung von Abfällen beauftragt wird, und besteht infolge der Einführung des Zertifizierungssystems die potentielle Gefahr, daß sich seine Auftragslage verschlechtern wird, wird er in seiner Dienstleistungsfreiheit betroffen. Hier überschreitet der Unternehmer als Leistungserbringer die mitgliedstaatliche Grenze und erbringt die Dienstleistung im Herkunftsstaat des Leistungsempfängers.

Die Dienstleistung erfaßt alle zertifialen Tätigkeiten, die im Bundesgebiet durchgeführt werden.

(2) Durchführung der Tätigkeiten im Herkunftsstaat

Es fragt sich, ob die Durchführung der abfallwirtschaftlichen Tätigkeiten im Herkunftsstaat des betroffenen Unternehmers der Warenverkehrs- oder der Dienstleistungsfreiheit unterfällt.

Die Unterscheidung zwischen der Dienstleistungs- und Warenverkehrsfreiheit verliert angesichts der Rechtsprechung des EuGH, der die in der *Cassis de Dijon*-Rechtsprechung entwickelten Grundsätze zur Einschränkbarkeit der Warenverkehrsfreiheit zum Schutz wichtiger nationaler Allgemeinwohlinteressen auch auf die Dienstleistungsfreiheit übertragen hat[796], zwar an Bedeutung. Die Unterscheidung ist dennoch nicht vollständig überflüssig, denn zum einen sind nur Angehörige der EG-Mitgliedstaaten Begünstigte der Dienstleistungsfreiheit, wohingegen Waren unbeeinflußt von der Staatsangehörigkeit ihres Eigentümers von der Warenverkehrsfreiheit geschützt sind. Außerdem ist die Erhebung von Zöllen und Abgaben auf Waren nach

---

795 EuGH Rs. 33/74, Slg. 1974, 1299/1309 - *van Binsbergen* -.

796 Vgl. EuGH Rs. 279/80, Slg. 1981, 3305/3325 - *Webb* -.

den Art. 90ff. EGV (ex-Art. 95ff.) verboten, während für Abgaben auf Dienstleistungen keine besonderen Vorschriften gelten[797].

Die Durchführung der zertifialen abfallwirtschaftlichen Tätigkeiten in einem anderen Mitgliedstaat ist mit der grenzüberschreitenden Verbringung von Abfällen verbunden. Aufgrund dieses Umstandes ist die Zuordnung der grenzüberschreitenden Abfallentsorgung zur Warenverkehrs- oder zur Dienstleistungsfreiheit umstritten.

Die grenzüberschreitende Abfallverbringung wäre der Warenverkehrsfreiheit zuzuordnen, wenn es sich bei Abfall um eine Ware im Sinne der Art. 23ff. EGV (ex-Art. 9ff.) handelt. Bei Waren handelt es sich um „Erzeugnisse (...), die einen Geldwert haben und deshalb Gegenstand von Handelsgeschäften sein können“[798]. Würde „Geldwert“ als Tauschleistung im Gegenzug für den Erhalt von Abfällen verstanden, könnte es sich bei Abfällen nicht immer um Waren handeln, da der Abfallerzeuger und -besitzer nach den konkreten wirtschaftlichen Gegebenheiten - wie zum Beispiel der Einsatzfähigkeit des Abfalls als sekundärer Rohstoff, seiner Angebotsmenge oder der niedrigeren Entsorgungskosten bei einer Beseitigung - verpflichtet sein kann, für die Abnahme der Abfälle ein Entgelt zu zahlen[799]. Aus diesem Grund lehnt ein Teil der Literatur die Eigenschaft des Abfalls als Ware ab und ordnet die grenzüberschreitende Abfallentsorgung der Dienstleistungsfreiheit zu[800]. Zu demselben Ergebnis kommt eine Meinung, die auf den Schwerpunkt der grenzüberschreitenden Abfallverbringung abstellt. Sie argumentiert, daß dieser bei der Verbringung zu Entsorgungs- und nicht zu Veräußerungszwecken in der Inanspruchnahme der Entsorgungshandlung in einem anderen Mitgliedstaat liege und deshalb die Dienstleistungsfreiheit einschlägig sei[801]. Nach anderer Auffassung sind Abfälle zur Verwertung grundsätzlich immer als Ware einzustufen, weil sie in jedem Fall einen Wert im Wirtschaftsverkehr, unabhängig davon, welcher Wirtschaftsteilnehmer sich dafür interessierte, besäßen. Nicht wiederverwertbare Abfälle seien dagegen keine Gegenstände von Handelsgeschäften und könnten

---

797 *Kasten*, Europarechtliche und völkerrechtliche Aspekte der grenzüberschreitenden Abfallverbringung, S. 119.

798 EuGH Rs. 7/68, Slg. 1968, 633/642 - *Kommission gegen Italienische Republik* -.

799 *Zacker*, Abfall im gemeinschaftlichen Umweltrecht, S. 178, 179.

800 *Zacker*, Abfall im gemeinschaftlichen Umweltrecht, S. 179; *von Kempis*, UPR 1985, S. 354/356f.

801 *von Wilmowsky*, Abfallwirtschaft im Binnenmarkt, S. 86 (bezogen auf die Abfallbeseitigung) und S. 88 (bezogen auf verwertbare Abfälle - von *von Wilmowsky* im Hinblick auf das alte Recht als Reststoffe bezeichnet -, die in den Mitgliedstaat nicht zum Zweck der Veräußerung, sondern zu Entsorgungszwecken verbracht werden).

deshalb keine Ware sein[802]. Noch weiter geht eine Ansicht, die sowohl Abfälle zur Verwertung als auch Abfälle zur Beseitigung als Ware einstuft[803].

Der EuGH hat, nachdem er in früheren Urteilen die Wareneigenschaft von wiederverwertbaren Abfällen implizit angenommen hatte[804], im *Wallonien*-Urteil[805] entschieden, daß alle Abfälle, unabhängig von ihrer Rückführ- oder Wiederverwendbarkeit, Waren sind und der Warenverkehrsfreiheit unterfallen. Seine Auffassung hat er damit begründet, daß die Unterscheidung zwischen rückführbaren und nicht rückführbaren Abfällen aus praktischer Sicht sehr schwierig sei, da sie sich auf ungewissen Kriterien stütze, die sich im Laufe der Zeit nach Maßgabe des technischen Fortschritts ändern könnten. Zudem hänge die Rückführbarkeit von Abfall auch von den Kosten der Rückführung und damit von der Rentabilität der beabsichtigten Wiederverwendung ab, so daß die Beurteilung notwendig subjektiv sei und von veränderlichen Faktoren abhänge[806].

Die pragmatische[807] Lösung des EuGH verdient unter dem Gesichtspunkt der Rechtssicherheit Zustimmung, denn die *Wallonien*-Entscheidung stellt klar, daß die Subsumtion von Abfall unter den Warenbegriff des Art. 23 EGV (ex-Art. 9) nicht abhängt von technischen Entwicklungen, die immer mehr Verwertungsmöglichkeiten für bisher nur zur Beseitigung gedachter Abfälle vorsehen, und den sich immer wieder ändernden Marktpreisen für Abfall, die darüber entscheiden, ob der Abfallbesitzer dafür zahlen muß, daß er den Abfall entsorgen läßt oder hierfür sogar Geld erhält. Die Entscheidung

---

802 *Grabitz*, FS Sendler, S. 443/452.

803 *Pernice*, NVwZ 1990, S. 414/416.

804 Ohne ausdrücklich die Wareneigenschaft der genannten Abfälle zu bejahen, prüfte der EuGH staatliche, die Abfälle betreffende Maßnahmen auf ihre Vereinbarkeit mit dem Verbot mengenmäßiger Ausfuhrbeschränkungen nach Art. 29 EGV (ex-Art. 34); vgl. EuGH Rs. 172/82, Slg. 1983, 555/564ff. - *Inter Huiles* -; Rs. 295/82, Slg. 1984, 575/583 - *Rhône-Alpes-Huiles* - (Altöl); Rs. 118/86 Slg. 1987, 3883/3907 - *Nertsvoederfabriek* - (Geflügelschlachtabfälle, das zu Tierfutter weiterverarbeitet werden konnte).

805 EuGH Rs. C-2/90, Slg. 1992, 4431ff. - *Wallonien* -.

806 EuGH Rs. C-2/90, Slg. 1992, 4431/4478., Rn. 27; vgl. auch VGH Mannheim DÖV 1999, S. 612/613.

807 *Hoppe/Beckmann*, DVBl 1995, S. 817/821; *Dieckmann*, Das Abfallrecht der Europäischen Gemeinschaft, S. 80.

entspricht auch dem Zweck der Warenverkehrsfreiheit, Handelshemmnisse für die Verbringung körperlicher Gegenstände zwischen den Mitgliedstaaten abzubauen[808].

Zwar stellen sich die im Mitgliedstaat vorgenommenen Verwertungs- und Beseitigungshandlungen und auch der Abfalltransport zur Entsorgungsanlage unproblematisch als Dienstleistungen dar[809]. Diese treten aber hinter der Warenqualität des Abfalls zurück[810]. Entscheidend ist, daß die Erbringung der Dienstleistung den grenzüberschreitenden Besitzwechsel des in Frage stehenden Gegenstandes voraussetzt. Diesem Ergebnis entspricht im übrigen auch die in Art. 50 EGV (ex-Art. 60) bestimmte Subsidiarität der Dienstleistungsfreiheit gegenüber den übrigen Grundfreiheiten[811].

Im Ergebnis ist demnach festzuhalten, daß die Durchführung der abfallwirtschaftlichen Tätigkeiten in einem Mitgliedstaat, die mit der grenzüberschreitenden Abfallverbringung verbunden sind, der Warenverkehrsfreiheit unterfällt[812].

b. Beschränkungen

Da die Zertifizierung zum Entsorgungsfachbetrieb keine rechtliche Bedingung ist, um sich in Deutschland oder für deutsche Kunden abfallwirtschaftlich zu betätigen, stellt sich die Frage, inwieweit die Warenverkehrs- und die Dienstleistungsfreiheit überhaupt durch das System des § 52 KrW-/AbfG eingeschränkt werden können. Wenn Unternehmen aus anderen Mitgliedstaaten der Zugang auf den deutschen Abfallmarkt erschwert wird, ist dies auf das veränderte Marktverhalten der Kunden zurückzuführen, die Entsorgungsfachbetriebe beauftragen. Damit stellt sich die Frage, ob in dieser Erschwerung eine Beschränkung gesehen werden kann.

---

808 *Dieckmann*, Das Abfallrecht der Europäischen Gemeinschaft, S. 80; *Kasten*, Europarechtliche und völkerrechtliche Aspekte der grenzüberschreitenden Abfallverbringung, S. 123; *Pernice*, NVwZ 1990, S. 414/417.

809 *Dieckmann*, Das Abfallrecht der Europäischen Gemeinschaft, S. 81; *Pernice*, NVwZ 1990, S. 414/417.

810 *Kasten*, Europarechtliche und völkerrechtliche Aspekte der grenzüberschreitenden Abfallverbringung, S. 123.

811 *Kasten*, Europarechtliche und völkerrechtliche Aspekte der grenzüberschreitenden Abfallverbringung, S. 123; *Pernice*, NVwZ 1990, S. 414/417.

812 Vgl. auch VGH Mannheim, VBlBW 1998, S. 263/265 zu der Beschränkung der Warenverkehrsfreiheit durch die baden-württembergische Sonderabfallverordnung, nach der Erzeuger oder Besitzer besonders überwachungsbedürftiger Abfälle zur Beseitigung einer Sonderabfallentsorgungsagentur in Baden-Württemberg anzudienen haben. Zur Problematik der grenzüberschreitenden Abfallverbringung im Hinblick auf die Warenverkehrsfreiheit vgl. *Frenz*, UPR 2000, S. 210ff; umfassend *Engels*, Grenzüberschreitende Abfallverbringung nach EG-Recht, 1999.

Im folgenden wird untersucht, ob die betreffenden Grundfreiheiten durch die Schaffung der Zertifizierungsmöglichkeit beschränkt werden (aa., bb.) und ob eine Beschränkung durch das Verhalten Privater rechtlich überhaupt möglich ist (cc.).

aa. Die Zertifizierung als Beschränkung der Dienstleistungsfreiheit

Die Dienstleistungsfreiheit enthält, anders als der Wortlaut des die Dienstleistungsfreiheit definierenden Art. 50 Abs. 3 EGV (ex-Art. 60) nahelegen könnte[813], nicht nur das Verbot der Ausländerdiskriminierung, sondern erfaßt darüber hinaus alle Beschränkungen, „die in anderer Weise geeignet sind die Tätigkeit des Leistenden zu unterbinden oder zu behindern“[814]. Zu den Beschränkungen zählen auch solche staatliche Maßnahmen, die fremde Staatsangehörige zwar nicht schlechter stellen als eigene, ihnen aber die Erbringung der Dienstleistung erschweren[815].

Für die Unternehmer aus einem anderen Mitgliedstaat, die in Deutschland abfallwirtschaftliche Tätigkeiten durchführen wollen, ergibt sich die Beschränkung daraus, daß die Zertifizierung zur „Eintrittskarte“ für die Gewinnung von Kunden aus Deutschland werden kann. Zwar stellt sich die Situation für in Deutschland ansässige Unternehmen grundsätzlich genauso dar. Bei der Dienstleistungsfreiheit als eine ein allgemeines Beschränkungsverbot enthaltende Grundfreiheit kommt es darauf aber gerade nicht mehr an. Entscheidend ist vielmehr, daß die Erbringung einer Dienstleistung überhaupt für den Bürger aus einem anderen Mitgliedstaat erschwert wird[816].

Der „Zwang“ zur Erfüllung der in der EfbV festgelegten Zertifizierungsvoraussetzungen bezieht sich auf die Art und Weise der abfallwirtschaftlichen Dienstleistung und

---

813 Nach Art. 50 Abs. 3 EGV (ex-Art. 60) kann der Leistende, unbeschadet des Kapitels über die Niederlassungsfreiheit, zwecks Erbringung seiner Leistungen seine Tätigkeit vorübergehend in dem Staat ausüben, in dem die Leistung erbracht wird, und zwar unter den Voraussetzungen, welche dieser Staat für seine eigenen Angehörigen vorschreibt.

814 EuGH Rs. 33/74, Slg. 1974, 1299/1309 - *van Binsbergen* -.

815 *Troberg*, in: von der Groeben/Thiesing/Ehlermann, EU-/EG-Kommentar, Art. 59 Rn. 4.

816 Vgl. hierzu - allerdings bezogen auf die Beschränkung der Warenverkehrsfreiheit - EuGH Rs. 302/86, Slg. 1988, 4607ff. - *Kommission gegen Dänemark* -. In dieser Entscheidung hatte der EuGH über die Frage zu befinden, ob eine dänische Regelung, nach der Hersteller bestimmte Getränke nur in vom nationalen Umweltamt genehmigten Mehrwegverpackungen auf den Markt bringen durften und zur Rücknahme der Verpackungen verpflichtet waren, gegen Art. 28 EGV (ex-Art. 30) verstieß. Der EuGH bejahte einen Verstoß. Zwar galt die dänische Pfandflaschenregelung gleichermaßen für in- und ausländische Unternehmen, allerdings traf die ausländischen Unternehmen ein höherer wirtschaftlicher Aufwand, um diese Anforderungen zu erfüllen; vgl. zu dieser Entscheidung *Dieckmann*, Das Abfallrecht der Europäischen Gemeinschaft, S. 86, 88.

kommt am ehesten einem sogenannten produktbezogenen Hindernis[817] nahe. Ein solches liegt vor, wenn die Ausübung einer bestimmten Tätigkeit in einem Mitgliedstaat in gleicher Weise In- und Ausländern gestattet ist, der ausländische Dienstleistungserbringer auch keine bestimmten Zugangsanforderungen, die in vergleichbarer Weise von Inländern erfüllt sein müssen, zu erfüllen hat, die Leistung jedoch in einer bestimmten Form oder auf eine Weise erbracht werden muß, die in dem betreffenden Mitgliedstaat gesetzlich vorgeschrieben ist[818].

Zwar sind die Anforderungen an die Entsorgungsfachbetriebe nicht zwingend, sie können sich aber für das Unternehmen im Ergebnis nicht anders als zwingende gesetzliche Vorgaben erweisen.

Eine hemmende Wirkung von produktbezogenen Normen ist insbesondere dann anzunehmen, „wenn der Erbringer sich nicht kurzfristig, vorübergehend und bei jeder einzelnen grenzüberschreitenden Leistung auf sie einstellen kann“[819]. Diese wäre bei der Zertifizierung gegeben. Da das Unternehmen zur Erfüllung der Zertifizierungsvoraussetzungen sachliche und personelle Maßnahmen ergreifen müßte, die sich nicht innerhalb kurzer Zeit bewerkstelligen ließen[820] und es sich bei der Zertifizierung auch nicht um einen vorübergehenden Vorgang handelte, wäre die hemmende Wirkung auf jeden Fall zu bejahen.

bb. Die Zertifizierung als Beschränkung der Warenverkehrsfreiheit

Eine Beschränkung der Warenverkehrsfreiheit liegt nach der *Dassonville* - Formel des EuGH bereits in jeder mitgliedstaatlichen Regelung, „die geeignet ist, den innergemeinschaftlichen Handel unmittelbar oder mittelbar, tatsächlich oder potentiell zu be-

---

817 Dieser Begriff wird von *Troberg*, in: von der Groeben/Thiesing/Ehlermann, EU-/EG-Kommentar, Art. 59 Rn. 7 und Rn. 29ff. verwandt.

818 Ein Beispiel ist der Abschluß eines langfristigen Darlehensvertrages durch ein ausländisches Kreditinstitut: nach seinen Ursprungslandregeln kann hierfür ein über Jahre hinweg flexibler Zinssatz vereinbart werden, während das Land des Kunden zwingend vorschreibt, daß der Zins über die ganze Vertragsdauer festgeschrieben werden muß (Beispiel von *Troberg*, in: von der Groeben/Thiesing/Ehlermann, EU-/EG-Kommentar, Art. 59 Rn. 7)

819 *Troberg*, in: von der Groeben/Thiesing/Ehlermann, EU-/EG-Kommentar, Art. 59 Rn. 30.

820 Es kommt natürlich darauf an, inwieweit der Betrieb schon vor Erlaß der EfbV die in ihr aufgestellten Anforderungen erfüllt hat.

hindern"[821]. Sie ist auch Grundregel bei dem Verbot mengenmäßiger Ausfuhrbeschränkungen nach Art. 29 EGV (ex-Art. 34)[822].

Die Einführung des Zertifizierungssystems kann bewirken, daß überwiegend nur noch in Deutschland ansässige Entsorgungsfachbetriebe mit der Verwertung und Beseitigung von Abfällen beauftragt werden und die grenzüberschreitende Abfallentsorgung zurückginge. Betroffen wäre vor allem die Verbringung von Abfällen zur Verwertung, da für sie das Näheprinzip und das Prinzip der Entsorgungsautarkie nicht gilt[823]. Die Warenverkehrsfreiheit wird dadurch unzweifelhaft eingeschränkt. Nach der *Dassonville*-Formel kommt es gerade nicht darauf an, daß der Rückgang der grenzüberschreitenden Verbringung tatsächlich feststellbar ist. Ausreichend ist vielmehr, daß die Entsorgungsfachbetrieberegelung als solche geeignet ist, diese Wirkungen auszulösen[824]. Dies kann angesichts der mit der Beauftragung eines Entsorgungsfachbetriebs verbundenen haftungsrechtlichen Vorteile des Auftraggebers[825] auch bejaht werden.

cc. Beschränkung durch Private?

Es fragt sich, ob oder unter welchen Voraussetzungen die Warenverkehrs- und die Dienstleistungsfreiheit durch das Verhalten privater Abfallkunden überhaupt eingeschränkt werden können. Der eigenen Stellungnahme zu dieser Frage (3) geht zunächst eine Analyse der Rechtsprechung des EuGH (1) und des Meinungsstandes in der Literatur voraus (2).

(1) Rechtsprechung des EuGH

(a) Warenverkehrsfreiheit

Im Rahmen der Warenverkehrsfreiheit hat der EuGH entschieden, daß Art. 28 EGV (ex-Art. 30) auch auf Maßnahmen anwendbar ist, die von Privatpersonen getroffen werden, wenn diese von staatlicher Seite kontrolliert werden[826]. In der Sache ging es um eine Werbekampagne des „Irish Goods Council", mit der die Verbraucher in Irland

---

821 EuGH Rs. 8/64, Slg. 1974, 837/852 - *Dassonville* -.

822 Vgl. *Leible*, in: Grabitz/Hilf, Das Recht der Europäischen Union, Art. 29 EGV Rn. 2.

823 Vgl. EuGH Rs. C-203/96, Slg. 1998, I-4075/4128 - *Dusseldorp* -; Rs. C-209/98, Slg. 2000, I-3743ff. Rn. 50 – *Entreprenørforeningens Affalds* -

824 *Dauses*, in: Dauses, HdB.EU-WirtschaftsR, C.I Rn. 88.

825 Vgl. dazu die in der Einleitung unter I. B. 1. gemachten Ausführungen.

826 EuGH Rs. 249/81, Slg. 1982, 4005/4020 - *Kommission gegen Irland* -.

aufgefordert wurden, nur inländische Waren zu kaufen („Buy Irish"). Der „Irish Goods Council" war eine privatrechtliche Gesellschaft, seine Vorstandsmitglieder wurden jedoch von der irischen Regierung ernannt. Darüber hinaus deckte die Regierung den größten Teil seiner Ausgaben durch öffentliche Gelder und bestimmte in großen Zügen die Ziele der Werbekampagne. Der Gerichtshof entschied, daß die irische Regierung sich unter diesen Umständen nicht darauf berufen könne, daß die Werbekampagne von einer privatrechtlichen Gesellschaft durchgeführt worden sei, um damit ihrer eigenen Verantwortung, die ihr durch den EGV auferlegt werde, zu entkommen[827].

Im Zusammenhang mit dem Verhalten französischer Bauern, die gegen landwirtschaftliche Produkte aus anderen Mitgliedstaaten gewalttätig vorgingen, indem sie u.a. Lastwagen mit solchen Erzeugnissen anhielten, die Ladung vernichteten und die Lastwagenfahrer angriffen oder Supermärkte bedrohten, in denen Produkte aus anderen Mitgliedstaaten verkauft wurden, hat der EuGH kürzlich entschieden, daß Frankreich gegen die Warenverkehrsfreiheit i.V.m. Art. 10 EGV (ex-Art. 5) verstoßen habe, weil die Behörden keine ausreichenden Maßnahmen zur Beseitigung der durch das Verhalten Privater entstandener Handelshemmnisse getroffen hätten[828].

Handelshemmnisse, die durch das Verhalten Privater hervorgerufen werden, werden dem betroffenen Mitgliedstaat demnach dann zugerechnet, wenn er keine ausreichenden Maßnahmen gegen die Aufhebung dieser Behinderungen trifft. Die gerichtliche Kontrolle über diese „grundfreiheitliche Schutzpflicht"[829] beschränkt sich dabei auf eine Evidenzkontrolle[830], was allerdings nicht bedeutet, daß die Mitgliedstaaten ihren

---

827 EuGH Rs. 249/81 Slg. 1982, 4005/4020 - *Kommission gegen Irland* -. Angemerkt sei, daß der EuGH Anfang September 2000 mit einem ähnlichen Sachverhalt angerufen worden ist: Die Kommission hat gegen Deutschland eine Klage nach Art. 226 Abs. 2 EGV (ex-Art. 169) erhoben. Die Kommission beantragt die Feststellung, daß Deutschland durch die Vergabe des Gütesiegels „Markenqualität aus deutschen Landen" an in Deutschland hergestellte Fertigerzeugnisse gegen die Warenverkehrsfreiheit verstößt. Das Gütesiegel wird von der Centrale Marketing-Gesellschaft der deutschen Agrarwirtschaft mbH (CMA) vergeben. Die CMA ist eine juristische Person des Privatrechts, aber ihre Tätigkeit wird vom Bundeslandwirtschaftsministerium und vom Absatzförderungsfonds der deutschen Land-, Forst- und Ernährungswirtschaft, einer Anstalt des öffentlichen Rechts, kontrolliert (zur Notiz der Klageerhebung vgl. ABlEG C 316, S. 15).

828 EuGH Rs. C-265/95 - *Kommission gegen Frankreich* -, EuGRZ 1997, S. 620ff = DVBl. 1998, S. 228ff mit Anm. *Szczekalla*, DVBl 1998, S. 219ff.; vgl. auch *Muylle*, ELR 1998, S. 467ff.

829 Da insofern eine vergleichbare Situation wie bei der Auslösung der grundrechtlichen Schutzpflicht besteht, wird zu Recht in dieser Entscheidung die Begründung grundfreiheitlicher Schutzpflichten gesehen, vgl. *Szczekalla*, DVBl 1998, S. 219ff., insbesondere S. 221f.

830 Der EuGH hat festgestellt, daß die von der französischen Regierung getroffenen Maßnahmen *offenkundig* nicht ausgereicht hätten, um den freien innergemeinschaftlichen Handelsverkehrs zu

Handlungspflichten schon dann nachgekommen sind, wenn ihre Maßnahmen der Evidenzkontrolle standhalten. „Ihre Handlungspflichten nach dem Gemeinschaftsrecht dürften vielmehr weiter reichen als gerichtlich durchsetzbar, mit anderen Worten: Handlungs- und Kontrollnorm fallen bei der Evidenzkontrolle auseinander“[831]. Für die Mitgliedstaaten bedeutet das, daß sie aus Art. 10 Abs. 1 EGV (ex-Art. 5) verpflichtet sind, die erforderlichen und geeigneten Maßnahmen zu treffen, um Handelshemmnisse, die durch das Verhalten ihrer Staatsbürger aufgebaut werden, abzubauen[832].

Dieser Fall dient der Beantwortung der vorliegenden Frage allerdings nur mittelbar, weil er eine andere Frage zum Gegenstand hat. Primär geht es darum, inwieweit der Mitgliedstaat durch die Unterlassung, Schutzmaßnahmen zu treffen, gegen die Warenverkehrsfreiheit verstoßen bzw. seine grundfreiheitliche Schutzpflicht verletzt hat. Für die vorliegende Frage ist dieser Fall allerdings insofern von Interesse, als der EuGH eine Beschränkung der Warenverkehrsfreiheit bejaht, die sich aus dem beeinträchtigendem Verhalten Privater ergibt.

(b) Dienstleistungsfreiheit

Im Bereich der Dienstleistungsfreiheit hat der EuGH eine Drittwirkung der Grundfreiheiten bei kollektiven Regelungen im Arbeits- und Dienstleistungsbereich bejaht[833]. In der Sache ging es um Nationalitätenvorbehalte in der Satzung eines Radsportverbandes, die der EuGH nach Art. 39 (ex-Art. 48) und Art. 49 EGV (ex-Art. 59) zu beurteilen hatte. Er stellte diese kollektive Regelung einer staatlichen Maßnahme gleich und führte zur Begründung den Zweck des Art. 49 EGV (ex-Art. 59), der die Beseitigung sämtlicher Hindernisse für den freien Dienstleistungsverkehr verlange, dessen Wortlaut, der nicht auf den Ursprung der Behinderung abstelle, sowie einen Vergleich mit Art. 39 EGV (ex-Art. 48) an, für den allgemein anerkannt sei, daß er auch Regelungen erfassen, die nicht von staatlichen Stellen herrührten[834]. Nach dem EuGH wäre das Ziel der „Beseitigung der Hindernisse für den freien Personen- und Dienstleistungsverkehr (...) gefährdet, wenn die Beseitigung der staatlichen Schranken dadurch in ihren Wirkungen wieder aufgehoben würde, daß privatrechtliche Vereinigungen oder Einrich-

---

gewährleisten, vgl. EuGH, EuGRZ 1997, S. 620/623, Rn. 52 sowie die Ausführungen von *Szczekalla*, DVBl 1998, S. 219/223.

831 *Szczekalla*, DVBl 1998, S. 219/223.

832 *von Bogdandy*, in: Grabitz/Hilf, Das Recht der Europäischen Union, Art. 5 EGV Rn. 24.

833 EuGH Rs. 36/74, Slg. 1974, 1405ff. - *Walrave/Koch* -.

834 EuGH Rs. 36/74, Slg. 1974, 1405/1419ff., Rn. 16, 19-25 - *Walrave/Koch* -.

tungen kraft ihrer rechtlichen Autonomie derartige Hindernisse aufrichteten"[835]. Diese Rechtsprechung bestätigte der EuGH in späteren Urteilen[836].

In einem anderen Fall hatte der EuGH[837] zu beurteilen, ob ein privater Filmverleih, dem der Vertrieb eines Kinofilms in Belgien urheberrechtlich exklusiv übertragen worden war und der im belgischen Fernsehen erst 40 Monate später ausgestrahlt werden sollte, gegen eine private Kabelgesellschaft vorgehen konnte, die den gleichen Film aus dem deutschen Fernsehprogramm übernommen und belgischen Fernsehzuschauern überspielt hatte. Sachlich ging es um die Frage, ob die Durchsetzung der Exklusivrechte durch den Verleih die Dienstleistungsfreiheit der Kabelgesellschaft beschränkte. Der EuGH verneinte dies in dem konkreten Fall, aber er sah es als möglich an, daß die Einräumung von Exklusivrechten die Dienstleistungsfreiheit eines Dritten begrenzt[838].

(2) Stellungnahmen in der Literatur

Die Literatur äußert sich zu der Bindung von Privaten an die Grundfreiheiten zurückhaltend.

Bei der Warenverkehrsfreiheit bejaht die ganz überwiegende Meinung nur eine Bindung der Mitgliedstaten[839]. Das handelsbeschränkende Verhalten Privater werde demgegenüber nicht von Art. 28 EGV (ex-Art. 30), sondern von den Art. 81ff. EGV (ex-Art. 85ff.) erfaßt[840].

---

835 EuGH Rs. 36/74, Slg. 1974, 1405/1419ff., Rn. 17, 18 - *Walrave/Koch* -.

836 EuGH Rs. C-415/93, Slg. 1995, I-4921/5066, Rn. 82/83 - *Bosman* -; verb. Rs. C-51/96 und C-191/97, Slg. 2000, I-2549ff. - *Deliège* -.

837 EuGH Rs. 62/79, Slg. 1980, 881ff. - *S.A. Compagnie Générale pour la Diffusion de la Télévision* -.

838 EuGH Rs. 62/79, Slg. 1980, 881/903 - *S.A. Compagnie Générale pour la Diffusion de la Télévi sion* -.

839 *Dauses*, in: Dauses, Hdb.EU-WirtschaftsrechtR, C.I Rn. 93ff.; *Leible*, in: Grabitz/Hilf, Das Recht der Europäischen Union, Art. 28 EGV Rn. 6 und 44; *Lux*, in: Lenz, EG-Vertrag, Art. 30 Rn. 16; *Matthies*, Gedächtnisschrift für Constantinesco, S. 471/476ff.; *Müller-Graff*, in: von der Groeben/Thiesing/Ehlermann, EU-/EG-Kommentar, Art. 30 Rn. 127 - 130; *W.-H. Roth*, FS Everling, S. 1231ff.

840 *Dauses*, in: Dauses, HdB.EU-WirtschaftsR, C.I Rn. 94; *Leible*, in: Grabitz/Hilf, Das Recht der Europäischen Union, Art. 28 EGV Rn. 44.

Auch bei der Dienstleistungsfreiheit wird im Grundsatz vertreten, daß sie nur die Mitgliedstaaten bindet[841]. Eine volle Bindung würde den Freiheitsraum von Privatpersonen unangemessen einschränken; so müsse es einem Bürger beispielsweise möglich sein, sich bei der Arztwahl auf einheimische Ärzte zu beschränken, selbst wenn es dafür keinen ausreichenden Sachgrund gebe[842]. Etwas anderes gelte nur dann, wenn das Handeln einer Privatperson sich zumindest indirekt auf ein hoheitliches Handeln öffentlicher Stellen zurückführen lasse oder sie ähnlich wie der regelnde Staat tätig werde[843]. Ein auf den Staat zurückzuführendes beeinträchtigendes Verhalten läge zum Beispiel vor, wenn die beeinträchtigenden Maßnahmen behördlich genehmigt würden[844]. Staatsähnliches Verhalten wäre gegeben, wenn eine staatsnahe Einrichtung oder auch eine staatlich unabhängige Einrichtung Kollektivregelungen treffe[845].

(3) Eigene Stellungnahme

Der Auffassung in der Literatur, daß eine volle Bindung Privater an die Grundfreiheiten im Grundsatz abzulehnen ist, ist zuzustimmen. Das Gemeinschaftsrecht geht nicht von einer Drittwirkung der Grundfreiheiten, sondern von der Verpflichtung der Mitgliedstaaten zur Verwirklichung der Grundfreiheiten aus. Dies ergibt sich aus Art. 10 EGV (ex-Art. 5), der die Mitgliedstaaten und nicht den Einzelnen zur Gemeinschaftstreue verpflichtet[846]. Aus Art. 10 EGV (ex-Art. 5) i.V.m. den betroffenen Grundfreiheiten ergibt sich auch die Pflicht der Mitgliedstaaten, Maßnahmen zum Ab-

---

841 *Troberg*, in: von der Groeben/Thiesing/Ehlermann, EU-/EG-Kommentar, Art. 52 Rn. 69 und Art. 59 Rn. 46; *Jarass*, EuR 1995, S. 201/210. A.A. *von Wilmowsky*, Abfallwirtschaft im Binnenmarkt, S. 98, der unter Berufung auf das EuGH-Urteil *Walrave/Koch* (vgl. Fn. 833) der Auffassung ist, daß jedenfalls die ständige Geschäftspolitik eines Entsorgungsunternehmens, keine ausländischen Abfälle zur Entsorgung anzunehmen, gegen Art. 49 EGV (ex-Art. 59) verstoße; vgl. auch *Erhard*, in: Lenz, EG-Vertrag, Art. 52 Rn. 6; *Hakenberg*, in: Lenz, EG-Vertrag, Art. 60 Rn. 35.

842 *Jarass*, EuR 1995, S. 201/210.

843 *Troberg*, in: von der Groeben/Thiesing/Ehlermann, EU-/EG-Kommentar, Art. 52 Rn. 69; *Jarass*, EuR 1995, S. 202/210; ablehnend *Kluth*, in: Calliess/Ruffert, EUV/EGV, Art. 50 Rn. 49.

844 Vgl. hierzu das von *Troberg*, in: von der Groeben/Thiesing/Ehlermann, EU-/EG-Kommentar, Art. 59 Rn. 48 genannte Beispiel der sog. „Balkantarife": KFZ-Versicherungen berechneten bei Angehörigen bestimmter Länder höhere Versicherungstarife, weil bei ihnen eine größere Unfallhäufigkeit vermutet würde. Grundsätzlich ist die hierin liegende, auf die Entscheidung der privaten Versicherungsunternehmen zurückzuführende Diskriminierung keine rügbare Diskriminierung. Etwas anderes gilt aber, wenn die Anwendung dieser Tarife der behördlichen Genehmigungspflicht unterliegt.

845 *Jarass*, RIW 1993, S. 1/7; vgl. auch *Hailbronner*, in: HK-EUV, Art. 60 Rn. 35.

846 *Zuleeg*, in: von der Groeben/Thiesing/Ehlermann, EU-/EG-Kommentar, Art. 5 Rn. 4.

bau von Beschränkungen zu ergreifen, wenn solche de facto durch das Verhalten ihrer Staatsbürger geschaffen werden[847]. Hieraus wird ebenfalls deutlich, daß die Verantwortung für die Verwirklichung der Grundfreiheiten nicht bei dem Einzelnen, sondern bei dem Mitgliedstaat liegt.

Die oben dargestellte Rechtsprechung und auch die Auffassungen in der Literatur zeigen allerdings auf, daß sich unter bestimmten Umständen das faktisch beeinträchtigende Verhalten Privater auch rechtlich als eine Beschränkung darstellt, wenn die Privaten auf staatliche Veranlassung agieren[848]. In diesen Fällen ist die Annahme einer Beschränkung gerechtfertigt, denn das private Verhalten läßt sich auf eine vorgeschaltete staatliche Maßnahme zurückführen, die sich beeinträchtigend auswirkt. Der Anknüpfungspunkt für die Beschränkung liegt hier also nicht in dem Verhalten des Privaten, sondern in der staatlichen Maßnahme. Nicht der Private ist für die beschränkende Wirkung verantwortlich, sondern der Mitgliedstaat[849].

Die Übertragung dieser Grundsätze auf das Zertifizierungssystem nach § 52 KrW-/AbfG führt zu dem folgenden Ergebnis:

Sollte sich der Entsorgungsmarkt in Deutschland dahin entwickeln, daß nur noch Entsorgungsfachbetriebe eine reelle Marktchance haben, ist dies zwar auf die freie Entscheidung des Abfallkunden zurückzuführen. Er kommt damit aber der staatlichen Intention nach, die darauf gerichtet ist, „daß mittelfristig nur noch zuverlässige Fachbetriebe im Entsorgungsbereich tätig werden könnten“[850]. Das Zertifizierungssystem ist

---

847 Vgl. hierzu die bereits oben besprochene Entscheidung des EuGH, Rs. C-265/95, DVBl 1998, S. 228ff. - *Kommission gegen Frankreich* -.

848 Die staatliche Veranlassung kann verschiedene Ursachen haben: denkbar ist, daß das Privatrechtssubjekt von staatlicher Seite personell und/oder finanziell beherrscht wird (vgl. den „Kommission gegen Irland“ - Fall in Fn. 826, 827) oder daß ihm von staatlicher Seite Rechte eingeräumt worden sind, deren Ausübung die Einschränkung von Grundfreiheiten mit sich zieht (vgl. den „Gewerblichen Rechtsschutz“ - Fall in Fn. 837, 838).

849 Anzumerken ist allerdings, daß diese Begründung nicht für die Fälle herangezogen werden kann, bei denen eine Beschränkung der Grundfreiheiten aufgrund eines staatsähnlichen, von staatlichen Maßnahmen aber unbeeinflußten Auftretens Privater bejaht wird (vgl. Kollektivregelungen im Radsportverband). Inwieweit bei diesen Fällen die Bejahung der Beschränkbarkeit der Grundfreiheiten berechtigt ist, kann hier dahinstehen, weil sie für die vorliegende Frage - Einschränkung der Grundfreiheiten durch die bevorzugte Beauftragung von Entsorgungsfachbetrieben - nicht von Relevanz sind.

850 BT-Drs. 12/7672, S. 3 (Unterrichtung des Bundesrates über die Zustimmungsversagung zum KrW-/AbfG gemäß Art. 84 Abs. 1 GG, u.a. deshalb, weil seiner Forderung nach der Einführung von Gütesiegeln für Entsorgungsfachbetriebe nicht nachgekommen wurde. Der Vermittlungsausschuß griff diese Forderung dann auf und verankerte sie im § 52 KrW-/AbfG).

vom Gesetzgeber zur Verfügung gestellt worden, um die Unternehmen in der Abfallwirtschaft auf indirektem Wege zu der Erfüllung hoher Qualitätsstandards zu bringen. Anstelle diese verpflichtend vorzuschreiben, bedient er sich eines indirekt wirkenden Mittels, nämlich der Marktnachfrage.

Insoweit bestehen Ähnlichkeiten zu dem „Buy Irish"-Fall, bei dem der Staat ebenfalls lenkend in das Marktgeschehen hat eingreifen wollen, indem er durch den Irish Goods Council die Parole „Buy Irish" ausgeben ließ. Die Zurechnung erfolgte hier zwar im Hinblick auf die hoheitliche Beherrschung des Irish Goods Councils. Bei der bevorzugten Beauftragung von Entsorgungsfachbetrieben kann eine Zurechnung aber gleichfalls hergestellt werden, nämlich dadurch, daß das Zertifizierungssystem gesetzlich vorgesehen und damit auch die Hoffnung verbunden worden ist, daß die Gesetze des Wettbewerbs möglichst viele Betriebe, auch angesichts der Subunternehmerregelung des § 7 Abs. 2 EfbV[851], zu einer Zertifizierung veranlassen. Insofern greift der Staat lenkend in das Wettbewerbsgeschehen ein, was eine staatliche Zurechnung rechtfertigt.

c. Zulässigkeit der Beschränkungen durch Belange des Umweltschutzes

Es fragt sich, ob die durch das Zertifizierungssystem bewirkte Einschränkung der Warenverkehrs- und der Dienstleistungsfreiheit gerechtfertigt werden kann.

Der Gesetzgeber hat mit dem Erlaß des § 52 KrW-/AbfG und mit der Ermächtigung zum Erlaß der EfbV den Versuch unternommen, Umweltschutz mittels eines wettbewerblichen Instrumentes zu verwirklichen. Die Unternehmen sollen auf dem Entsorgungsmarkt die größten Chancen zum Erhalt von Aufträgen bekommen sollen, die sich freiwillig zur Erreichung hoher Qualitätsstandards verpflichten.

Inwieweit die von dem Zertifizierungssystem beschränkte Warenverkehrs- (aa.) und Dienstleistungsfreiheit (bb.) durch Belange des Umweltschutzes gerechtfertigt werden können, wird im folgenden untersucht.

---

[851] Nach § 7 Abs. 2, 3 EfbV darf der Entsorgungsfachbetrieb im Rahmen der zertifizierten Tätigkeiten einen Dritten nur dann beauftragen, wenn dieser hinsichtlich der übernommenen Tätigkeit ebenfalls als Entsorgungsfachbetrieb zertifiziert ist, es sei denn, es handelt sich um eine Beauftragung in einem insgesamt unerheblichen Umfange.

aa. Zulässigkeit der Beschränkung der Warenverkehrsfreiheit

Die Warenverkehrsfreiheit wird durch das Zertifizierungssystem dadurch beschränkt, daß in Deutschland ansässige Abfallerzeuger und -besitzer veranlaßt werden, ihre Abfälle zu Entsorgungszwecken bevorzugt Entsorgungsfachbetrieben zu überlassen, die nur in Deutschland ansässig oder tätig sind. Dadurch werden weniger Abfälle zur Entsorgung in andere Mitgliedstaaten verbracht. Damit berührt das Zertifizierungssystem das in Art. 29 EGV (ex-Art. 34) bestimmte Verbot mengenmäßiger Ausfuhrbeschränkungen sowie Maßnahmen gleicher Wirkung.

Art. 29 EGV (ex-Art. 34) verbietet sämtliche nationale Maßnahmen, die spezifische Beschränkungen der Ausfuhrströme bezwecken oder bewirken und damit unterschiedliche Bedingungen für den Binnenhandel eines Mitgliedstaates und seines Außenhandels schaffen, mit der Folge, daß die nationale Produktion des Binnenmarktes des betroffenen Staates einen besonderen Vorteil erlangt[852].

Das Zertifizierungssystem bewirkt, daß Abfälle zur Entsorgung nicht mehr in einen anderen Mitgliedstaat verbracht werden, weil dort keine der EfbV vergleichbaren Qualitätsstandards für die Abfallwirtschaft bestehen. Diese Situation ist einem Verbringungsverbot in einen anderen Mitgliedstaat nach Art. 4 Abs. 3) a) i) der EG-Abfallverbringungsverordnung[853] vergleichbar, welches aufgrund der niedrigeren Entsorgungsstandards in dem Empfängerstaat erlassen wird und einen Eingriff in Art. 29 EGV (ex-Art. 34) darstellt[854]. Der Unterschied zwischen dem Verbringungsverbot und der bevorzugten Beauftragung von Entsorgungsfachbetrieben liegt in der fehlenden Verpflichtung des Abfallerzeugers bzw. -besitzers zur der Beauftragung eines Entsorgungsfachbetriebs. Darauf kommt es angesichts des weiten Beschränkungsbegriffs nach der *Dassonville* - Formel aber nicht an.

---

852 EuGH Rs. 15/79, Slg. 1979, 3409/3415 - *Groenveld BV* -; Rs. 155/80, Slg. 1981, 1993/2009 - *Oebel* -; Rs. 237/82, Slg. 1984, 483/503ff. - *Jongeneel Kaas* -.

853 Verordnung (EWG) Nr. 259/93 des Rates zur Überwachung und Kontrolle der Verbringung von Abfällen in der, in die und aus der Europäischen Gemeinschaft vom 1. Februar 1993, ABlEG L 30, S. 1, ber. ABlEG L 18, S. 38, zuletzt geänd. durch Entscheidung 1999/816/EG vom 24. 11. 1999 (ABlEG L 316, S. 45).

854 Vgl. zur Vereinbarkeit der einzelnen Ausfuhrbeschränkungen der Abfallverbringungsverordnung mit Art. 29 EGV (ex-Art. 34) *Kasten*, Europarechtliche und völkerrechtliche Aspekte der grenzüberschreitenden Abfallverbringung, S. 141ff., vgl. auch EuGH Rs. 172/82, Slg. 1983, 555/566 - *Inter Huiles* -.

Die Beschränkung der Warenverkehrsfreiheit durch Belange des Umweltschutzes läßt sich nicht durch den Ausnahmetatbestand des Art. 30 EGV (ex-Art. 36) rechtfertigen, weil der Schutz der Umwelt in dieser Bestimmung nicht genannt wird. Eine analoge Anwendung des Art. 30 EGV (ex-Art. 36) scheidet aus, weil die Bestimmung im Hinblick auf ihre handelshemmende Wirkung eng auszulegen ist[855].

Die Belange des Umweltschutzes können aber ein „zwingendes Erfordernis" im Sinne der *Cassis-de-Dijon* - Rechtsprechung des EuGH sein. Nach der *Cassis-de-Dijon* - Doktrin, die der EuGH zu Art. 28 EGV (ex-Art. 30) entwickelt hat, sind Handelshemmnisse, die sich aus unterschiedlichen nationalen Regelungen ergeben, hinzunehmen, soweit eine solche nationale Regelung, die unterschiedslos für einheimische wie für eingeführte Erzeugnisse gilt, dadurch gerechtfertigt werden kann, daß sie notwendig ist, um zwingenden Erfordernissen des Gemeinschaftsrechts gerecht zu werden[856]. Der Umweltschutz stellt seit der *Pfandflaschen*-Entscheidung[857] des EuGH aus dem Jahr 1988 ein solches zwingendes Erfordernis dar und kann daher zur Rechtfertigung von mitgliedstaatlichen handelsbeschränkenden Regelungen herangezogen werden[858].

Daneben ist zu berücksichtigen, daß der Umweltschutz im Verlauf der Europäischen Integration eine immer stärkere Stellung gegenüber den wirtschaftlich orientierten Grundfreiheiten erhalten hat. Nach der durch die Einheitliche Europäische Akte im Jahr 1986 eingefügten Querschnittsklausel in Art. 130 Abs. 4 S. 2 a.F. EGV (nach dem Vertrag von Maastricht: Art. 130r Abs. 2 S.3) sind Belange des Umweltschutzes bei der Festlegung und Durchführung der übrigen Gemeinschaftspolitiken zu beachten. Im Maastrichter Vertrag hat der Umweltschutz in den Anfangsbestimmungen zu den Aufgaben und der Tätigkeit der Gemeinschaft Eingang gefunden, und durch den Vertrag von Amsterdam ist die Querschnittsklausel an den Anfang des Vertrages gestellt worden. Indem Art. 6 EGV (ex-Art. 130r Abs.2 S.3) vorsieht, daß die Erfordernisse des Umweltschutzes bei der Festlegung und Durchführung der in Art. 3 EGV (ex-Art. 3) genannten Gemeinschaftspolitiken und -maßnahmen insbesondere zur Förderung einer nachhaltigen Entwicklung einbezogen werden müssen, wird die besondere Stellung des

---

855 Vgl. *Müller-Graff*, in: von der Groeben/Thiesing/Ehlermann, EU-/EG-Kommentar, Art. 36 Rn. 23ff.

856 EuGH Rs. 120/78, Slg. 1979, 649/662 - *Rewe-Zentral-AG* -.

857 EuGH Rs. 302/86, Slg. 1988, 4607/4630 - *Kommission gegen Dänemark* -.

858 Vgl. auch VGH Mannheim, VBlBW 1998, S. 262/265 in bezug auf die baden-württembergische Sonderabfallverordnung.

Umweltschutzes noch stärker akzentuiert[859], allerdings ohne daß ihm ein Vorrang gegenüber den anderen Politiken zukommt[860].

Diese Grundsätze und ihre Ausprägungen in den Art. 174ff. EGV (ex-Art. 130rff.) sind nicht nur für die Gemeinschaft von Bedeutung, sondern verpflichten über Art. 10 EGV (ex-Art. 5) auch die Mitgliedstaaten[861].

Das Zertifizierungssystem bezweckt entsprechend der in Art. 174 EGV (ex-Art. 130r) niedergelegten gemeinschaftsrechtlichen Ziele, die Erhaltung und den Schutz der Umwelt sowie die Verbesserung ihrer Qualität und den Schutz der menschlichen Gesundheit, indem hohe Anforderungen an die Organisation abfallwirtschaftlich tätiger Unternehmen gestellt werden. Die Regelung entspricht somit den gemeinschaftsrechtlichen Grundsätzen über Maßnahmen zum Schutz der Umwelt.

Die Rechtfertigung der Beschränkung des Warenverkehrs durch Belange des Umweltschutzes setzt allerdings die Verhältnismäßigkeit der entsprechenden Maßnahme voraus. Diese muß geeignet, erforderlich und verhältnismäßig im engeren Sinne sein. Die Geeignetheit des Zertifizierungssystems zur Sicherstellung einer ordnungsgemäßen abfallwirtschaftlichen Tätigkeit läßt sich bejahen. Abfallerzeuger und -besitzer haben angesichts der sie treffenden zivil- und strafrechtlichen Verantwortlichkeit ein großes Interesse an der Beauftragung ordnungsgemäß arbeitender Unternehmen. Auch die Erforderlichkeit liegt vor. Ein milderes Mittel zur Erreichung des mit der Maßnahme vorgesehenen Zwecks ist nicht ersichtlich, da die Beauftragung von Entsorgungsfachbetrieben den Abfallerzeugern und -besitzern freigestellt ist und sie auch weiterhin Unternehmen aus anderen Mitgliedstaaten mit Beseitigungs- und Verwertungstätigkeiten beauftragen können, wenn sie hieran nicht aus rechtlichen Gründen gehindert sind. Aufgrund der Freiwilligkeit der Beauftragung von Entsorgungsfachbetrieben bestehen auch keine Bedenken gegen die Verhältnismäßigkeit des Zertifizierungssystems im engeren Sinne.

bb. Zulässigkeit der Beschränkung der Dienstleistungsfreiheit

Die Dienstleistungsfreiheit kann, wie auch die Warenverkehrsfreiheit, durch zwingende Gründe des Allgemeininteresses in zulässiger Weise eingeschränkt werden. Der

---

859 *Schröder*, NuR 1998, S. 1/2.

860 *Schröder*, NuR 1998, S. 1/3; *Frenz*, Europäisches Umweltrecht, S. 63 Rn. 180.

861 *Zacker*, Abfall im gemeinschaftlichen Umweltrecht, S. 188.

EuGH hat entschieden, daß „der freie Dienstleistungsverkehr als fundamentaler Grundsatz des Vertrags nur durch Regelungen beschränkt werden [kann], die durch das Allgemeininteresse gerechtfertigt sind (...)“[862].

Der Umweltschutz ist auch bei der Dienstleistungsfreiheit ein zwingender Allgemeinwohlbelang, der die beschränkende Wirkung einer Regelung rechtfertigt. Daneben ist er aufgrund seiner herausragenden Bedeutung im Rahmen der Gemeinschaftspolitiken bei der Verwirklichung der Grundfreiheiten zu beachten.

Allerdings setzt die Zulässigkeit der Beschränkung die Verhältnismäßigkeit der Maßnahmen voraus. Neben der Geeignetheit der Regelung darf das Allgemeininteresse nicht bereits durch Vorschriften des Herkunftsstaates des Leistungserbringers gewahrt werden und das gleiche Ergebnis darf nicht durch weniger einschneidende Regelungen erreicht werden können[863].

Die Erfüllung der Anforderungen der EfbV ist auch zur Gewährleistung einer ordnungsgemäßen abfallwirtschaftlichen Tätigkeit geeignet und erforderlich. Insbesondere im Hinblick auf die weitreichenden Umweltauswirkungen einer nicht geordneten abfallwirtschaftlichen Tätigkeit und angesichts der in der Vergangenheit aufgetretenen Müllskandale ist es erforderlich und verhältnismäßig im engeren Sinne, weitreichende Anforderungen an die sachliche und persönliche Betriebsausstattung vorzusehen. Allerdings verlangt der Grundsatz der Verhältnismäßigkeit, daß bei Bestehen vergleichbarer Anforderungen in dem Mitgliedstaat des betroffenen Unternehmens diese bei der Beurteilung der Zertifizierungsvoraussetzungen berücksichtigt und keine Doppelanforderungen aufgestellt werden. Die EfbV trägt dem teilweise Rechnung, indem sie vorsieht, daß zur Vermeidung von Doppelanforderungen und -prüfungen die Prüfergebnisse nach der europaweit geltenden Öko-Audit-VO und nach den Vorschriften der DIN EN ISO 9000ff. zu berücksichtigen sind. Im übrigen sind im Herkunftsstaat erworbene Qualifikationen im Weg der gemeinschaftskonformen Auslegung zu berücksichtigen. Die Verhältnismäßigkeit im engeren Sinne ist vor dem Hintergrund, daß das Unternehmen trotz eines möglichen faktischen Drucks grundsätzlich die Freiheit behält zu entscheiden, ob sich die Zertifizierung für ihn lohnt, ebenfalls gegeben.

---

862 EuGH Rs. 279/80, Slg. 1981, 3305/3325 - *Webb* -; Rs. C-154, 180 und 198/89, Slg. 1991, I-659/686, 709/723 und 727/740f. - *Kommission gegen Französische, Italienische und Griechische Republik* -; Rs. C-76/90, Slg. 1991, 4221/4244 - *Säger* -.

863 Vgl. EuGH Rs. C-154/89, Slg. 1991, I-659/686 - *Kommission gegen Französische Republik* -.

B. Die Zertifizierung eines in Deutschland tätigen Unternehmens

1. Völkerrecht

In völkerrechtlicher Hinsicht ergeben sich für die Anwendbarkeit des § 52 KrW-/AbfG i.V.m. der EfbV keine Bedenken, denn hier werden nationale Bestimmungen auf ein im Bundesgebiet niedergelassenes Unternehmen angewandt. Bezüglich eines Unternehmens, das zwar in einem anderen Mitgliedstaat ansässig, aber ausschließlich im Bundesgebiet tätig ist und auf den deshalb die Niederlassungsfreiheit anwendbar ist[864], ergeben sich ebenfalls keine Bedenken.

2. Beschränkung der Niederlassungsfreiheit

a. Die Niederlassungsfreiheit als betroffene Grundfreiheit

Stellt die Zertifizierung zum Entsorgungsfachbetrieb die „Eintrittskarte“ für die gewerbsmäßige Wahrnehmung abfallwirtschaftlicher Tätigkeiten in Deutschland dar, so stellt sich für den ausländischen Entsorgungsunternehmer, der einen Standort in Deutschland unterhalten möchte oder bereits unterhält[865], die Frage, ob er sich nicht zum Entsorgungsfachbetrieb zertifizieren lassen muß. Von diesem faktischen Zwang könnte die Niederlassungsfreiheit betroffen sein.

Eine Definition des Begriffes der Niederlassung fehlt im EGV. Allerdings ergibt sich aus Art. 43 Abs. 2 EGV (ex-Art. 52), daß die Niederlassung nicht die bloße Präsenz, sondern das berufliche Tätigwerden im Mitgliedstaat umfaßt[866].

Von Interesse ist vorliegend die Abgrenzung zwischen der Niederlassungs- und der Dienstleistungsfreiheit. Die Abgrenzung erfolgt unter Zuhilfenahme von drei Kriterien, nämlich der Art der Einrichtung, der Dauer und des Schwerpunkts der Tätigkeit. Bei dem Bau einer Fabrik oder der Anmietung von Büro- oder Lagerräumen ist regelmäßig von einer Niederlassung auszugehen[867]; schon dieses Kriterium reicht deshalb grund-

---

864 Vgl. unten bei 2a.

865 Die Niederlassungsfreiheit bezieht sich nicht nur auf den Zugang zu einem Markt, sondern schützt auch vor allen nachfolgenden Diskriminierungen gegenüber bereits niedergelassenen Unternehmen, vgl. *Troberg*, in: von der Groeben/Thiesing/Ehlermann, EU-/EG-Kommentar, Art. 52 Rn. 34.

866 *Troberg*, in: von der Groeben/Thiesing/Ehlermann, EU-/EG-Kommentar, Art. 52 Rn. 1.

867 *Troberg*, in: von der Groeben/Thiesing/Ehlermann, EU-/EG-Kommentar, Art. 52 Rn. 4.

sätzlich aus, um bei der Eröffnung eines Standortes in Deutschland von einer Niederlassung auszugehen.

Niederlassung bedeutet auch ein nicht nur vorübergehendes berufliches Tätigwerden, denn wirtschaftlich gesehen bedeutet Niederlassung „die Eingliederung eines Erwerbstätigen oder eines Produktionszweiges in eine andere Wirtschaftsregion der EU, also die Standortverlagerung, welche insbesondere dem Gesetz der komparativen Kosten folgt. Der produzierende Betrieb oder der Erwerbstätige selbst ziehen um, anstatt nur ihre Leistungen über die Grenzen zu schicken"[868]. Die Eröffnung eines Standortes in der Bundesrepublik erfolgt schon aufgrund der damit entstehenden Kosten regelmäßig zu dem Zweck, nicht nur vorübergehend abfallwirtschaftliche Tätigkeiten auszuführen. Dies gilt jedenfalls dann, wenn der Unternehmer Abfälle entsorgen oder beseitigen will. Schließlich kann auch der Schwerpunkt der Tätigkeit in einem anderen Mitgliedstaat für die Niederlassung konstitutiv sein, selbst wenn der „Niedergelassene" sich nicht dauernd in diesem Staat aufhält. Dieses Kriterium kommt insbesondere für Transportunternehmen in Betracht. Ist ihr ganz überwiegender Kundenstamm in Deutschland ansässig, so daß ihr Transportgebiet sich vornehmlich auf das Bundesgebiet bezieht und sind sie hier auch in öffentliche Berufsregister eingetragen oder in Berufsvereinigungen aufgenommen, sind sie so zu behandeln, als wenn sie niedergelassen wären[869]. Der Grund für die Zuordnung zur Niederlassungsfreiheit liegt wiederum in der wirtschaftlichen Funktion derselben begründet. Für sie ist die wirtschaftliche Verflechtung des Niedergelassenen mit einer bestimmten Wirtschaftsregion entscheidend. Erfordert die Art der Tätigkeit keine körperliche Einrichtung in der Region, in der man tätig ist, dann kann es für die Niederlassungsfreiheit auf das Vorhandensein einer solchen auch nicht ankommen[870].

b. Beschränkung der Niederlassungsfreiheit

Im folgenden wird untersucht, ob sich das Zertifizierungssystem als solches als Beschränkung der Niederlassungsfreiheit darstellt (aa.) und inwieweit eine Beschränkung durch Private möglich ist (bb.).

---

868 *Troberg*, in: von der Groeben/Thiesing/Ehlermann, EU-/EG-Kommentar, Art. 52 Rn. 5.

869 *Troberg*, in: von der Groeben/Thiesing/Ehlermann, EU-/EG-Kommentar, Art. 52 Rn. 6.

870 Vgl. auch EuGH Rs. 33/74, Slg. 1974, 1299/1309 - *van Binsbergen* -, der darauf hinweist, daß ein Dienstleistungserbringer, der seine Tätigkeit ganz oder überwiegend auf das Gebiet eines bestimmten Staates erbringt, so behandelt werden könne, als wenn er dort niedergelassen wäre.

aa. Die Zertifizierung als Beschränkung?

Es fragt sich, ob die Schaffung der Zertifizierungsmöglichkeit zum Entsorgungsfachbetrieb die Niederlassungsfreiheit beschränkt.

Dagegen könnte sprechen, daß sich ein faktischer Zwang zur Zertifizierung in gleicher Weise belastend auf Inländer wie auf Personen aus anderen Mitgliedstaaten auswirkt, die im Bundesgebiet eine abfallwirtschaftliche Tätigkeit betreiben möchten. Die Niederlassungsfreiheit bezweckt grundsätzlich jedoch nur, eine Schlechterstellung von Personen aus anderen Mitgliedstaaten gegenüber Inländern zu verhindern. Dieses Verbot der Ausländerdiskriminierung kommt in Art. 43 EGV (ex-Art. 52) deutlich zum Ausdruck, wonach die Niederlassungsfreiheit die „Aufnahme und Ausübung selbständiger Erwerbstätigkeiten (...) nach den Bestimmungen des Aufnahmestaates für seine eigenen Angehörigen" vorsieht.

Die Beschränkung der Niederlassungsfreiheit aufgrund eines faktischen Zwangs zur Zertifizierung könnte nur angenommen werden, wenn in der Niederlassungsfreiheit auch ein allgemeines Beschränkungsverbot gesehen würde, das die Anwendung hinderlicher Vorschriften verbieten würde, die auf In- und Ausländer in gleicher Weise anwendbar wären, aber objektive Niederlassungshemmnisse darstellten. Die Beachtung dieser hinderlichen Bestimmungen wäre - vergleichbar den bei der Warenverkehrs- und Dienstleistungsfreiheit entwickelten Grundsätzen zur Zulässigkeit einer beschränkenden Regelung - nur geboten, wenn die Regeln durch ein nachgewiesenes Interesse des Gastlandes gerechtfertigt würden[871]. Bei der Annahme eines allgemeinen Beschränkungsverbotes würde sich das Zertifizierungssystem insofern als ein Niederlassungshemmnis darstellen, als die Gründung eines abfallwirtschaftlichen Unternehmens im Bundesgebiet oder die dauernde wirtschaftliche Verwurzelung der abfallwirtschaftlichen Tätigkeit im Bundesgebiet faktisch an die Erfüllung der Zertifizierungsvoraussetzungen gebunden wäre.

In der Literatur ist streitig, ob die Niederlassungsfreiheit ein über das Verbot der Ausländerdiskriminierung hinausgehendes allgemeines Beschränkungsverbot enthält[872].

Für die Auffassung, daß die Niederlassungsfreiheit nur das Verbot der Ausländerdiskriminierung enthält, könnte sprechen, daß das Berufsrecht grundsätzlich der autono-

---

[871] *Troberg*, in: von der Groeben/Thiesing/Ehlermann, EU-/EG-Kommentar, Art. 52 Rn. 46.

[872] Vgl. den Überblick bei *Bröhmer*, in: Calliess/Ruffert, EUV/EGV, Art. 43 Rn. 28ff.

men Regelungsbefugnis der Mitgliedstaaten unterfällt und daß derjenige, der sich in einem anderen Staat als seinem Herkunftsstaat erwerbsmäßig betätigen möchte, sich der im Niederlassungsstaat geltenden Bedingungen anpassen muß.

Auf der anderen Seite ist zu berücksichtigen, daß ein bloßes Verbot der Ausländerdiskriminierung zur Verwirklichung eines Binnenmarktes ohne Grenzen nicht ausreicht, da es die nicht aufeinander angepaßten nationalen Regelungen des Mitgliedstaates unberührt läßt[873]. Das Ziel der Europäischen Gemeinschaft, einen Gemeinsamen Markt zur errichten, erfordert, daß auch bei der Niederlassungsfreiheit ein allgemeines Beschränkungsverbot gilt, das hemmende Niederlassungsbestimmungen nur insoweit zuläßt, als sie durch zwingende Allgemeininteressen gerechtfertigt sind.

Auch in der Rechtsprechung des EuGH, der sich zu einem allgemeinen Beschränkungsverbot bei der Niederlassungsfreiheit noch nicht eindeutig geäußert hat, ist eine Tendenz zu der Annahme eines allgemeinen Beschränkungsverbotes festzustellen. In der Rechtssache *Klopp*[874] sprach er einem deutschen Anwalt das Recht zu, eine Zweitkanzlei in Frankreich zu eröffnen, ohne seine Kanzlei in der Bundesrepublik aufzugeben, und setzte sich damit über eine Bestimmung des französischen Rechts hinweg, nach der ein Rechtsanwalt innerhalb des Staatsgebietes nur eine Kanzlei unterhalten darf. Der EuGH sprach Frankreich damit das Recht ab, sein innerstaatlich geltendes Verbot von Zweitkanzleien gemeinschaftsweit anzuwenden. An dieser Entscheidung ist bemerkenswert, daß der EuGH nicht auf darauf einging, ob die französische Regelung Ausländer in offener oder versteckter Weise diskriminierte; vielmehr sah er es als entscheidend an, daß die Niederlassungsfreiheit durch innerstaatliche Regelungen nicht abgeschnitten werden dürfe[875]. Noch deutlicher äußerte er sich in dem Fall *Vlassopoulou*, in dem einer griechischen Anwältin, die in Deutschland promoviert worden war und in einer Kanzlei in Deutschland arbeitete, die Zulassung zur deutschen Rechtsanwaltschaft verwehrt wurde. Der EuGH stellte fest, „daß nationale Qualifikationsvoraussetzungen, selbst wenn sie ohne Diskriminierung aufgrund der Staatsangehörigkeit angewandt werden, sich dahin auswirken können, daß sie die Staatsangehörigen der anderen Mitgliedstaaten in der Ausübung des ihnen durch Art. 43 EGV (ex-Art.

---

873 *Jarass*, RIW 1993, S. 1/5.

874 EuGH Rs. 107/83 Slg. 1984, 2971ff.; vgl. auch das gleichgelagerte Urteil Rs. 96/85, Slg. 1986, 1482ff. - *Kommission gegen Frankreich* - sowie Rs. C-351/90 Slg. 1992, I-3945ff. - *Kommission gegen Luxemburg* -.

875 EuGH Rs. 107/83, Slg. 1984, 2971/2989.

52) gewährleisteten Niederlassungsrechts beeinträchtigen“[876]. Diese Rechtsprechung bestätigte er in der Rechtssache *Kraus*, in der es um die Anerkennung eines in Edinburgh erworbenen LL.M.-Titels in Deutschland ging, indem er ausführte, daß „die Art. 48 und 52 jeder nationalen Regelung über die Voraussetzungen für die Führung eines in einem anderen Mitgliedstaat erworbenen ergänzenden akademischen Grades entgegen[stehen], die zwar ohne Diskriminierung aus Gründen der Staatsangehörigkeit anwendbar ist, die aber geeignet ist, die Ausübung der durch den EWG-Vertrag garantierten grundlegenden Freiheiten (...) zu behindern oder weniger attraktiv zu machen“[877].

Darüber hinaus ist zu beachten, daß die traditionelle Auffassung, die nur ein Verbot der Ausländerdiskriminierung bejaht, häufig zu denselben Ergebnissen gelangt wie die ein allgemeines Beschränkungsverbot befürwortende Auffassung, da das Diskriminierungsverbot auch die weit verstandene versteckte Diskriminierung erfaßt[878].

Die Verwirklichung eines Gemeinsamen Marktes ohne Grenzen erfordert aber auch darüber hinaus, daß jegliche Niederlassungshemmnisse, die sich belastend auswirken, nicht angewendet werden dürfen, sofern zwingende Allgemeininteressen des Niederlassungsstaates sie nicht erfordern.

bb. Beschränkung durch Private

Für die Beschränkung der Niederlassungsfreiheit aufgrund des faktischen Zwangs zur Zertifizierung gilt das zur Warenverkehrs- und Dienstleistungsfreiheit Gesagte entsprechend[879]. Eine Beschränkung ist zu bejahen, weil der von privaten Kunden ausge-

---

876 EuGH Rs. C-340/89, Slg. 1991, I-2357/2383 - *Vlassopoulou* -.

877 EuGH Rs. C-19/92, Slg. 1993, I-1663/1697 - *Kraus* -; vgl. auch Rs. C-55/94, Slg. 1995, I-4165/4197 - *Gebhard* -.

878 Eine versteckte Diskriminierung liegt vor, wenn der Niederlassungswillige Anforderungen zu erfüllen hat, die zwar auch für Einheimische gelten, von letzteren aber problemlos erfüllt werden. Ein Beispiel ist das Erfordernis, mehrere Jahre im Niederlassungsstaat gelebt zu haben; vgl. i.e. *Troberg*, in: von der Groeben/Thiesing/Ehlermann, EU-/EG-Kommentar, Art. 52 Rn. 39.

879 Angemerkt sei, daß der EuGH kürzlich die mögliche Beschränkung der Niederlassungsfreiheit im Verhältnis zwischen Privaten untersuchte: In dem Fall *Pfeiffer Großhandel GmbH* (Rs. C-255/97, Slg. 1999, I-2835ff.) untersuchte der EuGH, ob die Niederlassungsfreiheit einer nationalen Bestimmung entgegensteht, die wegen einer Verwechslungsgefahr die Verwendung einer bestimmten Unternehmensbezeichnung verbietet, derer sich ein anderer bereits befugterweise bedient. In der Sache ging es um einen privatrechtlichen Rechtsstreit zwischen zwei Handelsunternehmen, ihre Handelskette je „Plus“ zu nennen. Der EuGH kam zu dem Ergebnis, daß die Niederlassungsfreiheit hierdurch tatsächlich beschränkt würde, die Beschränkung aber aus zwingenden Gründen des Gemeinwohls zum Schutz des gewerblichen und kommerziellen Eigentums

übte Druck auf abfallwirtschaftliche Unternehmen, sich zertifizieren zu lassen, auf eine staatliche Maßnahme zurückgeht.

c. Zulässigkeit der Beschränkung

Die Beschränkung der Niederlassungsfreiheit aufgrund eines faktischen Zwangs zur Zertifizierung muß durch Gründe des Allgemeinwohls des Niederlassungsstaates gerechtfertigt sein. Die hemmenden Bestimmungen müssen geeignet, erforderlich und verhältnismäßig im engeren Sinne sein.

In bezug auf die Bedeutung der Belange des Umweltschutzes für die Grundfreiheiten sowie der Geeignetheit, Erforderlichkeit und der Verhältnismäßigkeit im engeren Sinne des Zertifizierungssystem gelten für die Niederlassungsfreiheit dieselben Grundsätze wie bei der Dienstleistungsfreiheit. Auf diese kann verwiesen werden[880]. Insbesondere gilt auch bei der Niederlassungsfreiheit, daß bestimmte Zertifizierungsvoraussetzungen, die das Unternehmen schon in seinem Herkunftsstaat erfüllen mußte, nicht noch einmal verlangt werden dürfen, da es in einem solchen Fall an der Erforderlichkeit der beschränkenden Maßnahme mangelt[881].

---

geschützt sei (vgl. I-2835/2861). Zu Stellungnahmen in der Literatur vgl. *Hailbronner*, in: HK-EUV, Art. 52 Rn. 15.

880 Vgl. oben Teil 5 II. A. 2. c. bb.

881 *Jarass*, RIW 1993, S. 1/7.

THESEN

1. Die mit der Zertifizierung zum Entsorgungsfachbetrieb nach § 52 KrW-/AbfG verbundenen straf- und zivilrechtlichen Haftungserleichterungen sowie die wettbewerblichen Vorteile gegenüber nicht zertifizierten Unternehmen begründen einen Anreiz für Unternehmen in der Abfallwirtschaft, sich zertifizieren zu lassen.

Überwachung durch Private

2. Die technischen Überwachungsorganisationen, die mit dem zertifizierungswilligen Unternehmen einen privatrechtlichen Überwachungsvertrag geschlossen haben, und die Entsorgergemeinschaften handeln nicht als Beliehene. Vielmehr ist ihre Überwachungs- und Zertifizierungstätigkeit der funktionalen Privatisierung, speziell der Ausprägung staatlich-privates Kondominium zuzuordnen. Auch die private Eigenüberwachung ist eine Erscheinungsform des staatlich-privaten Kondominiums.

3. Die Ausgestaltung der privaten Fremd- und Eigenüberwachung bei der Zertifizierung zum Entsorgungsfachbetrieb verstößt nicht gegen die sich aus dem Grundgesetz ergebenden Privatisierungsvorgaben.

a) Das staatliche Gewaltmonopol hindert die private Fremd- und Eigenüberwachung nicht, da behördliche Eingriffs- und Kontrollbefugnisse gewahrt bleiben.

b) Der beamtenrechtliche Funktionsvorbehalt aus Art. 33 Abs. 4 GG steht der privaten Fremdüberwachung durch die technischen Überwachungsorganisationen und Entsorgergemeinschaften nicht entgegen. Eine Gefahr, daß Belange des Allgemeinwohls oder Rechtspositionen des Zertifizierungskandidaten in geringerem Umfang geschützt werden als bei der behördlichen Überwachung, besteht nicht.

   Die private Eigenüberwachung der Entsorgungsfachbetriebe berührt den Anwendungsbereich des Art. 33 Abs. 4 GG nicht.

c) Das Demokratieprinzip steht der privaten Fremd- und Eigenüberwachung ebenfalls nicht entgegen. Die Fremdüberwachung durch die technischen Überwachungsorganisationen und Entsorgergemeinschaften ist keine Ausübung von

Staatsgewalt und ist in dieser Hinsicht für die sich aus dem Demokratieprinzip ergebenden Legitimationsanforderungen an staatliches Handeln ohne Bedeutung.

Die inhaltlichen Vorgaben an die private Prüftätigkeit und die verbleibenden behördlichen Überwachungs- und Kontrollbefugnisse genügen den sich aus dem Demokratieprinzip ergebenden Legitimationsanforderungen bei Zugrundelegung des privaten Überwachung- und Zertifizierungsergebnisses durch die zuständigen Überwachungsbehörden. Allerdings müssen die behördlichen Überwachungs- und Kontrollbefugnisse effektiv ausgeübt werden.

d) Das rechtsstaatliche Effektivitätsgebot erlaubt die private Prüftätigkeit in der Abfallwirtschaft, wenn sie dem Ziel, eine umweltgerechte Abfallwirtschaft zu gewährleisten, förderlich ist. Allerdings ist der Gefahr interessengeleiteten Handelns durch Sicherungsmechanismen vorzubeugen.

Die private Fremd- und Eigenüberwachung, die die Durchsetzung hoher Umweltstandards in der Abfallwirtschaft bezweckt, bedarf der formal-gesetzlichen Grundlage, wenn sie sich grundrechtsrelevant auswirkt.

Die mit der Zertifizierung verbundene Freistellung von der im Einzelfall drittschützenden Entsorgungsnachweisbestätigungspflicht (§ 5 Abs. 2 NachwV) verletzt nicht den Justizgewährungsanspruch aus Art. 19 Abs. 4 GG. Die Beachtung drittschützender Normen, die im Rahmen des Nachweisbestätigungsverfahrens geprüft werden, unterliegt unverändert der Überwachung durch die zuständigen Anlagenüberwachungsbehörden, und die Rechtsschutzmöglichkeiten Dritter bleiben im Falle ihrer Verletzung unberührt. Steht der Anlagenüberwachungsbehörde bei der Frage des Einschreitens ein Ermessen zu, kann sich der Wegfall der Nachweisbestätigungspflicht ermessenslenkend zugunsten der betroffenen Dritten auswirken.

4. Die Überwachungsprivatisierung im Rahmen des § 52 KrW-/AbfG steht grundsätzlich im Einklang mit den Vorgaben, die sich aus der grundrechtlichen Schutzpflicht und dem Staatsziel Umweltschutz (Art. 20a) an die verbleibende staatliche Überwachungsverantwortung ergeben.

a) Die grundrechtliche Schutzpflicht und Art. 20a GG stehen der Überwachungsprivatisierung in der Abfallwirtschaft nicht entgegen.

Die staatliche Gewährleistungsverantwortung erfordert aber verbindliche Vorgaben an die Ausgestaltung der privaten Fremd- und Eigenüberwachung, an die Qualifikation der Prüforgane sowie behördliche Eingriffsbefugnisse im Falle der nicht ordnungsgemäßen Aufgabenerfüllung. Die staatliche Gewährleistungsverantwortung wird nicht dadurch in unzulässiger Weise abgeschwächt, daß die Ergebnisse der privaten Eigenüberwachung nicht unmittelbar der behördlichen Kontrolle, sondern zunächst der Plausibilitätskontrolle privater Fremdüberwacher unterliegen. Entscheidend ist, daß die verbleibende staatliche Überwachung die fehlerhaften Ergebnisse privater Kontrolle korrigieren kann.

b) Die Fremdüberwachung durch die technischen Überwachungsorganisationen genügt den Anforderungen insoweit nicht, als keine rechtlich durchsetzbaren Anforderungen an die Qualifikation der die Prüfung konkret vornehmenden Sachverständigen bestehen. Die grundrechtliche Schutzpflicht und Art. 20a GG werden dadurch zwar nicht in justitiabler Weise verletzt, allerdings folgt aus dem Optimierungsgebot ein an den Gesetzgeber gerichteter Nachbesserungsbedarf.

   Die in der Praxis schwierig durchzuführende Kontrolle durch die am Hauptsitz der technischen Überwachungsorganisation zuständigen Zustimmungsbehörde über die Prüf- und Zertifizierungstätigkeit der technischen Überwachungsorganisation erfordert eine Kooperation mit den am Sitz des Entsorgungsfachbetriebs zuständigen lokalen Überwachungsbehörden.

c) Die Überwachung- und Zertifizierungstätigkeit der Entsorgergemeinschaften ist keinen rechtlichen Vorgaben unterworfen. Die Auferlegung von Anerkennungsvoraussetzungen berührt die Entsorgergemeinschaft in ihrem von Art. 9 GG geschützten Grundrecht auf Vereinigungsfreiheit und bedarf daher einer dem rechtsstaatlichen Gesetzesvorbehalt genügenden gesetzlichen Grundlage. Die EgRL genügt dem Gesetzesvorbehalt nicht.

   Die grundrechtliche Schutzpflicht ist aufgrund der bestehend bleibenden behördlichen Überwachungsbefugnisse über den Entsorgungsfachbetrieb zwar nicht in justitiabler Weise verletzt. Der Gesetzgeber bleibt jedoch aus dem Optimierungsgebot zur verbindlichen Festlegung der Anerkennungsvoraussetzungen verpflichtet.

d) In bezug auf die private Eigenüberwachung erfordern die grundrechtliche Schutzpflicht und Art. 20a GG, daß die behördliche Überwachung über den Entsorgungsfachbetrieb nicht vollständig ausgesetzt wird.

5. Die gemeinschaftsrechtlichen Richtlinien im Abfallbereich stehen einer Überwachungsprivatisierung in der Abfallwirtschaft nicht entgegen. Allerdings folgt aus Art. 13 Abfallrechtsrahmenrichtlinie (75/442/EWG), daß ein vollständiges Aussetzen der behördlichen Kontrolltätigkeit und eine Beschränkung auf eine rein anlaßbezogene Kontrolle nicht zulässig ist. Vielmehr muß eine regelmäßige Überprüfung der abfallwirtschaftlichen Tätigkeiten gewährleistet bleiben.

   Die gesetzlichen Freistellungen von der Transportgenehmigungs- und Nachweisbestätigungspflicht stehen mit den Vorgaben der Richtlinien in Einklang.

Zwang zur Zertifizierung

6. Ein sich aus der Nachfrage von Abfallkunden ergebender faktischer Zwang zur Zertifizierung beschränkt die von Artikel 12 GG geschützte Wettbewerbsfreiheit der gewerblichen Unternehmen in der Abfallwirtschaft. Allerdings ist dieser Zwang verfassungsrechtlich gerechtfertigt.

   Das durch Artikel 14 GG geschützte Recht auf den eingerichteten und ausgeübten Gewerbebetrieb wird nicht berührt.

7. Unternehmen, die in anderen Mitgliedstaaten ansässig sind, können sich nach Maßgabe des § 52 KrW-/AbfG und der EfbV zertifizieren lassen, wenn sie abfallwirtschaftliche Tätigkeiten im Bundesgebiet ausführen. Eine Zertifizierung von Unternehmen, die in ihrem Herkunftsstaat tätig sind, ist völkerrechtlich nicht zulässig.

8. Der sich aus der Marktnachfrage ergebende Zwang zur Zertifizierung berührt die von Artikel 49 EGV (ex-Art. 59) geschützte Dienstleistungsfreiheit der Unternehmen, die abfallwirtschaftliche Tätigkeiten in der Bundesrepublik ausführen. Führt das Zertifizierungssystem zu einem Rückgang der Beauftragung mitgliedstaatlicher Unternehmen, die in ihrem Herkunftsstaat die Entsorgung durchführen, wird der Schutzbereich der Warenverkehrsfreiheit aus Art. 28 EGV (ex-Art. 30) berührt. Der Zwang zur Zertifizierung von mitgliedstaatlichen Unternehmen, die in der Bundesrepublik niedergelassen sind oder sich niederlassen wollen, berührt die von Artikel 43 EGV (ex-Art. 52) geschützte Niederlassungsfreiheit.

   Die auf eine staatliche Maßnahme zurückgehende verstärkte Beauftragung von Entsorgungsfachbetrieben durch private Abfallkunden stellt sich als Beschränkung der drei genannten Grundfreiheiten dar. Die Beschränkung ist aber aufgrund der besonderen Bedeutung des Umweltschutzes auf Gemeinschaftsebene gerechtfertigt. Zur Vermeidung von Doppelanforderungen sind allerdings im Herkunftsstaat erworbene Qualifikationen und Ergebnisse bereits durchgeführter Prüfungen zu berücksichtigen. Andernfalls läge eine unzulässige Beschränkung der Dienstleistungs- und Niederlassungsfreiheit vor.

LITERATURVERZEICHNIS

Albers, Marion, Faktische Grundrechtsbeeinträchtigungen als Schutzbereichsproblem, in: DVBl 1996, S. 233 - 242.

Alternativkommentar, Kommentar zum Grundgesetz der Bundesrepublik Deutschland, Band 1 (Art. 1-37), 2. Auflage, Neuwied u.a. 1989 (zit.: *Bearbeiter*, in: AK-GG).

Backherms, Johannes, Die Haftung der Prüfstellen im Rahmen des Maschinenschutzgesetzes, in: GewArch 1979, S. 119 - 121.

Badura, Peter, Das öffentliche Unternehmen im europäischen Binnenmarkt, in: ZGR 1997, S. 291 - 305.

Badura, Peter, Die verfassungsrechtliche Pflicht des gesetzgebenden Parlaments zur „Nachbesserung" von Gesetzen, in: Festschrift für Kurt Eichenberger, S. 481 - 492, Basel 1982.

Badura, Peter, Staatsrecht, 2. Auflage, München 1996.

Bansch, Frank, Die Beleihung als verfassungsrechtliches Problem: zur Zulässigkeit einer Übertragung hoheitlicher Befugnisse auf Private nach dem Grundgesetz, Diss., München 1973.

Bauer, Hartmut, Privatisierung von Verwaltungsaufgaben, in: VVDStRL 55 (1996), S. 243 - 286.

Becker, Ulrich, Die Berücksichtigung des Staatsziels Umweltschutz beim Gesetzesvollzug, in: DVBl 1995, S. 713 - 722.

Beckmann, Martin / Spieß, Gerhard, Rechtsstellung des Abfallentsorgers im Entsorgungsnachweisverfahren, in: UPR 1998, S. 366 – 370.

Bender, Bernd / Sparwasser, Reinhard / Engel, Rüdiger, Umweltrecht, 4. Auflage, Heidelberg 2000.

Bender, Klaus W. / Rinne, Alexander, Wettbewerbsrechtliche Grenzen der Entsorgungswirtschaft, in: WuW 1998, S. 439 - 448.

Benndorf, Michael, Zur Bestimmung der „hoheitsrechtlichen Befugnisse" gemäß Art. 33 Abs. 4 GG, in: DVBl 1981, S. 23 - 28.

Benz, Hanspeter, Die verfassungsrechtliche Zulässigkeit der Beleihung einer Aktiengesellschaft mit Dienstherrenbefugnissen: dargestellt am Beispiel am Beispiel der Deutschen Post AG, Deutschen Postbank AG, Deutschen Telekom AG sowie der Deutschen Bahn AG, Diss., Frankfurt a.M. u.a. 1995.

Berendes, Dirk, Der „Blaue Engel" - ein Eingriff in Wettbewerbsfreiheit und Gewerbebetrieb?, in: GewArch 1998, S. 14 - 18.

Bernsdorff, Norbert, Positivierung des Umweltschutzes im Grundgesetz (Art. 20a GG), in: NuR 1997, S. 328 - 334.

Bleckmann, Albert, Neue Aspekte der Drittwirkung der Grundrechte, in: DVBl 1988, S. 938 - 946.

Bodin, Jean, Six livres de la République, 1583, Paris 1993.

Bogler, Anja, Kreislaufwirtschafts- und Abfallgesetz: Neu und nichtig?, in: DB 1996, S. 1505 - 1508.

Böhm-Amtmann, Edeltraud, „Umweltpakt Bayern. Miteinander die Umwelt schützen.", in: ZUR 1997, S. 178 - 182.

Böhm-Amtmann, Edeltraud, EMAS-ISO-Substitution von Ordnungsrecht, in: GewArch 1997, S. 353 - 358.

Bohne, Eberhard, Versicherungsmodelle zur Investitionsbeschleunigung und zum Abbau von Vollzugsdefiziten im Anlagenzulassungsrecht, in: DVBl 1994, S. 195 - 203.

Kommentar zum Bonner Grundgesetz, 94. Lieferung, Stand: November 2000, Hamburg u.a. 2000 (zit.: *Bearbeiter*, in: Bonner Kommentar, GG).

Bracher, Christian-Dietrich, Gefahrenabwehr durch Private, Diss., Berlin 1987.

Brandt, Edmund / Ruchay, Dietrich / Weidemann, Clemens (Hrsg.), Kreislaufwirtschafts- und Abfallgesetz (KrW-/AbfG), Kommentar, Loseblattsammlung, Stand: 15. April 1998, München 1998 (zit.: *Bearbeiter*, in: Brandt/Ruchay/Weidemann, KrW-/AbfG).

Breuer, Rüdiger, Schutz von Betriebs- und Geschäftsgeheimnissen im Umweltrecht, in: NVwZ 1986, S. 171 - 178.

Brüning, Christoph, Der Verwaltungsmittler - eine neue Figur bei der Privatisierung kommunaler Aufgaben, in: NWVBl 1997, S. 286 - 293.

Bucher, Annegret, Privatisierung von Bundesfernstraßen, Diss., Berlin 1996.

Buhck, Henner, Überwachungsgemeinschaften im Umweltrecht: eine insbesondere verfassungsrechtliche Untersuchung der Einsatzmöglichkeiten von Überwachungsgemeinschaften im Bereich des Umweltrechts, Diss., Berlin 1997.

Bull, Hans Peter, Die Staatsaufgaben nach dem Grundgesetz, 2. Auflage, Kronberg/Ts. 1977.

Burgi, Martin, Privat vorbereitete Verwaltungsentscheidungen und staatliche Strukturschaffungspflicht, in: Die Verwaltung 2000, S. 183 – 206.

Burmeister, Joachim, Grundgesetzliche Verfahrensstrukturierungsgebote komplexer Verwaltungsentscheidungen, in: UTR 5 (1988), S. 121 - 159.

Calliess, Christian / Ruffert, Matthias (Hrsg.), Kommentar des Vertrages über die Europäische Union und des Vertrages zur Gründung der Europäischen Gemeinschaft, Neuwied u.a. 1999 (zit.: *Bearbeiter*, in: Calliess/Ruffert, EUV/EGV).

Canaris, Claus-Wilhelm, Grundrechte und Privatrecht, in: AcP 184 (1984), S. 201 - 246.

Creifelds, Karl, Rechtswörterbuch, 14. Auflage, München 1997.

Däubler, Wolfgang, Privatisierung als Rechtsproblem, Neuwied u.a. 1980.

Dauses, Manfred A., Handbuch des EU-Wirtschaftsrechts, Loseblattsammlung, Stand: Dezember 2000, 9. Ergänzungslieferung, München 2000 (zit.: *Bearbeiter*, in Dauses, Hdb.EU-WirtschaftsR).

Degenhart, Christoph, Das Verwaltungsverfahren zwischen Verwaltungseffizienz und Rechtsschutzauftrag, in: DVBl 1982, S. 872 - 886.

Denninger, Erhard, Verfassungsrechtliche Anforderungen an die Normsetzung im Umwelt- und Technikrecht, Baden - Baden 1990.

Determann, Lothar, BVerfG zur staatlichen Pflicht zum Schutz der Gesundheit vor elektromagnetischen Feldern, in: NJW 1997, S. 2501 - 2503.

Deutsch, Erwin, Anmerkung zum Beschluß des VGH Kassel vom 6. 11. 1989, in: NJW 1990, S. 339.

Di Fabio, Udo, Die Verfassungskontrolle indirekter Umweltpolitik am Beispiel der Verpackungsverordnung, in: NVwZ 1995, S. 1 - 8.

Di Fabio, Udo, Grundrechte im präzeptoralen Staat am Beispiel hoheitlicher Informationstätigkeit, in: JZ 1993, S. 689 - 697.

Di Fabio, Udo, Privatisierung und Staatsvorbehalt, in: JZ 1999, S. 585 – 592.

Di Fabio, Udo, Verwaltung und Verwaltungsrecht zwischen gesellschaftlicher Selbstregulierung und staatlicher Steuerung, in: VVDStRL 56 (1997), S. 235 - 282.

Di Fabio, Udo, Verwaltungsentscheidungen durch externen Sachverstand:, in: VerwArch 81 (1990), S. 193 - 227.

Dieckmann, Martin, Das Abfallrecht der Europäischen Gemeinschaft: Systematische Darstellung der gemeinschaftsrechtlichen Vorgaben für die nationale Rechtsetzung und Rechtspraxis, Diss., 1. Auflage, Baden-Baden 1994.

Dietlein, Johannes, Die Lehre von den grundrechtlichen Schutzpflichten, Diss., Berlin 1992.

Edelmann, Martina / Wacker, Marianne, Umweltmanagementsystem für Planungsbüros, in: uvp-report 1997, S. 47 - 49.

Ehlers, Dirk, Verwaltung in Privatrechtsform, Habil., Berlin 1984.

Ekardt, Felix, Zur Verfassungsmäßigkeit der sog. Privatfinanzierung von Straßen, in: VBlBW 1997, S. 281 - 288.

Elshorst, David, The Certification of Specialised Disposal Enterprises under German Waste Law, in: EELR 1998, S. 111 - 116.

Enders, Christoph, Neubegründung des öffentlich-rechtlichen Nachbarschutzes aus der grundrechtlichen Schutzpflicht?, in: AöR 115 (1990), S. 610 - 636.

Engels, Thomas, Grenzüberschreitende Abfallverbringung nach EG-Recht, Diss., Berlin 1999.

Erbguth, Wilfried, Die Zulässigkeit der funktionalen Privatisierung im Genehmigungsrecht, in: UPR 1995, S. 369 - 378.

Erichsen, Hans-Uwe (Hrsg.), Allgemeines Verwaltungsrecht, 11. Auflage, München 1998 (zit.: *Bearbeiter*, in: Erichsen, Allgemeines Verwaltungsrecht).

Faber, Angela, Gesundheitliche Gefahren des Tabakrauchens und staatliche Schutzpflichten, in: DVBl 1998, S. 745 - 753.

Feldhaus, Gerhard, Umwelt-Audit und Entlastungschancen im Vollzug des Immissionsschutzrechts, in: UPR 1997, S. 341 - 348.

Feldhaus, Gerhard, Wettbewerb zwischen EMAS und ISO 14001, in: UPR 1998, S. 41 - 44.

Fluck, Jürgen (Hrsg.), Kreislaufwirtschafts- und Abfallrecht, Kommentar, Loseblattsammlung, Stand: Dezember 2000, 27. Ergänzungslieferung, Heidelberg 2000 (zit.: *Bearbeiter*, in: Fluck, Kreislaufwirtschafts- und Abfallrecht).

Fluck, Jürgen, Das Kooperationsprinzip im Kreislaufwirtschafts- und Abfallrecht, in: UPR 2000, S. 281 – 288.

Fluck, Jürgen, Grundrechtliche Schutzpflichten und Gentechnik, in: UPR 1990, S. 81 - 86.

Frenz, Walter, Europäisches Umweltrecht, München 1997.

Frenz, Walter, Grenzüberschreitende Abfallverbringung und gemeinschaftliche Warenverkehrsfreiheit, in: UPR 2000, S. 210 – 215.

Frenz, Walter, KrW-/AbfG, Kommentar, 2. Auflage, Köln u.a. 1998.

Fritsch, Klaus, Das neue Kreislaufwirtschafts- und Abfallrecht, München 1996.

Geiger, Rudolf, Grundgesetz und Völkerrecht: die Bezüge des Staatsrechts zum Völkerrecht und Europarecht, 2. Auflage, München 1994.

Goerlich, Helmut, Schutzpflicht - Grundrechte - Verfahrensschutz, in: NJW 1981, S. 2616 - 2617.

Götz, Volkmar, Anmerkung zu BayVGH - Urt. v. 11. Februar 1974, in: DÖV 1975, S. 211 - 212.

Grabbe, Jürgen, Verfassungsrechtliche Grenzen der Privatisierung kommunaler Aufgaben, Diss., Berlin 1979.

Grabitz, Eberhard / Hilf, Meinhard (Hrsg.), Das Recht der Europäischen Union, Kommentar, Loseblattsammlung, Band 1, 16. Ergänzungslieferung, Stand: Juli 2000, München 2000; Band 2, 13. Ergänzungslieferung, Stand: Mai 1999, München 1999 (zit.: *Bearbeiter,* in Grabitz/Hilf, Das Recht der Europäischen Union).

Grabitz, Eberhard, Abfall im Gemeinschaftsrecht, in: Festschrift für Horst Sendler, München 1991, S. 443 - 464.

Graf Vitzhum, Wolfgang, Gentechnik und Grundrechtsschutz, in: VBlBW 1990, S. 48 - 51.

Gramm, Christof, Privatisierung und notwendige Staatsaufgaben, Habil., Berlin 2001.

Groeben, Hans von der / Thiesing, Jochen / Ehlermann, Claus-Dieter (Hrsg.), Kommentar zum EU-/EG-Vertrag, Band 1 (Artikel A-F EUV, Artikel 1-84 EUV), 5. neubearbeitete Auflage, Baden-Baden 1997; Band 4 (Artikel 189 - 248), 4. neubearbeitete Auflage, Baden-Baden 1991 (zit.: *Bearbeiter,* in: von der Groeben/Thiesing/Ehlermann, EU-/EG-Kommentar).

Gromoll, Bernhard, Rechtliche Grenzen der Privatisierung öffentlicher Aufgaben, Diss., München 1982.

Grupp, Klaus, Rechtsprobleme der Privatfinanzierung von Verkehrsprojekten, in: DVBl 1994, S. 140 - 147.

Gusy, Christoph, Privatisierung und parlamentarische Kontrolle, in: ZRP 1998, S. 265 - 270.

Gusy, Christoph, Rechtsgüterschutz als Staatsaufgabe, in: DÖV 1996, S. 573 - 583.

Hagemeister, Adrian von, Die Privatisierung öffentlicher Aufgaben: eine verfassungs- und verwaltungsrechtliche Abhandlung unter Zugrundelegung des Verfassungs- und Verwaltungsrechts der Republik Österreich und der Bundesrepublik Deutschland, Diss., Innsbruck 1991.

Hailbronner, Kay / Klein, Eckart / Magiera, Siegfried / Müller-Graff, Peter-Christian (Hrsg.), Handkommentar zum Vertrag über die Europäische Union (EUV/EGV), Loseblatt-Ausgabe, 7. Lieferung, Köln u.a. 1998 (zit.: *Bearbeiter,* in: HK-EUV).

Hain, Karl-Eberhard, Der Gesetzgeber in der Klemme zwischen Übermaß- und Untermaßverbot?, in: DVBl 1993, S. 982 - 984.

Hammer, Felix, Private Sicherheitsdienste, staatliches Gewaltmonopol, Rechtsstaatsprinzip und „schlanker Staat", in: DÖV 2000, S. 613 – 621.

Hansmann, Klaus, Umwelt-Audit: Verhältnis der Eigenüberwachung zur behördlichen Kontrolle, in: Rengeling, Hans-Werner (Hrsg.), Integrierter und betrieblicher Umweltschutz: Verfahrensrecht und materielles Recht unter Berücksichtigung der Investitionsförderung der vorgesehenen IVU-(bzw. IPPC-)Richtlinie des EG-Umweltaudits und der UVP, Köln u.a. 1996, S. 207 - 218.

Heimburg, Sibylle von, Verwaltungsaufgaben und Private: Funktionen und Typen der Beteiligung Privater an öffentlichen Aufgaben unter besonderer Berücksichtigung des Baurechts, Diss., Berlin 1982.

Henneke, Hans Günter, Der Schutz der natürlichen Lebensgrundlagen in Art. 20a GG, in: NuR 1995, S. 325 - 335

Hermes, Georg, Das Grundrecht auf Schutz von Leben und Gesundheit, Diss., Heidelberg 1987.

Herschel, Wilhelm, Die Haftung der Technischen Überwachungsvereine, in: NJW 1969, S. 817 - 822.

Hill, Hermann, Das hoheitliche Moment im Verwaltungsrecht der Gegenwart, in: DVBl 1989, S. 321 - 327.

Himmelmann, Steffen / Pohl, Andreas / Tünnesen-Harmes, Christian, Handbuch des Umweltrechts, Loseblattsammlung, Stand: August 2000, 4. Ergänzungslieferung, München 2000.

Hirsch, Günter, Keine Gentechnik ohne Gesetz?, in: NJW 1990, S. 1445 - 1448.

Hoffmann-Riem, Wolfgang, Justizdienstleistungen im kooperativen Staat, in: JZ 1999, S. 421 – 430.

Hoffmann-Riem, Wolfgang, Ökologisch orientiertes Verwaltungsverfahrensrecht - Vorklärungen, in: AöR 119 (1994), S. 590 - 626.

Hoffmann-Riem, Wolfgang, Verfahrensprivatisierung als Modernisierung, in: DVBl 1996, S. 225 - 232.

Höland, Armin, Das Umweltauditverfahren unter haftungsrechtlichen Gesichtspunkten, in: ZEuP 1998, S. 30 - 59.

Hoppe, Werner / Beckmann, Martin, Rechtliche Möglichkeiten des internationalen Austausches von Abfällen und Recycling-Produkten, in: DVBl 1995, S. 817 - 825.

Hoppe, Werner / Bleicher, Herbert, Rechtsprobleme bei der Verfahrensprivatisierung von Standortauswahlverfahren im Abfallrecht, in: NVwZ 1996, S. 421 - 424.

Hösel, Gottfried / Lersner, Heinrich von, Recht der Abfallbeseitigung des Bundes, der Länder und der Europäischen Union, Kommentar, Loseblattsammlung, Band 2, 69. Lieferung, Stand: Januar 2001, Berlin 2001.

Huber, Ernst Rudolf, Wirtschaftsverwaltungsrecht, Erster Band, 2. Auflage, Tübingen 1953.

Ipsen, Knut, Völkerrecht, 3. Auflage, München 1990.

Isensee, Josef / Kirchhof, Paul, Handbuch des Staatsrechts der Bundesrepublik Deutschland; Band 1, 1. Auflage, Heidelberg 1987; Band 3, 2. Auflage, Heidelberg 1996; Band 5, 1. Auflage, Heidelberg 1992; Band 6, 1. Auflage, Heidelberg 1989 (zit.: *Bearbeiter*, in: Isensee/Kirchhof, HdBStR).

Jaag, Tobias, Gesetzgebungsaufträge, in: Festschrift für Ulrich Häfelin, Zürich 1989, S. 275 - 297.

Janiszewski, Jörg, Das Umweltzeichen: rechtliche Analyse und Neuorientierung, Diss., Berlin 1992.

Jarass, Hans D. / Pieroth, Bodo, Grundgesetz für die Bundesrepublik Deutschland, Kommentar, 5. Auflage, München 2000.

Jarass, Hans D., Bausteine einer umfassenden Grundrechtsdogmatik, in: AöR 120 (1995), S. 345 - 381.

Jarass, Hans D., Bundes-Immissionsschutzgesetz, 3. Auflage, München 1995.

Jarass, Hans D., Die Niederlassungsfreiheit in der Europäischen Gemeinschaft, in: RIW 1993, S. 1 - 7.

Jarass, Hans D., Elemente einer Dogmatik der Grundfreiheiten, in: EuR 1995, S. 202 - 226.

Jarass, Hans D., Wirtschaftsverwaltungsrecht mit Wirtschaftsverfassungsrecht, 3. Auflage, Neuwied u.a. 1997.

Jellinek, Georg, System der subjektiven öffentlichen Rechte, 2. Auflage, Tübingen 1905.

Jestaedt, Matthias, Demokratieprinzip und Kondominialverwaltung, Diss., Berlin 1993.

Jörgensen, Meike, Das Reststoffvermeidungs- und Verwertungsgebot, Diss., Heidelberg 1994.

Kahl, Wolfgang, Die Privatisierung der Entsorgungsordnung nach dem Kreislaufwirtschafts- und Abfallgesetz, in: DVBl 1995, S. 1327 - 1336.

Kaminski, Ralf / Konzak, Olaf, Das untergesetzliche Regelwerk zum Kreislaufwirtschafts- und Abfallgesetz: Verordnungen und Verwaltungsvorschriften, Berlin 1997.

Kasten Verena, Europarechtliche und völkerrechtliche Aspekte der grenzüberschreitenden Abfallverbringung, Diss., Frankfurt a. M. u.a. 1997.

Kempis, Karl von, Überlegungen zu der Vereinbarkeit des Grundsatzes der Abfallbeseitigung im Inland mit dem EWG-Vertrag, in: UPR 1985, S. 354 - 362.

Kimminich, Otto / Lersner, Heinrich von / Storm, Peter-Christoph, Handwörterbuch des Umweltrechts, Band 1, 2. Auflage, Berlin 1994 (zit.: *Bearbeiter*, in: Kimminich/von Lersner/Storm, HdUR I).

Kirchhof, Paul, Verwalten durch mittelbares Einwirken, Köln u.a. 1977.

Kisker Gunter, Neue Aspekte im Streit um den Vorbehalt des Gesetzes, in: NJW 1977, S. 1313 - 1320.

Klein, Eckart, Grundrechtliche Schutzpflicht des Staates, in: NJW 1989, S. 1633 - 1640.

Klein, Hans H., Die grundrechtliche Schutzpflicht, in: DVBl 1994, S. 489 - 497.

Klindt, Thomas, Die Umweltzeichen „Blauer Engel“ und „Europäische Blume“ zwischen produktbezogenem Umweltschutz und Wettbewerbsrecht, in: BB 1998, S. 545 - 554.

Kloepfer, Michael, Der Vorbehalt des Gesetzes im Wandel, in: JZ 1984, S. 685 - 695.

Kloepfer, Michael, Umweltrecht, 2. Auflage, München 1998.

Kloepfer, Michael, Umweltschutz als Verfassungsrecht: Zum neuen Art. 20a GG, in: DVBl 1996, S. 73 - 80.

Klowait, Jürgen, Die Beteiligung Privater an der Abfallentsorgung, Diss., Baden - Baden 1995.

Koch, Hans-Joachim / Laskowski, Silke Ruth, Verfassungsrechtliche Grenzen einer Privatisierung der Anlagenüberwachung, in: ZUR 1997, S. 182 - 188.

Köck, Wolfgang, Umweltschutzsichernde Betriebsorganisation als Gegenstand des Umweltrechts: Die EG-„Öko-Audit“-Verordnung, in: JZ 1995, S. 643 - 650.

Koenig, Christian, Internalisierung des Risikomanagements durch neues Umwelt- und Technikrecht?, in: NVwZ 1994, S. 937 - 942.

Koglin, Heinz, Organisation und Finanzierung der Abfallbeseitigung, in: KStZ 1991, S. 89 - 91.

Kopp, Axel, Die Altautoentsorgung und die Freiwillige Selbstverpflichtung der Wirtschaft, in: NJW 1997, S. 3292 - 3293.

Kopp, Ferdinand O. / Schenke, Wolf-Rüdiger, Verwaltungsgerichtsordnung, Kommentar, 12. neubearbeitete Auflage, München 2000.

Krieger, Stephan, Sorgfaltspflichten des Abfallbesitzers bei der Entsorgung durch Dritte, in: DB 1996, S. 613 - 615.

Krings, Michael, Der Abfallbegriff nach geltendem und künftigem Abfallrecht aus europäischer und nationaler Sicht, in: WiVerw 1995, S. 103 - 118.

Krölls, Albert, Die Privatisierung der inneren Sicherheit, in: GewArch 1997, 445 - 456.

Kummer, Heinz Joachim / Giesberts, Ludger, Rechtsfragen der Privatisierung kommunaler Abfallentsorgung und Abwasserbeseitigung, in: NWvZ 1996, S. 1166 - 1172.

Kunig, Philip / Schwermer, Gerfried / Versteyl, Ludger-Anselm, Abfallgesetz, Kommentar, 2. Auflage, München 1992 (zit.: *Bearbeiter*, in: Kunig/Schwermer/Versteyl, AbfG).

Kunig, Philip, Alternativen zum einseitig-hoheitlichen Verwaltungshandeln, in: Hoffmann-Riem, Wolfgang / Schmidt-Aßmann, Eberhard (Hrsg.), Konfliktbewältigung durch Verhandlungen, Band 1, Baden-Baden 1990, S. 43 - 66.

Kunig, Philip / Paetow, Stefan / Versteyl, Ludger-Anselm, Kreislaufwirtschafts- und Abfallgesetz, Kommentar, München 1998 (zit.: *Bearbeiter*, in: Kunig/Paetow/Versteyl, KrW-/AbfG).

Landmann, Robert von / Rohmer, Gustav, Gewerbeordnung und ergänzende Vorschriften, Kommentar, Loseblattsammlung, 37. Ergänzungslieferung, Stand: 01/1999, München 1999 (zit.: *Bearbeiter*, in: Landmann/Rohmer, GewO).

Lehmann, Birgit / Loy, Sven / Thaben, Peter / Kempin, Thomas, Die Berliner Stadtreinigungsbetriebe werden Entsorgungsfachbetrieb, in: der städtetag 1998, S. 131 - 135.

Leisner, Walter, Der Beamte als Leistungsträger, in: Leisner, Walter (Hrsg.), Das Berufsbeamtentum im demokratischen Staat, Berlin 1975, S. 121 - 141.

Lenz, Carl Otto (Hrsg.), Kommentar zu dem Vertrag zur Gründung der Europäischen Gemeinschaften, 1. Auflage, Köln u.a. 1994 (zit.: *Bearbeiter*, in: Lenz, EG-Vertrag).

Lenz, Carl-Otto, Der europäische Grundrechtsstandard in der Rechtsprechung des Europäischen Gerichtshofes, in: EuGRZ 1993, S. 585 - 589.

Lerche, Peter, Übermaß und Verfassungsrecht: zur Bindung des Gesetzgebers an die Grundsätze der Verhältnismäßigkeit und der Erforderlichkeit, Habil., Köln u.a. 1961.

Locher, Matthias, Transportgenehmigung und Genehmigung für Vermittlungsgeschäfte nach dem Kreislaufwirtschafts- und Abfallgesetz, in: DVBl 1997, S. 145 - 151.

Lübbe - Wolff, Gertrude / Steenken, Annette, Privatisierung umweltbehördlicher Aufgaben, in: ZUR 1993, S. 263 - 268.

Lübbe - Wolff, Gertrude, Rechtsprobleme der behördlichen Umweltberatung, in: NJW 1987, S. 2705 - 2712.

Lübbe-Wolff, Gertrude, Modernisierung des Umweltordnungsrechts: Vollziehbarkeit - Deregulierung - Effizienz, Bonn 1996.

Matthies, Heinrich, Zur Auslegung des Gemeinschaftsrechts im Vorlageverfahren (Art. 177 EWG-Vertrag), in: Rechtsvergleichung, Europarecht und Staatenintegration, Gedächtnisschrift für Constantinesco, Köln u.a. 1983, S. 471 - 487.

Maunz, Theodor / Dürig, Günther, Kommentar zum Grundgesetz, Loseblattsammlung, 37. Lieferung; Stand: August 2000, München 2001 (zit.: *Bearbeiter*, in: Maunz/Dürig, GG).

Maurer, Hartmut, Allgemeines Verwaltungsrecht, 13. Auflage, München 2000.

Meier, Gert, Zur Zertifizierung von Qualitätssicherungssystemen nach ISO DIN 9000ff. in der Lebensmittelwirtschaft, in: ZLR 1992, S. 129 - 138.

Meins, Jürgen W., Das neue Kreislaufwirtschafts- und Abfallgesetz (KrW-/AbfG), in: BayVBl 1997, S. 66 - 74 und S. 100 - 106.

Meng, Werner, Extraterritoriale Jurisdiktion im öffentlichen Wirtschaftsrecht, Habil., Berlin u.a. 1994.

Meng, Werner, Völkerrechtliche Zulässigkeit und Grenzen wirtschaftsverwaltungsrechtlicher Hoheitsakte mit Auslandswirkung, in: ZaöRV 44 (1984), S. 675 - 781.

Mennacher, Hubert, Begriffsmerkmale und Rechtsstellung der mit öffentlicher Gewalt beliehenen Hoheitsträger des Privatrechts, München 1963.

Menzer, Jörg K., Privatisierung der atomaren Endlagerung, in: DVBl 1998, S. 820 - 827.

Merten, Detlef, Rechtsstaat und Gewaltmonopol, Tübingen 1975.

Mittelstaedt, Hans Jürgen, Vollzugsverbesserung durch Steuerung zur Selbststeuerung? Das Beispiel der Öko-Audit-Verordnung, in: Lübbe-Wolff, Gertrude (Hrsg.), Der Vollzug des europäischen Umweltrechts, Berlin 1996, S. 235 - 245.

Möllers, Thomas, Qualitätsmanagement, Umweltmanagement und Haftung, in: DB 1996, S. 1455 - 1461.

Moormann, Franz-Josef, Staatliche Überwachung und Öko-Audit, in: ZUR 1997, S. 188 - 193.

Möschel, Wernhard, Privatisierung, Deregulierung und Wettbewerbsordnung, in: JZ 1988, S. 885 - 893.

Münch, Ingo von / Kunig, Philip (Hrsg.), Grundgesetz, Kommentar, Band 1 (Präambel bis Art. 19), 5. Auflage, München 2000; Band 2 (Art. 21 - 69), 3. Auflage, München 1995. (zit.: *Bearbeiter*, in: von Münch/Kunig, GG).

Murswiek, Dietrich, Die staatliche Verantwortung für die Risiken der Technik: verfassungsrechtliche Grundlagen und immissionsschutzrechtliche Anforderungen, Habil., Berlin 1985.

Murswiek, Dietrich, Staatliche Warnungen, Wertungen, Kritik als Grundrechtseingriffe, in: DVBl 1997, S. 1021 - 1030.

Murswiek, Dietrich, Staatsziel Umweltschutz (Art. 20a GG), in: NVwZ 1996, S. 222 - 230.

Mutius, Albert von, Staatszielbestimmung „Umweltschutz", in: WiVerw 1987, S. 51 - 67.

Muylle, Koen, Angry Farmers and Passive Policemen: Private Conduct and the Free Movement of Goods, in: ELR 1998, S. 467 - 474.

Ossenbühl, Fritz, Die Erfüllung von Verwaltungsaufgaben durch Private, in: VVDStRL 29 (1971), S. 137 - 209.

Ossenbühl, Fritz, Die Freiheiten des Unternehmens nach dem Grundgesetz, in: AöR 115 (1990), S. 1 - 32.

Ossenbühl, Fritz, Eigensicherung und hoheitliche Gefahrenabwehr: Rechtsgutachten zum 9. Änderungsgesetz des Luftverkehrsgesetzes vom 18. September 1980 (BGBl. I 1729), Reutlingen 1981.

Ossenbühl, Fritz, Verkehr, Ökonomie und Ökologie im verfassungsrechtlichen Spannungsfeld, in: NuR 1996, S. 53 - 64.

Peine, Franz-Josef, Grenzen der Privatisierung - verwaltungsrechtliche Aspekte, in: DÖV 1997, S. 353 - 365.

Pernice, Ingolf, Gestaltung und Vollzug des Umweltrechts im europäischen Binnenmarkt – Europäische Impulse und Zwänge für das deutsche Umweltrecht, in: NVwZ 1990, S. 414 - 426.

Peters, Hans, Öffentliche und staatliche Aufgaben, in: Festschrift für Hans Carl Nipperdey, Band II, München u.a. 1965, S. 877 - 895.

Peters, Heinz-Joachim, Entsorgungsfachbetriebe als besondere Form des Dritten im Kreislaufwirtschafts- und Abfallrecht, in: UPR 1997, S. 211 - 214.

Petersen, Frank / Rid, Urban, Das neue Kreislaufwirtschafts- und Abfallgesetz, in: NJW 1995, S. 1 - 14.

Petersen, Frank / Stöhr, Günter / Kracht, Harald, Das untergesetzliche Regelwerk zum Kreislaufwirtschafts- und Abfallgesetz, in: DVBl 1996, S. 1161 - 1170.

Petersen, Frank, „Mit der Kreislaufwirtschaft Ernst machen“ – Überlegungen zur Konkretisierung des deutschen Abfallrechts, in: ZUR 2000 (Sonderheft), S. 61 – 69.

Petersen, Frank, Stand der Umsetzung der Entsorgungsfachbetriebeverordnung aus der Sicht des Bundesumweltministeriums, in: ENTSORGA-Schrift 28, S. 11 - 20.

Pieroth, Bodo / Schlink, Bernhard, Staatsrecht II - Grundrechte, 16. Auflage, Heidelberg 2000.

Pietzcker, Jost, Der Staatsauftrag als Instrument des Verwaltungshandelns. Recht und Praxis der Beschaffungsverträge in den Vereinigten Staaten von Amerika und der Bundesrepublik Deutschland, Habil., Tübingen 1978.

Pietzcker, Jost, Verfahrensprivatisierung und staatliche Verfahrensverantwortung, in: Hoffmann-Riem, Wolfgang / Schneider, Jens-Peter (Hrsg.), Verfahrensprivatisierung im Umweltrecht, 1. Auflage, Baden-Baden 1996, S. 284 - 308.

Quaritsch, Helmut, Staat und Souveränität, Band 1: Die Grundlagen, Habil., Frankfurt a.M. 1970.

Queitsch, Peter Otto Paul, Das neue Kreislaufwirtschafts- und Abfallgesetz, in: UPR 1995, S. 412 - 420.

Queitsch, Peter Otto Paul, Drittbeauftragung und Beleihung nach § 16 KrW-/AbfG, in: der städtetag 1998, S. 272 - 277.

Rahlenbeck, Peter, Erfahrungen aus der Sicht der Praxis bei der Einführung und Umsetzung der Entsorgungsfachbetriebeverordnung in privatwirtschaftlichen Unternehmen, in: ENTSORGA-Schrift 28, S. 57 - 61.

Reinhardt, Michael, Die Überwachung durch Private im Umwelt- und Technikrecht, in: AöR 118 (1993), S. 617 - 663.

Rengeling, Hans Werner, Grundrechtsschutz in der Europäischen Gemeinschaft, München 1992.

Rhein, Cornelius, Das Gemeinschaftssystem für das Umweltmanagement und die Umweltbetriebsprüfung: Ein neues Instrument des Umweltschutzes im Gemeinschaftsrecht und deutschen Recht, Diss., Baden-Baden 1996.

Roller, Gerhard, Der „Blaue Engel" und die „Europäische Blume", in: EuZW 1992, S. 499 - 505.

Rombach, Paul, Der Faktor Zeit in umweltrechtlichen Genehmigungsverfahren: Verfahrensdauer und Beschleunigungsansätze in Deutschland, Frankreich und den Vereinigten Staaten, Diss., Baden-Baden 1994.

Rose, Matthias, Gentechnik und Vorbehalt des Gesetzes, in: DVBl 1990, S. 279 - 282.

Roth, Andreas, Verwaltungshandeln mit Drittbetroffenheit und Gesetzesvorbehalt, Diss., Berlin 1991.

Roth, Wulf-Henning, Drittwirkung der Grundfreiheiten, in: Festschrift für Ulrich Everling, Band II, Baden-Baden 1995, S. 1231 - 1247.

Rudolf, Walter, Der öffentliche Dienst im Staat der Gegenwart, in: VVDStRL 37 (1979), S. 175 - 211.

Sachs, Michael (Hrsg.), Grundgesetz, Kommentar, 2. Auflage, München 1999 (zit.: *Bearbeiter*, in: Sachs, GG).

Sacksofsky, Ute, Privatisierung des baurechtlichen Nachbarschutzes bei genehmigungsfreien Vorhaben?, in: DÖV 1999, S. 946 – 954.

Schink, Alexander, Auswirkungen des Kreislaufwirtschafts- und Abfallgesetzes auf die Entsorgungsstrukturen, in: DÖV 1995, S. 881 - 891.

Schink, Alexander, Der neue Abfallbegriff und seine Folgen, in: VerwArch 88 (1997), S. 230 - 264.

Schink, Alexander, Organisationsformen für die kommunale Abfallwirtschaft, in VerwArch 85 (1994), S. 251 - 280.

Schink, Alexander, Umweltschutz als Staatsziel, in: DÖV 1997, S. 221 - 229.

Schmidt-Aßmann, Eberhard, Verwaltungslegitimation als Rechtsbegriff, in: AöR 116 (1991), S. 329 - 390.

Schmidt-Kötters, Thomas, Verfahrensprivatisierung als Element innovativer Gesetzgebungspolitik - Vorstellungen der von der Bundesregierung eingesetzten Beschleunigungskommission am Beispiel des Immissionsschutzrechts, in: Hoffmann-Riem, Wolfgang / Schneider, Jens-Peter (Hrsg.), Verfahrensprivatisierung im Umweltrecht, 1. Auflage, Baden-Baden 1996, S. 31 - 90.

Schmidt-Preuß, Matthias, Verwaltung und Verwaltungsrecht zwischen gesellschaftlicher Selbstregulierung und staatlicher Steuerung, in: VVDStRL 56 (1997), S. 160 - 234.

Schmitt Glaeser, Walter / Horn, Hans-Detlef, Verwaltungsprozeßrecht, 15. Auflage, Stuttgart u.a. 2000.

Schneider, Jens-Peter, Kooperative Verwaltungsverfahren, in: VerwArch 87 (1996), S. 38 - 67.

Schneider, Jens-Peter, Öko-Audit als Scharnier in einer ganzheitlichen Regulierungsstrategie, in: Die Verwaltung 28 (1995), S. 361 - 388.

Schoch, Friedrich, Privatisierung von Verwaltungsaufgaben, in: DVBl 1994, S. 962 - 977.

Schoeneck, Stefan, Abfall und Haftung, Bericht über die 5. Kölner Abfalltage vom 12. und 13. November 1996, in: ZUR 1997, S. 107 -111.

Scholz, Rupert / Aulehner, Josef, Grundfragen zum Dualen System, in: BB 1993, S. 2250 - 2265.

Scholz, Rupert, Staatliche Sicherheitsverantwortung zu Lasten Privater, in: Staat, Wirtschaft, Steuern: Festschrift für Karl-Heinrich Friauf, Heidelberg 1996, S. 439 - 454.

Scholz, Rupert, Verkehrsüberwachung durch Private?, in: NJW 1997, S. 14 - 18.

Schreiber, Reiner, Eröffnung und Begrüßung (1. Informationsveranstaltung zur Entsorgungsfachbetriebeverordnung, Umsetzung und erste Erfahrungen, Anm. der Verf.), ENTSORGA-Schrift 28, S. 9 - 10.

Schröder, Meinhard, Aktuelle Entwicklungen im europäischen Umweltrecht, in: NuR 1998, S. 1 - 6.

Schulte, Bernd H., Schlanker Staat: Privatisierung der Bauaufsicht durch Indienstnahme von Bauingenieuren und Architekten als staatlich anerkannte Sachverständige, in: BauR 1998, S. 249 - 265.

Schulte, Martin, Gefahrenabwehr durch private Sicherheitskräfte im Lichte des staatlichen Gewaltmonopols, in: DVBl 1995, S. 130 - 135.

Schulze-Fielitz, Helmuth, Kooperatives Recht im Spannungsfeld von Rechtsstaatsprinzip und Verfahrensökonomie, in: DVBl 1994, S. 657 - 667.

Schuppert, Gunnar Folke, Rückzug des Staates?, DÖV 1995, S. 761 -770.

Schwerdtfeger, Gunther, Entlastungen des Arzneimittel-Zulassungsverfahrens durch externen Sachverstand:, in: Pharm.Ind. 1989, S. 979 - 994.

Seidl-Hohenveldern, Ignaz, Völkerrecht, 9. Auflage, Köln u.a. 1997.

Sellner, Dieter, Immissionsschutzrecht und Industrieanlagen, 2. Auflage, München 1988.

Sendler, Horst, Gesetzes- und Richtervorbehalt im Gentechnikrecht, in: NVwZ 1990, S. 231 - 236.

Sommermann, Karl-Peter, Staatsziele und Staatszielbestimmungen, Habil., Tübingen 1997.

Spannowsky, Willy, Das Kreislaufwirtschafts- und Abfallgesetz vor der Bewährungsprobe, in: UTR 36 (1996), S. 289 - 314.

Spieß, Gerhard, Übertragbarkeit von Entsorgungsnachweisen und Transportgenehmigungen, in: NuR 1999, S. 306 – 311.

Stadler, Rupert, Die Berufsfreiheit in der Europäischen Gemeinschaft, München 1980.

Starck, Christian, Praxis der Verfassungsauslegung, Baden-Baden 1994.

Steinbeiß-Winkelmann, Christine, Verfassungsrechtliche Vorgaben und Grenzen der Verfahrensbeschleunigung, in: DVBl 1998, S. 809 - 820.

Steinberg, Rudolf, Grundfragen des öffentlichen Nachbarrechts, in: NJW 1984, S. 457 - 464.

Steinberg, Rudolf, Kritik von Verhandlungslösungen, insbesondere von mittlerunterstützten Entscheidungen, in: Hoffmann-Riem, Wolfgang / Schmidt-Aßmann, Eberhard (Hrsg.), Konfliktbewältigung durch Verhandlungen, Band 1, Baden-Baden 1990, S. 284 - 321.

Steiner, Udo, Der „beliehene Unternehmer“, JuS 1969, S. 69 - 75.

Steiner, Udo, Öffentliche Verwaltung durch Private - Allgemeine Lehren, Habil., Hamburg 1976.

Steiner, Udo, Technische Kontrolle im privaten Bereich - insbesondere Eigenüberwachung und Betriebsbeauftragte, in: DVBl 1987, S. 1133 - 1142.

Stelkens, Paul / Bonk, Hans Joachim / Sachs, Michael, Verwaltungsverfahrensgesetz, Kommentar, 5. Auflage, München 1998 (zit.: *Bearbeiter*, in: Stelkens/Bonk/Sachs, VwVfG).

Stern, Klaus, Das Staatsrecht der Bundesrepublik Deutschland, Band I: Grundbegriffe und Grundlagen des Staatsrechts, 2. Auflage, München 1984; Band III / 1. Halbband: Allgemeine Lehren der Grundrechte, München 1988; Band III / 2. Halbband: Allgemeine Lehren der Grundrechte, München 1994.

Stern, Klaus (Hrsg.), Postrecht der Bundesrepublik Deutschland, Kommentar zum Postneuordnungsrecht, Stand: März 2000, 6. Ergänzungslieferung, Heidelberg 2000 (zit.: *Bearbeiter*, in: Stern, Postrecht der Bundesrepublik Deutschland).

Stettner, Rupert, Die Verpflichtung des Gesetzgebers zu erneutem Tätigwerden bei fehlerhafter Prognose, in: DVBl 1982, S. 1123 - 1128.

Stober, Rolf, Police-Private-Partnership aus juristischer Sicht, in: DÖV 2000, S. 261 – 269.

Stober, Rolf, Allgemeines Wirtschaftsverwaltungsrecht, 12. Auflage, Stuttgart u.a. 2000.

Stober, Rolf, Zum Beruf des Sachverständigen nach der Novellierung des § 36 GewO, in: Staat, Wirtschaft, Steuern: Festschrift für Karl-Heinrich Friauf zum 65. Geburtstag, Heidelberg 1996, S. 545 - 567.

Süß, Siegwin, Eigenbetrieb oder Gesellschaft?, in: BayVBl 1986, S. 257 - 262.

Szczekalla, Peter, Buchrezension: Peter Unruh, Zur Dogmatik der grundrechtlichen Schutzpflichten, in: DVBl 1997, S. 1077.

Szczekalla, Peter, Grundfreiheitliche Schutzpflichten - eine „neue" Funktion der Grundfreiheiten des Gemeinschaftsrechts, in: DVBl 1998, S. 219 - 224.

Taupitz, Jochen, Zivilrechtliche Verantwortlichkeit für Abfall im Zusammenwirken von Kreislaufwirtschaftsgesetz, Deliktsrecht und Sachenrecht, in: UTR 40 (1997), S. 237 - 278.

Tettinger, Peter J. / Pielow, Christian, Die aktuelle Rechtsentwicklung bei der öffentlichen Bestellung und Vereidigung von Sachverständigen, in: GewArch 1992, S. 1 - 12.

Tettinger, Peter J., Privatisierungskonzepte für die Abfallwirtschaft, in: Staat, Wirtschaft, Steuern: Festschrift für Karl-Heinrich Friauf zum 65. Geburtstag, Heidelberg 1996, S. 569 - 590.

Tettinger, Peter J., Randnotizen zum neuen Recht der Abfallwirtschaft, in: GewArch 1988, S. 41 - 49.

Thieme, Werner, Verfassungsrechtliche Grenzen einer Reform des öffentlichen Dienstrechts, in: Forsthoff, Ernst / von Münch, Ingo / Schick, Walter / Thieme, Werner / Ule, Carl Herrmann / Mayer, Franz, Verfassungsrechtliche Grenzen einer Reform des öffentlichen Dienstrechts: Rechtsgutachten erstattet im Auftrag des Bundesministers des Innern, Baden-Baden 1973, S. 303 - 440.

Tomerius, Stephan, Deregulierung oder Re-Regulierung in der Abfallwirtschaft?, in: ZG 2000, S. 247 - 269.

Trute, Hans-Heinrich, Die Verwaltung und das Verwaltungsrecht zwischen gesellschaftlicher Selbstregulierung und staatlicher Steuerung, in: DVBl 1996, S. 950 - 964.

Tsai, Tzung-Jen, Die verfassungsrechtliche Umweltschutzpflicht des Staates: zugleich ein Beitrag zur Umweltschutzklausel des Art. 20a GG, Diss., Berlin 1996.

Uhle, Arnd, Das Staatsziel „Umweltschutz" und das Sozialstaatsprinzip im verfassungsrechtlichen Vergleich, in: JuS 1996, S. 96 - 103.

Umbach, Dieter G., Das Wesentliche an der Wesentlichkeitstheorie, in: Festschrift für Hans-Joachim Faller, München 1984, S. 111 - 131.

Unruh, Peter, Zur Dogmatik der grundrechtlichen Schutzpflichten, Diss., Berlin 1996.

Versteyl, Ludger-Anselm / Wendenburg, Helge, Änderungen des Abfallrechts, in: NVwZ 1994, S. 833 - 843.

Versteyl, Ludger-Anselm / Wendenburg, Helge, Änderungen des Abfallrechts. Aktuelles zum Kreislaufwirtschafts- und Abfallgesetz sowie dem untergesetzlichen Regelungswerk, in: NVwZ 1996, S. 937 - 949.

Versteyl, Ludger-Anselm, Der Abfallbegriff im Europäischen Recht – Eine unendliche Geschichte?, in: EuZW 2000, S. 585 – 592.

Voss, Axel, Vereinbarkeit von nationalen Umweltzeichen mit Art. 30 EWGV (zur Einführung sog. Öko-Labels durch den Gesamtverband der deutschen Textilindustrie), in: EWS 1993, S. 202 - 208.

Voßkuhle, Andreas, Behördliche Betretungs- und Nachschaurechte, in: DVBl 1994, S. 611 - 620.

Wahl, Rainer / Masing, Johannes, Schutz durch Eingriff, in: JZ 1990, S. 553 - 563.

Wallerath, Maximilian, Öffentliche Bedarfsdeckung und Verfassungsrecht: Beschaffung und Leistungserstellung im Staat der Gegenwart, Habil., Baden-Baden 1988.

Weber - Dürler, Beatrice, Der Grundrechtseingriff, VVDStRL 57 (1998), S. 57 - 99.

Wender, Andrea, Stand der Entsorgungsfachbetriebeverordnung aus der Sicht der Länder, in: ENTSORGA-Schrift 28, S. 21 - 30.

Wieberneit, Bernd, Zeitgemäße Gestaltung von Entsorgungsverträgen, in: BB 1997, S. 2333 - 2339.

Wilmowsky, Peter von, Abfallwirtschaft im Binnenmarkt: Europäische Probleme und amerikanische Erfahrungen, Diss., Düsseldorf 1990.

Wimmer, Raimund, Ein Blauer Engel mit rechtlichen Macken, in: BB 1989, S. 565 - 571.

Winkelmann, Martin, Private Abfallentsorgung in einer dualen Abfallwirtschaft, in: UPR 1991, S. 169 - 175.

Wolf, Rainer, Gehalt und Perspektiven des Art. 20 a GG, in: KritVj 1997, S. 280 - 305.

Wolfers, Benedikt, Produkt oder Abfall? Die Grenzen des neuen Abfallrechts, in: NVwZ 1998, S. 225 - 230.

Wolff, Hans J. / Bachof, Otto / Stober, Rolf, Verwaltungsrecht II, 5. Auflage, München 1987.

Wolff, Hans J., Der Unterschied zwischen öffentlichem und privatem Recht, in: AöR 1951, S. 205 - 217.

Zacker, Christian, Abfall im gemeinschaftlichen Umweltrecht: eine dogmatische Untersuchung ausgewählter Rechtsprobleme, Diss., Berlin 1997.

Zimmermann, Norbert, Der grundrechtliche Schutzanspruch juristischer Personen des öffentlichen Rechts: ein Beitrag zur Auslegung des Art. 19 Abs. 3 GG - unter besonderer Berücksichtigung des Grundrechtsschutzes berufsständischer Einrichtungen, Diss., München 1993.